# Fundamente
|der Mathematik|

**Niedersachsen**

Gymnasium G9 • Klasse 6

Herausgegeben von
Dr. Andreas Pallack

Begleitmaterialien zum Lehrwerk

**für Schülerinnen und Schüler**

Arbeitsheft Klasse 6
978-3-06-008004-5

Arbeitsheft Klasse 6 mit CD-ROM
978-3-06-008006-9

**für Lehrerinnen und Lehrer**

Serviceband Klasse 6
978-3-06-040351-6

Lösungsheft Klasse 6
978-3-06-042985-1

*Autoren*: Prof. Dr. Ralf Benölken, Daniela Ebe, Dr. Wolfram Eid, Dr. Lothar Flade, Gerhard Hillers, Anna-Kristin Kracht, Brigitta Krumm, Dr. Hubert Langlotz, Thorsten Niemann, Dr. Andreas Pallack, Mathias Prigge, Dr. Manfred Pruzina, Melanie Quante, Dr. Ulrich Rasbach, Nadeshda Rempel, Wolfgang Ringkowski, Malte Stemmann, Christian Theuner, Dr. Christian Wahle, Anja Widmaier, Florian Winterstein, Anne-Kristina Wolff, Dr. Wilfried Zappe

*Berater*: Günter Kämpfert, Stefan Schlie, Ulrike Siebert

*Herausgeber*: Dr. Andreas Pallack

*Redaktion*: Nils Dörffer, Matthias Felsch, Torsten Gebauer, Dr. Sonja Thiele

*Illustration*: Gudrun Lenz, Niels Schröder

*Technische Zeichnungen*: Christian Böhning

*Umschlaggestaltung und Zwischentitel*: hawemannundmosch GbR

*Layoutkonzept*: klein & halm GbR

*Bildrecherche*: Stephanie Charlotte Benner

*Technische Umsetzung*: zweiband.media, Berlin

www.cornelsen.de

Die Webseiten Dritter, deren Internetadressen in diesem Lehrwerk angegeben sind, wurden vor Drucklegung sorgfältig geprüft. Der Verlag übernimmt keine Gewähr für die Aktualität und den Inhalt dieser Seiten oder solcher, die mit ihnen verlinkt sind.

1. Auflage, 7. Druck 2023

Alle Drucke dieser Auflage sind inhaltlich unverändert und können im Unterricht nebeneinander verwendet werden.

© 2015 Cornelsen Schulverlage GmbH, Berlin
© 2019 Cornelsen Verlag GmbH, Berlin

Das Werk und seine Teile sind urheberrechtlich geschützt. Jede Nutzung in anderen als den gesetzlich zugelassenen Fällen bedarf der vorherigen schriftlichen Einwilligung des Verlages.
Hinweis zu §§ 60a, 60b UrhG: Weder das Werk noch seine Teile dürfen ohne eine solche Einwilligung an Schulen oder in Unterrichts- und Lehrmedien (§ 60b Abs. 3 UrhG) vervielfältigt, insbesondere kopiert oder eingescannt, verbreitet oder in ein Netzwerk eingestellt oder sonst öffentlich zugänglich gemacht oder wiedergegeben werden.
Dies gilt auch für Intranets von Schulen.

Soweit in diesem Buch Personen fotografisch abgebildet sind und ihnen von der Redaktion fiktive Namen, Berufe, Dialoge und Ähnliches zugeordnet oder diese Personen in bestimmte Kontexte gesetzt werden, sind diese Zuordnungen und Darstellungen fiktiv und dienen ausschließlich der Veranschaulichung und dem besseren Verständnis des Inhalts.

Druck und Bindung: Livonia Print, Riga

ISBN 978-3-06-040349-3 (Schülerbuch)
ISBN 978-3-06-041313-3 (E-Book)

PEFC zertifiziert
Dieses Produkt stammt aus nachhaltig bewirtschafteten Wäldern und kontrollierten Quellen.
www.pefc.de

# Inhaltsverzeichnis

**1 Brüche und Dezimalzahlen (Wiederholung aus Klasse 5)** .... 7
    Dein Fundament .................................................. 8
1.1 Anteile von einem Ganzen – Brüche ................................ 10
1.2 Unechte Brüche und gemischte Zahlen ............................... 14
1.3 Brüche erweitern und kürzen ........................................ 17
1.4 Brüche vergleichen und ordnen ...................................... 21
1.5 Brüche als Quotienten .............................................. 26
1.6 Anteile von mehreren Ganzen - Anteile von Größen .................. 28
    Streifzug: Mischungsverhältnisse ................................... 33
1.7 Dezimalzahlen ...................................................... 34
1.8 Dezimalzahlen vergleichen und ordnen ............................... 38
1.9 Abbrechende und periodische Dezimalzahlen .......................... 41
    Streifzug: Unendliche Dezimalzahlen in Brüche umwandeln ............ 44
1.10 Prozente .......................................................... 46
1.11 Vermischte Aufgaben ............................................... 50
    Prüfe dein neues Fundament ......................................... 54
    Zusammenfassung .................................................... 56

**2 Brüche und Dezimalzahlen addieren und subtrahieren** ....... 57
    Dein Fundament .................................................... 58
2.1 Gleichnamige Brüche addieren und subtrahieren ..................... 60
2.2 Brüche addieren und subtrahieren .................................. 63
2.3 Dezimalzahlen runden .............................................. 66
2.4 Dezimalzahlen addieren und subtrahieren ........................... 68
    Streifzug: Zahlen-Bingo ............................................ 71
2.5 Vermischte Aufgaben ............................................... 73
    Prüfe dein neues Fundament ......................................... 74
    Zusammenfassung .................................................... 76

**3 Kreis und Winkel** .................................................. 77
    Dein Fundament .................................................... 78
3.1 Kreis .............................................................. 80
3.2 Winkel ............................................................. 83
3.3 Winkel messen ..................................................... 85
3.4 Winkel zeichnen ................................................... 89
3.5 Vermischte Aufgaben ............................................... 92
    Prüfe dein neues Fundament ......................................... 94
    Zusammenfassung .................................................... 96

**4 Brüche und Dezimalzahlen multiplizieren und dividieren** .... 97
    Dein Fundament .................................................... 98
4.1 Brüche vervielfachen ............................................. 100
4.2 Brüche teilen .................................................... 102
4.3 Brüche multiplizieren ............................................ 104
4.4 Brüche dividieren ................................................ 108
4.5 Kommaverschiebung bei Dezimalzahlen .............................. 112
4.6 Dezimalzahlen multiplizieren ..................................... 115
4.7 Dezimalzahlen dividieren ......................................... 118
4.8 Rechnen mit Brüchen und Dezimalzahlen ............................ 122
4.9 Ausmultiplizieren und Ausklammern ................................ 125
4.10 Vermischte Aufgaben ............................................. 127
    Prüfe dein neues Fundament ........................................ 130
    Zusammenfassung ................................................... 132

| | | |
|---|---|---|
| **5** | **Symmetrie** | **133** |
| | Dein Fundament | 134 |
| 5.1 | Achsensymmetrie | 136 |
| | Streifzug: Symmetrieachsen konstruieren | 140 |
| 5.2 | Punktsymmetrie | 142 |
| 5.3 | Drehsymmetrie | 146 |
| 5.4 | Symmetrie im Raum | 149 |
| 5.5 | Vermischte Aufgaben | 152 |
| | Prüfe dein neues Fundament | 154 |
| | Zusammenfassung | 156 |
| | | |
| **6** | **Winkel- und Symmetriebetrachtungen** | **157** |
| | Dein Fundament | 158 |
| 6.1 | Neben- und Scheitelwinkel | 160 |
| 6.2 | Stufen- und Wechselwinkel | 162 |
| | Streifzug: Defintion und Satz | 165 |
| 6.3 | Winkelsumme im Dreieck | 166 |
| 6.4 | Winkelsumme im Viereck | 168 |
| 6.5 | Symmetrische Dreiecke | 170 |
| 6.6 | Symmetrische Vierecke | 174 |
| 6.7 | Vermischte Aufgaben | 178 |
| | Prüfe dein neues Fundament | 180 |
| | Zusammenfassung | 182 |
| | | |
| **7** | **Daten** | **183** |
| | Dein Fundament | 184 |
| 7.1 | Absolute und relative Häufigkeit | 186 |
| 7.2 | Diagramme | 190 |
| 7.3 | Klasseneinteilung | 194 |
| 7.4 | Kennwerte | 196 |
| | Streifzug: Tabellenkalkulation | 200 |
| 7.5 | Vermischte Aufgaben | 203 |
| | Prüfe dein neues Fundament | 206 |
| | Zusammenfassung | 208 |
| | | |
| **8** | **Komplexe Aufgaben** | **209** |
| | Aufgaben | 210 |
| | | |
| **9** | **Digitale Mathematikwerkzeuge** | **217** |
| | Tabellenkalkulation | 218 |
| | | |
| **10** | **Anhang** | **221** |
| | Lösungen | 222 |
| | Stichwortverzeichnis, Bildnachweis | 238 |

# Bauplan zu „Fundamente der Mathematik"

## Aktivieren

**Dein Fundament:**
An die Auftaktseite des Kapitels schließt sich eine Doppelseite mit Wiederholungsaufgaben zur Vorbereitung auf das neue Kapitel an. Die Lösungen dazu findest du im Anhang.

---

134     **Dein Fundament**     5. Symmetrie

Lösungen
↗ S. 230

### Geometrische Grundbegriffe

1. Zeichne wie im Bild zwei Geraden g und h sowie einen Punkt P in dein Heft.

   a) Zeichne zu jeder Geraden eine parallele Gerade durch den Punkt P.
   b) Zeichne zu jeder Geraden eine senkrechte Gerade durch den Punkt P.

---

## Aufbauen

**Einstiegsaufgaben:**
Jedes Unterkapitel beginnt mit einer Aufgabe, die dich in das neue Thema hineinführt.

---

38     1. Brüche und Dezimalzahlen

### 1.8 Dezimalzahlen vergleichen und ordnen

■ Julia nahm als Leistungssportlerin an einem 200-m-Lauf teil. Ihre Zeit war 23,15 s.
Die Zeiten der anderen Läuferinnen waren:
22,98 s; 23,51 s; 23,05 s; 23,18 s;
23,79 s; 24,05 s; 23,76 s.
Welchen Platz hat Julia belegt?
Welche war die schnellste gelaufene Zeit?
Welche war die langsamste Zeit? ■

---

**Wissenskästen:**
Hier findest du wichtigen Merkstoff.

**Wissen: Quotienten**
Den **Quotienten** von zwei natürlichen Zahlen kann man auch als **Bruch** schreiben: $1 : 3 = \frac{1}{3}$

---

**Beispiel:**
Neues wird an Beispielaufgaben mit Musterlösungen erklärt.

**Beispiel 1:** Gib den Anteil an, den Zara, Lara und Lusia bekommen, wenn sie zwei runde Pizzen gerecht aufteilen wollen. Fertige auch eine Skizze an.

**Lösung:**
Es werden 2 Pizzen auf 3 Kinder aufgeteilt.    Schreibe den Quotienten 2 : 3 als Bruch: $\frac{2}{3}$
Jedes Kind bekommt $\frac{2}{3}$ Pizza.

   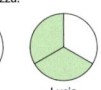

Zara    Lara    Lusia

---

**Basisaufgaben:**
Du kannst die Aufgaben nutzen, um dein neu erworbenes Wissen und Können sofort auszuprobieren.

### Basisaufgaben

1. Bestimme einen Bruch, der angibt, wie viel jedes Kind erhält.
   a) Fünf Lakritzstangen werden an sechs Kinder gerecht aufgeteilt.
   b) Eine Großfamilie mit 5 Kindern und ihren Eltern bestellt 3 Familienpizzen. Beim Essen wird in der Familie immer gerecht geteilt.

Hinweis zu 2:
Hier findest du die natürlichen Zahlen.

2. Schreibe den unechten Bruch als Quotienten und als natürliche Zahl.

---

**Weiterführende Aufgaben:**
Die Aufgaben werden anspruchsvoller. Drei der Aufgaben sind besonders gekennzeichnet: Durchblick, Stolperstelle und Ausblick.

**Durchblick:**
An dieser Aufgabe kannst du prüfen, ob du wirklich schon alles verstanden hast.

Löst Aufgaben mit 👥 in Partner- oder in Gruppenarbeit.

---

### Weiterführende Aufgaben

👥 3. a) Zeichne Figuren, die eine oder mehrere Symmetrieachsen haben. Lass die Symmetrieachsen von deinem Nachbarn eintragen. Kontrolliert anschließend gemeinsam.
   b) Zeichne verschiedene Vierecke (Quadrat, Rechteck, Parallelogramm, Raute, Trapez, Drachenviereck). Untersuche die Anzahl der Symmetrieachsen der Vierecke.

4. **Durchblick:**
   a) Übertrage die Figuren in dein Heft. Spiegele sie wie in Beispiel 2 an der roten Geraden. Kann man jeweils auf den Einsatz des Geodreiecks verzichten? Begründe.

   a)           b)

   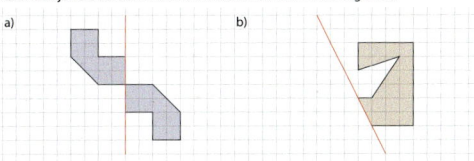

   b) Wie viele Symmetrieachsen haben die Figuren aus a) nach der Spiegelung? Du kannst dich an Beispiel 1 orientieren.

9. **Stolperstelle:** Sandra ist der Meinung, dass eine Punktspiegelung eine spezielle Drehung ist. Hat sie Recht? Begründe mit Beispielen.

10. Bei welcher Drehung liegt das grüne Kreuz genau über dem gelben Kreuz? Gib einen Drehpunkt und einen Drehwinkel an. Es gibt nicht nur eine Lösung.

11. **Ausblick:**
    a) Prüfe, ob die Figuren achsensymmetrisch sind. Bestimme jeweils die Anzahl der Symmetrieachsen.
    b) Prüfe, ob die Figuren drehsymmetrisch sind. Gib jeweils alle Drehwinkel an.
    c) Stelle einen Zusammenhang zwischen Achsensymmetrie und Drehsymmetrie her. Finde weitere Beispiele, die deine Vermutung belegen.

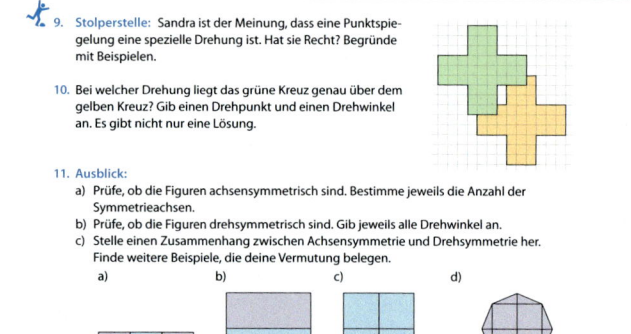

**Stolperstelle:**
Bei diesen Aufgaben sollst du typische Fehler erkennen.

**Ausblick:**
Die letzte Aufgabe in der Lerneinheit ist die schwierigste. Viel Spaß beim Knobeln.

## 6.7 Vermischte Aufgaben

1. Ermittle die Größen aller Winkel in der Zeichnung.

 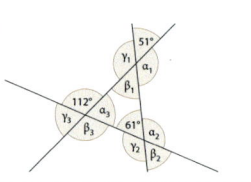

**Vermischte Aufgaben:**
Für diese Aufgaben benötigst du das Wissen aus allen Lerneinheiten des Kapitels.

 Eine besondere Aufgabe ist die „Blütenaufgabe". Hier kannst du selbst entscheiden, in welcher Reihenfolge du die Teilaufgaben lösen willst.

# Sichern

### Prüfe dein neues Fundament
5. Symmetrie

Lösungen S. 231

1. Gib an, ob das Verkehrszeichen achsensymmetrisch ist. Notiere auch die Anzahl der Symmetrieachsen.
   a)   b)   c)   d)   e)

**Prüfe dein neues Fundament:**
Hier kannst du dein Wissen selbstständig überprüfen, auch in Vorbereitung auf Tests und Klassenarbeiten. Die Lösungen der Aufgaben findest du im Anhang.

### Zusammenfassung

| Brüche vervielfachen und teilen | Multipliziere den **Zähler** mit der natürlichen **Zahl.** Lasse den Nenner unverändert. | $\frac{3}{7} \cdot 2 = \frac{3 \cdot 2}{7} = \frac{6}{7}$ |
|---|---|---|
| | Multipliziere den **Nenner** mit der natürlichen **Zahl.** Lasse den Zähler unverändert. | $\frac{4}{5} : 3 = \frac{4}{5 \cdot 3} = \frac{4}{15}$ |

**Zusammenfassung:**
Die letzte Seite eines Kapitels enthält kurz und knapp das Wichtigste aus dem Kapitel. Sie dient dem schnellen Nachschlagen des gelernten Stoffes.

# Zusätzliches

### Streifzug
1. Brüche und Dezimalzahlen

#### Unendliche Dezimahlzahlen in Brüche umwandeln

■ Lisa, Timo und Carlo diskutieren darüber, ob man jede Dezimalzahl in einen Bruch umwandeln kann. „Klar geht das", meint Lisa. Timo hat auch ein Beispiel. Carlo ist skeptisch. „Was ist denn mit 0,5555… ?".
a) Wie könnte der zugehörige Bruch lauten?
b) Lisa behauptet, dass $0{,}5555\ldots = \frac{5}{9}$ gilt. Hilft Lisa hier ein Taschenrechner weiter? ■

**Streifzüge:**
An manchen Stellen des Schülerbuchs befinden sich Sonderseiten, die Ergänzungen zum regulären Lernstoff beinhalten.

# 1. Brüche und Dezimalzahlen

In einem Mosaik ergibt sich das ganze Bild aus vielen kleinen Einzelteilen.
Teile eines Ganzen können als Bruch oder als Dezimalzahl angeben werden.

Nach diesem Kapitel kannst du …
– Anteile mit Brüchen angeben,
– Brüche erweitern und kürzen,
– Anteile ordnen und vergleichen,
– Bruch-, Dezimal- und Prozentschreibweise verwenden.

# Dein Fundament

1. Brüche und Dezimalzahlen

Lösungen → S. 222

## Grundrechenoperationen ausführen

1. Berechne.
   a) 32 : 4
   b) 70 · 6
   c) 43 − 15
   d) 650 : 10
   e) 68 · 100
   f) 52 : 13
   g) 810 : 90
   h) 114 − 76

2. Dividiere.
   a) 100 : 20
   b) 225 : 25
   c) 60 : 15
   d) 48 : 12
   e) 420 : 7
   f) 390 : 30
   g) 320 : 10
   h) 285 : 5

3. Überprüfe. Berichtige alle fehlerhaften Ergebnisse.
   a) 72 : 9 = 8
   b) 56 : 8 = 9
   c) 0 · 7 = 1
   d) 808 + 8 = 888
   e) 7000 − 70 = 6330
   f) 100 : 1 = 10
   g) 637 : 7 = 91
   h) 82 · 8 = 656

4. Setze eine Zahl für das Kästchen ein, sodass die Rechnung stimmt.
   a) 25 · ☐ = 100
   b) 5 · ☐ = 100
   c) 2 · ☐ = 100
   d) 8 · ☐ = 1000
   e) 6 · ☐ = 72
   f) 15 · ☐ = 135
   g) 24 · ☐ = 144
   h) 16 · ☐ = 192

5. Welchen Rest erhält man bei der Divisionsaufgabe?
   a) 39 : 8
   b) 17 : 3
   c) 54 : 6
   d) 53 : 7
   e) 39 : 17
   f) 123 : 10
   g) 490 : 7
   h) 455 : 9

6. Gib jeweils alle natürlichen Zahlen an, durch die folgende Zahlen ohne Rest teilbar sind.
   a) 12
   b) 18
   c) 7
   d) 30
   e) 24
   f) 8
   g) 32
   h) 75

## Natürliche Zahlen am Zahlenstrahl darstellen

7. Gib an, welche Zahlen auf dem Zahlenstrahl markiert sind.
   a)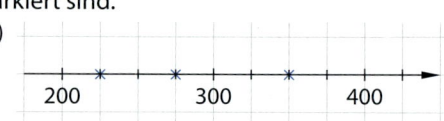
   b)

8. Zeichne einen Zahlenstrahl in dein Heft und markiere folgende Zahlen.
   a) 3; 5; 11; 7; 8
   b) 15; 35; 25; 40; 50
   c) 150; 250; 175; 200; 225

9. Wie viel bedeutet der Abstand zweier Teilstriche? Welcher Wert wird angezeigt?
   a)
   b)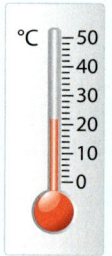
   c)

## Gerecht teilen

10. Tobias und Lea bekommen von ihrer Oma 9 Euro. Die 9 Euro sollen sie so teilen, dass jeder von ihnen den gleichen Geldbetrag erhält. Welchen Geldbetrag bekommt Lea?

11. Beantworte die Frage.
    a) Wie viele Stücke hat die Schokoladentafel?
    b) Frank und Michael wollen sich die Schokoladentafel gerecht teilen. Wie viele Stücke bekommt Michael?
    c) Wie viele Stücke bekommt jeder, wenn sich drei Kinder die Schokolade gerecht teilen?
    d) Katja hat zwei Stücke der Schokoladentafel gegessen. Wie viele Stücke Schokolade darf sie noch essen, wenn sie sich mit ihren Freundinnen Tanja, Maria und Paula die Tafel gerecht teilen soll?
    e) Wie viele Kinder haben sich die Schokoladentafel gerecht geteilt, wenn jedes von ihnen genau zwei Stück bekommt?

## Vielfache und Teile von Größen

12. Gib das Doppelte, Dreifache, Vierfache und Fünffache an von
    a) 3 kg,   b) 30 Minuten,   c) 20 Cent,   d) 25 cm,   e) 7 Tagen.

13. Berechne.
    a) das Doppelte von 500 m   b) das Fünffache von 20 cm   c) die Hälfte von 1 km
    d) die Hälfte von 90 min    e) das Vierfache von 15 min  f) die Hälfte von 2,50 €

14. Ermittle.
    a) Wie viele halbe Liter sind ein Liter?
    b) Wie viele Minuten sind eine viertel Stunde?
    c) Wie viele Minuten sind eineinhalb Stunden?
    d) Wie viele halbe Meter sind eineinhalb Meter?

## Kurz und knapp

15. Runde auf Zehner (Hunderter, Tausender).
    a) 4567   b) 6745   c) 7899   d) 10 234   e) 90 984

16. Ordne der Größe nach. Beginne mit der kleinsten Zahl.
    a) 2346; 786; 9908; 2356   b) 3 799 789; 3 799 779; 999 345; 99 999

17. Bestimme Zahlen für die Kästchen, sodass die Rechnung stimmt.
    a) 36 : ☐ = 6    b) 88 : ☐ = 8    c) 42 : ☐ = 14   d) 70 : ☐ = 5
    e) ☐ : ☐ = 4    f) ☐ : ☐ = 7    g) ☐ : ☐ = 3    h) ☐ : ☐ = 12

18. Gib eine Zahl an, durch die beide Zahlen ohne Rest teilbar sind.
    a) 14 und 18   b) 6 und 9   c) 18 und 24   d) 36 und 12   e) 25 und 4

# 1.1 Anteile von einem Ganzen – Brüche

■ Julia hat Geburtstag. Mit ihrer Mutter hat sie ein Blech Kuchen gebacken. In der Klasse sind 19 Kinder. Zusammen mit der Klassenlehrerin sind sie also 20 Personen. Zeichne in dein Heft, wie Julia den Kuchen gerecht aufteilen kann. ■

**Hinweis:**
Viertel ist die Kurzform von „vierter Teil". Ein Viertel ist ein Teil von vier gleichen Teilen.

Zerlegt man ein Ganzes gleichmäßig in 2, 3, 4 oder 5 **gleich große Teile**, so erhält man

**Halbe,**     **Drittel,**     **Viertel oder**     **Fünftel.**

| $\frac{1}{2}$ | | | $\frac{1}{3}$ | | | $\frac{1}{4}$ | | | $\frac{1}{5}$ | |

---

**Wissen: Brüche als Anteile von einem Ganzen**

Anteile von einem Ganzen können mit **Brüchen** beschrieben werden.

Der **Nenner** eines Bruches gibt an, in wie viele gleich große Teile das Ganze geteilt wurde.
Der **Zähler** gibt die Anzahl der Teile an.

So sind Brüche aufgebaut:    $\frac{3}{4}$    ← **Zähler:** Anzahl der Teile
      ← **Bruchstrich**
      ← **Nenner:** Gesamtzahl der Teile, in die das Ganze aufgeteilt wurde.

---

## Brüche angeben

**Beispiel 1:** Gib den blau gefärbten Anteil als Bruch an.

a) 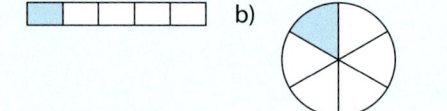    b)     c) 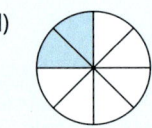    d) 

**Lösung:**
a) Es sind 5 gleich große Teile. 1 Teil ist blau. Also ist $\frac{1}{5}$ des Rechtecks blau.

b) Es sind 6 gleich große Teile. 1 Teil ist blau. Also ist $\frac{1}{6}$ des Kreises blau.

c) Es sind 9 gleich große Teile. 4 Teile sind blau. Also sind $\frac{4}{9}$ des Quadrats blau.

d) Es sind 8 gleich große Teile. 2 Teile sind blau. Also sind $\frac{2}{8}$ des Kreises blau.

## Basisaufgaben

1. Ein Ganzes wurde in gleich große Teile geteilt. Ein Teil davon wurde jeweils blau gefärbt. Gib diesen Anteil als Bruch an.

a) 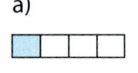    b) 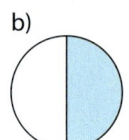    c) 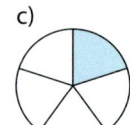    d)     e)

## 1.1 Anteile von einem Ganzen – Brüche

2. Gib den blau gefärbten Anteil als Bruch an.

   a) 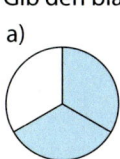  b) 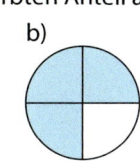  c) 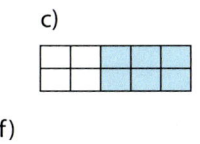  d) 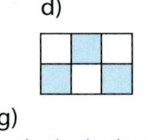  e)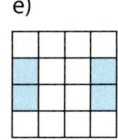

   f)   g)

   Hinweis zu 2:
   Hier findest du die Lösungen.

3. Gib zum blau gefärbten Anteil einen Bruch an. Bestimme auch den gelb gefärbten Anteil.

   a)   b)   c)   d)  e)

## Brüche zeichnerisch darstellen

**Beispiel 2:**

a) Zeichne die Figur ab. Färbe $\frac{1}{4}$ davon rot.

b) Zeichne die Figur ab. Färbe $\frac{3}{5}$ davon gelb.

**Lösung:**

a) $\frac{1}{4}$ heißt, dass das Quadrat zuerst in 4 gleich große Teile zerlegt wird. Dann wird 1 Teil davon rot gefärbt.

b) $\frac{3}{5}$ bedeutet, dass das Rechteck zuerst in 5 gleich große Teile zerlegt wird. Dann werden 3 Teile davon gelb gefärbt.

**Hinweis:**
In der Lösung zu a) und b) siehst du nur eine passende Zerlegung. Es gibt auch andere Möglichkeiten.

## Basisaufgaben

4. Zeichne die Figuren ab.

   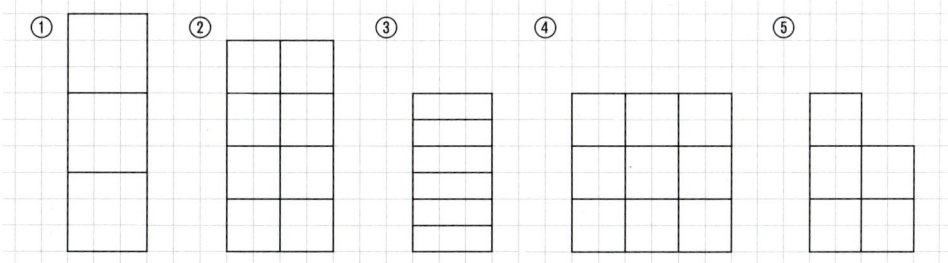

   a) Ordne zu, mit welcher Figur du $\frac{1}{3}, \frac{1}{9}, \frac{1}{8}, \frac{1}{5}$ und $\frac{1}{6}$ darstellen kannst.

      Schreibe den Bruch neben die Figur und färbe den Anteil.

   b) Zeichne auch $\frac{4}{8}, \frac{5}{6}$ und $\frac{3}{5}$ jeweils in eine der Figuren ein.

   c) Welche der Anteile $\frac{4}{6}, \frac{2}{7}, \frac{7}{9}$ und $\frac{3}{10}$ lassen sich nicht mit den Figuren darstellen?

5. Zeichne zu jeder Teilaufgabe ein Rechteck mit 12 Kästchen Länge und 5 Kästchen Breite. Teile in gleich große Teile auf und färbe dann den Anteil.

   a) $\frac{1}{2}$     b) $\frac{1}{3}$     c) $\frac{1}{6}$     d) $\frac{1}{5}$     e) $\frac{1}{12}$

6. Zeichne zu jeder Teilaufgabe ein Rechteck wie im Bild. Färbe dann den angegebenen Anteil.

   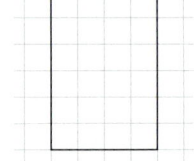

   a) $\frac{3}{4}$     b) $\frac{3}{6}$     c) $\frac{1}{4}$     d) $\frac{5}{6}$

   e) $\frac{2}{3}$     f) $\frac{3}{8}$     g) $\frac{5}{12}$     h) $\frac{7}{24}$

## Weiterführende Aufgaben

7. a) Begründe, warum alle Bilder den Bruch $\frac{3}{4}$ darstellen.

   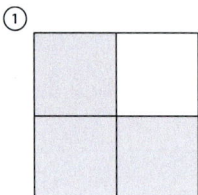 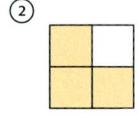 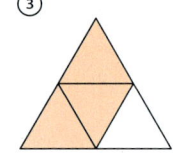 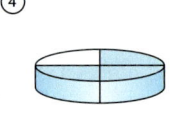 

   b) Erläutere an den Figuren ① und ②, dass der Anteil $\frac{3}{4}$ unterschiedlich groß sein kann.

   c) Finde weitere Möglichkeiten, um $\frac{3}{4}$ darzustellen und zeichne sie in dein Heft.

8. **Durchblick:**

   a) Zeichne zu jeder Aufgabe ein Rechteck mit den Seitenlängen a = 3 cm und b = 4 cm. Färbe dann – wie im Beispiel 2 – den angegebenen Anteil rot. Erläutere dein Vorgehen.

   ① $\frac{2}{3}$     ② $\frac{1}{8}$     ③ $\frac{5}{6}$     ④ $\frac{1}{2}$     ⑤ $\frac{7}{12}$

   b) Welcher Anteil des Rechtecks in a) bleibt jeweils ungefärbt?

9.  **Stolperstelle:** Überprüfe die Zeichnungen und begründe, warum sie richtig oder falsch sind. Zeichne eine richtige Lösung ins Heft.

   a) 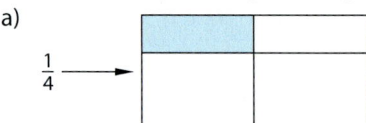     b)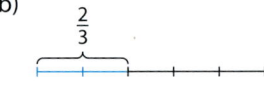

   c) 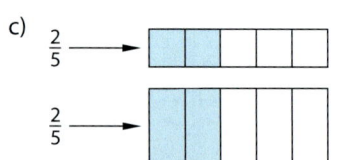     d)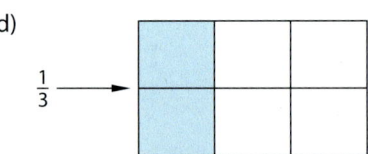

10. Zeichne ein Quadrat mit der Seitenlänge a = 6 cm. Färbe $\frac{1}{6}$ des Quadrats rot. Finde dafür mindestens drei verschiedene Möglichkeiten.

11. Miriam, Petra und Nina teilen sich einen Schokoriegel. Petra sagt: „Nina hat doppelt so viel bekommen wie Miriam oder ich". Welchen Anteil hat Miriam bekommen?

## 1.1 Anteile von einem Ganzen – Brüche

**12.** Wie viele Teile ergeben ein Ganzes?
   a) Zehntel   b) Achtel   c) Siebtel   d) Halbe   e) Drittel

**13.** Welcher Anteil fehlt zu einem Ganzen?
   a) $\frac{2}{3}$   b) $\frac{6}{8}$   c) $\frac{1}{2}$   d) $\frac{1}{9}$   e) $\frac{11}{15}$

**14.** Tom und Max haben mit ihrer Mutter am Sonntag Kuchen gebacken. Max hat am Montag und am Dienstag jeweils ein Stück gegessen, Tom nur am Dienstag eines. Dafür haben ihre Eltern zusammen drei Stücke gegessen. Was am Mittwoch noch vom Kuchen übrig geblieben ist, siehst du rechts.

   a) Aus wie vielen Stücken bestand der Kuchen ursprünglich?
   b) Welchen Anteil am Kuchen haben alle Familienmitglieder zusammen gegessen?
   c) Welchen Anteil haben Max und Tom gegessen?

**15.** Welcher Anteil eines Ganzen könnte dargestellt sein? Gib zwei verschiedene Möglichkeiten an. Übertrage die Figur jeweils in dein Heft und ergänze sie zum Ganzen.

a) 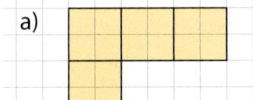   b)    c)    d)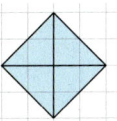

**16.** Welcher Anteil vom gleichen Ganzen ist größer? Begründe mithilfe einer Zeichnung.
   a) $\frac{4}{6}$ oder $\frac{5}{6}$   b) $\frac{1}{4}$ oder $\frac{1}{5}$

**17.**
   a) Welcher Anteil der ganzen Pizza ist in Bild ① und ② dargestellt?
   b) Welcher der beiden Anteile ist größer?
   c) Welcher der folgenden Anteile an einer ganzen Pizza ist am größten, welcher am kleinsten? Begründe mithilfe von Skizzen.
   $\frac{1}{2}$, $\frac{1}{4}$ oder $\frac{3}{8}$
   d) Sven sagt: „Wenn ich viel Pizza möchte, ist der Anteil entscheidend und nicht die Anzahl der Stücke." Was meint er damit? Erkläre.

**18. Ausblick:** Die Flächen stellen jeweils $\frac{1}{3}$ einer Figur dar. Zeichne sie einzeln ab und ergänze sie so, dass ein Ganzes dargestellt wird.

a)    b) 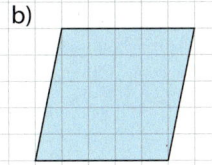   c) 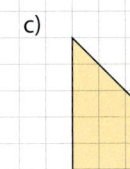   d)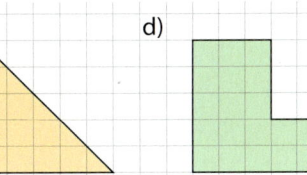

## 1.2 Unechte Brüche und gemischte Zahlen

■ Louise, Johan, Emilia und Frida essen Waffeln. Es gibt noch drei ganze Waffeln und zwei Waffelherzen.
Wie viele einzelne Waffelherzen gibt es noch? Wie viele Herzen bekommt jeder, wenn alle gleich viel essen? Bleibt etwas übrig? ■

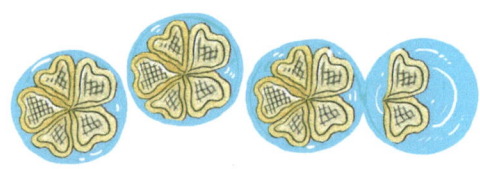

Im Alltag begegnet man Zahlen wie „zweieinhalb":
„Zweieinhalb Liter Milch" sind so viel wie zwei Liter und ein halber Liter Milch.
„Zweieinhalb Brötchen" sind zusammen so viel wie zwei ganze Brötchen und ein halbes oder fünf halbe Brötchen.

> **Wissen: Echte und unechte Brüche**
>
> $\frac{1}{5}, \frac{2}{3}$ und $\frac{7}{10}$ sind Beispiele für **echte Brüche**. Sie sind kleiner als ein Ganzes.
> Bei echten Brüchen ist der Zähler kleiner als der Nenner.
>
> $\frac{5}{2}, \frac{7}{4}$ und $\frac{10}{5}$ sind Beispiele für **unechte Brüche**. Sie sind größer als ein Ganzes oder genauso groß.
>
> Bei unechten Brüchen ist der Zähler größer als der Nenner oder genauso groß.

Unechte Brüche können ein oder mehrere Ganze und damit natürliche Zahlen darstellen, zum Beispiel: $\frac{2}{2} = 1$, $\frac{4}{2} = 2$, $\frac{6}{2} = 3$

Unechte Brüche lassen sich deshalb auch in einer **gemischten Schreibweise** schreiben, zum Beispiel: $\frac{5}{2} = 2 + \frac{1}{2} = 2\frac{1}{2}$

Hinweis:
$2\frac{1}{2}$ liest man „zweieinhalb".
$1\frac{3}{4}$ liest man „eindreiviertel".

> **Wissen: Gemischte Zahlen**
>
> $2\frac{1}{2}$ oder $1\frac{3}{4}$ sind Beispiele für **gemischte Zahlen**. Die gemischte Schreibweise ist eine Kurzschreibweise für die Summe aus einer natürlichen Zahl und einem echten Bruch.

### Gemischte Zahlen in unechte Brüche umwandeln

**Beispiel 1:** Schreibe die gemischte Zahl $2\frac{1}{4}$ als unechten Bruch.

**Lösung:**

$2\frac{1}{4}$ bedeutet 2 Ganze plus $\frac{1}{4}$.

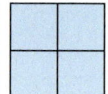 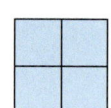 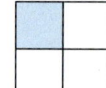

2 Ganze sind $\frac{8}{4}$.
2 Ganze plus $\frac{1}{4}$ sind $\frac{9}{4}$.
Also: $2\frac{1}{4} = \frac{9}{4}$

## 1.2 Unechte Brüche und gemischte Zahlen

### Basisaufgaben

1. Welche Brüche sind dargestellt? Schreibe sie als gemischte Zahl und als unechten Bruch..

   a) 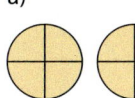  b) 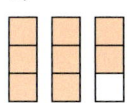  c) 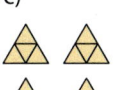  d)   e)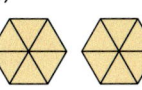

   f) 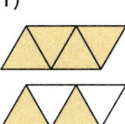  g) 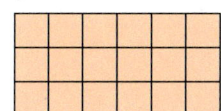  h)

   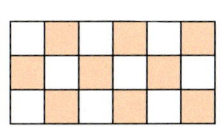

2. Schreibe die gemischte Zahl als unechten Bruch.

   a) $1\frac{1}{4}$   b) $2\frac{1}{3}$   c) $4\frac{1}{2}$   d) $3\frac{6}{10}$   e) $4\frac{4}{5}$

3. Sarah soll $2\frac{1}{6}$ in einen unechten Bruch umwandeln. Sie sagt: „Ich rechne $2 \cdot 6 + 1 = 13$.
   13 ist der Zähler des Bruchs. Den Nenner 6 lasse ich unverändert. $2\frac{1}{6}$ ist gleich $\frac{13}{6}$."
   Prüfe Sarahs Rechenweg mit den gemischten Zahlen aus Aufgabe 2.

4. Gib als unechten Bruch an.

   a) $2\frac{1}{2}$   b) $3\frac{1}{4}$   c) $3\frac{3}{4}$   d) $1\frac{2}{3}$   e) $3\frac{1}{3}$

   f) $4\frac{5}{6}$   g) $2\frac{3}{5}$   h) $3\frac{1}{5}$   i) $4\frac{9}{10}$   j) $1\frac{3}{7}$

   k) $2\frac{5}{7}$   l) $4\frac{3}{14}$   m) $1\frac{3}{100}$   n) $5\frac{21}{100}$   o) $3\frac{57}{100}$

## Unechte Brüche in gemischte Zahlen umwandeln

**Beispiel 2:** Schreibe den unechten Bruch $\frac{8}{3}$ als gemischte Zahl.

**Lösung:**

In $\frac{8}{3}$ sind $\frac{6}{3} = 2$ Ganze enthalten.  $\frac{6}{3}$ sind 2 Ganze.

$\frac{2}{3}$ bleiben übrig.  $\frac{8}{3}$ sind 2 Ganze plus $\frac{2}{3}$.

Also: $\frac{8}{3} = 2\frac{2}{3}$

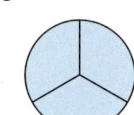 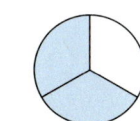

### Basisaufgaben

5. Gib an, wie viele Ganze durch den unechten Bruch dargestellt werden.

   Beispiel: $\frac{3}{3} = 1$, $\frac{6}{3} = 2$, $\frac{9}{3} = 3$

   a) $\frac{4}{2}$   b) $\frac{12}{3}$   c) $\frac{4}{4}$   d) $\frac{25}{5}$   e) $\frac{30}{10}$

   f) $\frac{15}{5}$   g) $\frac{68}{4}$   h) $\frac{25}{25}$   i) $\frac{3}{1}$   j) $\frac{78}{6}$

**Hinweis:**
Brüche, bei denen Zähler und Nenner gleich sind, ergeben immer 1: $\frac{6}{6} = 1$
Brüche, bei denen der Nenner 1 ist, stellen immer Ganze dar: $\frac{6}{1} = 6$

6. Stelle den Bruch grafisch dar. Schreibe den Bruch anschließend als gemischte Zahl.
   a) $\frac{3}{2}$    b) $\frac{5}{3}$    c) $\frac{7}{3}$    d) $\frac{10}{6}$    e) $\frac{13}{4}$

**Tipp:**
Wie viele Vielfache des Nenners passen in den Zähler hinein? Dies ergibt die Ganzen. Der Rest bleibt als echter Bruch übrig.

7. Schreibe den Bruch als gemischte Zahl.
   a) $\frac{5}{2}$    b) $\frac{11}{2}$    c) $\frac{15}{4}$    d) $\frac{21}{4}$    e) $\frac{4}{3}$
   f) $\frac{11}{3}$   g) $\frac{10}{6}$    h) $\frac{7}{5}$    i) $\frac{17}{10}$   j) $\frac{23}{10}$
   k) $\frac{15}{7}$   l) $\frac{29}{14}$   m) $\frac{101}{100}$ n) $\frac{211}{100}$ o) $\frac{491}{100}$

## Weiterführende Aufgaben

8. **Stolperstelle:** Kim stellt die gemischten Zahlen $2\frac{1}{2}$ und $3\frac{1}{3}$ folgendermaßen dar.

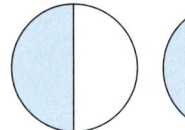 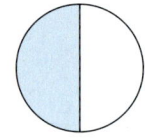   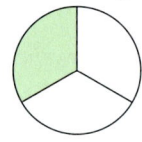 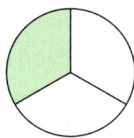 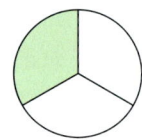

Was hat Kim falsch gemacht? Korrigiere ihren Fehler.

9. **Durchblick:** Vervollständige die fehlenden Angaben im Heft. Beachte die Beispiele 1 und 2.
   a) $4\frac{3}{5} = \frac{\blacksquare}{5}$    b) $\frac{24}{10} = \blacksquare\frac{4}{10}$    c) $\frac{175}{100} = \blacksquare\frac{75}{100}$    d) $2\frac{\blacksquare}{\blacksquare} = \frac{17}{6}$
   e) $\frac{\blacksquare}{\blacksquare} = 3\frac{5}{8}$    f) $\blacksquare\frac{3}{10} = \frac{63}{10}$    g) $7\frac{3}{\blacksquare} = \frac{\blacksquare}{10}$    h) $5\frac{11}{\blacksquare} = \frac{\blacksquare}{12}$

10. Schreibe die natürliche Zahl als Bruch mit dem Nenner 10, danach mit dem Nenner 4.
    a) 3    b) 1    c) 6    d) 10    e) 14    f) 18

11. Stellt der Bruch eine natürliche Zahl dar? Begründe.
    a) $\frac{30}{5}$    b) $\frac{30}{20}$    c) $\frac{64}{2}$    d) $\frac{13}{2}$    e) $\frac{45}{9}$    f) $\frac{84}{7}$

12. Welche der Brüche und gemischten Zahlen sind
    a) weniger als ein Ganzes,
    b) mehr als ein Ganzes und weniger als zwei Ganze,
    c) mehr als zwei Ganze?

13. Wie viel fehlt bis zum nächstgrößeren Ganzen?
    a) $1\frac{1}{2}$    b) $2\frac{3}{4}$    c) $4\frac{1}{3}$    d) $\frac{9}{2}$    e) $\frac{24}{7}$    f) $\frac{59}{10}$

**Hinweis zu 13:** Hier findest du die Lösungen.

14. **Ausblick:**
    a) Dividiere bei den Brüchen den Zähler durch den Nenner. Manchmal bleibt ein Rest.
       ① $\frac{13}{5}$    ② $\frac{32}{8}$    ③ $\frac{29}{7}$    ④ $\frac{37}{10}$
    b) Erläutere den Zusammenhang zwischen der Division mit Rest und der Umwandlung eines unechten Bruchs in eine natürliche oder gemischte Zahl.

# 1.3 Brüche erweitern und kürzen

■ Jette: „Vom Apfelkuchen sind nur noch zwei Stücke übrig. Von der Erdbeertorte noch drei. Aber ich esse doch viel lieber Apfelkuchen."
Mutter: „Aber es ist doch von beiden Kuchen noch ein Viertel übrig. Von beiden Kuchen ist genau gleich viel übrig, Jette."
Hat Jette oder ihre Mutter recht? Begründe. ■

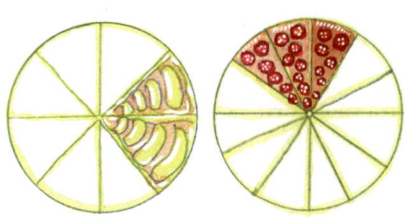

Ein Anteil kann durch verschiedene Brüche beschrieben werden. Durch Verfeinern oder Vergröbern der Einteilung lassen sich zu gleichen Anteilen verschiedene Brüche angeben.

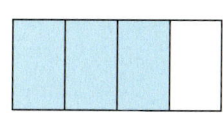 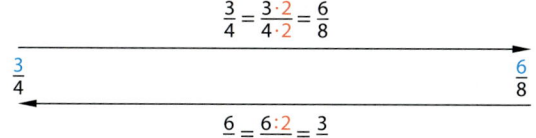

> **Wissen: Erweitern und Kürzen**
> Brüche werden **erweitert**, indem man den Zähler und den Nenner mit derselben Zahl (der Erweiterungszahl) multipliziert.
> Brüche werden **gekürzt**, indem man den Zähler und den Nenner durch dieselbe Zahl (die Kürzungszahl) dividiert.
> Der Wert des Bruches ändert sich dadurch nicht.

Hinweis:
Zu jedem Bruch kannst du durch Erweitern beliebig viele gleichwertige Brüche angeben.

## Brüche erweitern

**Beispiel 1:** Erweitere den Bruch $\frac{2}{7}$ mit 5.

**Lösung:** Multipliziere Zähler und Nenner mit 5.

$$\frac{2}{7} = \frac{2 \cdot 5}{7 \cdot 5} = \frac{10}{35}$$

## Basisaufgaben

1. Schreibe passende Brüche zu den Darstellungen.

a) 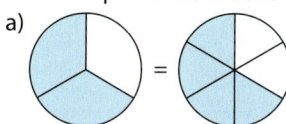    b) 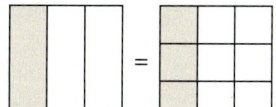    c)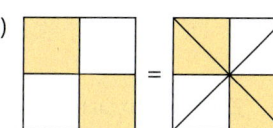

d) 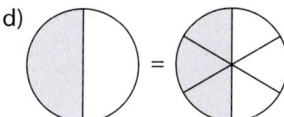    e)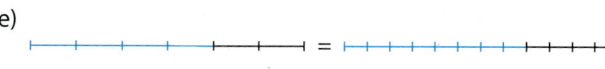

2. Zeichne zur Darstellung von $\frac{1}{3}$ eine verfeinerte Einteilung. Gib dazu den Bruch an. Prüfe, ob es auch andere Verfeinerungen gibt.

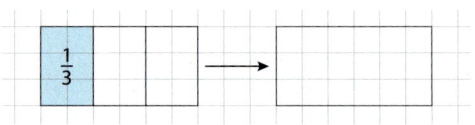

Hinweis zu 3:
Hier findest du die Lösungen.

3. Erweitere den Bruch.
   a) $\frac{1}{2}$ (mit 6)  b) $\frac{2}{3}$ (mit 4)  c) $\frac{4}{5}$ (mit 3)  d) $\frac{3}{7}$ (mit 4)
   e) $\frac{9}{14}$ (mit 4)  f) $\frac{9}{5}$ (mit 4)  g) $\frac{11}{3}$ (mit 7)  h) $\frac{12}{25}$ (mit 8)

4. Übertrage die Tabelle in dein Heft. Erweitere die Brüche jeweils mit der oben angegebenen Erweiterungszahl.

| | 2 | 3 | 5 | 10 |
|---|---|---|---|---|
| $\frac{1}{2}$ | | | | |
| $\frac{3}{4}$ | | | | |
| $\frac{2}{5}$ | | | | |
| $\frac{7}{12}$ | | | | |

## Brüche kürzen

**Beispiel 2:** a) Kürze $\frac{24}{30}$ mit 6.    b) Kürze $\frac{42}{63}$ so weit wie möglich.

**Lösung:** Dividiere Zähler und Nenner durch 6.

a) $\frac{24}{30} = \frac{24:6}{30:6} = \frac{4}{5}$

b) Suche Schritt für Schritt gemeinsame Teiler von Zähler und Nenner. Am Ende stehen im Zähler und Nenner zwei Zahlen, die außer 1 keinen gemeinsamen Teiler haben.

Dividiere Zähler und Nenner durch 7.    Dividiere Zähler und Nenner durch 3.

$\frac{42}{63} = \frac{42:7}{63:7} = \frac{6}{9} = \frac{6:3}{9:3} = \frac{2}{3}$

## Basisaufgaben

5. Schreibe passende Brüche zu den Darstellungen.
   a) 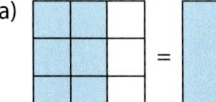  b)  = 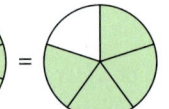  c) 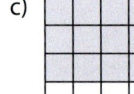 =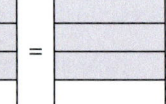

6. Zeichne zur Darstellung von $\frac{6}{8}$ eine vergröberte Einteilung. Gib dazu den Bruch an. Prüfe, ob es auch andere Möglichkeiten der Vergröberung gibt.

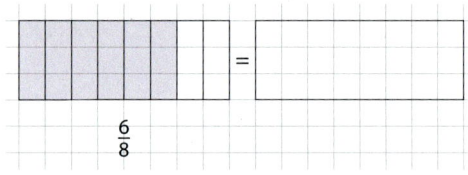

## 1.3 Brüche erweitern und kürzen

**7.** Kürze jeweils

a) mit 2: $\frac{4}{6}, \frac{8}{10}, \frac{12}{14}, \frac{24}{36}, \frac{84}{100}$

b) mit 3: $\frac{3}{9}, \frac{12}{18}, \frac{9}{15}, \frac{42}{45}, \frac{27}{18}$

c) mit 5: $\frac{15}{25}, \frac{45}{60}, \frac{15}{40}, \frac{10}{60}, \frac{15}{35}$

d) mit 8: $\frac{8}{16}, \frac{24}{56}, \frac{16}{64}, \frac{32}{48}, \frac{40}{16}$

e) mit 6: $\frac{6}{12}, \frac{24}{18}, \frac{6}{30}, \frac{12}{60}, \frac{18}{6}$

f) mit 9: $\frac{18}{27}, \frac{54}{90}, \frac{36}{45}, \frac{54}{27}, \frac{72}{81}$.

**8.** Übertrage die Tabelle in dein Heft und kürze die angegebenen Brüche jeweils mit der oben angegebenen Kürzungszahl, sofern das möglich ist.

| | 2 | 3 | 4 | 5 |
|---|---|---|---|---|
| $\frac{60}{84}$ | | | | |
| $\frac{40}{120}$ | | | | |
| $\frac{48}{88}$ | | | | |
| $\frac{50}{55}$ | | | | |

**9.** Kürze den Bruch so weit wie möglich.

a) $\frac{16}{20}$  b) $\frac{6}{28}$  c) $\frac{24}{36}$  d) $\frac{64}{48}$  e) $\frac{9}{24}$  f) $\frac{40}{100}$

g) $\frac{36}{54}$  h) $\frac{120}{96}$  i) $\frac{124}{120}$  j) $\frac{36}{144}$  k) $\frac{105}{63}$  l) $\frac{180}{360}$

# Weiterführende Aufgaben

**10.** In den Bildern ist das Erweitern oder das Kürzen eines Bruchs dargestellt. Gib die passenden Brüche und die Erweiterungs- oder die Kürzungszahl an.

a) 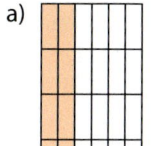 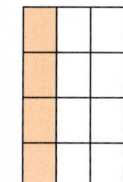   b) 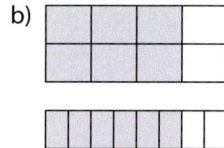   c)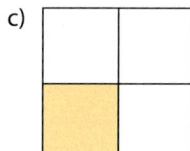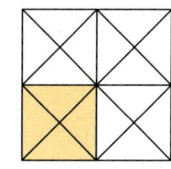

**11.** Erweitere den Bruch so, dass der Nenner 24 ist. Gib die Erweiterungszahl an.

a) $\frac{1}{2}$  b) $\frac{5}{3}$  c) $\frac{1}{4}$  d) $\frac{7}{6}$  e) $\frac{3}{8}$  f) $\frac{17}{12}$

**12.** Kürze den Bruch so, dass der Nenner 3 ist. Gib die Kürzungszahl an.

a) $\frac{4}{6}$  b) $\frac{6}{9}$  c) $\frac{18}{27}$  d) $\frac{33}{33}$  e) $\frac{27}{81}$  f) $\frac{96}{72}$

**13. Durchblick:** Vervollständige im Heft. Gib die Erweiterungs- oder die Kürzungszahl an.

a) $\frac{3}{4} = \frac{\blacksquare}{12}$  b) $\frac{36}{\blacksquare} = \frac{9}{10}$  c) $\frac{\blacksquare}{28} = \frac{1}{4}$  d) $\frac{15}{25} = \frac{\blacksquare}{5}$

e) $\frac{\blacksquare}{56} = \frac{3}{8}$  f) $\frac{2}{3} = \frac{16}{\blacksquare}$  g) $\frac{5}{6} = \frac{15}{\blacksquare}$  h) $\frac{81}{45} = \frac{\blacksquare}{5}$

i) $\frac{12}{\blacksquare} = \frac{3}{7}$  j) $\frac{\blacksquare}{24} = \frac{3}{2}$  k) $\frac{5}{8} = \frac{35}{\blacksquare}$  l) $\frac{12}{13} = \frac{\blacksquare}{156}$

**Erinnere dich:**
Bei echten Brüchen ist der Zähler kleiner als der Nenner.

**14.** Gib alle echten Brüche mit dem Nenner 12 an, die nicht gekürzt werden können.

**15. Stolperstelle:** Timo hat so weit wie möglich gekürzt, aber Fehler gemacht. Kontrolliere seine Lösungen und korrigiere sie gegebenenfalls.

a) $\frac{18}{27} = \frac{2}{3}$  b) $\frac{30}{44} = \frac{10}{11}$  c) $\frac{4}{12} = \frac{1}{4}$  d) $\frac{15}{42} = \frac{5}{14}$

e) $\frac{25}{45} = \frac{5}{45}$  f) $\frac{35}{56} = \frac{5}{7}$  g) $\frac{21}{126} = \frac{7}{42}$  h) $\frac{28}{200} = \frac{7}{25}$

**16.** a) Kürze die Brüche rechts zunächst mit 2 und dann so weit wie möglich.
b) Kürze die Brüche rechts zunächst mit 3 und dann so weit wie möglich.
c) Vergleiche die Rechenwege und Ergebnisse in a) und b). Formuliere deine Erkenntnis in einem Satz.

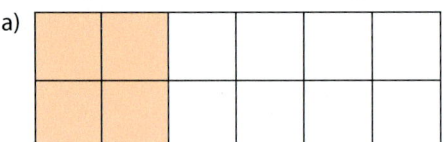
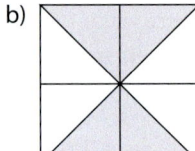
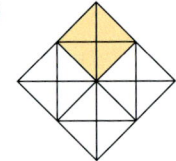

**17.** Gib drei passende Brüche für den gefärbten Anteil an.

a)   b)   c)

**18.** Gib zu dem Bruch drei verschiedene gleichwertige Brüche an.

a) $\frac{1}{5}$  b) $\frac{4}{3}$  c) $\frac{7}{14}$  d) $\frac{30}{70}$  e) $\frac{48}{72}$  f) $\frac{55}{22}$

**19.** Gib zu dem Bruch einen gleichwertigen Bruch mit dem Nenner 100 an.

a) $\frac{1}{10}$  b) $\frac{2}{4}$  c) $\frac{30}{25}$  d) $\frac{36}{300}$  e) $\frac{36}{48}$  f) $\frac{21}{150}$

**20.** Prüfe durch Erweitern oder Kürzen, ob die beiden Brüche den gleichen Wert haben.

a) $\frac{2}{12}$ und $\frac{8}{48}$  b) $\frac{3}{12}$ und $\frac{1}{3}$  c) $\frac{36}{54}$ und $\frac{49}{63}$  d) $\frac{40}{50}$ und $\frac{72}{96}$

**21.** Finde passende Brüche.
a) Gesucht ist ein Bruch, den man mit 3, aber nicht mit 6 kürzen kann.
b) Gesucht ist ein Bruch, den man auf den Nenner 10 erweitern kann.
c) Gesucht ist ein Bruch mit einem dreistelligen Nenner, der gleich einem Viertel des Ganzen ist.
d) Gesucht ist ein Bruch mit einem zweistelligen Zähler und einem dreistelligem Nenner, der gleichwertig zu $\frac{2}{3}$ ist.

**22. Ausblick:**
a) Kürze die Brüche so weit wie möglich:  ① $\frac{54}{81}$  ② $\frac{66}{42}$  ③ $\frac{36}{108}$
b) Schreibe für jeden Bruch die Teiler des Zählers und die Teiler des Nenners auf.
c) Schreibe für jeden Bruch alle Zahlen auf, mit denen der Bruch gekürzt werden kann.
d) Kürze die Brüche mit der größtmöglichen Zahl und vergleiche die Ergebnisse mit a).
e) Vervollständige den Satz: „Man kann einen Bruch so weit wie möglich kürzen, indem man …" Verwende den Begriff Teiler.

# 1.4 Brüche vergleichen und ordnen

■ Hier siehst du verschiedene Flaggen. Welche Flagge hat den größten Anteil Rot? Bei welcher Flagge ist der Anteil am kleinsten? ■

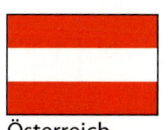
Österreich

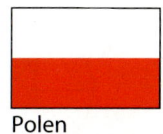
Polen

Niederlande

Madagaskar

## Brüche gleichnamig machen und vergleichen

Um Brüche vergleichen zu können, müssen sie den gleichen Nenner haben. Ist dies nicht der Fall, dann erweitert oder kürzt man die Brüche so, dass sie einen **gemeinsamen Nenner** haben:

$\frac{3}{5} = \frac{6}{10}$

$\frac{1}{2} = \frac{5}{10}$

Man nennt dies auch **gleichnamig machen**.

Jetzt kann man vergleichen:

$\frac{6}{10} > \frac{5}{10}$, also ist $\frac{3}{5} > \frac{1}{2}$.

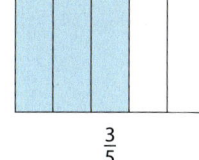
$\frac{3}{5}$

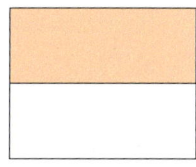
$\frac{1}{2}$

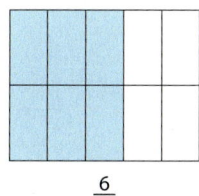
$\frac{6}{10}$

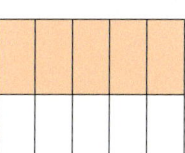
$\frac{5}{10}$

> **Wissen: Brüche vergleichen**
> Bei **Brüchen mit dem gleichen Nenner** ist der Bruch größer, der den größeren Zähler hat.
>
> **Brüche mit unterschiedlichen Nennern** werden zuerst durch Erweitern oder Kürzen **gleichnamig gemacht** und dann verglichen.

**Beispiel 1:** Bringe auf einen gemeinsamen Nenner und vergleiche die Brüche.

a) $\frac{2}{3}$ und $\frac{7}{9}$

b) $\frac{4}{5}$ und $\frac{7}{8}$

**Lösung:**

a) Hier kann 9 als gemeinsamer Nenner gewählt werden. Erweitere $\frac{2}{3}$ mit 3. Vergleiche dann die Zähler.

$\frac{2}{3} = \frac{2 \cdot 3}{3 \cdot 3} = \frac{6}{9}$

$\frac{6}{9} < \frac{7}{9}$, also ist $\frac{2}{3} < \frac{7}{9}$.

b) Erweitere die Brüche jeweils mit dem Nenner des anderen Bruchs. Erweitere also $\frac{4}{5}$ mit 8 und $\frac{7}{8}$ mit 5. Der gemeinsame Nenner ist 40. Vergleiche dann die Zähler.

$\frac{4}{5} = \frac{4 \cdot 8}{5 \cdot 8} = \frac{32}{40}$ und $\frac{7}{8} = \frac{7 \cdot 5}{8 \cdot 5} = \frac{35}{40}$

$\frac{32}{40} < \frac{35}{40}$, also ist $\frac{4}{5} < \frac{7}{8}$.

**Hinweis:** Man kann immer auf das Produkt der Nenner erweitern wie bei b). Wenn man einen kleineren gemeinsamen Nenner findet, sind die Rechnungen aber einfacher wie bei a).

## Basisaufgaben

1. Gib an, welche Brüche dargestellt sind. Vergleiche sie.

   a) 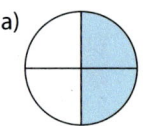 b) 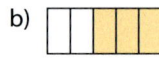 c)

2. Vergleiche die Brüche mithilfe von Zeichnungen wie in Aufgabe 1.
   a) $\frac{3}{5}$ und $\frac{4}{5}$   b) $\frac{3}{4}$ und $\frac{2}{3}$   c) $\frac{3}{4}$ und $\frac{7}{12}$   d) $\frac{2}{3}$ und $\frac{3}{5}$   e) $\frac{7}{8}$ und $\frac{3}{4}$

3. Vergleiche die Brüche.
   a) $\frac{2}{5}$ und $\frac{3}{5}$   b) $\frac{7}{9}$ und $\frac{4}{9}$   c) $\frac{5}{12}$ und $\frac{10}{12}$   d) $\frac{6}{2}$ und $\frac{1}{2}$   e) $\frac{12}{3}$ und $\frac{17}{3}$

4. Übertrage ins Heft. Setze das richtige Zeichen <, > oder = ein.
   a) $\frac{3}{4} \square \frac{4}{8}$   b) $\frac{1}{8} \square \frac{5}{24}$   c) $\frac{3}{10} \square \frac{1}{2}$   d) $\frac{14}{18} \square \frac{7}{9}$   e) $\frac{15}{21} \square \frac{8}{14}$
   f) $\frac{6}{7} \square \frac{3}{4}$   g) $\frac{3}{8} \square \frac{4}{7}$   h) $\frac{3}{4} \square \frac{5}{8}$   i) $\frac{11}{18} \square \frac{4}{6}$   j) $\frac{7}{8} \square \frac{9}{10}$
   k) $\frac{3}{2} \square \frac{7}{4}$   l) $\frac{10}{12} \square \frac{40}{48}$   m) $\frac{3}{8} \square \frac{2}{7}$   n) $\frac{1}{32} \square \frac{1}{64}$   o) $\frac{13}{20} \square \frac{31}{50}$

5. Gib die dargestellten Brüche an und ordne sie der Größe nach.

   a) 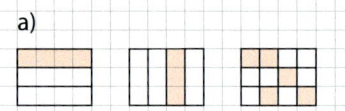 b) 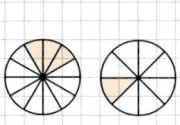 c)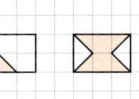

6. Bringe die Brüche auf einen gemeinsamen Nenner und ordne sie. Beginne mit dem kleinsten Bruch.
   a) $\frac{2}{3}, \frac{4}{9}, \frac{1}{3}$   b) $\frac{5}{8}, \frac{1}{2}, \frac{3}{4}, \frac{7}{8}$   c) $\frac{8}{4}, \frac{7}{10}, \frac{1}{4}, \frac{1}{2}, \frac{4}{5}$   d) $\frac{3}{4}, \frac{3}{2}, \frac{3}{3}, \frac{3}{5}$

## Brüche am Zahlenstrahl darstellen und vergleichen

Jedem Bruch lässt sich genau ein Punkt auf dem Zahlenstrahl zuordnen.

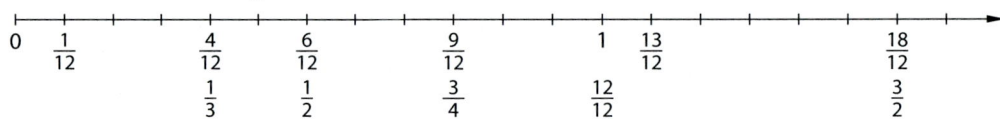

> **Wissen: Brüche auf dem Zahlenstrahl**
> Auf dem Zahlenstrahl liegt der **kleinere von zwei Brüchen immer links** vom anderen Bruch.
>
> Brüche, die durch Erweitern oder Kürzen auseinander hervorgehen, gehören zu demselben Punkt auf dem Zahlenstrahl. Sie bezeichnen dieselbe **Bruchzahl**.

## 1.4 Brüche vergleichen und ordnen

**Beispiel 2:** Zeichne die Brüche $\frac{2}{3}$ und $\frac{3}{4}$ auf dem Zahlenstrahl ein und vergleiche sie.

**Lösung:**
Teile Strecke von 0 bis 1 durch Skalenstriche in 3 beziehungsweise in 4 gleich große Teile und zeichne die Brüche ein.

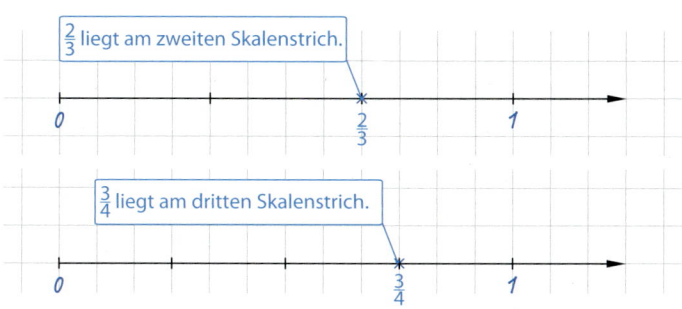

Am Zahlenstrahl liegt die kleinere von zwei Zahlen links. Also ist $\frac{2}{3} < \frac{3}{4}$.

## Basisaufgaben

7. Lies die markierten Brüche ab.
   a)    b)

8. ① 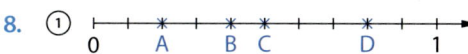   ②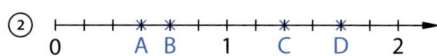
   a) In wie viele gleiche Teile ist die Strecke zwischen 0 und 1 jeweils unterteilt?
   b) Gib für jeden markierten Punkt auf den Zahlenstrahlen zwei Brüche an.

9. Gib für jeden markierten Punkt einen Bruch und – falls möglich – eine gemischte Zahl an.
   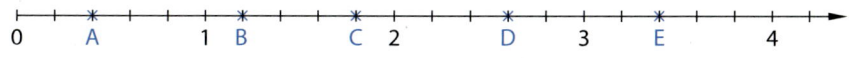

10. a) Lies den Bruch am Punkt A ab.
    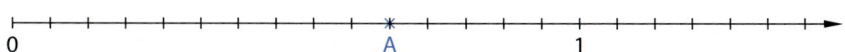
    
    b) Zeichne einen Zahlenstrahl wie in a). Markiere darauf jeweils die zwei folgenden Brüche und vergleiche sie.
    ① $\frac{3}{15}$ und $\frac{1}{5}$   ② $\frac{7}{15}$ und $\frac{2}{5}$   ③ $\frac{2}{3}$ und $\frac{4}{5}$   ④ $\frac{19}{15}$ und $\frac{4}{3}$
    
    c) Markiere auf deinem Zahlenstahl die gemischten Zahlen $1\frac{1}{15}$ und $1\frac{2}{5}$. Vergleiche sie ebenfalls.

11. Markiere die Brüche auf einem geeigneten Zahlenstrahl.
    a) $\frac{2}{5}, \frac{4}{5}, \frac{6}{5}$   b) $\frac{1}{6}, \frac{5}{6}, \frac{7}{6}, \frac{11}{6}$   c) $\frac{1}{12}, \frac{2}{3}, \frac{1}{2}, \frac{5}{12}$   d) $\frac{2}{5}, \frac{1}{3}, \frac{4}{5}$

**Erinnere dich:**
Gemischte Zahlen bestehen aus einer natürlichen Zahl und einem echten Bruch, z. B. $2\frac{1}{6}$.

## Weiterführende Aufgaben

12. a) Gib alle Brüche mit dem Nenner 5 an, die größer als $\frac{3}{5}$ und kleiner als 2 sind.
    b) Gib alle Brüche mit dem Nenner 2 an, die größer als 2 und kleiner als $\frac{10}{2}$ sind.

Hinweis zu 13:
Hier findest du die Lösungen. Vorsicht: Eine Zahl ist zuviel angegeben.

$\frac{1}{12}$  $\frac{11}{12}$
$\frac{6}{12}$  $\frac{9}{12}$
$\frac{3}{12}$  $\frac{10}{12}$

13. Setze für ■ einen Bruch mit dem Nenner 12 so ein, dass eine wahre Aussage entsteht.
    a) $\frac{5}{12} < ■ < \frac{7}{12}$  b) $0 < ■ < \frac{1}{6}$  c) $\frac{2}{3} < ■ < \frac{11}{12}$  d) $\frac{5}{6} < ■ < 1$

14. **Stolperstelle:** Anton, Moritz und Jasper wollten begründen, warum $\frac{1}{3}$ kleiner als $\frac{1}{4}$ ist. Was ist an ihren Begründungen jeweils falsch?

    a) Anton: *Am gefärbten Anteil sieht man $\frac{1}{3} < \frac{1}{4}$.*

    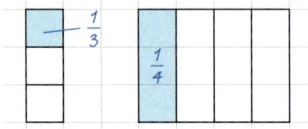

    b) Moritz: *Der kleinere Bruch liegt am Zahlenstrahl weiter links. Also ist $\frac{1}{3} < \frac{1}{4}$.*

    c) Jasper: $\frac{1}{3} < \frac{1}{4}$, da $3 < 4$.

15. Rechnen ist nicht immer nötig. Du kannst auch argumentieren.
    a) Liegt der Bruch im blauen, roten, grünen oder schwarzen Bereich des vorgegebenen Zahlenstrahls? $\frac{3}{5}, \frac{2}{7}, \frac{17}{10}, \frac{7}{8}, \frac{7}{12}, \frac{6}{17}, \frac{15}{13}, \frac{13}{11}$

    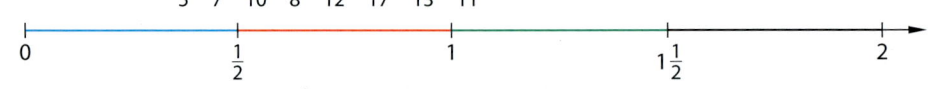

    b) Durch Vergleich mit 1 oder $\frac{1}{2}$ kannst du manchmal ganz leicht erkennen, welcher der Brüche der größere ist. Vergleiche die Brüche.
    ① $\frac{3}{5}$ und $\frac{2}{7}$   ② $\frac{13}{11}$ und $\frac{7}{8}$   ③ $\frac{6}{17}$ und $\frac{7}{12}$   ④ $\frac{15}{13}$ und $\frac{17}{10}$

16. **Durchblick:** Ordne die Brüche der Größe nach. Erläutere dein Vorgehen. Du kannst dich an Beispiel 1 orientieren.
    a) $\frac{7}{13}$ und $\frac{11}{13}$   b) $\frac{1}{6}$ und $\frac{5}{42}$   c) $\frac{5}{3}$ und $\frac{29}{32}$   d) $\frac{11}{16}$ und $\frac{7}{12}$
    e) $\frac{6}{15}, \frac{15}{15}, \frac{9}{15}$   f) $\frac{9}{12}, \frac{5}{6}, \frac{4}{5}$   g) $\frac{3}{5}, \frac{14}{25}, \frac{9}{8}$   h) $\frac{1}{2}, \frac{11}{12}, \frac{2}{11}$

17. Überprüfe folgende Aussage an Beispielen.
    „Haben zwei Brüche den gleichen Zähler, dann ist derjenige der kleinere Bruch, der den größeren Nenner hat."
    Ist die Aussage immer richtig? Begründe mithilfe von Zeichnungen.

## 1.4 Brüche vergleichen und ordnen

18. Gib jeweils Beispiele an und erläutere deine Lösungen.
    a) Zwei Brüche, bei denen man nur den Zähler betrachten muss, um sie zu vergleichen.
    b) Drei Brüche, von denen einer kleiner als 1, einer gleich 1 und einer größer als 1 ist.
    c) Zwei Brüche, die man ohne zu rechnen vergleichen kann.
    d) Zwei Brüche, die man gut an einem Zahlenstrahl vergleichen kann.

19. **Gemischte Zahlen vergleichen:** Thea möchte $2\frac{1}{6}$ und $2\frac{2}{5}$ vergleichen. Sie meint: „Da die Ganzen gleich sind, muss ich nur die echten Brüche vergleichen."
    a) Erläutere, was Thea meint, und führe den Vergleich durch.
    b) Übertrage ins Heft. Setze das richtige Zeichen < oder > ein.
       ① $3\frac{7}{10}$ ■ $3\frac{1}{2}$   ② $9\frac{3}{7}$ ■ $9\frac{2}{5}$   ③ $8\frac{2}{7}$ ■ $3\frac{3}{5}$   ④ $1\frac{9}{13}$ ■ $6\frac{1}{12}$
    c) Halte einen Vortrag, wie man zwei gemischte Zahlen vergleichen kann. Erläutere dein Vorgehen an Beispielen.

20. a) Vergleiche die unechten Brüche, indem du sie auf den gleichen Nenner bringst.
       ① $\frac{5}{3}$ und $\frac{7}{2}$   ② $\frac{23}{7}$ und $\frac{12}{5}$   ③ $\frac{35}{3}$ und $\frac{71}{6}$   ④ $\frac{21}{4}$ und $\frac{63}{12}$
    b) Vergleiche die unechten Brüche, indem du sie als gemischte Zahlen schreibst.
    c) Welches Verfahren ist einfacher. Begründe deine Meinung.

21. Übertrage ins Heft und setze das richtige Zeichen <, > oder = ein. Begründe deine Entscheidung.
    a) $\frac{2}{7}$ ■ $\frac{5}{7}$   b) $\frac{3}{3}$ ■ 1   c) $2\frac{1}{3}$ ■ $\frac{6}{3}$   d) $\frac{4}{7}$ ■ $\frac{4}{3}$   e) $\frac{2}{5}$ ■ $\frac{2}{7}$

22. Notiere, welcher Bruch auf dem Zahlenstrahl in der Mitte zwischen den beiden Brüchen liegt. Der Zahlenstrahl rechts kann dir dabei helfen.
    a) $\frac{2}{20}$ und $\frac{4}{20}$   b) $\frac{1}{4}$ und $\frac{3}{4}$   c) $\frac{6}{20}$ und $\frac{10}{20}$
    d) $\frac{1}{20}$ und $\frac{7}{20}$   e) $\frac{1}{4}$ und $\frac{17}{20}$   f) $\frac{1}{2}$ und $\frac{9}{10}$

23. a) Trage die Brüche und gemischten Zahlen an einem geeigneten Zahlenstrahl ein.
       $\frac{1}{2}, \frac{18}{12}, \frac{5}{6}, \frac{4}{4}, 1\frac{1}{2}, \frac{6}{12}, 1\frac{9}{12}, \frac{7}{4}, \frac{3}{3}, \frac{2}{4}, 1\frac{3}{4}, \frac{10}{12}, \frac{9}{6}$
    b) Wie viele verschiedene Bruchzahlen sind es?

24. a) Gib drei Bruchzahlen an, die zwischen $\frac{4}{7}$ und $\frac{5}{7}$ liegen.
    b) Daniel meint: „Ich kann beliebig viele Bruchzahlen angeben, die zwischen $\frac{4}{7}$ und $\frac{5}{7}$ liegen." Hat Daniel recht? Begründe.

    Tipp zu 24a:
    Erweitere die Brüche.

25. **Ausblick:** Martin glaubt in einem Mathematikbuch gelesen zu haben, dass für zwei Brüche $\frac{a}{b}$ und $\frac{c}{d}$ der „Kreuztest" gilt:
    *Kreuztest:* Wenn für die Zähler und Nenner der beiden Brüche a · d < c · b gilt, dann gilt auch $\frac{a}{b} < \frac{c}{d}$.
    a) Führe den Kreuztest mit geeigneten Beispielen durch.
    b) Erläutere, warum dieses Verfahren immer zum Vergleichen zweier Brüche dienen kann.

## 1.5 Brüche als Quotienten

■ Wie viele Muffins können Henry und Theo essen, wenn sie gerecht teilen wollen? Ihre kleine Schwester Janna möchte aber auch Muffins essen.
Wie viel bekommt jeder, wenn alle drei gleich viel erhalten sollen? ■

Beim gerechten Verteilen auf mehrere Personen kann man dividieren.

Um 6 Kuchenstücke auf 3 Personen zu verteilen, rechnet man:  $6 : 3 = 2$
Jede Person bekommt also 2 Stücke Kuchen.

Bei 3 Kuchenstücken und 6 Personen geht die Division nicht auf:  $3 : 6 = 0$ Rest $3$
Die 3 Kuchenstücke müssen halbiert werden.

Jeder bekommt ein halbes Kuchenstück.  $3 : 6 = \frac{3}{6} = \frac{1}{2}$

> **Wissen: Quotienten**
> Den **Quotienten** von zwei natürlichen Zahlen kann man auch als **Bruch** schreiben: $1 : 3 = \frac{1}{3}$

**Beispiel 1:** Gib den Anteil an, den Zara, Lara und Lusia bekommen, wenn sie zwei runde Pizzen gerecht aufteilen wollen. Fertige auch eine Skizze an.

**Lösung:**
Es werden 2 Pizzen auf 3 Kinder aufgeteilt.    Schreibe den Quotienten 2 : 3 als Bruch: $\frac{2}{3}$
Jedes Kind bekommt $\frac{2}{3}$ Pizza.

### Basisaufgaben

1. Bestimme einen Bruch, der angibt, wie viel jedes Kind erhält.
   a) Fünf Lakritzstangen werden an sechs Kinder gerecht aufgeteilt.
   b) Eine Großfamilie mit 5 Kindern und ihren Eltern bestellt 3 Familienpizzen. Beim Essen wird in der Familie immer gerecht geteilt.

Hinweis zu 2:
Hier findest du die natürlichen Zahlen.

2. Schreibe den unechten Bruch als Quotienten und als natürliche Zahl.
   a) $\frac{6}{2}$  b) $\frac{35}{5}$  c) $\frac{3}{3}$  d) $\frac{17}{17}$  e) $\frac{4}{1}$  f) $\frac{1}{1}$

3. Wandle den unechten Bruch durch Division in eine gemischte Zahl um.
   Beispiel: $\frac{13}{4} = 13 : 4 = 12 : 4 + 1 : 4 = 3 + \frac{1}{4} = 3\frac{1}{4}$
   a) $\frac{15}{2}$  b) $\frac{7}{3}$  c) $\frac{31}{4}$  d) $\frac{56}{5}$  e) $\frac{33}{10}$  f) $\frac{117}{100}$

## 1.5 Brüche als Quotienten

4. Bestimme einen Bruch, der zu der Situation passt.
   Gib – wenn möglich – auch als gemischte oder als natürliche Zahl an.
   a) 6 Pfannkuchen werden gerecht an 4 Kinder verteilt.
   b) 3 Kinder teilen sich 6 Schokoriegel und jedes bekommt gleich viel.
   c) Zu Martas Geburtstag hat die Mutter 15 Waffeln gebacken. Es kommen 12 Kinder, die alle großen Waffelhunger haben.

5. Finde Situationen, bei denen etwas geteilt wird und die zu der gemischten Zahl $1\frac{2}{3}$ passen.

## Weiterführende Aufgaben

6. **Durchblick:** Vier Kinder wollen fünf Tafeln Schokolade gerecht aufteilen.
   a) Moritz teilt jede Tafel in vier gleich große Teile. Fertige eine Skizze wie in Beispiel 1 an. Welchen Anteil erhält jeder? Gib als Bruch an.
   b) Lisa sagt: „Du musst doch gar nicht alle Tafeln Schokolade zerteilen." Woran denkt Lisa?
   c) Gib den Anteil als gemischte Zahl an.

7. **Stolperstelle:** Was meinst du zu der Behauptung? Begründe deine Meinung.
   a) Raiko sagt: „$\frac{0}{3}$ ist 0. Wenn drei Personen Pizza essen wollen, aber keine Pizza da ist, bekommt jeder null Pizzen."
   b) Oskar erwidert: „$\frac{3}{0}$ ist auch 0. Wenn es drei Pizzen gibt, aber keiner ist da, dann kann auch keiner was essen."

8. Die beiden rechts abgebildeten Wiesen sollen in fünf gleich große Grundstücke aufgeteilt werden.
   a) Welchen Anteil an einer Wiese hat jedes Grundstück?
   b) Übertrage die Zeichnung ins Heft und zeichne eine mögliche Aufteilung ein. Jedes Grundstück soll aus einer zusammenhängenden Fläche bestehen.
   c) Kann man so aufteilen, dass alle Grundstücke rechteckig sind?

9. a) Vier Freunde haben sich zwei Pizzen geholt. Wie viel bekommt jeder?
   b) Nun kommt ein fünfter Freund dazu. Wie viel bekommt nun jeder der Freunde?
   c) Wenn sie eine weitere Pizza bestellen – wie viel bekommt dann jeder der fünf Freunde?
   d) Wie ändert sich der Anteil für jeden Einzelnen, wenn weitere Freunde dazu kommen?
   e) Wie ändert sich der Anteil für jeden Einzelnen, wenn sie weitere Pizzen bestellen?
   f) Wie ändert sich der Anteil für jeden Einzelnen, wenn jede weitere Person eine Pizza mitbringt?

10. **Ausblick:** „Ich nehme ein Ganzes, teile es in 8 Teile und nehme 5 davon."
    „Ich nehme 5 Ganze und gebe 8 Kindern gleich viel davon."
    a) Beide Sätze erklären, was $\frac{5}{8}$ bedeutet. Finde jeweils eine Zeichnung für die unterschiedlichen Erklärungen.
    b) Erläutere Gemeinsamkeiten und Unterschiede der Erklärungen.

## 1.6 Anteile von mehreren Ganzen – Anteile von Größen

■ Robin hat mit seinen drei jüngeren Geschwistern Anna, Marie und Merle einen ganzen Nachmittag auf dem Flohmarkt verbracht, um altes Spielzeug zu verkaufen. Am Ende des Tages zählt er die Einnahmen:

„Prima! Zusammen haben wir 63 Euro eingenommen. Allein zwei Drittel des Geldes hat Merles altes Dreirad eingebracht."

Wie viel Geld haben die Geschwister für das Dreirad bekommen? ■

### Anteile von Größen berechnen

Willst du von einer bestimmen Größe einen Anteil berechnen, kannst du zwei Rechenschritte hintereinander ausführen.

> **Wissen: Anteil von Größen berechnen**
> Ist der Anteil an einer Größe als Bruch gegeben, so kann man den Anteil berechnen, indem man die Größe durch den Nenner teilt und das Ergebnis mit dem Zähler multipliziert.

**Beispiel 1:** a) Berechne $\frac{3}{4}$ von 8 kg.   b) Berechne $\frac{3}{8}$ von 1 kg.

**Lösung:**

a) Drei Viertel von … bedeutet:
Teile etwas in **vier** gleich große Teile und nimm **drei** davon.

Das heißt:
Teile 8 kg durch 4.
Multipliziere anschließend das Ergebnis mit 3.

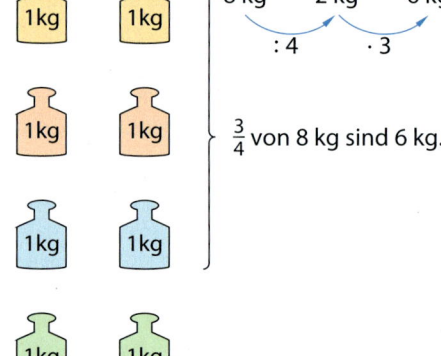

$\frac{3}{4}$ von 8 kg sind 6 kg.

b) Da man 1 kg nicht direkt in acht gleich große Teile teilen kann, wandle 1 kg zunächst in eine kleinere Maßeinheit um.

$\frac{3}{8}$ von 1000 g bedeutet: Teile 1000 g durch 8 und multipliziere anschließend mit 3.

1 kg = 1000 g   125 g   375 g
              : 8      · 3

$\frac{3}{8}$ von 1 kg sind 375 g.

## 1.6 Anteile von mehreren Ganzen – Anteile von Größen

**Basisaufgaben**

1. Zeichne jeweils eine 6 cm lange Strecke. Färbe dann den Anteil an der Strecke.
   Gib die Länge der gefärbten Strecke in cm an.
   a) $\frac{1}{3}$   b) $\frac{2}{3}$   c) $\frac{1}{6}$   d) $\frac{4}{6}$

2. Berechne.
   a) $\frac{1}{2}$ von 8 t   b) $\frac{1}{3}$ von 24 h   c) $\frac{2}{5}$ von 20 cm   d) $\frac{3}{8}$ von 56 €
   e) $\frac{2}{3}$ von 63 cm   f) $\frac{7}{10}$ von 500 g   g) $\frac{7}{9}$ von 27 ℓ   h) $\frac{3}{8}$ von 200 km

3. Zeichne jeweils eine 6 cm lange Strecke. Färbe dann den Anteil an der Strecke.
   Gib die Länge der gefärbten Strecke in mm an.
   a) $\frac{1}{10}$   b) $\frac{4}{5}$   c) $\frac{3}{4}$   d) $\frac{7}{12}$

4. Berechne.
   a) $\frac{1}{5}$ von 1 cm   b) $\frac{1}{10}$ von 1 kg   c) $\frac{1}{4}$ von 2 km   d) $\frac{9}{10}$ von 1 g
   e) $\frac{4}{5}$ von 1 min   f) $\frac{2}{5}$ von 3 €   g) $\frac{2}{3}$ von 5 h   h) $\frac{3}{20}$ von 5 m

5. Berechne die Anteile der gegebenen Größen.
   a) $\frac{3}{4}$ von 200 kg; 16 ℓ; 1 h   b) $\frac{2}{5}$ von 60 kg; 3 min; 8 m   c) $\frac{7}{10}$ von 7 t; 2 ℓ; 40 min

   *Hinweis zu 5:* Hier findest du die Lösungen.

6. Ordne passend zu.
   a) $\frac{3}{5}$, $\frac{3}{4}$, $\frac{2}{3}$, $\frac{3}{10}$, $\frac{2}{5}$ — von 6 Euro sind — 1,80 €; 2,40 €; 3,60 €; 4 €; 4,50 €
   b) $\frac{15}{20}$, $\frac{4}{10}$, $\frac{2}{6}$, $\frac{1}{3}$, $\frac{3}{4}$ — von 3 Stunden sind — 135 min; 72 min; 60 min

7. **Brüche als Maßzahlen:** Schreibe die Größenangabe in der nächstkleineren Einheit.
   Beispiel: $\frac{3}{5}$ kg sind $\frac{3}{5}$ von 1 kg. Rechne daher: 1 kg = 1000 g →:5 200 g →·3 600 g
   $\frac{3}{5}$ kg = 600 g
   a) $\frac{1}{4}$ km   b) $\frac{1}{6}$ h   c) $\frac{1}{5}$ m   d) $\frac{3}{100}$ g
   e) $\frac{2}{5}$ ℓ   f) $\frac{5}{6}$ min   g) $\frac{7}{10}$ t   h) $\frac{4}{5}$ dm

8. Ordne die Größen im linken Kasten den Größen im rechten Kasten richtig zu.
   a) $\frac{1}{5}$ m, $\frac{1}{10}$ m, $\frac{1}{4}$ m, $\frac{1}{20}$ m, $\frac{1}{100}$ m — 5 cm, 10 cm, 20 cm, 25 cm, 1 cm
   b) $\frac{1}{4}$ h, $\frac{1}{3}$ h, $\frac{1}{10}$ h, $\frac{1}{2}$ h, $\frac{1}{12}$ h — 5 min, 6 min, 15 min, 20 min, 30 min

9. **Gemischte Zahlen als Maßzahlen:** Schreibe die Größenangabe in der nächstkleineren Einheit.

Beispiel: $2\frac{3}{4}$ kg = 2 kg + $\frac{3}{4}$ kg = 2000 g + 750 g = 2750 g

a) $2\frac{1}{2}$ cm　　b) $1\frac{5}{8}$ kg　　c) $3\frac{4}{10}$ g　　d) $1\frac{1}{4}$ km　　e) $1\frac{1}{2}$ h

f) $1\frac{1}{10}$ t　　g) $2\frac{1}{6}$ min　　h) $3\frac{2}{5}$ m　　i) $1\frac{3}{8}$ km　　j) $1\frac{3}{20}$ ℓ

10. Ordne die Größen im linken Kasten den Größen im rechten Kasten passend zu.

a)

$1\frac{3}{4}$ h　$2\frac{1}{2}$ h
$3\frac{1}{4}$ h　$2\frac{3}{4}$ h
$1\frac{1}{3}$ h

80 min　105 min
150 min
165 min　195 min

b)

$1\frac{1}{5}$ m
$2\frac{3}{5}$ m　$3\frac{1}{4}$ m
$2\frac{1}{4}$ m　$3\frac{2}{5}$ m

120 cm　225 cm
260 cm　325 cm
340 cm

## Anteile von Größen als Brüche angeben

**Hinweis:**
Beide Größen müssen in der gleichen Einheit angegeben sein. Im Beispiel sind es cm.

**Beispiel 2:** Veranschauliche 4 cm von 10 cm zeichnerisch. Gib diesen Anteil als Bruch an.

**Lösung:**
Eine 10 cm lange Strecke wird in 10 gleich große Teile geteilt, die je 1 cm lang sind. 4 dieser Teile sind zusammen 4 cm.

4 cm von 10 cm sind $\frac{4}{10} = \frac{2}{5}$.

### Basisaufgaben

11. Zeichne wie in Beispiel 2. Gib den Anteil dann als Bruch an.

a) 7 cm von 9 cm　　b) 4 cm von 6 cm　　c) 3 cm von 12 cm

12. Gib zu dem Anteil zwei passende Brüche an.

a) 3 € von 9 €　　b) 8 € von 12 €　　c) 12 € von 15 €

d) 6 € von 8 €　　e) 4 € von 10 €　　f) 5 € von 20 €

13. Gib den Anteil als vollständig gekürzten Bruch an.

a) 10 min von 20 min　　b) 6 h von 10 h　　c) 3 s von 24 s

14. Gib den Anteil als Bruch an. Rechne zunächst in die gleiche Einheit um.

Beispiel: 750 g von 1 kg sind 750 g von 1000 g. Der Anteil ist $\frac{750}{1000} = \frac{3}{4}$.

a) 6 mm von 1 cm　　b) 15 min von 1 h　　c) 700 g von 1 kg
d) 500 m von 3 km　　e) 80 s von 2 min　　f) 75 Cent von 2 €

## 1.6 Anteile von mehreren Ganzen – Anteile von Größen

### Weiterführende Aufgaben

**15.** Berechne die Anteile der Größen.

| | | | | |
|---|---|---|---|---|
| $\frac{1}{10}$ von | 1 t | 2 dm | 40 min | 2,50 € |
| $\frac{5}{8}$ von | 4 kg | 64 km | 2 h | 3,20 € |
| $\frac{4}{5}$ von | 2 kg | 120 m | 1 h | 1 € |

**16. Durchblick:** Ergänze die fehlenden Angaben im Heft. Orientiere dich an den Beispielen 1 und 2.

a) $\frac{1}{4}$ von 80 g sind ■.  b) $\frac{■}{■}$ von 11 m sind 5 m.  c) $\frac{1}{10}$ kg = ■ g

d) $\frac{1}{5}$ von 1 h sind ■.  e) $\frac{■}{7}$ von 140 t sind 80 t.  f) $\frac{5}{8}$ ℓ = ■ mℓ

g) $\frac{7}{16}$ von 8 km sind ■.  h) $\frac{■}{18}$ von 3 h sind 50 min.  i) $\frac{9}{50}$ m = ■ cm

**17.** Gib die Anteile mit einem möglichst einfachen Bruch an.
a) Von 22 Flaschen Saft sind noch 11 voll.
b) Von einem 36 m² großen Hausgiebel sind 24 m² verglast.
c) Von 20 Liter Milch wurden 15 Liter verkauft.
d) Von 28 Schülern kommen 12 mit dem Bus zur Schule.
e) Ein Mensch schläft täglich etwa 8 Stunden.
f) Laura hat im Training 30-mal aufs Tor geworfen. Sie hat 15-mal ins Tor getroffen und zweimal daneben geworfen. 13-mal hat die Torhüterin gehalten.

**18. Stolperstelle:**
a) Beschreibe die Fehler, die Annika gemacht hat, und korrigiere sie.
① $\frac{2}{3}$ von 18 kg sind 27 kg.  ② $\frac{1}{1000}$ g = 1 kg
③ $\frac{2}{5}$ m = 4 cm  ④ 2 mm von 10 cm sind der Anteil $\frac{1}{5}$.

b) Ein Sportreporter berichtet im Radio: „In der Basketball-Bundesliga trennten sich die BG Göttingen und die Baskets Oldenburg 60 zu 90. Damit erzielte Göttingen zwei Drittel aller Körbe." Beschreibe, welchen Fehler der Reporter gemacht hat. Formuliere die Nachricht richtig.

**19.** a) Welcher der beiden Angaben ist jeweils größer? Vergleiche die Brüche.
① $\frac{3}{4}$ kg ■ $\frac{1}{2}$ kg  ② $\frac{1}{4}$ km ■ $\frac{1}{5}$ km  ③ $\frac{4}{5}$ m ■ $\frac{7}{10}$ m
④ $\frac{2}{5}$ min ■ $\frac{1}{3}$ min  ⑤ $\frac{11}{20}$ h ■ $\frac{7}{12}$ h  ⑥ $2\frac{4}{5}$ ℓ ■ $2\frac{3}{4}$ ℓ

b) Kontrolliere deine Ergebnisse aus a), indem du die Größenangaben in eine kleinere Einheit umrechnest.

**20.** a) Bei einer Verlosung auf dem Schulfest gibt es unter 150 Losen 30 Gewinne. Beim Sportfest sind es 100 Lose und 20 Gewinne. Bei welchem Fest ist der Anteil der Gewinne größer?
b) In Linas Klasse sind 26 Schüler, davon sind 13 Mädchen. In Jans Klasse gibt es 10 Mädchen und insgesamt 24 Schüler. In welcher Klasse ist der Anteil der Mädchen größer?
c) In A-Stadt sind 95 von 100 Bussen pünktlich. In B-Stadt kommt jeder zehnte Bus zu spät. In welcher Stadt sind die Busse pünktlicher?

21. Schreibe die Größenangabe mit einem Bruch in der nächstgrößeren Einheit.
    Beispiel: 250 g = $\frac{1}{4}$ kg
    a) 500 m    b) 250 ml    c) 45 min    d) 4 mm    e) 750 kg

22. Schreibe die Größenangabe mit einer gemischten Zahl in der nächstgrößeren Einheit.
    a) 4500 ml    b) 1250 g    c) 2750 mg    d) 75 s    e) 1200 m

23. Die Saison einer Handballmannschaft ist gut gelaufen. Von 36 Spielen hat die Mannschaft zwei Drittel der Spiele gewonnen und nur ein Viertel verloren.
    a) Berechne, wie viele Spiele die Mannschaft gewonnen und verloren hat.
    b) Welchen Anteil haben die Spiele, die unentschieden ausgingen?

24. Ein Geschäft senkt im Schlussverkauf alle Preise um $\frac{2}{5}$. Berechne, um wie viel Euro der Preis gesenkt wird. Gib auch den neuen Preis an.
    a) Jeans: 80 €    b) T-Shirt: 16 €    c) Jacke: 175 €

25. Ein Bauer bringt 400 kg Weizen, 560 kg Roggen und 1 t Gerste zur Mühle. Von der Mühle erhält er jeweils $\frac{5}{8}$ des Getreides als Mehl zurück. Wie viel Kilogramm Weizenmehl, Roggenmehl und Gerstenmehl erhält er?

26. Luise bastelt Schmuck aus Perlen. Eine Halskette besteht aus insgesamt 60 Perlen. Die Grundfarbe soll weiß sein und zusätzlich möchte sie, dass $\frac{1}{5}$ der Perlen rot sind.
    a) Wie viele rote und wie viele weiße Perlen benötigt sie?
    b) Wie könnten die Perlen gleichmäßig auf der Kette verteilt werden? Fertige eine Skizze an.

27. Daniel und Samira sind um 17 Uhr zum Kino verabredet.
    Daniel kommt um 14:15 Uhr nach Hause. Für das Mittagessen braucht er eine halbe Stunde. Dann hat er $1\frac{3}{4}$ h Training auf den Sportplatz nebenan. Für den Weg zum Kino braucht Daniel mit dem Fahrrad 20 Minuten. Wird er pünktlich sein?

28. Ella geht auf den Wochenmarkt und kauft $2\frac{1}{2}$ kg Kartoffeln, $1\frac{1}{4}$ kg Hackfleisch und $2\frac{3}{4}$ kg Äpfel. Welches Gewicht muss sie insgesamt nach Hause tragen? Gib das Gewicht in Gramm und Kilogramm an.

29. **Ausblick:**
    a) Bei einem Straßenlauf erreicht ein Läufer die 10-km-Marke. Daneben steht ein Schild „Zwei Drittel der Strecke geschafft!". Wie lang ist der Straßenlauf insgesamt?
    b) Ergänze die fehlenden Angaben im Heft.
    ① $\frac{1}{4}$ von ■ sind 25 km.    ② $\frac{1}{3}$ von ■ sind 150 kg.    ③ $\frac{3}{5}$ von ■ sind 6 m².
    ④ $\frac{5}{6}$ von ■ sind 60 ml.    ⑤ $\frac{2}{3}$ von ■ sind 1 min.    ⑥ $\frac{8}{9}$ von ■ sind 2 dm.

# Streifzug

## Mischungsverhältnisse

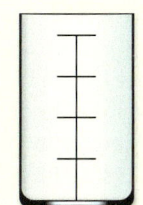
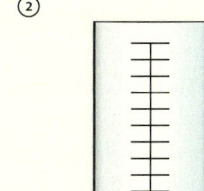

■ Für ein Getränk sollen gemischt werden:
3 Teile Mangopüree, 4 Teile Joghurt, 3 Teile Wasser.
Es stehen zwei Messbecher mit unterschiedlichen Einteilungen zur Verfügung.
Wie kann das Getränk hergestellt werden? ■

Bei Mischungen wird oft angegeben, wie viele Teile der Zutaten verwendet werden.

**Beispiel 1:** Rosa kann man aus den Farben Weiß und Rot mischen.
a) Gib das Mischungsverhältnis von 2 Teilen roter und 6 Teilen weißer Farben an.
b) Gib als Bruch an, welcher Anteil Rot und Weiß in der gemischten Farbe enthalten ist.

**Lösung:**
a)   Das Mischungsverhältnis von Rot zu Weiß ist 2 : 6.

b) 2 von insgesamt 8 Teilen sind rot,  Der Anteil Rot ist $\frac{2}{8}$ und der Anteil Weiß ist $\frac{6}{8}$.
6 von 8 Teilen sind weiß

**Hinweis:**
Bei einer Mischung mit 3 Teilen Saft und 1 Teil Wasser sagt man, die Zutaten stehen im Verhältnis 3 zu 1. Man schreibt dafür auch 3 : 1.

## Aufgaben

1. Gib das Mischungsverhältnis an.

a) 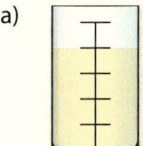  b) 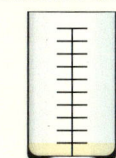  c) 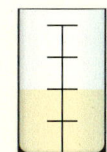  d) 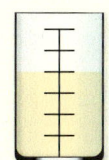  e)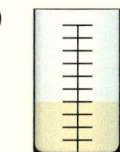

f) Welches Mischungsverhältnis könnte zu einer Zitronenlimonade passen? Begründe.

2. Aus Gelb und Blau können Grüntöne gemischt werden.

| Grünton | Farbton 1 | Farbton 2 | Farbton 3 | Farbton 4 |
|---|---|---|---|---|
| Verhältnis von Gelb zu Blau | 1 zu 5 | 1 zu 1 | 3 zu 5 | 2 zu 1 |

a) Welcher Grünton wird eher heller und welcher dunkler? Ordne alle Grüntöne von hell nach dunkel.
b) Gib für jeden Grünton den Anteil Gelb und den Anteil Blau als Bruch an.
c) Hr. Peerson möchte seine Wohnzimmerwand in dem Farbton 1 streichen. Er benötigt insgesamt 10 Liter Farbe. Berechne, wie viel Liter gelbe und blaue Farbe er kaufen muss.

3. Welche Kärtchen passen zusammen. Ordne zu.

| 200 mℓ Rot 800 mℓ Gelb | Rot und Gelb im Verhältnis 1:2 | $\frac{1}{5}$ Rot und $\frac{4}{5}$ Gelb | Rot und Gelb im Verhältnis 1 : 4 |
| 1 Eimer Rot 2 Eimer Gelb | $\frac{1}{3}$ Rot und $\frac{2}{3}$ Gelb | 5 ℓ Rot und 10 ℓ Gelb | Viermal so viel Gelb wie Rot |

## 1.7 Dezimalzahlen

■ Tim ist Leichtathlet. Seine Bestzeit über 80 m liegt bei rund elfeinhalb Sekunden. Bei einem Wettkampf wurden die folgenden Ergebnisse gemessen: 11,25 s; 10,88 s; 10,50 s; 11,52 s; 11,77 s; 10,99 s; 11,91 s; 11,60 s
Welche Ergebnisse könnten von Tim sein? ■

Erinnere dich:
$1\frac{1}{4}$ ℓ = 1250 mℓ
1,25 ℓ = 1250 mℓ

Dezimalzahlen sind aus dem Alltag bekannt. Statt „$1\frac{1}{4}$ ℓ Milch" sagt man auch „1,25 ℓ Milch".
Der **Bruch** $1\frac{1}{4}$ und die **Dezimalzahl 1,25** sind unterschiedliche Schreibweisen für dieselbe Zahl.

> **Wissen: Dezimalzahlen**
> Zahlen mit einem Komma heißen **Dezimalzahlen**.
> Die Stellen links vom Komma sind die Ganzen.
> Die Zahlen nach dem Komma werden **Dezimalstellen** genannt.
>
> 1,25
> Ganze | Dezimalstellen

Für Dezimalzahlen wird die Stellenwerttafel für die Stellen nach dem Komma erweitert.
Zu den Stellenwerten Einer (E), Zehner (Z), Hunderter (H) kommen neue Stellenwerte hinzu:
Zehntel (z), Hundertstel (h), Tausendstel (t), Zehntausendstel (zt), …
Die Dezimalzahl 1,25 bedeutet dann 1 Einer, 2 Zehntel und 5 Hundertstel.

**Wissen: Stellenwerttafel**

| 100 | 10 | 1 | $\frac{1}{10}$ | $\frac{1}{100}$ | $\frac{1}{1000}$ | |
|---|---|---|---|---|---|---|
| H | Z | E | z | h | t | Dezimalzahl |
|   |   | 1, | 2 |   |   | 1,2 = 1 Einer und $\frac{2}{10}$. |
|   | 1 | 5, | 9 | 8 |   | 15,98 = 1 Zehner, 5 Einer, $\frac{9}{10}$ und $\frac{8}{100}$. |
|   |   | 0, | 1 | 3 | 5 | 0,135 = 0 Einer, $\frac{1}{10}$, $\frac{3}{100}$ und $\frac{5}{1000}$. |

Hinweis:
Lies die Stellen nach dem Komma ziffernweise.
15,98: fünfzehn Komma neun acht

### Dezimalzahlen in Brüche oder gemischte Zahlen umwandeln

**Beispiel 1:** Schreibe als Bruch oder als gemischte Zahl und kürze so weit wie möglich.
a) 0,4    b) 4,26    c) 0,015

**Lösung:**
Lies aus der Stellenwerttafel ab. Fasse dabei die Stellen nach dem Komma zusammen:

| | E | z | h | t |
|---|---|---|---|---|
| a) | 0, | 4 |   |   |
| b) | 4, | 2 | 6 |   |
| c) | 0, | 0 | 1 | 5 |

$0,4 = \frac{4}{10} = \frac{2}{5}$

$4,26 = 4\frac{26}{100} = 4\frac{13}{50}$

$0,015 = \frac{15}{1000} = \frac{3}{200}$

## 1.7 Dezimalzahlen

**Basisaufgaben**

1. Schreibe als Bruch.
   a) 0,1   b) 0,3   c) 0,7   d) 0,03   e) 0,101   f) 0,023

2. Schreibe als gemischte Zahl.
   a) 2,1   b) 1,33   c) 1,73   d) 5,03   e) 10,17   f) 5,051

3. Schreibe als Bruch oder als gemischte Zahl. Kürze, wenn möglich.
   a) 0,2   b) 2,5   c) 3,7   d) 0,12   e) 5,18   f) 6,15
   g) 0,98   h) 10,025   i) 2,88   j) 0,125   k) 4,258   l) 9,089

4. Ordne passend zu und begründe.
   a) 1,6   0,6   0,06   0,16   0,016   0,01
      $1\frac{6}{10}$   $\frac{6}{10}$   $\frac{16}{1000}$   $\frac{16}{100}$   $\frac{1}{100}$   $\frac{6}{100}$
   b) 0,9   2,5   1,5   0,25   0,8   0,375
      $1\frac{1}{2}$   $\frac{4}{5}$   $\frac{1}{4}$   $\frac{3}{8}$   $\frac{9}{10}$   $2\frac{1}{2}$

5. Dezimalzahlen in unechte Brüche umwandeln:
   a) Schreibe erst als gemischte Zahl und dann als unechten Bruch.
      ① 1,3   ② 10,7   ③ 1,23   ④ 9,5   ⑤ 4,44   ⑥ 13,129
   b) Formuliere einen Satz, wie man Dezimalzahlen direkt in Brüche umwandeln kann:
      „Man kann eine Dezimalzahl als (unechten) Bruch schreiben, indem man ..."

## Brüche und gemischte Zahlen in Dezimalzahlen umwandeln

**Beispiel 2:** Schreibe als Dezimalzahl.
a) $\frac{8}{25}$   b) $4\frac{7}{200}$   c) $\frac{18}{300}$   d) $1\frac{3}{15}$

**Lösung:**

a) und b) **Erweitern**
Erweitere den Bruch so, dass der Nenner 10, 100, 1000 ... ist (Zehnerbruch). Schreibe dann das Ergebnis auf.

a) $\frac{8}{25} = \frac{8 \cdot 4}{25 \cdot 4} = \frac{32}{100} = 0{,}32$

b) $4\frac{7}{200} = 4\frac{7 \cdot 5}{200 \cdot 5} = 4\frac{35}{1000} = 4{,}035$

c) **Kürzen**
$\frac{18}{300}$ kannst du durch Kürzen auf einen Zehnerbruch bringen.

c) $\frac{18}{300} = \frac{18 : 3}{300 : 3} = \frac{6}{100} = 0{,}06$

d) **Kürzen und Erweitern**
Manchmal musst du einen Bruch erst kürzen, bevor du ihn auf einen Zehnerbruch erweitern kannst.

d) $1\frac{3}{15} = 1\frac{3:3}{15:3} = 1\frac{1}{5} = 1\frac{1 \cdot 2}{5 \cdot 2} = 1\frac{2}{10} = 1{,}2$

**Hinweis:**
Der Zehnerbruch bestimmt die Anzahl der Nachkommastellen:

Nenner 10:   $\frac{1}{10} = 0{,}1$

Nenner 100:   $\frac{1}{100} = 0{,}01$

Nenner 1000: $\frac{1}{1000} = 0{,}001$

Oder du bestimmst die Nachkommastellen in der Stellenwerttafel:

|    | E  | z | h | t |
|----|----|---|---|---|
| a) | 0, | 3 | 2 |   |
| b) | 4, | 0 | 3 | 5 |
| c) | 0, | 0 | 6 |   |
| d) | 1, | 2 |   |   |

**Basisaufgaben**

6. Schreibe als Dezimalzahl.
   a) $\frac{3}{10}$   b) $\frac{8}{10}$   c) $\frac{7}{100}$   d) $\frac{36}{100}$   e) $\frac{772}{1000}$   f) $\frac{1}{10\,000}$
   g) $4\frac{1}{10}$   h) $3\frac{9}{10}$   i) $2\frac{76}{100}$   j) $5\frac{8}{100}$   k) $6\frac{125}{1000}$   l) $1\frac{73}{1000}$

**Hinweis zu 7:**
Hier findest du die Zahlen, die in die Lücken gehören.

7. Schreibe als Dezimalzahl. Vervollständige die Rechnung im Heft.
   a) $\frac{3}{5} = \frac{\square}{10} = \square$
   b) $\frac{3}{4} = \frac{\square}{100} = \square$
   c) $\frac{9}{50} = \frac{\square}{100} = \square$
   d) $4\frac{5}{20} = 4\frac{\square}{100} = \square$
   e) $\frac{1}{8} = \frac{\square}{1000} = \square$

8. Ordne passend zu und begründe. Die Brüche werden zunächst gekürzt.

   $\left[\frac{9}{30} \quad \frac{105}{500} \quad \frac{150}{600} \quad \frac{28}{140}\right]$ = $\left[\frac{3}{10} \quad \frac{21}{100} \quad \frac{2}{10} \quad \frac{25}{100}\right]$ = $\left[0{,}25 \quad 0{,}2 \quad 0{,}21 \quad 0{,}3\right]$

9. Schreibe als Dezimalzahl. Erweitere oder kürze geschickt.
   a) $\frac{1}{4}$
   b) $6\frac{1}{2}$
   c) $\frac{21}{70}$
   d) $2\frac{124}{200}$
   e) $\frac{7}{8}$
   f) $1\frac{40}{500}$

10. Schreibe als Dezimalzahl. Kürze erst und erweitere dann.
    a) $\frac{9}{15}$
    b) $3\frac{3}{6}$
    c) $\frac{14}{35}$
    d) $1\frac{3}{150}$
    e) $\frac{12}{75}$
    f) $\frac{55}{88}$

11. **Unechte Brüche in Dezimalzahlen umwandeln:**
    a) Schreibe erst als gemischte Zahl und dann als Dezimalzahl.
       ① $\frac{19}{10}$  ② $\frac{135}{10}$  ③ $\frac{276}{100}$  ④ $\frac{909}{100}$  ⑤ $\frac{1002}{1000}$  ⑥ $\frac{5125}{1000}$
    b) Formuliere einen Satz, wie man Zehnerbrüche direkt in Dezimalzahlen umwandeln kann: „Man kann einen (unechten) Zehnerbruch direkt als Dezimalzahl schreiben, indem man …"
    c) Schreibe als Dezimalzahl.
       ① $\frac{14}{5}$  ② $\frac{17}{2}$  ③ $\frac{48}{30}$  ④ $\frac{81}{20}$  ⑤ $\frac{54}{12}$  ⑥ $\frac{99}{75}$

## Weiterführende Aufgaben

12. Gib den farbigen Anteil in Bruch- und in Dezimalschreibweise an.
    a)
    b)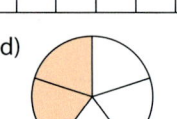
    c)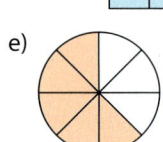
    d)
    e)
    f)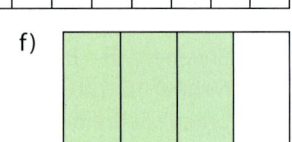

13. Schreibe die Zahl in der Stellenwerttafel als Dezimalzahl, als Bruch und – wenn möglich – als gemischte Zahl.

| | T | H | Z | E | z | h | t | zt |
|---|---|---|---|---|---|---|---|---|
| a) | | | 2 | 1, | 0 | 3 | 2 | |
| b) | 1 | 0 | 3 | 2, | 2 | 1 | | |
| c) | | | | 4, | 6 | 0 | 0 | 1 |
| d) | | | | 0, | 0 | 1 | 0 | 3 |

14. Welche Zahlen sind gleich?

    $\frac{9}{4}$   $2\frac{1}{2}$   $2{,}5$   $\frac{5}{2}$   $2{,}25$   $\frac{225}{100}$   $2{,}50$   $2\frac{5}{10}$

## 1.7 Dezimalzahlen

**15. Durchblick:** Vervollständige die Tabelle im Heft. Du kannst dich an Beispiel 1 und 2 orientieren. Beschreibe dein Vorgehen.

| Gekürzter Bruch | $\frac{9}{50}$ | | | $1\frac{5}{8}$ | |
|---|---|---|---|---|---|
| Zehnerbruch | | $\frac{124}{1000}$ | | | $3\frac{84}{100}$ |
| Dezimalzahl | | | 0,33 | 2,4 | |

**16. Stolperstelle:** Erkläre, welche Fehler Katharina hier gemacht hat.
a) $\frac{47}{10} = 0{,}47$   b) $\frac{7}{5} = 7{,}5$   c) $0{,}80 = \frac{8}{100}$   d) $3\frac{2}{5} = 3{,}25$

**17.** Mit Zahlenfolgen lassen sich Vielfache angeben. Arbeitet zu zweit und übersetzt die Zahlenfolgen – so schnell wie möglich – mündlich in Dezimalzahlen.
a) $\frac{1}{2}, \frac{2}{2}, \frac{3}{2}, \frac{4}{2}, \frac{5}{2}, \ldots$   b) $\frac{1}{10}, \frac{2}{10}, \frac{3}{10}, \frac{4}{10}, \frac{5}{10}, \ldots$   c) $\frac{1}{5}, \frac{2}{5}, \frac{3}{5}, \frac{4}{5}, \frac{5}{5}, \ldots$
d) $\frac{1}{4}, \frac{2}{4}, \frac{3}{4}, \frac{4}{4}, \frac{5}{4}, \ldots$   e) $\frac{1}{25}, \frac{2}{25}, \frac{3}{25}, \frac{4}{25}, \frac{5}{25}, \ldots$   f) $\frac{1}{50}, \frac{2}{50}, \frac{3}{50}, \frac{4}{50}, \frac{5}{50}, \ldots$

**18.** a) Welche Nullen kannst du weglassen und welche nicht? Schreibe die Größenangaben mit möglichst wenig Nullen.
① 1,50 m   ② 3,10 km   ③ 0,008 mg   ④ 100,0700 kg   ⑤ 4,0 s   ⑥ 20,00 cm
b) Formuliere eine Regel, welche Nullen man bei Dezimalzahlen weglassen kann.

**19.** Für einen Kuchen benötigt Sam $\frac{1}{4}$ kg Mehl, $\frac{1}{10}$ kg Butter, $\frac{1}{8}$ ℓ Milch und 3 Eier. Gib die Größen mithilfe von Dezimalzahlen an.

**20.** Die deutsche 4 × 100-m-Staffel der Frauen hat bei der Leichtathletik-Weltmeisterschaft 2013 die Bronze-Medaille knapp verpasst:
1. Jamaika: 41,29 s
2. USA: 42,75 s
3. Großbritannien: 42,87 s
4. Deutschland: 42,90 s

a) Ludwig meint: „Die deutsche Staffel hat 42 Sekunden und 9 Zehntelsekunden gebraucht". Mara meint: „Es waren 42 Sekunden und 90 Hundertstelsekunden." Wer hat recht?
b) Um wie viel Sekunden hat die deutsche Staffel Bronze verpasst?
c) Gib die Zeit der USA-Staffel als gemischte Zahl an.

**21.** Schreibe die Einwohnerzahl ohne Komma. Vergleiche mit Hannover (518 000 Einwohner).
Beispiel: Berlin: 3,50 Mio. = 3 Mio. + 5 HT + 0 ZT = 3 500 000
a) Estland: 1,3 Mio.   b) Island: 0,33 Mio.
c) Luxemburg: 0,55 Mio.   d) Andorra: 0,085 Mio.

*Erinnere dich:*
Mio. = Millionen
HT = Hunderttausend
ZT = Zehntausend
T = Tausend

**22. Ausblick:** Nicht jeder Bruch lässt sich auf einen Zehnerbruch bringen.
Beispiel: $\frac{1}{3}$ lässt sich nur auf $\frac{3}{9}, \frac{33}{99}, \frac{333}{999} \ldots$ erweitern.
Kannst du den Bruch in eine Dezimalzahl umformen? Begründe.
a) $\frac{9}{30}$   b) $\frac{20}{30}$   c) $\frac{10}{45}$   d) $\frac{54}{45}$   e) $\frac{1}{6}$   f) $\frac{50}{11}$

## 1.8 Dezimalzahlen vergleichen und ordnen

■ Julia nahm als Leistungssportlerin an einem 200-m-Lauf teil. Ihre Zeit war 23,15 s. Die Zeiten der anderen Läuferinnen waren:
22,98 s; 23,51 s; 23,05 s; 23,18 s; 23,79 s; 24,05 s; 23,76 s.
Welchen Platz hat Julia belegt?
Welche war die schnellste gelaufene Zeit?
Welche war die langsamste Zeit? ■

### Dezimalzahlen stellenweise vergleichen

**Wissen: Dezimalzahlen vergleichen**
Dezimalzahlen werden **stellenweise** von links nach rechts verglichen. Die Zahl mit dem größeren Stellenwert an der ersten unterschiedlichen Stelle ist größer als die andere Zahl.

**Beispiel 1:** Welche der beiden Zahlen ist kleiner?
a) 2,45 oder 3,41     b) 4,37 oder 4,14     c) 0,125 oder 0,13

**Lösung:**
a) 2,45 < 3,41, denn     b) 4,14 < 4,37, denn     c) 0,125 < 0,13, denn
   2 Einer < 3 Einer.       1 Zehntel < 3 Zehntel.     2 Hundertstel < 3 Hundertstel.

### Basisaufgaben

1. Setze zwischen die Zahlen das richtige Zeichen < oder > ein.
   a) 1,35 ■ 3,15   b) 1,2 ■ 1,1   c) 3,4 ■ 3,7   d) 0,79 ■ 0,97
   e) 3,83 ■ 3,84   f) 3,8 ■ 3,74   g) 1,245 ■ 1,241   h) 1,24 ■ 1,245

2. Welche Zahl ist die kleinste, welche die größte? Begründe deine Wahl.
   a) 0,9; 1,1; 0,7   b) 0,98; 1,01; 0,89   c) 3,02; 2,9; 3,021
   d) 14,1; 13,6; 15,7   e) 4; 4,13; 4,1   f) 7,6; 6,7; 7,06

3. Gib die beiden Nachbarzahlen mit einer Nachkommastelle an, zwischen denen die Zahl liegt.
   Beispiel: 4,5 = 4,50 < 4,56 < 4,60 = 4,6
   a) 3,73   b) 4,82   c) 0,33   d) 1,05   e) 7,94   f) 6,325

4. Ordne die Zahlen der Größe nach. Beginne mit der kleinsten.
   a) 8,3; 8,1; 8,7; 7,8   b) 0,91; 0,19; 0,37; 0,73   c) 0,42; 0,49; 0,43; 0,48
   d) 1,67; 1,7; 1,6; 1,62   e) 4,39; 4,3; 4,387; 4,388   f) 15,01; 14,98; 14,899; 15,001

5. Ordne die Zahlen aus der Stellenwerttafel der Größe nach.

| Z | E | z | h | t |
|---|---|---|---|---|
|   | 4, | 3 | 7 | 8 |
|   | 0, | 5 | 7 |   |
|   | 4, | 9 |   |   |
|   | 4, | 3 | 8 |   |

## 1.8 Dezimalzahlen vergleichen und ordnen

### Dezimalzahlen am Zahlenstrahl darstellen und vergleichen

Bei der Darstellung von Dezimalzahlen teilt man die Strecke für ein Ganzes (ein Zehntel, ein Hundertstel) in 10 gleich große Teile.

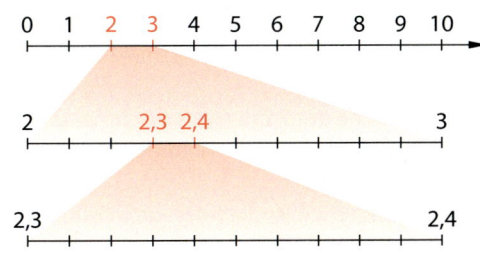

> **Wissen: Dezimalzahlen am Zahlenstrahl vergleichen**
> Auf dem **Zahlenstrahl** liegt die größere von zwei Dezimalzahlen rechts von der anderen Dezimalzahl.

**Beispiel 1:** Markiere die Zahlen auf einem Zahlenstrahl.
a) 0,3 und 0,5  b) 1,6 und 0,7  c) 0,82 und 0,83

**Lösung:**
a) Teile die Strecke von 0 bis 1 in zehn gleich große Teile ein. Die Striche markieren die Zehntel. Zeichne dann 0,3 und 0,5 ein.

b) Zeichne einen Zahlenstrahl von 0 bis 2. Teile jedes Ganze in zehn Teile, also Zehntel.

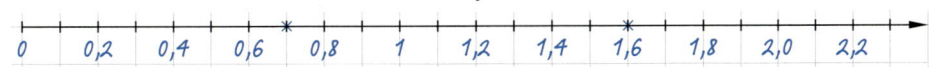

c) Zeichne einen Ausschnitt von 0,8 bis 0,9. Teile das Zehntel von 0,8 bis 0,9 in zehn gleich große Teile – also Hundertstel – ein.

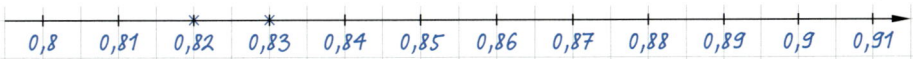

### Basisaufgaben

6. Lies die markierten Zahlen ab.

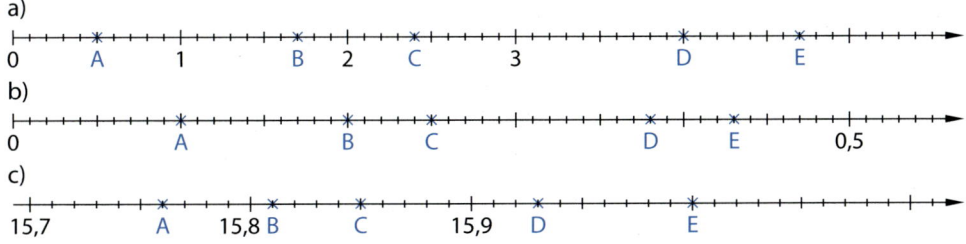

7. Zeichne auf Karopapier einen Zahlenstrahl von 0 bis 2. Wähle für ein Zehntel ein Kästchen. Markiere auf dem Zahlenstrahl 0,2; 0,5; 0,6; 1,1 und 1,8.

8. Zeichne auf Karopapier einen geeigneten Zahlenstrahl. Wähle für ein Zehntel ein Kästchen. Vergleiche dann die Zahlen mithilfe des Zahlenstrahls.
   a) 0,3 und 0,9   b) 1,2 und 2,2   c) 2,4 und 2,25

## Weiterführende Aufgaben

9. **Durchblick:**
   a) Ordne die Zahlen der Größe nach. Du kannst dich an Beispiel 1 orientieren.
      ① 7,04; 7,59; 7,02   ② 3,05; 3,6; 3,19   ③ 72,34; 72,39; 73,3   ④ 45,3; 45,5; 45,1
   b) Welche der Zahlen aus a) kannst du leicht am Zahlenstrahl darstellen? Begründe deine Wahl. Markiere diese Zahlen auf einem geeigneten Zahlenstrahl.

10. **Stolperstelle:** Ist die Aussage richtig oder falsch? Begründe deine Entscheidung.
    a) 3,138 ist größer als 3,14, weil 138 größer ist als 14.
    b) 0,400; 0,4 und 0,004 bezeichnen dieselbe Zahl.
    c) Zum Ordnen von Dezimalzahlen müssen die Ziffern rechts vom Komma stellenweise verglichen werden.

11. Finde drei Dezimalzahlen, die zwischen den angegebenen Zahlen liegen.
    a) 8,3 und 8,8   b) 0,15 und 0,19   c) 0,003 und 0,014   d) 0,03 und 0,031

12. Gib je zwei Zahlen an, die zwischen A und B (zwischen B und C; zwischen C und D; zwischen D und E) liegen.

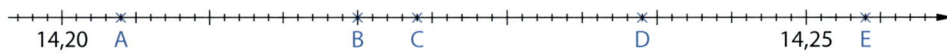

13. Gib für jeden markierten Punkt auf dem Zahlenstrahl eine Dezimalzahl und einen gekürzten Bruch an.

14. Übertrage ins Heft und setze das richtige Zeichen <, > oder = ein.
    a) $\frac{3}{4}$ ▢ 0,7
    b) 0,0001 ▢ $\frac{1}{1000}$
    c) $\frac{6}{10}$ ▢ 0,60
    d) $\frac{1}{3}$ ▢ 0,3
    e) 7,65 ▢ $\frac{765}{100}$
    f) 1,98 ▢ $2\frac{9}{25}$
    g) 3,5 ▢ $\frac{25}{6}$
    h) $4\frac{2}{5}$ ▢ 4,25

15. Setze ein Komma so, dass die Zahl kleiner als 5000 wird. Wie viele Möglichkeiten gibt es?
    a) 645091   b) 1987612   c) 55555555   d) 499482705

16. Ordne die Volumenangaben der Größe nach. Beginne mit der kleinsten Volumenangabe.
    0,33 ℓ; 250 mℓ; $\frac{3}{4}$ ℓ; 0,2 ℓ; 0,7 ℓ; $\frac{1}{2}$ ℓ; 100 mℓ

17. a) Ordne die Länder nach ihrer Einwohnerzahl.

| Kroatien | 4,23 Mio. | Albanien | 3,16 Mio. | Montenegro | 0,62 Mio. |
|---|---|---|---|---|---|
| Irland | 4,59 Mio. | Malta | 0,42 Mio. | Norwegen | 5,02 Mio. |
| Lettland | 2,03 Mio. | Slowenien | 2,06 Mio. | Liechtenstein | 0,04 Mio. |

   b) Finde Aussagen der Art: „… hat ungefähr …-mal so viele Einwohner wie …"

*Erinnere dich:*
*Mio. = Millionen*

18. Finde eine Dezimalzahl, die möglichst nahe an 1 liegt, aber größer als 1 (kleiner als 1) ist. Erläutere dein Vorgehen.

19. **Ausblick:** Finde mindestens zwei verschiedene Dezimalzahlen, die …
    a) größer als $\frac{1}{5}$ und kleiner als $\frac{1}{4}$ sind. Begründe.
    b) größer als $\frac{1}{9}$ und kleiner als $\frac{1}{7}$ sind. Begründe.

# 1.9 Abbrechende und periodische Dezimalzahlen

■ Lara, Mirco und Jan kaufen sich gemeinsam einen neuen Basketball zum Preis von 10 Euro.
Mirco schlägt vor, dass jeder $\frac{1}{3}$ des Preises bezahlt.
„Aber das geht doch gar nicht!", erwidert Jan.
Was kann Lara vorschlagen? ■

Brüche sind Anteile von Ganzen. $\frac{1}{4}$ bedeutet, dass du ein Ganzes in vier gleiche Teile aufteilst. Darum lässt sich der Bruch $\frac{1}{4}$ auch als Division 1 : 4 darstellen.

> **Wissen: Brüche in Dezimalzahlen umwandeln**
> Man kann einen Bruch in eine Dezimalzahl umwandeln, indem man den Zähler durch den Nenner dividiert.

## Abbrechende Dezimalzahlen

**Beispiel 1:** Wandle in eine Dezimalzahl um, indem du eine schriftliche Division durchführst.

a) $\frac{1}{4}$     b) $\frac{6}{16}$

**Lösung:**
a) Rechne nach dem Verfahren der schriftlichen Division.
Schreibe 1 : 4 als 1,00… : 4.
Setze im Ergebnis ein Komma, wenn du bei 1,00 die erste Null herunterziehst.

$\frac{1}{4} = 1 : 4 = 1,00 : 4 = 0,25$

b) Bei $\frac{6}{16}$ ist es leichter, wenn du den Bruch vor der Division kürzt und 3 : 8 rechnest.

$\frac{6}{16} = \frac{3}{8} = 3 : 8 = 3,000 : 8 = 0,375$

## Basisaufgaben

1. Wandle in eine Dezimalzahl um, indem du eine schriftliche Division durchführst.
   a) $\frac{1}{5}$   b) $\frac{1}{8}$   c) $\frac{5}{8}$   d) $\frac{6}{25}$   e) $\frac{7}{16}$   f) $\frac{9}{40}$

2. Kürze und wandle dann in eine Dezimalzahl um.
   a) $\frac{18}{24}$   b) $\frac{14}{16}$   c) $\frac{21}{60}$   d) $\frac{27}{48}$   e) $\frac{51}{75}$   f) $\frac{30}{96}$

## Periodische Dezimalzahlen

**Beispiel 2:** Wandle den Bruch in eine Dezimalzahl um.

a) $\frac{2}{3}$     b) $\frac{7}{6}$     c) $\frac{4}{11}$

**Lösung:**

a) Die schriftliche Division von 2 : 3 geht nicht auf.
Es bleibt immer der Rest 2.

Die Rechnung ließe sich immer weiter fortsetzen.

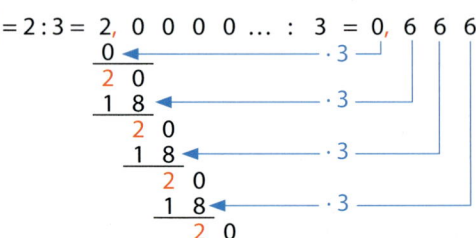

Schreibe das Ergebnis deshalb als Periode („null Komma Periode 6").

$\frac{2}{3} = 0{,}666\ldots = 0{,}\overline{6}$

*Hinweis:*
Periodos (griechisch): Kreislauf, Herumgehen, regelmäßige Wiederkehr.

b) $\frac{7}{6} = 7{,}000 : 6 = 1{,}166$

$\frac{7}{6} = 1{,}166\ldots = 1{,}1\overline{6}$

c) $\frac{4}{11} = 4{,}0000 : 11 = 0{,}3636$

$\frac{4}{11} = 0{,}3636\ldots = 0{,}\overline{36}$

*Hinweis:*
Die Periodenlänge gibt die Anzahl der sich wiederholenden Ziffern an.

$\frac{7}{22} = 0{,}3181818\ldots$
$= 0{,}3\overline{18}$

Periode 18
Periodenlänge 2

> **Wissen: Abbrechende und periodische Dezimalzahlen**
>
> Jeder Bruch lässt sich entweder als **abbrechende Dezimalzahl** oder als **periodische Dezimalzahl** schreiben.
>
> Bei periodischen Dezimalzahlen wiederholen sich eine oder mehrere Ziffern nach dem Komma unendlich oft. Diese sich wiederholenden Ziffern nennt man **Periode**.
>
> $\frac{5}{6} = 0{,}83333\ldots = 0{,}8\overline{3}$
>
> „null Komma 8 Periode 3"

### Basisaufgaben

**3.** Schreibe die Zahl mit Periodenstrich.
    a) 0,2222…     b) 0,13333…     c) 0,82828282…     d) 0,2502020202…

**4.** Wandle in eine periodische Dezimalzahl um.
    a) $\frac{1}{3}$     b) $\frac{5}{9}$     c) $\frac{6}{11}$     d) $\frac{11}{6}$     e) $\frac{25}{9}$     f) $\frac{8}{15}$

**5.** Kürze wenn möglich und wandle dann in eine periodische Dezimalzahl um.
    a) $\frac{21}{9}$     b) $\frac{16}{60}$     c) $\frac{7}{18}$     d) $\frac{26}{12}$     e) $\frac{35}{110}$     f) $\frac{77}{90}$

# 1.9 Abbrechende und periodische Dezimalzahlen

## Weiterführende Aufgaben

6. Finde die zusammengehörenden Paare von Brüchen und Dezimalzahlen.

   $\frac{20}{25}$   1,75   0,24   $\frac{14}{8}$   0,8   $\frac{10}{16}$   $\frac{36}{150}$   0,625

7. Ada und Henry wandeln $\frac{3}{20}$ in eine Dezimalzahl unterschiedlich um.
   Ada rechnet: $3 : 20 = 0,15$   Henry rechnet: $\frac{3}{20} = \frac{15}{100} = 0,15$
   a) Wandle $\frac{5}{8}$ und $\frac{43}{50}$ in Dezimalzahlen um. Welcher Rechenweg ist jeweils einfacher?
   b) Schreibe als Dezimalzahl. Entscheide vorher, ob du wie Ada oder wie Henry rechnest.
   ① $\frac{18}{20}$   ② $\frac{28}{50}$   ③ $\frac{18}{30}$   ④ $\frac{13}{5}$   ⑤ $\frac{15}{12}$   ⑥ $\frac{336}{300}$

8. Finde die zusammengehörenden Paare von Brüchen und periodischen Dezimalzahlen.

   $1,\overline{1}$   $\frac{1}{11}$   $\frac{70}{63}$   $\frac{29}{24}$   $0,1\overline{36}$   $0,\overline{09}$   $\frac{3}{22}$   $1,208\overline{3}$

9. Wandle in eine abbrechende oder periodische Dezimalzahl um.
   a) $\frac{15}{50}$   b) $\frac{22}{99}$   c) $\frac{69}{90}$   d) $\frac{26}{8}$   e) $\frac{7}{33}$   f) $\frac{10}{27}$

10. Wandle in eine Dezimalzahl um. Formuliere dann eine Regel.
    a) $\frac{1}{5}$; $\frac{1}{50}$; $\frac{1}{500}$   b) $\frac{1}{3}$; $\frac{1}{30}$; $\frac{1}{300}$   c) $\frac{7}{3}$; $\frac{7}{30}$; $\frac{7}{300}$

11. **Durchblick:**
    a) Erkläre, wie du anhand der Umwandlung eines Bruches in eine Dezimalzahl erkennen kannst, ob die Dezimalzahl abbrechend oder periodisch ist.
    b) Wandle die folgenden Brüche wie in Beispiel 2 in eine Dezimalzahl um: $\frac{7}{9}$, $\frac{3}{11}$ und $\frac{19}{15}$. Worin unterscheiden sich die drei Dezimalzahlen?
    c) Erkläre mithilfe von b) und Beispiel 2, wie du anhand der schriftlichen Division beim Umwandeln von Brüchen in Dezimalzahlen erkennen kannst, an welcher Stelle nach dem Komma die Periode beginnt und welche Länge sie hat.

Hinweis zu 9:
Hier findest du die Lösungen.

12. **Stolperstelle:** Richtig oder falsch? Korrigiere, wenn ein Fehler vorliegt.
    a) $0,121212... = 0,1\overline{21}$   b) $\frac{1}{12}$ und $\frac{2}{12}$ sind periodisch, $\frac{3}{12}$ nicht.
    c) $\frac{222}{1000} = 0,222 = 0,\overline{2}$   d) $\frac{4}{9} = 0,444$

13. Setze zwischen die Zahlen das richtige Zeichen < oder > ein.
    a) $0,6 \;\square\; 0,\overline{6}$   b) $1,\overline{3} \;\square\; 1,34$   c) $3,\overline{36} \;\square\; 3,3\overline{6}$   d) $5,\overline{7} \;\square\; 5,71$

14. Ordne die Zahlen von klein nach groß.
    a) $\frac{6}{5}$; $1\frac{2}{9}$; $1,22$; $\frac{51}{50}$; $0,12$   b) $2,34$; $\frac{69}{30}$; $\frac{14}{6}$; $2,\overline{34}$; $2\frac{66}{200}$   c) $3,46$; $3\frac{45}{99}$; $3,455$; $3\frac{45}{100}$; $\frac{42}{12}$

15. **Ausblick:** Aus Beispiel 2 weißt du bereits, dass $\frac{4}{11} = 0,\overline{36}$ ist.
    a) Wandle $\frac{1}{11}$ und $\frac{2}{11}$ in Dezimalzahlen um. Stelle eine Vermutung auf, welche Dezimalzahlen zu $\frac{3}{11}$ und $\frac{5}{11}$ gehören. Überprüfe durch eine Rechnung.
    b) Jana meint: „$\frac{10}{11}$ und $\frac{12}{11}$ haben die gleiche Periode." Was meinst du dazu?

# Streifzug

1. Brüche und Dezimalzahlen

## Unendliche Dezimahlzahlen in Brüche umwandeln

■ Lisa, Timo und Carlo diskutieren darüber, ob man jede Dezimalzahl in einen Bruch umwandeln kann. „Klar geht das", meint Lisa. Timo hat auch ein Beispiel. Carlo ist skeptisch. „Was ist denn mit 0,5555…?".
a) Wie könnte der zugehörige Bruch lauten?
b) Lisa behauptet, dass $0{,}5555\ldots = \frac{5}{9}$ gilt. Hilft Lisa hier ein Taschenrechner weiter? ■

Dezimalzahlen können unendlich viele Nachkommastellen haben. Wiederholen sich Ziffernfolgen ab einer bestimmten Stelle, so kannst du diese Dezimalzahlen in Brüche umformen. Die Anzahl der Ziffern, die sich wiederholen, nennt man die **Länge der Periode**.
0,13131313… hat die Periode 13 und die Länge der Periode ist 2. Schreibe kurz: $0{,}\overline{13}$
42,92144444… hat die Periode 4, die Länge dieser Periode ist 1. Schreibe kurz: $42{,}921\overline{4}$

**Beispiel 1:** Wandle die Dezimalzahl in einen Bruch um.
a) $0{,}222222\ldots = 0{,}\overline{2}$   b) $1{,}4545454545\ldots = 1{,}\overline{45}$

**Lösung:**
a) Mit unendlich vielen Nachkommastellen kann man schlecht rechnen. Es hilft ein Rechentrick, um die Nachkommastellen zu entfernen. Zuerst multiplizierst du diese Dezimalzahl mit 10. Dann subtrahierst du von dieser Zahl die Ausgangszahl, sodass du die Zahl 2 erhältst.
Mit dem Distributivgesetz kannst du den Rechenausdruck anders schreiben. Es entsteht ein Produkt.
Bilde nun die Umkehraufgabe.
Als Ergebnis erhältst du die Dezimalzahl mit unendlich vielen Nachkommastellen als Bruch.

$0{,}222222\ldots \cdot 10 = 2{,}2222\ldots$
$\boxed{2{,}2222\ldots} - \boxed{0{,}2222\ldots} = 2$

$2 = \boxed{10} \cdot 0{,}2222\ldots - \boxed{1} \cdot 0{,}22222\ldots$
$2 = (10 - 1) \cdot 0{,}2222\ldots$
$2 = 9 \cdot 0{,}2222\ldots$

$2 : 9 = \frac{2}{9} = 0{,}2222\ldots = 0{,}\overline{2}$

*Erinnere dich:*
Umkehraufgabe zu $5 \cdot 4 = 20$ ist $20 : 5 = 4$.

b) Da die Periode hier die Länge 2 hat, musst du das Komma um 2 Stellen verschieben. Also multiplizierst du mit der Stufenzahl 100.
Dann rechnest du genau wie bei a) mit der Umkehraufgabe.

$1{,}4545454545\ldots \cdot 100 = 145{,}45454545\ldots$
$\boxed{145{,}45454545\ldots} - \boxed{1{,}45454545\ldots} = 144$

$144 = \boxed{100} \cdot 1{,}45454545\ldots - \boxed{1} \cdot 1{,}45454545\ldots$
$144 = (100 - 1) \cdot 1{,}45454545\ldots$
$144 = 99 \cdot 1{,}45454545\ldots$

$144 : 99 = \frac{144}{99} = \frac{16}{11} = 1\frac{5}{11} = 1{,}454545\ldots = 1{,}\overline{45}$

# Streifzug

## Aufgaben

1. Wandle in einen Bruch um.
   a) 0,4444…
   b) 0,282828…
   c) 4,187187187…

2. Wandle die Dezimalzahl in einen Bruch um und kürze so weit wie möglich.
   a) $0,\overline{25}$
   b) $0,\overline{8}$
   c) $0,\overline{36}$
   d) $3,\overline{5}$
   e) $2,\overline{67}$

   **Hinweis zu 2:**
   Überprüfe deine Ergebnisse mit dem Lösungswort.

3. Welche Zahlen sind gleich? Ordne passend zu.

   $3,1\overline{6}$    $3,\overline{60}$    $3,\overline{16}$    $3,\overline{160}$    $\frac{313}{99}$    $3\frac{1}{16}$    $3\frac{160}{999}$    $\frac{119}{33}$

   | I | $\frac{4}{11}$ |
   |---|---|
   | A | $\frac{25}{99}$ |
   | N | $2\frac{67}{99}$ |
   | S | $\frac{8}{9}$ |
   | E | $3\frac{5}{9}$ |

4. Für diese Aufgabe benötigst du einen einfachen Taschenrechner.
   a) Berechne 999 999 : 7 schriftlich und bestätige dein Ergebnis mithilfe eines Taschenrechners.
   b) Gib nun die Brüche $1 : 7 = \frac{1}{7}$, $2 : 7 = \frac{2}{7}$ und $3 : 7 = \frac{3}{7}$ in einen Taschenrechner ein. Vergleiche die Ziffern der Periode mit den Ziffern der Zahl aus a). Was fällt dir auf? Kannst du diese Tatsache begründen?
   c) Ein Taschenrechner gibt für $\frac{5}{7} = 5 : 7$ das Ergebnis 0,714286 aus. Wie erklärst du diese Ausgabe?

   `0,714286`

   **Hinweis zu 4:**
   Bald arbeitest du mit einem Taschenrechner. Hier sammelst du erste Erfahrungen.

5. Die Dezimalzahl $0,\overline{1}$ lässt sich in den Bruch $\frac{1}{9}$ umwandeln.
   a) Wandle die periodischen Dezimalzahlen $1,\overline{2}$ und $12,\overline{3}$ in Brüche um. Was fällt dir auf?
   b) Formuliere eine Regel.
   c) Wandle die Dezimalzahlen $123,\overline{4}$ und $1\,234,\overline{5}$ in Brüche um, ohne zu rechnen.

6. **Forschungsauftrag:**
   Mathematik kann auch sportlich sein! Hast du schon einmal vom *Pi*-Sport gehört? Man hat festgelegt, dass ein Kreis mit dem Durchmesser 1 einen Umfang von Pi (π = 3,14159…) hat. Diese Zahl hat unendlich viele Nachkommastellen und ist nicht periodisch. Es ist zu einem Sport geworden, sich möglichst viele Nachkommaziffern von *Pi* in der richtigen Reihenfolge zu merken. Im Jahr 2005 stellte der Chinese Chao Lu einen offiziellen Weltrekord im *Pi*-Sport auf. Er nannte 67 890 Nachkommaziffern von *Pi* in 24 Stunden und 4 Minuten.
   a) Viele *Pi*-Sportler benutzen Merkregeln und Tricks, um sich an die Nachkommaziffern zu erinnern. Was für Tricks könnten das sein?
   b) Betreibe selber *Pi*-Sport und versuche, dir möglichst viele Nachkommaziffern von *Pi* zu merken.
   c) Wie viele Nachkommastellen von Pi sind heute bekannt? Recherchiere im Internet.
   d) Finde heraus, welcher Tag als „Pi-Day" bezeichnet wird.

   **Hinweis zu 6:**
   π = 3,14159 26535
   89793 23846 26433
   83279 50288 41971
   69399 37510 58209
   74944 59230 78164
   06286 20899 86280
   34825 34211 70679 …

## 1.10 Prozente

■ Die Klasse 5b hat abgestimmt. Sieger der Klassensprecherwahl ist Anna.
Aber wer wird ihr Stellvertreter: Marco oder Karl? ■

Ergebnis der Klassensprecherwahl der Klasse 6a:
Anna    50% der Stimmen
Karl    $\frac{5}{20}$ der Stimmen
Marco   25% der Stimmen

Anteilen kann man im Alltag in unterschiedlichen Darstellungsformen begegnen.

Als Prozente: 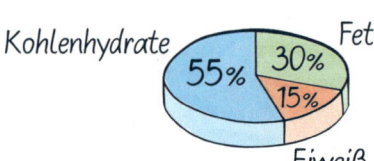  Als Brüche:   Als Dezimalzahlen:

**Hinweis:**
Das Wort **Prozent** kommt aus dem Lateinischen, pro centum heißt „für hundert", also Hundertstel-Anteil.

**Wissen: Prozent**
Prozente sind eine andere Schreibweise für Brüche mit dem Nenner 100.

| Prozent | Bruch | Dezimalzahl |
|---|---|---|
| 1 % | $\frac{1}{100}$ | 0,01 |
| 10 % | $\frac{10}{100} = \frac{1}{10}$ | 0,1 |
| 20 % | $\frac{20}{100} = \frac{1}{5}$ | 0,2 |
| 25 % | $\frac{25}{100} = \frac{1}{4}$ | 0,25 |
| 50 % | $\frac{50}{100} = \frac{1}{2}$ | 0,5 |
| 100 % | $\frac{100}{100} = 1$ | 1 |

### Brüche in Prozente umwandeln

**Beispiel 1:** Schreibe den Bruch in Prozent.

a) $\frac{2}{25}$ 　　　　　　　　　　　　　　b) $\frac{6}{40}$

**Lösung:**

a) **Erweitern oder Kürzen**
Erweitere mit 4 auf den Nenner 100.
Du erhältst den Hundertstel-Anteil.
Schreibe die Hundertstel in Prozent.

a) $\frac{2}{25} = \frac{8}{100} = 8\%$

b) **Schriftliche Division**
Dividiere schriftlich, um den Bruch in eine Dezimalzahl umzuwandeln.

Schreibe dann die Hundertstel und Zehntel der Dezimalzahl in Prozent.

b) $\frac{6}{40} = 6{,}00 : 40 = 0{,}15$

```
  0
  ─
  6 0
  4 0
  ───
  2 0 0
  2 0 0
  ─────
      0
```

$\frac{6}{40} = 0{,}15 = 15\%$

## 1.10 Prozente

### Basisaufgaben

1. Welcher Anteil ist gefärbt. Gib als Bruch und in Prozent an.

   a) b) c) d)
   
   e) f) g) h)

2. Schreibe in Prozent und als Dezimalzahl.
   
   a) $\frac{3}{100}$ b) $\frac{33}{100}$ c) $\frac{50}{100}$ d) $\frac{75}{100}$ e) $\frac{13}{100}$ f) $\frac{97}{100}$

3. Formuliere mit den Ergebnissen aus Aufgabe 2 eine Regel, wie man Dezimalzahlen direkt in Prozente umwandeln kann. Schreibe in Prozent.
   
   a) 0,25 b) 0,17 c) 0,02 d) 0,5 e) 0,93 f) 0,125

4. Wandle den Bruch in Prozent um.
   
   a) Erweitere oder kürze: $\frac{1}{4}$; $\frac{1}{5}$; $\frac{11}{25}$; $\frac{14}{20}$; $\frac{8}{32}$
   
   b) Dividiere: $\frac{1}{4}$; $\frac{1}{5}$; $\frac{11}{25}$; $\frac{14}{20}$; $\frac{8}{32}$
   
   c) Wie würdest du rechnen? $\frac{2}{5}$; $\frac{3}{4}$; $\frac{12}{40}$; $\frac{40}{75}$; $\frac{112}{200}$; $\frac{820}{1000}$; $\frac{3}{8}$; $\frac{1}{3}$; $\frac{2}{15}$

## Prozente in Brüche und Dezimalzahlen umwandeln

**Beispiel 2:** Schreibe 44 % als Bruch und als Dezimalzahl.

**Lösung:**
Schreibe 44 % als Bruch mit dem Nenner 100 und kürze so weit wie möglich.

$$44\% = \frac{44}{100} = \frac{11}{25}$$

Der Bruch $\frac{44}{100}$ kann als Dezimalzahl geschrieben werden.

$$\frac{44}{100} = 0{,}44$$

Erinnere dich:
$\frac{1}{10} = 0{,}1$
$\frac{1}{100} = 0{,}01$
…

### Basisaufgaben

5. a) Schreibe 10 %, 25 %, 60 % und 90 % als Bruch. Kürze so weit wie möglich.
   b) Zeichne ein geeignetes Rechteck und färbe 10 %, 25 %, 60 % und 90 %.

6. Wandle in einen Bruch und eine Dezimalzahl um. Kürze den Bruch so weit wie möglich.
   
   a) 5 % b) 30 % c) 80 % d) 15 % e) 75 % f) 70 %
   g) 8 % h) 48 % i) 36 % j) 88 % k) 96 % l) 100 %

7. Formuliere eine Regel, wie man Prozente direkt in Dezimalzahlen umwandeln kann. Schreibe als Dezimalzahl.
   
   a) 35 % b) 67 % c) 11 % d) 1 % e) 12,5 % f) 0,5 %

Hinweis zu 6:
Hier findest du die gekürzten Brüche.

### Prozentanteile von Größen berechnen

**Beispiel 3:** Berechne 40 % von 45 €.

**Lösung:**
Schreibe die Prozentangabe als Bruch.         $40\% = \frac{40}{100} = \frac{2}{5}$

Berechne nun $\frac{2}{5}$ von 45 €.           45 €  →(:5)→  9 €  →(·2)→  18 €

Teile 45 € durch 5 und multipliziere mit 2.

40 % von 45 € sind 18 €.

## Basisaufgaben

8. Berechne den Anteil an der Größe.
   a) 30 % von 120 €
   b) 20 % von 150 ℓ
   c) 75 % von 1200 Kindern
   d) 5 % von 40 €

9. Wandle erst in eine kleinere Einheit um. Berechne dann den Anteil an der Größe.
   a) 20 % von 1 kg
   b) 2 % von 12 t
   c) 10 % von 5 €
   d) 5 % von 30 €
   e) 15 % von 5 kg
   f) 22 % von 12 km
   g) 16 % von 69 €
   h) 22 % von 120 g

10. Berechne und formuliere dann eine Regel.
    a) 5 %, 10 %, 20 %, 30 %, 40 % von 400 m
    b) 20 % von 50 m, 100 m, 200 m, 300 m, 400 m

## Weiterführende Aufgaben

11. Gib den gefärbten Anteil der Figur in Prozent und als Dezimalzahl an.

    a) 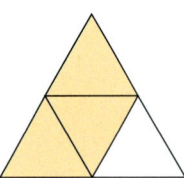   b)    c) 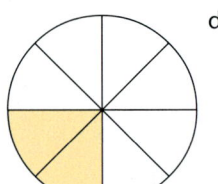   d)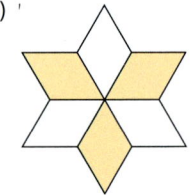

**Tipp zu 12:**
Ein Blick auf Beispiel 3 kann dir bei der Lösung dieser Aufgabe helfen.

12. **Durchblick:** Wie viele Tortenstücke müssen gefärbt werden, um den angegebenen Prozentanteil darzustellen? Beschreibe dein Vorgehen.

    a) 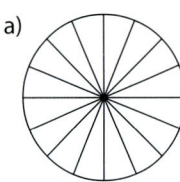   b) 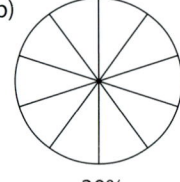   c) 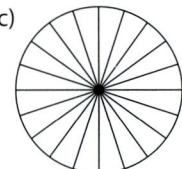   d)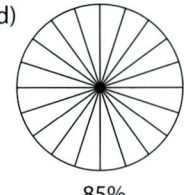
    25 %                      30 %                       80 %                      85 %

13. **Stolperstelle:** „Die Anzahl der gefährlichen Radunfälle hat an dieser Straße abgenommen. Nur bei jedem fünften Unfall gab es Verletzte. Aber auch 5 % sind noch zu viel." Bei dieser Meldung ist etwas falsch. Korrigiere die Aussage so, dass die Prozentangabe stimmt.

## 1.10 Prozente

**14.** Ordne die Zahlen im blauen Kasten den Zahlen im roten Kasten passend zu und begründe.

a) $\frac{4}{200}$  $\frac{3}{75}$  $\frac{3}{50}$  $\frac{2}{40}$    4%  5%  2%  6%

b) $\frac{2}{5}$  $\frac{63}{150}$  $\frac{18}{40}$  $\frac{33}{75}$    40%  45%  44%  42%

**15.** Wandle in eine gemischte Zahl und in eine Dezimalzahl um.

Beispiel: $118\% = \frac{118}{100} = 1\frac{18}{100} = 1\frac{9}{50}$    $118\% = \frac{118}{100} = 1{,}18$

a) 150%   b) 110%   c) 124%   d) 200%   e) 240%   f) 222%

**16.** a) Zeichne eine 10 cm lange Strecke. Trage nach Augenmaß folgende Prozentanteile ein: 50%, 75%, 16%, 35%, 7%

b) Tausche die Zeichnung mit deinem Nachbarn. Prüft die eingezeichneten Anteile mit einem Lineal und zeichnet die genauen Anteile ein. Wer hatte das bessere Augenmaß?

**17.** a) Thomas Müller vom FC Bayern München hat beim Elfmeterschießen eine Trefferquote von 80%. Berechne, wie viele der 25 Elfer er verwandelt hat.

b) Rafael van der Vaart ist beim Hamburger SV einer der besten Elfmeterschützen. Er hat bislang 17 der 20 geschossenen Elfmeter verwandelt. Hat er eine bessere Trefferquote als Thomas Müller?

**18.** Die Lehrerin der 25 Schüler in der 5d ist sehr stolz: Sie hat ausgerechnet, dass 16% der Schüler im Test die Note 1 bekommen haben. Schreibe die Prozentangabe als Bruch und bestimme die Anzahl der „Einser-Schüler".

**19.** Eine externe Festplatte kann maximal 500 Gigabyte an Daten speichern. Die Anzeige zeigt 64% belegten Speicherplatz an. Wie viele Gigabytes sind das?

**20.** Finn und Ole machen eine Radtour über 25 km. Bis zum ersten Zwischenstopp sind es 9 km. Wie viel Prozent der ganzen Strecke haben sie schon geschafft? Wie viel liegt noch vor ihnen?

**21. Ausblick:** Marion kauft sich im Winterschlussverkauf Kleidung.
a) Wie viel kosten die Jacke, die Schuhe sowie die Hose mit Preisnachlass?
b) Ihre Freundin Lea hat die gleiche Jacke in einem anderen Laden gekauft. Dort hat sie ursprünglich 150 € gekostet, wurde aber um 40% reduziert. Welche Jacke war günstiger?

## 1.11 Vermischte Aufgaben

1. Benenne sowohl den farbigen als auch den weißen Anteil und kürze, wenn möglich.
   a) b) c) d)

2. Stelle mithilfe von Flächen dar.
   a) $\frac{5}{8}$  b) $2\frac{1}{2}$  c) $\frac{9}{4}$  d) 30 %

**Tipp zu 3:**
Du kannst die Tabelle abschreiben und dann links oben beginnend eine neue Bruchzahl umkreisen und alle Brüche, die dieselbe Bruchzahl darstellen, durchstreichen, bis du rechts unten angekommen bist.

3. Erinnere dich: Brüche, die den gleichen Wert haben wie $\frac{1}{3}$, $\frac{2}{6}$ oder $\frac{3}{9}$, gehören zu derselben Bruchzahl.
   a) Finde unterschiedliche Bruchzahlen und zugehörige Brüche in der Tabelle.

| $\frac{1}{1}$ | $\frac{1}{2}$ | $\frac{1}{3}$ | $\frac{1}{4}$ | $\frac{1}{5}$ | $\frac{1}{6}$ | $\frac{1}{7}$ | $\frac{1}{8}$ | $\frac{1}{9}$ | $\frac{1}{10}$ |
|---|---|---|---|---|---|---|---|---|---|
| $\frac{2}{1}$ | $\frac{2}{2}$ | $\frac{2}{3}$ | $\frac{2}{4}$ | $\frac{2}{5}$ | $\frac{2}{6}$ | $\frac{2}{7}$ | $\frac{2}{8}$ | $\frac{2}{9}$ | $\frac{2}{10}$ |
| $\frac{3}{1}$ | $\frac{3}{2}$ | $\frac{3}{3}$ | $\frac{3}{4}$ | $\frac{3}{5}$ | $\frac{3}{6}$ | $\frac{3}{7}$ | $\frac{3}{8}$ | $\frac{3}{9}$ | $\frac{3}{10}$ |
| $\frac{4}{1}$ | $\frac{4}{2}$ | $\frac{4}{3}$ | $\frac{4}{4}$ | $\frac{4}{5}$ | $\frac{4}{6}$ | $\frac{4}{7}$ | $\frac{4}{8}$ | $\frac{4}{9}$ | $\frac{4}{10}$ |
| $\frac{5}{1}$ | $\frac{5}{2}$ | $\frac{5}{3}$ | $\frac{5}{4}$ | $\frac{5}{5}$ | $\frac{5}{6}$ | $\frac{5}{7}$ | $\frac{5}{8}$ | $\frac{5}{9}$ | $\frac{5}{10}$ |
| $\frac{6}{1}$ | $\frac{6}{2}$ | $\frac{6}{3}$ | $\frac{6}{4}$ | $\frac{6}{5}$ | $\frac{6}{6}$ | $\frac{6}{7}$ | $\frac{6}{8}$ | $\frac{6}{9}$ | $\frac{6}{10}$ |
| $\frac{7}{1}$ | $\frac{7}{2}$ | $\frac{7}{3}$ | $\frac{7}{4}$ | $\frac{7}{5}$ | $\frac{7}{6}$ | $\frac{7}{7}$ | $\frac{7}{8}$ | $\frac{7}{9}$ | $\frac{7}{10}$ |
| $\frac{8}{1}$ | $\frac{8}{2}$ | $\frac{8}{3}$ | $\frac{8}{4}$ | $\frac{8}{5}$ | $\frac{8}{6}$ | $\frac{8}{7}$ | $\frac{8}{8}$ | $\frac{8}{9}$ | $\frac{8}{10}$ |
| $\frac{9}{1}$ | $\frac{9}{2}$ | $\frac{9}{3}$ | $\frac{9}{4}$ | $\frac{9}{5}$ | $\frac{9}{6}$ | $\frac{9}{7}$ | $\frac{9}{8}$ | $\frac{9}{9}$ | $\frac{9}{10}$ |
| $\frac{10}{1}$ | $\frac{10}{2}$ | $\frac{10}{3}$ | $\frac{10}{4}$ | $\frac{10}{5}$ | $\frac{10}{6}$ | $\frac{10}{7}$ | $\frac{10}{8}$ | $\frac{10}{9}$ | $\frac{10}{10}$ |

   b) Wie viele verschiedene Bruchzahlen gibt es in der Tabelle insgesamt?

4. a) Welche Kärtchen gehören zusammen?

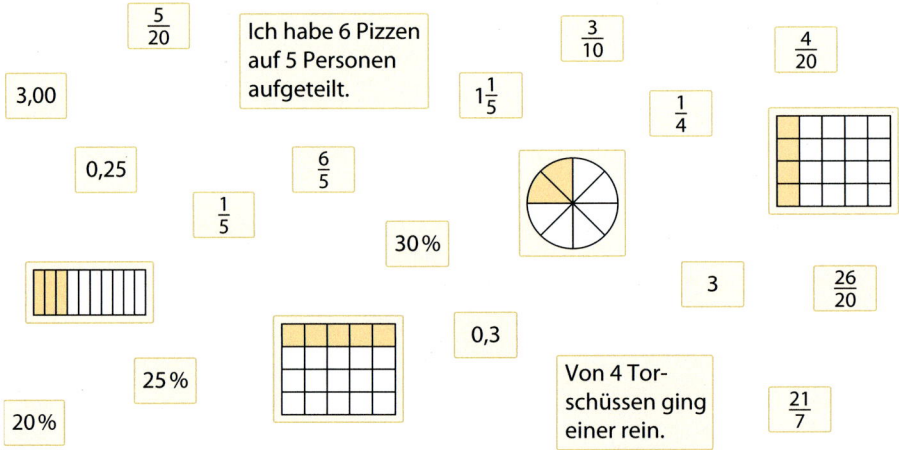

   b) Denk dir eigene Zuordnungsaufgaben aus und lasse sie von einem Mitschüler lösen.

# Vermischte Aufgaben

5. In der Abbildung siehst du ein altes chinesisches Legespiel, das Tangram genannt wird. Es besteht aus einzelnen geometrischen Teilstücken und kann zu verschiedenen Formen, wie zum Beispiel einem Hasen oder einer Ente zusammengelegt werden. Das große zusammengelegte Quadrat ist achtmal so groß wie das kleine Quadrat Nr. 4.

   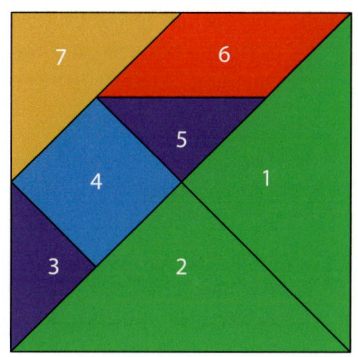
   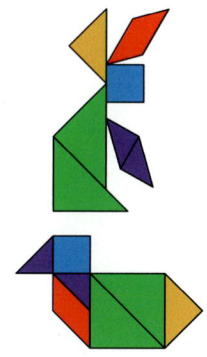

   a) Den wievielten Anteil des Flächeninhalts vom großen Quadrat haben die anderen Teilstücke? Begründe deine Antwort.
   b) Gib den Anteil von jedem Teilstück in Prozent an.
   c) Bestimme den Flächeninhalt von jedem Teilstück, wenn das große Quadrat 10 cm lange Seiten hat.
   d) Wie groß ist der Flächeninhalt von Teilstück 2, wenn das kleine Quadrat (Teilstück 4) 2 cm² groß ist?

6. Vergleiche und ersetze ■ so durch =, < oder >, dass eine wahre Aussage entsteht.
   a) $\frac{3}{4}$ von 4 m ■ $\frac{1}{2}$ von 4 m
   b) $\frac{2}{6}$ von 30 kg ■ $\frac{1}{3}$ von 30 kg
   c) $\frac{3}{5}$ von 10 € ■ $\frac{4}{5}$ von 10 €
   d) $\frac{3}{5}$ von 20 € ■ $\frac{4}{5}$ von 15 €

7. Peter sagt: „Ich bin $1\frac{3}{4}$ m groß." „Dann bist du 8 cm größer als ich", meint Paula. Wie groß ist Paula in cm?

8. Die Redakteure der Schülerzeitung haben an die 250 Unterstufenschüler des Adenauer-Gymnasiums Fragebögen verteilt. Sie wollen wissen, was in der Schule verbessert werden könnte und gaben vier Möglichkeiten vor, von denen genau eine angekreuzt werden soll. Anschließend haben sie die Ergebnisse aller 250 Fragebögen zusammengefasst:
   – 115 Schüler wünschen sich einen Süßigkeiten-Automaten,
   – 73 Schüler hätten gerne eine „Chillecke" speziell für die Unterstufenschüler,
   – 40 Schüler wünschen sich Spinde mit Schlössern in der Schule und
   – 22 Schüler würden sich über Gratis-WLAN freuen.

   a) In der Schülerzeitung steht: „Die Hälfte der Schüler möchte einen Süßigkeiten-Automaten!" Prüfe diese Aussage.
   b) Wie viel Prozent der Schüler hätten gerne eine „Chillecke"? Überschlage.
   c) „Nicht einmal ein Zehntel der Schüler spricht sich für Gratis-WLAN aus". Stimmt das?
   d) Wie viel Prozent der Schüler wünschen sich Spinde mit Schlössern?

9. Setze das Komma so, dass die Ziffer 2 den angegebenen Stellenwert hat.
   a) 3549021 (Zehntel)
   b) 453092351 (Tausendstel)
   c) 2671511 (Hunderter)

10. Bei den folgenden Zahlen können insgesamt acht Nullen weggelassen werden. Findest du sie alle? Begründe deine Antwort.
    ① 0,2030   ② 0203,4300   ③ 00,00201   ④ 0100,0030010   ⑤ 500,0050

11. a) Gib die Größen mithilfe von Dezimalzahlen an. Behalte zunächst die Einheit bei.
Schreibe danach die Größen ohne Komma, indem du eine andere Einheit wählst.
Beispiel: $\frac{3}{4}$ km = 0,75 km = 750 m
① $\frac{3}{8}$ kg  ② $\frac{14}{10}$ m  ③ $\frac{1}{100}$ g  ④ $\frac{7}{25}$ ℓ  ⑤ $1\frac{1}{5}$ cm
b) Kontrolliere die Ergebnisse aus a), indem du mit Anteilen rechnest.
Beispiel: $\frac{3}{4}$ km = $\frac{3}{4}$ von 1 km = $\frac{3}{4}$ von 1000 m = 1000 m : 4 · 3 = 750 m

12. Man kann dieselbe Größe in verschiedenen Schreibweisen angeben. Du kannst hier Brüche, gemischte Zahlen oder Dezimalzahlen und andere Einheiten nutzen. Finde für jede angegebene Größe mindestens vier weitere Schreibweisen.
a) $\frac{3}{2}$ km  b) $\frac{5}{2}$ h  c) $1\frac{2}{5}$ m²  d) $\frac{14}{20}$ km  e) 1,25 m

13. Ordne die Längenangaben der Größe nach. Kontrolliere, indem du sie in eine kleinere Einheit umrechnest.

0,78 m    0,07 m    0,707 m    0,8 m    7,07 m    0,70 m

14. Schaue dir folgende Gewichtsangaben an und finde gleiche Paare.
Achtung: Eine Gewichtsangabe bleibt übrig.

6 kg 20 g    $6\frac{1}{2}$ kg    $6\frac{2}{10}$ kg    $\frac{6}{2}$ kg    6020 g    30 g    $\frac{3}{100}$ kg    3000 g    6,200 kg    6,05 kg    $\frac{13}{2}$ kg

15. Finde mindestens
a) vier Dezimalzahlen, die zwischen 6,32 und 6,33 liegen,
b) vier Dezimalzahlen, die zwischen $\frac{1}{4}$ und $\frac{2}{5}$ liegen, und beschreibe, wie du vorgehst,
c) vier Brüche, die zwischen 0,5 und 0,8 liegen, und beschreibe, wie du vorgehst.

16. a) Gib für jeden markierten Punkt auf dem Zahlenstrahl eine Dezimalzahl an.

Hinweis zu 16 b:
Achte darauf, dass du den Zahlenstrahl passend zeichnest.

b) Zeichne selbst einen Zahlenstrahl in dein Heft und trage folgende Werte ein.
$\frac{15}{100}$; $\frac{1}{4}$; 0,3; $\frac{2}{5}$; 0,525; 0,9; 1,45; $\frac{3}{2}$

17. Vergleiche und ersetze ■ durch <, > oder =.
a) 0,7 ■ $\frac{4}{5}$  b) $\frac{1}{3}$ ■ 0,3  c) 2,25 ■ $2\frac{1}{4}$  d) $\frac{14}{7}$ ■ 2  e) $10\frac{2}{5}$ ■ 10,25

18. Setze für ■ geeignete Ziffern oder Zahlen ein, sodass die Aussagen stimmen.
a) $\frac{3}{4}$ < 0,7■  b) 0,5 = $\frac{■}{8}$  c) 0,3 > $\frac{■}{4}$  d) 0,8 = $\frac{8}{■}$  e) $2\frac{1}{3}$ > 2,3■

19. Wandle in eine abbrechende oder periodische Dezimalzahl um.
a) $\frac{8}{9}$  b) $5\frac{9}{12}$  c) $1\frac{5}{12}$  d) $\frac{1}{7}$  e) 37,5 %

## Vermischte Aufgaben

**20.** Wandle in eine Dezimalzahl um. Formuliere dann eine Regel.

a) $\frac{7}{200}$; $\frac{70}{200}$; $\frac{700}{200}$
b) $\frac{1}{6}$; $\frac{10}{6}$; $\frac{100}{6}$
c) $\frac{9}{11}$; $\frac{90}{11}$; $\frac{900}{11}$

**21.** Finde möglichst viele Prozentzahlen von 1% bis 100%, die sich als Bruch dargestellt nicht kürzen lassen.

Beispiel: 11%, denn es gilt $11\% = \frac{11}{100}$ und $\frac{11}{100}$ lässt sich nicht kürzen.

12% gehört nicht dazu, denn es gilt $12\% = \frac{12}{100} = \frac{3}{25}$.

**22.** Südafrika besteht zu $\frac{1}{10}$ aus Ackerland, zu 70% aus Weideland, zu 5% aus Wald und im Übrigen aus Ödland, vor allem Wüste.

a) Zeichne ein geeignetes Viereck und stelle die Anteile farbig dar.
b) Welcher Anteil an der Gesamtfläche ist Ödland? Gib als Bruch und in Prozent an.

**23.** Gib die Anteile in Prozent an.

a) Jeder vierte Schüler eines Gymnasiums besitzt ein Notebook.
b) Eines von fünf Kindern braucht eine Brille.
c) Jedes zweite Kind besitzt ein Haustier.
d) Von 25 Kindern hat mindestens ein Kind mehr als zwei Geschwister.

*Tipp zu 23:* Gib die Anteile zunächst als Bruch an. So bedeutet „jeder Sechste": einer von sechs, also $\frac{1}{6}$.

**24.** Christian und Wiebke gehen ins Theater „Schauspielhäuschen". Dort kostet eine Eintrittskarte normalerweise 8€. Bei einer Nachmittagsvorstellung soll Schülern ein Nachlass von 30% gewährt werden. Als Christian und Wiebke ihre Karten bezahlen wollen, sagt die Kassiererin: „Das macht 14€." Entrüstet entgegnet Wiebke: „Das stimmt nicht!" Wer hat recht? Begründe.

**25.** Ein gesundes Frühstück ist der beste Start in den Tag. Eine Portion Müsli (30 g) enthält wichtige Nährstoffe, die der Körper braucht. Sie besteht zu je etwa 2 g aus Fetten und Eiweißen und zu etwa 18 g aus Kohlenhydraten. Ein Mensch besteht durchschnittlich zu $\frac{3}{5}$ aus Wasser.

🔵 Berechne den Wassergehalt in kg eines Jugendlichen, der 50 kg wiegt.

🟡 Marie hat zwei Portionen Müsli mit Milch gefrühstückt. Sie hat nachgelesen, dass sie damit gut $\frac{1}{10}$ des gesamten Tagesbedarfs gegessen hat. Wie viele Portionen Müsli müsste sie theoretisch über den Tag verteilt noch essen, um den Tagesbedarf zu decken?

🟠 Bestimme bei einer Portion Frühstücksmüsli den Anteil an Fett, Eiweiß und Kohlenhydraten.

🟢 Eine durchschnittlich große Kiwi ist 80 g schwer und enthält etwa 64 g Wasser. Bestimme den Anteil des Wassers in Prozent.

🟠 Anika behauptet: „Bei einer Portion Müsli liegt der Fettanteil zwischen 6% und 7%". Hat sie recht? Begründe.

# Prüfe dein neues Fundament

1. Brüche und Dezimalzahlen

**Lösungen**
↗ S. 223

1. Gib den gefärbten Anteil als Bruch an.

   a)    b)    c)    d)

   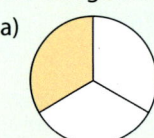
   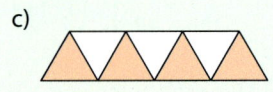

2. Zeichne zu jeder Aufgabe ein Rechteck wie im Bild. Färbe dann den angegebenen Anteil.

   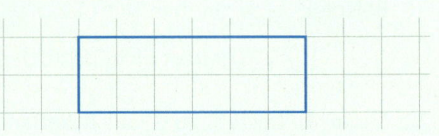

   a) $\frac{1}{6}$    b) $\frac{7}{12}$    c) $\frac{2}{3}$

3. Schreibe als unechten Bruch.

   a) $6\frac{1}{2}$    b) $1\frac{1}{5}$    c) $2\frac{2}{3}$    d) $7\frac{3}{10}$    e) $2\frac{1}{17}$    f) $5\frac{3}{11}$

4. Schreibe als gemischte Zahl.

   a) $\frac{4}{3}$    b) $\frac{6}{5}$    c) $\frac{19}{2}$    d) $\frac{17}{4}$    e) $\frac{29}{10}$    f) $\frac{44}{7}$

5. a) Erweitere $\frac{3}{5}$ mit 2, 5 und 8.    b) Kürze $\frac{36}{48}$ durch 12, 4, 3 und 2.

6. Kürze so weit wie möglich.

   a) $\frac{6}{21}$    b) $\frac{25}{50}$    c) $\frac{30}{24}$    d) $\frac{100}{60}$    e) $\frac{18}{160}$    f) $\frac{108}{144}$

7. Übertrage ins Heft. Setze das richtige Zeichen < oder > ein.

   a) $\frac{6}{16}$ ■ $\frac{5}{16}$    b) $\frac{3}{4}$ ■ $\frac{4}{5}$    c) $\frac{7}{12}$ ■ $\frac{11}{16}$    d) $3\frac{7}{10}$ ■ $3\frac{1}{2}$

8. Wie viel erhält jeder, wenn gerecht geteilt wird?
   a) 4 Kinder teilen sich 9 Pfannkuchen.
   b) 11 Donuts sind noch übrig. 2 Kinder möchten die Donuts mitnehmen.
   c) Mareike und ihre fünf Freunde bestellen zwei Pizzen.

9. Berechne den Anteil.

   a) $\frac{1}{3}$ von 63 €    b) $\frac{7}{20}$ von 400 g    c) $\frac{1}{6}$ von 5 min    d) $\frac{3}{10}$ von 2 cm

10. Gib den Anteil als Bruch an. Kürze so weit wie möglich.

    a) 40 g von 100 g    b) 14 m von 21 m    c) 5 min von 1 h    d) 250 ml von 2 l

11. Schreibe in der nächstkleineren Einheit.

    a) $\frac{1}{10}$ kg    b) $\frac{1}{2}$ g    c) $\frac{2}{5}$ dm    d) $\frac{3}{8}$ l    e) $5\frac{1}{2}$ km    f) $2\frac{3}{4}$ h

12. Peter und Marie schießen auf eine Torwand. Peter trifft bei 1 von 10 Schüssen, Marie bei 1 von 5 Schüssen. Wer hat die höhere Trefferquote, also einen höheren Anteil von Schüssen, die zum Tor führten?

13. Schreibe als Bruch oder gemischte Zahl. Kürze so weit wie möglich.

    a) 0,9    b) 0,06    c) 1,1    d) 20,5    e) 5,23    f) 0,175

14. Schreibe als Dezimalzahl.

    a) $\frac{39}{100}$    b) $\frac{1}{500}$    c) $\frac{613}{10}$    d) $4\frac{1}{4}$    e) $2\frac{24}{300}$    f) $\frac{33}{55}$

# Prüfe dein neues Fundament

**15.** Übertrage ins Heft. Setze das richtige Zeichen < oder > ein.
   a) 2,7 ■ 2,3   b) 1,77 ■ 0,79   c) 0,081 ■ 0,18   d) 0,15 ■ $\frac{1}{5}$

**16.** Übertrage den Zahlenstrahl in dein Heft.
Markiere die Zahlen.
0,3; $\frac{1}{2}$; $\frac{9}{10}$; 1,2; 0,6; $\frac{2}{5}$

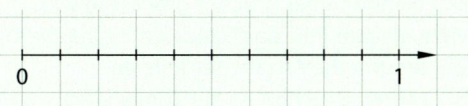

**17.** Wandle in eine abbrechende oder eine periodische Dezimalzahl um.
   a) $\frac{7}{8}$   b) $\frac{1}{9}$   c) $\frac{34}{20}$   d) $\frac{14}{22}$   e) $\frac{4}{60}$   f) $\frac{160}{12}$

**18.** Gib in Prozent an.
   a) 0,76   b) 0,3   c) 0,001   d) $\frac{19}{100}$   e) $\frac{11}{20}$   f) $\frac{7}{35}$

**19.** Bestimme den Anteil.
   a) 20 % von 60 €   b) 75 % von 120 g   c) 30 % von 1 cm

**20.** In 50 g Vollmilchschokolade sind 15 g Fett enthalten. Ist dieser Anteil größer als 20 %?

**21.** In den Klassen 5a und 5b sind jeweils 25 Kinder. In der 5a sind davon drei Fünftel Mädchen.
In der 5b beträgt der Anteil der Mädchen 44 %.
   a) Berechne, wie viele Mädchen in jede Klasse gehen.
   b) Gib für jede Klasse den Anteil der Jungen in Prozent an.

**22.** Jeweils drei Zahlen sind gleich. Schreibe sie in dein Heft.

$\frac{24}{40}$   $0,\overline{6}$   $\frac{16}{24}$   1,6   $\frac{600}{1000}$   $\frac{16}{10}$   $1\frac{3}{5}$   60 %   $\frac{2}{3}$

# Wiederholungsaufgaben

**1.** Ein Lieferwagen hat drei Kisten zu je 25 kg und zwei Säcke zu je 15 kg geladen. Wie schwer ist die Ladung?

**2.** a) Schreibe 15 als Produkt aus zwei Zahlen.
   b) Wie groß ist der Wert der Summe von 12 und 19?

**3.** Übertrage in dein Heft und ergänze eine passende Zahl.
   a) 2 m² = ■ dm²   b) 4 dm · 3 cm = ■ cm²   c) 9 cm = ■ mm

**4.** Ergänze den Satz so, dass er wahr wird.
   a) Ein Rechteck ist genau dann ein Quadrat, wenn …
   b) In einer Raute gibt es vier gleich …

**5.** In der Klasse 5a sind 17 Jungen und 11 Mädchen. Erstelle dazu ein passendes Säulendiagramm.

# Zusammenfassung

1. Brüche und Dezimalzahlen

| **Brüche** | Anteile von einem Ganzen können mit **Brüchen** beschrieben werden. Der **Nenner** eines Bruches gibt an, in wie viele gleiche Teile das Ganze geteilt ist. Der **Zähler** gibt die Anzahl der Teile an. Bei **echten Brüchen** ist der Zähler stets kleiner als der Nenner. Bei **unechten Brüchen** ist der Zähler stets größer als der Nenner. Unechte Brüche kann man auch als **gemischte Zahlen** schreiben. Brüche können **Anteile von Größen** angeben. | Zähler $\phantom{xx}$ Bruchstrich $\phantom{x}\frac{4}{5}$ Nenner $\phantom{xx}$ <br><br>Beachte: Der Nenner darf nie 0 sein.<br><br>**Echte Brüche:** $\frac{1}{2}, \frac{3}{4}, \frac{5}{7}$<br><br>**Unechte Brüche:** $\frac{3}{2}, \frac{7}{4}, \frac{15}{7}$<br><br>**Gemischte Zahlen:** $\frac{3}{2} = 1\frac{1}{2}, \frac{7}{4} = 1\frac{3}{4}, \frac{15}{7} = 2\frac{1}{7}$<br><br>$\frac{3}{4}$h = 45 min, $2\frac{1}{2}$ kg = 2500 g, $\frac{3}{8}$ ℓ = 0,375 ℓ |
|---|---|---|
| **Kürzen und Erweitern von Brüchen** | Beim **Erweitern** werden Zähler und Nenner mit der gleichen Zahl multipliziert.<br><br>Beim **Kürzen** werden Zähler und Nenner durch die gleiche Zahl dividiert. | $\frac{2}{3} = \frac{2 \cdot 4}{3 \cdot 4} = \frac{8}{12}$<br><br>$\frac{8}{12} = \frac{8:4}{12:4} = \frac{2}{3}$ 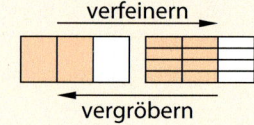 verfeinern / vergröbern |
| **Dezimalzahlen** | Zahlen mit Komma heißen **Dezimalzahlen**. Dezimalzahlen lassen sich als Bruch mit dem Nenner 10, 100, 1000, … (**Zehnerbrüche**) darstellen und in Brüche überführen. | <table><tr><th>E</th><th>z</th><th>h</th><th></th></tr><tr><td>1,</td><td>2</td><td>5</td><td>1 Ganzes, 2 Zehntel, 5 Hundertstel</td></tr></table><br>$0{,}5 = \frac{5}{10} = \frac{1}{2}$; $0{,}77 = \frac{77}{100}$; $1{,}25 = \frac{125}{100} = \frac{5}{4} = 1\frac{1}{4}$ |
| **Brüche und Dezimalzahlen am Zahlenstrahl** | Brüche und Dezimalzahlen, die zum selben Punkt des Zahlenstrahls gehören, bezeichnen dieselbe **Bruchzahl**. | Zahlenstrahl mit 0, 0,1 ($\frac{1}{10}$), 0,2 ($\frac{2}{10} = \frac{1}{5}$), 0,5 ($\frac{5}{10} = \frac{1}{2}$), 1,0 ($\frac{10}{10}$ = 1), 1,1 ($1\frac{1}{10}$) |
| **Brüche und Dezimalzahlen vergleichen** | Von zwei **gleichnamigen Brüchen** ist der Bruch mit dem größeren Zähler der größere.<br><br>**Ungleichnamige Brüche** werden zuerst gleichnamig gemacht und dann verglichen.<br><br>**Dezimalzahlen** kann man stellenweise von links nach rechts vergleichen. | $\frac{3}{7} < \frac{4}{7}$, denn 3 < 4.<br><br>$\frac{2}{3} < \frac{3}{4}$, denn $\frac{2}{3} = \frac{2 \cdot 4}{3 \cdot 4} = \frac{8}{12}, \frac{3}{4} = \frac{3 \cdot 3}{4 \cdot 3} = \frac{9}{12}$ und $\frac{8}{12} < \frac{9}{12}$.<br><br>2,6735 < 2,681, denn 7 Hundertstel < 8 Hundertstel. |
| **Umwandeln eines Bruchs in eine Dezimalzahl** | Man kann einen Bruch in eine Dezimalzahl umwandeln, indem man<br>• ihn auf einen Zehnerbruch **erweitert oder kürzt** und in eine Dezimalzahl überführt,<br>• **Zähler durch Nenner dividiert**. | $\frac{1}{4} = \frac{1 \cdot 25}{4 \cdot 25} = \frac{25}{100} = 0{,}25$<br><br>$\frac{1}{4} = 1 : 4 = 0{,}25 \phantom{xx}$ abbrechende Dezimalzahl<br><br>$\frac{2}{3} = 2 : 3 = 0{,}666… = 0{,}\overline{6} \phantom{xx}$ periodische Dezimalzahl |
| **Prozente** | **Brüche mit dem Nenner 100** kann man auch als **Prozente** schreiben. | <table><tr><th>Bruch</th><th>$\frac{1}{100}$</th><th>$\frac{25}{100} = \frac{1}{4}$</th><th>$\frac{50}{100} = \frac{1}{2}$</th></tr><tr><td>Prozent</td><td>1 %</td><td>25 %</td><td>50 %</td></tr></table> |

# 2. Brüche und Dezimalzahlen addieren und subtrahieren

$\frac{4}{4}$-Takt bedeutet, dass sich in jedem Takt die Notenwerte (Halbe, Viertel, Achtel, Sechzehntel, …) zu $\frac{4}{4}$ addieren.

Nach diesem Kapitel kannst du …
- Brüche addieren und subtrahieren,
- Dezimalzahlen addieren und subtrahieren.

# Dein Fundament
## 2. Brüche und Dezimalzahlen addieren und subtrahieren

Lösungen
↗ S. 224

### Addieren und Subtrahieren natürlicher Zahlen

1. Rechne im Kopf.
   a) 16 + 13   b) 66 − 43   c) 34 + 43   d) 79 − 34   e) 19 + 22
   f) 53 − 34   g) 44 + 65   h) 24 + 47   i) 34 − 26   j) 33 − 19

2. Setze für ■ eine Zahl ein, sodass die Rechnung stimmt.
   a) 14 + ■ = 23   b) ■ + 17 = 29   c) 37 − ■ = 26   d) ■ − 39 = 13
   e) 74 + ■ = 85   f) 139 − ■ = 9   g) ■ − 26 = 25   h) ■ + 67 = 100

3. Rechne vorteilhaft.
   a) 14 + 29 + 16   b) 47 + 184 − 16   c) 123 + 78 + 27 − 28

4. Gib an, welche Rechenaufgabe jeweils am Zahlenstrahl dargestellt wird.

   a) 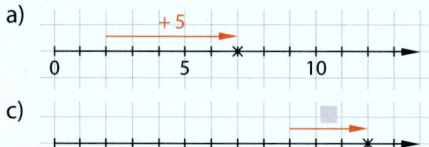   b)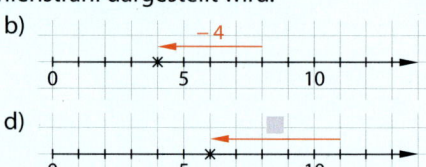

   c)   d)

5. Bilde aus den vorgegebenen Zahlen sechs Subtraktionsaufgaben. Beispiel: 15 − 11 = 4

| Minuend | | | Subtrahend | | | Ergebnis | | |
|---|---|---|---|---|---|---|---|---|
| 23 | 19 | 36 | 17 | 11 | 7 | 24 | 9 | 94 |
| 15 | 56 | 48 | 4 | 9 | 24 | 48 | 4 | 18 |
| 99 | 111 | 13 | 19 | 8 | 18 | 0 | 88 | 16 |

### Multiplizieren natürlicher Zahlen

6. Rechne im Kopf.
   a) 7 · 9   b) 6 · 8   c) 5 · 9   d) 8 · 9   e) 7 · 6   f) 9 · 3
   g) 4 · 8   h) 9 · 6   i) 8 · 8   j) 4 · 9   k) 9 · 9   l) 8 · 0

7. Setze für ■ eine Zahl ein, sodass die Rechnung stimmt.
   a) 9 · ■ = 81   b) ■ · 8 = 56   c) 11 · ■ = 33   d) 4 · ■ = 12   e) 8 · ■ = 72
   f) ■ · 9 = 54   g) 7 · ■ = 49   h) 6 · ■ = 42   i) ■ · 8 = 48   j) ■ · ■ = 81

8. Die Multiplikation von zwei Zahlen soll 24 ergeben. Finde alle Möglichkeiten.

9. Notiere mit den angegebenen Zahlen möglichst viele richtig gelöste Multiplikationsaufgaben.

   12   4   3   6   18   2   3   8   9   6   24   36

10. Rechne vorteilhaft.
    a) 5 · 17 · 2   b) 20 · 39 · 5   c) 2 · 39 · 50   d) 5 · 17 · 2   e) 4 · 9 · 5
    f) 25 · 19 · 4   g) 5 · 15 · 40   h) 5 · 45 · 40   i) 4 · 19 · 25   j) 5 · 4 · 37 · 25 · 2

# Dein Fundament

## Anteile

**11.** Gib den farbigen Anteil der Figur als Bruch, als Dezimalzahl und in Prozentschreibweise an.

a) 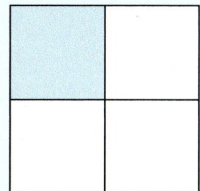   b) 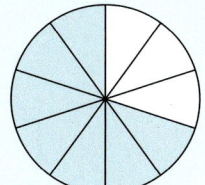   c) 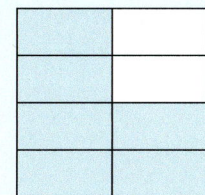   d)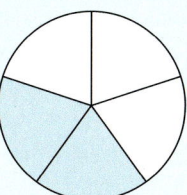

**12.** Gib jeden unechten Bruch als gemischte Zahl an und gib jede gemischte Zahl als unechten Bruch an.

a) $\frac{7}{4}$   b) $2\frac{2}{3}$   c) $5\frac{1}{8}$   d) $\frac{19}{6}$   e) $\frac{22}{8}$   f) $3\frac{5}{6}$

g) $\frac{10}{3}$   h) $4\frac{1}{2}$   i) $\frac{22}{9}$   j) $\frac{11}{4}$   k) $2\frac{3}{8}$   l) $5\frac{5}{6}$

**13.** In der Klasse 6b mit 24 Schülern haben einige Schüler ein Haustier. 6 Schüler haben einen Hund, 4 eine Katze, 3 ein Meerschweinchen und 2 einen Hamster. Gib die Anteile als Brüche an.

## Kürzen und Erweitern von Brüchen

**14.** Kürze so weit wie möglich.

a) $\frac{6}{12}$   b) $\frac{12}{30}$   c) $\frac{72}{108}$   d) $\frac{88}{144}$   e) $\frac{18}{42}$   f) $\frac{15}{12}$

**15.** Erweitere mit 2 (3; 7).

a) $\frac{2}{3}$   b) $\frac{5}{7}$   c) $\frac{3}{8}$   d) $\frac{7}{4}$   e) $\frac{1}{5}$   f) $\frac{0}{3}$

**16.** Erweitere den Bruch so, dass sein Nenner 60 ist.

a) $\frac{1}{6}$   b) $\frac{5}{12}$   c) $\frac{3}{2}$   d) $\frac{3}{4}$   e) $\frac{7}{30}$   f) $\frac{1}{3}$

**17.** Erweitere oder kürze so, dass beide Brüche einen gemeinsamen Nenner haben.

a) $\frac{1}{3}$ und $\frac{1}{4}$   b) $\frac{3}{5}$ und $\frac{4}{6}$   c) $\frac{3}{6}$ und $\frac{8}{12}$   d) $\frac{3}{5}$ und $\frac{2}{10}$   e) $\frac{2}{3}$ und $\frac{4}{5}$   f) $\frac{3}{7}$ und $\frac{1}{4}$

**18.** Ersetze ■ durch eine Zahl, sodass die Rechnung stimmt.

a) $\frac{2}{3} = \frac{■}{12}$   b) $\frac{4}{7} = \frac{20}{■}$   c) $\frac{■}{5} = \frac{4}{10}$   d) $\frac{3}{■} = \frac{21}{28}$   e) $\frac{■}{5} = \frac{9}{15}$   f) $\frac{9}{12} = \frac{3}{■}$

## Vermischtes

**19.** Runde auf Zehner (Hunderter, Tausender).

a) 6713   b) 4449   c) 6850   d) 5994   e) 11 953   f) 12 359

**20.** Stelle folgende Zahlen in einer Stellenwerttafel dar.

a) 378 009   b) fünfhundertachtzehn   c) 2H 1Z 3E 2z 3h 5t

d) 234,45   e) null Komma neun sieben   f) 34 579,89

## 2.1 Gleichnamige Brüche addieren und subtrahieren

■ Raphael will drei Achtel Liter Wasser mit zwei Achtel Liter Himbeersirup mischen. Kann er die Himbeerlimonade in einer der Flaschen mischen? ■

$\frac{1}{4}$ heißt, dass ein Ganzes in 4 gleich große Teile zerlegt wird und 1 Teil gefärbt wird. Kommen $\frac{2}{4}$ dazu, färbt man weitere 2 der 4 Teile.

Insgesamt sind 3 von 4 Teilen gefärbt.
Das Ergebnis von $\frac{1}{4} + \frac{2}{4}$ ist also $\frac{3}{4}$.

> **Wissen: Gleichnamige Brüche addieren und subtrahieren**
> Bei gleichnamigen Brüchen addiert (oder subtrahiert) man die Zähler. Der Nenner wird beibehalten.
> $$\frac{1}{5} + \frac{2}{5} = \frac{1+2}{5} = \frac{3}{5} \qquad \frac{5}{8} - \frac{2}{8} = \frac{5-2}{8} = \frac{3}{8}$$

Wenn man gemischte Zahlen addiert oder subtrahiert, ist es meistens sinnvoll, zunächst in einen Bruch umzuwandeln und dann zu addieren oder zu subtrahieren.

$$1\frac{2}{3} + 1\frac{2}{3} = \frac{5}{3} + \frac{5}{3} = \frac{10}{3} = 3\frac{1}{3}$$

**Beispiel 1:** Berechne.

a) $\frac{2}{9} + \frac{4}{9}$ \qquad b) $\frac{6}{7} - \frac{2}{7}$ \qquad c) $4\frac{3}{5} - 2\frac{4}{5}$

**Lösung:**

a) [Zähler plus Zähler] [Kürze durch 3. 6 : 3 = 2 und 9 : 3 = 3]
$$\frac{2}{9} + \frac{4}{9} = \frac{2+4}{9} = \frac{6}{9} = \frac{\overset{2}{\cancel{6}}}{\underset{3}{\cancel{9}}} = \frac{2}{3}$$

b) [Zähler minus Zähler]
$$\frac{6}{7} - \frac{2}{7} = \frac{6-2}{7} = \frac{4}{7}$$

c) [Wandle die gemischten Zahlen in Brüche um.]
$$4\frac{3}{5} - 2\frac{4}{5} = \frac{23}{5} - \frac{14}{5} = \frac{23-14}{5} = \frac{9}{5} = 1\frac{4}{5}$$

## 2.1 Gleichnamige Brüche addieren und subtrahieren

### Basisaufgaben

1. Schreibe die Rechnung mit Brüchen auf.

   a)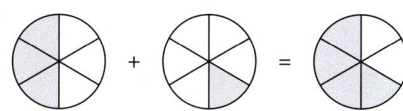
   b)
   c)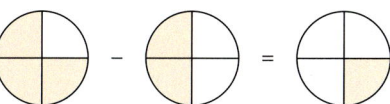
   d)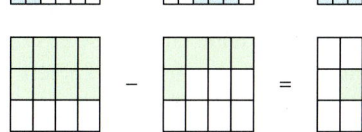

2. Veranschauliche die Rechnung mit Kreisen oder Rechtecken wie in Aufgabe 1. Gib auch das Ergebnis an.

   a) $\frac{2}{6} + \frac{3}{6}$  b) $\frac{7}{8} - \frac{2}{8}$  c) $\frac{3}{10} + \frac{4}{10}$  d) $\frac{1}{2} - \frac{1}{2}$  e) $\frac{5}{16} + \frac{7}{16}$

3. Berechne.

   a) $\frac{1}{9} + \frac{4}{9}$  b) $\frac{3}{8} + \frac{2}{8}$  c) $\frac{10}{17} + \frac{5}{17}$  d) $\frac{3}{5} + \frac{4}{5}$  e) $\frac{19}{7} + \frac{5}{7}$
   
   f) $\frac{4}{5} - \frac{2}{5}$  g) $\frac{4}{100} - \frac{3}{100}$  h) $\frac{10}{7} - \frac{4}{7}$  i) $\frac{13}{2} - \frac{6}{2}$  j) $\frac{26}{6} - \frac{7}{6}$

4. Berechne. Kürze das Ergebnis.

   a) $\frac{7}{12} + \frac{1}{2}$  b) $\frac{9}{10} + \frac{7}{10}$  c) $\frac{1}{4} + \frac{3}{4}$  d) $\frac{21}{8} + \frac{7}{8}$  e) $\frac{2}{3} + \frac{4}{3}$
   
   f) $\frac{8}{9} - \frac{2}{9}$  g) $\frac{6}{25} - \frac{1}{25}$  h) $\frac{7}{10} - \frac{3}{10}$  i) $\frac{9}{5} - \frac{4}{5}$  j) $\frac{17}{4} - \frac{11}{4}$

5. Wandle in Brüche um und berechne.

   a) $2\frac{1}{5} + 1\frac{2}{5}$  b) $\frac{1}{4} + 1\frac{2}{4}$  c) $2\frac{3}{10} + 1\frac{7}{10}$  d) $2\frac{5}{6} + 3\frac{4}{6}$  e) $5\frac{5}{9} + \frac{7}{9}$
   
   f) $1\frac{4}{9} - \frac{3}{9}$  g) $2\frac{1}{3} - 1\frac{2}{3}$  h) $1\frac{7}{12} - 1\frac{5}{12}$  i) $2 - \frac{3}{4}$  j) $3\frac{2}{25} - \frac{8}{25}$

## Weiterführende Aufgaben

6. **Durchblick:** Gib die Anteile der blauen und der gelben Fläche jeweils als Bruch an und addiere dann beide Anteile. Schreibe die vollständige Rechnung auf und kürze so weit wie möglich.

   a) 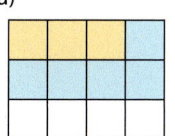  b) 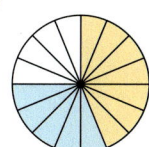  c) 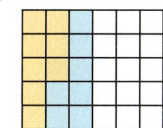  d)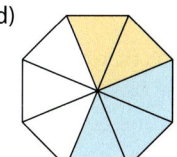

7. Schreibe eine passende Subtraktion mit Brüchen auf. Gib das Ergebnis – falls möglich – auch gekürzt an.

   a)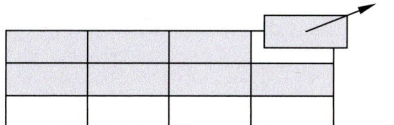
   b)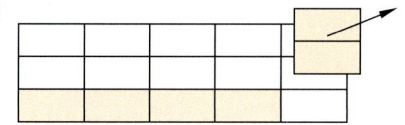

## 2. Brüche und Dezimalzahlen addieren und subtrahieren

8. a) Erläutere, wie Alex und Mark rechnen. Prüfe ihre Ergebnisse.
   b) Rechne – falls möglich – wie Alex oder Mark.
   ① $1\frac{3}{8} + 2\frac{3}{8}$   ② $4 + 3\frac{3}{4}$   ③ $2\frac{5}{6} + 1\frac{5}{6}$
   ④ $7\frac{2}{6} - 2\frac{1}{6}$   ⑤ $9\frac{1}{2} - 8$   ⑥ $3\frac{1}{5} - 1\frac{3}{5}$
   c) Überprüfe deine Ergebnisse aus b), indem du die gemischten Zahlen zuerst in Brüche umwandelst.

**Alex**
$2\frac{6}{7} + 4\frac{3}{7}$
$2 + 4 = 6$ und $\frac{6}{7} + \frac{3}{7} = \frac{9}{7} = 1\frac{2}{7}$
Also: $2\frac{6}{7} + 4\frac{3}{7} = 6 + 1\frac{2}{7} = 7\frac{2}{7}$

**Mark**
$8\frac{7}{9} - 5\frac{2}{9}$
$8 - 5 = 3$ und $\frac{7}{9} - \frac{2}{9} = \frac{5}{9}$
Also: $8\frac{7}{9} - 5\frac{2}{9} = 3 + \frac{5}{9} = 3\frac{5}{9}$

9. **Stolperstelle:** Erläutere die Fehler, die Lea gemacht hat, und korrigiere sie.
   a) $\frac{4}{10} + \frac{5}{10} = \frac{9}{20}$
   b) $5\frac{1}{2} - 2\frac{1}{2} = 3\frac{1}{2}$
   c) $1\frac{1}{7} + 1\frac{1}{7} = 1\frac{2}{7}$

10. Kürze zuerst und berechne anschließend.
    Beispiel: $\frac{8}{20} + \frac{3}{10} = \frac{8:2}{20:2} + \frac{3}{10} = \frac{4}{10} + \frac{3}{10} = \frac{7}{10}$
    a) $\frac{2}{6} + \frac{1}{3}$
    b) $\frac{3}{2} - \frac{5}{10}$
    c) $\frac{9}{300} + \frac{4}{400}$
    d) $\frac{14}{21} - \frac{10}{15}$

**Hinweis zu 11:** Hier findest du die Lösungen.

11. Berechne.
    a) $\frac{1}{10} + \frac{5}{10} + \frac{3}{10}$
    b) $\frac{13}{6} - \frac{1}{6} - \frac{4}{6}$
    c) $\frac{7}{2} - \frac{5}{2} + \frac{3}{2}$
    d) $\frac{20}{4} - \frac{7}{4} + \frac{1}{4} - \frac{12}{4}$
    e) $\frac{8}{3} + 6 + \frac{2}{3}$
    f) $3 - 2\frac{4}{9} - \frac{3}{9}$
    g) $\frac{11}{8} - \frac{6}{8} + 1\frac{1}{8}$
    h) $4\frac{2}{5} - \frac{1}{5} + \frac{3}{5} - 3\frac{4}{5}$

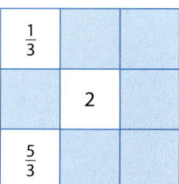

12. a) Von welcher Zahl muss man $\frac{7}{2}$ abziehen, um $\frac{5}{2}$ zu erhalten?
    b) Gib zwei Brüche mit dem Nenner 10 an, deren Differenz 2 ist.
    c) Gib zwei Brüche an, deren Summe 1 ist.
    d) Gib vier Brüche an, deren Summe 3 ist.
    e) Welche Zahl muss man zu $\frac{2}{3}$ addieren, um 4 zu erhalten?

13. Ling kauft auf dem Wochenmarkt $3\frac{1}{2}$ kg Kartoffeln, 2 kg Möhren, ein halbes Kilogramm Hühnerfleisch und $2\frac{1}{2}$ kg Wassermelonen. Wie schwer ist sein Einkauf insgesamt?

14. Drei Freunde teilen sich 2 Pizzen. Einer erhält $\frac{7}{8}$, der zweite $\frac{6}{8}$ und der dritte $\frac{5}{8}$ Pizzen. Was hältst du von der Aufteilung?

15. Fülle das magische Quadrat im Heft aus: In jeder Zeile, Spalte und Diagonalen soll die Summe der drei Zahlen 6 ergeben.

| $\frac{1}{3}$ |   |   |
|---|---|---|
|   | 2 |   |
| $\frac{5}{3}$ |   |   |

16. **Ausblick:** Setze für jedes Kästchen eine Zahl ein, sodass die Rechnung stimmt.
    a) $\frac{13}{29} + \frac{\square}{29} = \frac{20}{29}$
    b) $\frac{9}{11} - \frac{7}{\square} = \frac{2}{\square}$
    c) $\frac{\square}{\square} + \frac{7}{12} = \frac{3}{2}$
    d) $\frac{3}{10} - \frac{\square}{\square} = \frac{1}{5}$
    e) $\frac{1}{\square} + \frac{1}{8} = \frac{\square}{4}$
    f) $6 - \frac{\square}{\square} = 1\frac{2}{3}$
    g) $3\frac{1}{5} + 5\frac{\square}{5} = 8\frac{3}{5}$
    h) $2\frac{5}{8} + \frac{\square}{8} = 8\frac{1}{2}$

## 2.2 Ungleichnamige Brüche addieren und subtrahieren

■ Moritz möchte auf seiner Geburtstagsfeier alkoholfreie Cocktails mixen. Er findet folgendes Rezept im Internet: „Zubereitung des Caribbean: $\frac{1}{5}$ ℓ Maracujasaft, $\frac{1}{8}$ ℓ Ananassaft, $\frac{1}{10}$ ℓ Mangosirup und $\frac{1}{10}$ ℓ Sahne im Cocktailshaker kurz schütteln. Den Inhalt in ein Glas füllen, Limette über dem Drink auspressen und mit einem Blatt frischer Minze servieren."
Der Shaker fasst $\frac{2}{5}$ ℓ. Passen alle Zutaten hinein? ■

Man kann sich $\frac{1}{3}$ und $\frac{1}{2}$ jeweils als Anteil von einem Rechteck vorstellen.
Die Brüche können aber so nicht addiert werden, da eine gemeinsame Einteilung fehlt.
Erst wenn man die Einteilung verfeinert (durch Erweitern der Brüche), kann man beide Brüche addieren.

### Wissen: Ungleichnamige Brüche addieren und subtrahieren
Bei ungleichnamigen Brüchen **erweitert** man die Brüche auf einen **gemeinsamen Nenner**. Anschließend kann man die gleichnamigen Brüche addieren oder subtrahieren.

$$\frac{1}{5} + \frac{2}{3} = \frac{1 \cdot 3}{5 \cdot 3} + \frac{2 \cdot 5}{3 \cdot 5} = \frac{3}{15} + \frac{10}{15} = \frac{3+10}{15} = \frac{13}{15} \qquad \frac{3}{4} - \frac{1}{2} = \frac{3}{4} + \frac{1 \cdot 2}{2 \cdot 2} = \frac{3}{4} - \frac{2}{4} = \frac{3-2}{4} = \frac{1}{4}$$

**Beispiel 1:** Berechne.
a) $\frac{7}{8} + \frac{1}{4}$  b) $\frac{3}{4} - \frac{2}{5}$  c) $\frac{5}{12} + \frac{8}{15}$

**Lösung:**

a) $\frac{7}{8} + \frac{1}{4} = \frac{7}{8} + \frac{1 \cdot 2}{4 \cdot 2} = \frac{7}{8} + \frac{2}{8} = \frac{7+2}{8} = \frac{9}{8}$

> Da 8 ein Vielfaches von 4 ist, erweitere auf den gemeinsamen Nenner 8.

b) $\frac{3}{4} - \frac{2}{5} = \frac{3 \cdot 5}{4 \cdot 5} - \frac{2 \cdot 4}{5 \cdot 4} = \frac{15}{20} - \frac{8}{20} = \frac{15-8}{20} = \frac{7}{20}$

> Erweitere auf das Produkt der Nenner $4 \cdot 5 = 20$.

c) $\frac{5}{12} + \frac{8}{15} = \frac{5 \cdot 5}{12 \cdot 5} + \frac{8 \cdot 4}{15 \cdot 4} = \frac{25}{60} + \frac{32}{60} = \frac{25+32}{60} = \frac{\overset{19}{\cancel{57}}}{\underset{20}{\cancel{60}}} = \frac{19}{20}$

> Ein möglichst kleines gemeinsames Vielfaches von 12 und 15 ist 60. Erweitere auf den gemeinsamen Nenner 60.

> Kürze durch 3.
> 57 : 3 = 19 und 60 : 3 = 20

## Basisaufgaben

1. Erweitere einen der beiden Brüche so, dass du anschließend addieren oder subtrahieren kannst. Berechne das Ergebnis.

   a) $\frac{1}{2} + \frac{1}{6}$    b) $\frac{3}{4} + \frac{1}{20}$    c) $\frac{3}{10} + \frac{3}{100}$    d) $\frac{2}{5} + \frac{9}{10}$    e) $\frac{19}{56} + \frac{3}{7}$

   f) $\frac{2}{3} - \frac{1}{6}$    g) $\frac{9}{10} - \frac{1}{2}$    h) $\frac{2}{5} - \frac{4}{25}$    i) $\frac{7}{2} - \frac{2}{14}$    j) $\frac{1}{3} - \frac{8}{33}$

2. Berechne.

   a) $\frac{2}{7} + \frac{1}{4}$    b) $\frac{1}{5} + \frac{2}{3}$    c) $\frac{6}{7} + \frac{1}{2}$    d) $\frac{5}{4} + \frac{4}{5}$    e) $\frac{3}{10} + \frac{2}{11}$

   f) $\frac{2}{3} - \frac{1}{4}$    g) $\frac{5}{2} - \frac{7}{9}$    h) $\frac{7}{12} - \frac{2}{5}$    i) $\frac{13}{2} - \frac{6}{2}$    j) $\frac{7}{12} - \frac{1}{13}$

**Hinweis zu 3:** Hier findest du die Lösungen.

3. Erweitere die Brüche auf einen möglichst kleinen gemeinsamen Nenner und berechne.

   a) $\frac{3}{4} + \frac{1}{6}$    b) $\frac{7}{9} + \frac{5}{6}$    c) $\frac{7}{8} + \frac{17}{12}$    d) $\frac{1}{20} + \frac{1}{50}$    e) $\frac{7}{15} + \frac{3}{25}$

   f) $\frac{1}{10} - \frac{1}{15}$    g) $\frac{5}{4} - \frac{1}{16}$    h) $\frac{11}{30} - \frac{3}{20}$    i) $\frac{9}{20} - \frac{1}{15}$    j) $\frac{3}{40} - \frac{3}{100}$

4. In einer Flasche sind $\frac{7}{10}$ ℓ Orangensaft. Anna schüttet davon $\frac{1}{4}$ ℓ in ein Glas. Wie viel Liter Saft sind noch in der Flasche?

## Weiterführende Aufgaben

5. a) Schreibe die Rechnung mit Brüchen auf.

   b) Stelle die Rechnung wie in a) mit Rechtecken dar und berechne das Ergebnis.

   ① $\frac{1}{5} + \frac{1}{2}$    ② $\frac{2}{3} + \frac{1}{4}$    ③ $\frac{3}{5} - \frac{1}{2}$    ④ $\frac{3}{4} - \frac{1}{3}$

6. **Stolperstelle:** Die Schüler der Klasse 6d berechnen $\frac{5}{6} + \frac{4}{9}$. Welche Rechnungen sind richtig, welche falsch? Korrigiere die falschen Rechnungen.

   a) Peter: $\frac{5}{6} + \frac{4}{9} = \frac{9}{15} = \frac{3}{5}$

   b) Mara: $\frac{5}{6} + \frac{4}{9} = \frac{5}{54} + \frac{4}{54} = \frac{9}{54}$

   c) Leon: $\frac{5}{6} + \frac{4}{9} = \frac{15}{18} + \frac{8}{18} = \frac{23}{18}$

   d) Michael: $\frac{5}{6} + \frac{4}{9} = \frac{5}{9} + \frac{4}{9} = \frac{9}{9} = 1$

7. **Durchblick:**

   a) Bringe die abgebildeten Begriffe in eine sinnvolle Reihenfolge und schreibe eine Anleitung, wie man Brüche addiert oder subtrahiert.

   > addieren/subtrahieren    gleichnamig    Zähler    erweitern
   >
   > Ergebnis    ungleichnamig    gemeinsamer Nenner

   b) Berechne. Überprüfe dabei deine Anleitung aus a).

   ① $\frac{1}{5} + \frac{1}{3}$    ② $\frac{7}{24} + \frac{5}{6}$    ③ $\frac{11}{10} + \frac{4}{25}$    ④ $\frac{1}{2} - \frac{7}{20}$    ⑤ $\frac{7}{6} - \frac{4}{5}$

## 2.2 Ungleichnamige Brüche addieren und subtrahieren

8. Berechne und überprüfe dein Ergebnis mit der Umkehroperation.
   Beispiel: $\frac{1}{2} - \frac{1}{6} = \frac{3}{6} - \frac{1}{6} = \frac{2}{6} = \frac{1}{3}$   Umkehroperation: $\frac{1}{3} + \frac{1}{6} = \frac{2}{6} + \frac{1}{6} = \frac{3}{6} = \frac{1}{2}$
   a) $\frac{1}{5} - \frac{1}{7}$   b) $\frac{3}{5} - \frac{19}{40}$   c) $\frac{5}{8} - \frac{3}{10}$   d) $\frac{1}{2} + \frac{1}{3}$   e) $\frac{23}{45} + \frac{2}{9}$

   *Erinnere dich:*
   Addition und Subtraktion sind Umkehroperationen:

9. Ergänze einen vollständig gekürzten Bruch, sodass die Rechnung stimmt.
   a) $\frac{4}{15} + \square = \frac{7}{15}$   b) $\frac{5}{8} + \square = \frac{23}{24}$   c) $\square - \frac{1}{3} = \frac{1}{6}$   d) $\square + \frac{1}{4} = \frac{1}{3}$
   e) $\square - \frac{1}{10} = \frac{1}{100}$   f) $\square - \frac{2}{5} = \frac{21}{60}$   g) $\frac{3}{10} + \square = \frac{11}{20}$   h) $\frac{2}{3} - \square = \frac{5}{9}$

10. Addiere oder subtrahiere die gemischten Zahlen.
    a) $1\frac{1}{2} + \frac{3}{8}$   b) $\frac{2}{5} + 1\frac{2}{3}$   c) $2\frac{3}{4} + \frac{1}{8}$   d) $3\frac{2}{3} + 1\frac{1}{6}$   e) $1\frac{1}{12} + 1\frac{3}{8}$
    f) $5\frac{3}{8} - 1\frac{3}{4}$   g) $2\frac{3}{5} - \frac{3}{10}$   h) $1\frac{2}{3} - \frac{8}{9}$   i) $2\frac{3}{7} - 1\frac{1}{2}$   j) $4\frac{1}{2} - 3\frac{1}{4}$

11. Berechne.
    a) $\frac{5}{8} + \frac{1}{4} + \frac{3}{16}$   b) $\frac{1}{2} + \frac{2}{3} + \frac{3}{4}$   c) $\frac{11}{15} - \frac{3}{25} + \frac{29}{75}$   d) $\frac{19}{18} + \frac{2}{3} - \frac{7}{27}$
    e) $4 - \frac{3}{10} - \frac{3}{5}$   f) $\frac{1}{3} + \frac{1}{4} - \frac{1}{5}$   g) $\frac{1}{2} + 5 - 1\frac{2}{3}$   h) $4\frac{3}{4} - 2\frac{1}{2} - 1\frac{1}{5}$

12. Patrick möchte Tennisprofi werden. Vormittags trainiert er drei Stunden auf dem Platz, eine Viertelstunde davon macht er Pause. Am Nachmittag macht er $1\frac{1}{2}$ h Krafttraining. Später spielt er noch eine Dreiviertelstunde gegen seinen Trainer. Wie viele Stunden hat Patrick insgesamt trainiert?

13. Übertrage die Rechenmauern in dein Heft und berechne. Der Wert eines Steines ist die Summe der Werte der beiden direkt darunterliegenden Steine.

    a)
    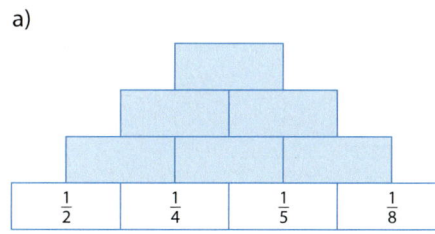
    b)
    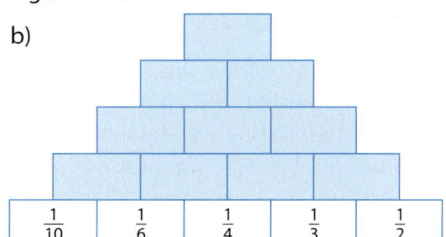

14. Kürze zuerst und berechne anschließend.
    a) $\frac{15}{100} + \frac{36}{40}$   b) $\frac{22}{99} + \frac{13}{26}$   c) $\frac{110}{40} - \frac{49}{56}$   d) $\frac{28}{35} + \frac{40}{48}$   e) $\frac{60}{144} - \frac{5}{75}$

    *Hinweis zu 14:* Hier findest du die Lösungen.

15. **Ausblick:** Vervollständige das magische Quadrat in deinem Heft. In jeder Zeile, Spalte und Diagonalen soll die Summe der drei Zahlen denselben Wert haben.
    a)
    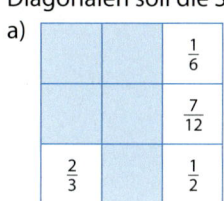
    b)

## 2.3 Dezimalzahlen runden

■ Lina möchte eine 35 cm lange Kuchenrolle für ihre Gäste in 13 gleich große Scheiben schneiden. Sie überlegt, wie dick jede Scheibe sein muss.
Ihre Schwester Zoe nimmt einen Taschenrechner und rechnet 35 : 13. Dieser zeigt als Ergebnis 2,692307692 an.
Welchen Wert für die Dicke der Scheiben sollte sie Lina nennen? ■

Dezimalzahlen können beliebig viele Nachkommastellen haben. Häufig ist aber die Angabe vieler Nachkommastellen gar nicht nötig und ein gerundeter Wert reicht aus.

Dezimalzahlen kann man auf Zehntel, Hundertstel, Tausendstel, … runden. Dabei streicht man die Ziffern, die hinter der Rundungsstelle stehen. Für die Rundungsstelle gelten diese Regeln:

> **Wissen: Vereinbarungen zum Runden von Dezimalzahlen**
> Wähle zunächst die Rundungsstelle.
> **Abrunden:** Folgt nach der Rundungsstelle eine **0, 1, 2, 3 oder 4,** so wird abgerundet.
> **Aufrunden:** Folgt nach der Rundungsstelle eine **5, 6, 7, 8 oder 9,** so wird aufgerundet.

**Beispiel 1:** Runde die Zahl
a) 4,82 auf Zehntel,      b) 2,51 auf Einer,      c) 0,496 auf Hundertstel.

**Lösung:**
a) Die Rundungsstelle ist die 8. Die Ziffer rechts neben der 8 ist die 2, also werden die 8 Zehntel abgerundet, also 4,8.    4,82 ≈ 4,8

b) Die Rundungsstelle ist die 2. Die Ziffer rechts neben der 2 ist die 5, also werden die 2 Einer aufgerundet auf 3 Einer.    2,51 ≈ 3

c) Die Rundungsstelle ist die 9. Die Ziffer rechts neben der 9 ist die 6, also werden die 9 Hundertstel aufgerundet auf 10 Hundertstel. 10 Hundertstel sind 1 Zehntel. Zusammen mit 4 Zehntel ergeben sie 5 Zehntel, das sind 50 Hundertstel.    0,496 ≈ 0,50

**Hinweis zu c):**
Man schreibt 0,50 und nicht 0,5. Damit gibt man an, dass die Zahl auf Hundertstel gerundet wurde.

### Basisaufgaben

1. Runde die Zahlen in der Stellenwerttafel
   a) auf Zehntel (z),
   b) auf Hundertstel (h),
   c) auf Einer (E).

| H | Z | E | z | h | t |
|---|---|---|---|---|---|
|   | 7 | 0, | 9 | 1 | 4 |
|   |   | 5, | 0 | 6 | 3 |
|   |   | 9, | 6 | 2 | 5 |
|   | 2 | 3, | 8 | 5 | 1 |

**Tipp zu 2:**
Markiere die Stelle, auf die gerundet wird, und in einer anderen Farbe die erste Stelle, die wegfällt.

2. Trage die Zahl in eine Stellenwerttafel ein und runde wie angegeben.
   a) 2,54 auf Zehntel,      b) 1,725 auf Hundertstel,
   c) 34,81 auf Einer,      d) 7,312 auf zwei Nachkommastellen.

## 2.3 Dezimalzahlen runden

3. Runde die Zahlen auf die vorgegebene Rundungsstelle.
   a) Zehntel
      2,61
      3,382
      0,066
   b) Hundertstel
      0,045
      8,381
      0,095
   c) Tausendstel
      1,7346
      2,2991
      0,09049
   d) Einer
      8,6
      0,457
      299,5

4. a) Runde auf m: 17,1 m; 1,27 m; 109,8 m
   b) Runde auf kg: 7,2 kg; 1,46 kg; 49,5 kg
   c) Runde auf €: 13,20 €; 9,95 €; 58,00 €
   d) Runde auf s: 5,622 s; 99,7 s; 0,087 s

5. a) Runde auf eine Nachkommastelle: 7,34; 0,07; 11,257 g; 8,69 ℓ; 99,961 km
   b) Runde auf zwei Nachkommastellen: 1,249; 0,0041; 15,315 m²; 0,3081 t; 0,9999 s

**Hinweis zu 5:** Hier findest du die gerundeten Zahlen und Maßzahlen.

6. Begründe, ob es sinnvoll ist zu runden. Runde gegebenenfalls auf eine geeignete Stelle.
   a) Ein Fußballspiel dauert 1,5 Stunden – ohne Pause.
   b) Das Handgepäck wiegt 7,608 kg.
   c) Die Durchschnittsgeschwindigkeit eines Reisebusses beträgt 78,914 km/h.
   d) Der Weltrekord im Hochsprung liegt bei 2,45 m.
   e) München hat etwa 1,4 Millionen Einwohner.

## Weiterführende Aufgaben

7. Gib drei mögliche Ausgangszahlen an, die gerundet die angegebene Zahl ergeben.
   Beispiel: 4,2   Mögliche Ausgangszahlen: 4,24; 4,15; 4,213
   a) 0,6   b) 9,9   c) 7   d) 1,15   e) 0,60   f) 0,600

8. **Durchblick:** Orientiere dich bei a) und b) an Beispiel 1.
   a) Runde 79,925 auf Zehntel, Hundertstel und Einer.
   b) Runde 25,2096 auf ein, auf zwei und auf drei Nachkommastellen.
   c) Eine Zahl wurde auf Zehntel gerundet. Die gerundete Zahl ist 2,0.
      Gib drei mögliche Ausgangszahlen an, die größer als 2 sind, und zwei Ausgangszahlen, die kleiner als 2 sind.

9. **Stolperstelle:** Welche Fehler hat Daniel gemacht? Korrigiere sie.
   a) *41,452 auf Zehntel gerundet: 41,45*
   b) *912,995 auf Hundertstel gerundet: 912,9*
   c) *49,33 auf eine ganze Zahl gerundet: 50*
   d) *3,02 auf Zehntel gerundet: 3*

10. Stelle die Einwohnerzahlen der Großstädte in einem Säulendiagramm dar.
    Runde die Zahlen dazu vorher geeignet.
    London: 8,308 Mio.   New York: 8,245 Mio.   Rio de Janeiro: 6,024 Mio.
    Berlin: 3,422 Mio.   Madrid: 3,213 Mio.   Rom: 2,554 Mio.
    Paris: 2,250 Mio.   Hamburg: 1,746 Mio.   München: 1,408 Mio.

11. **Ausblick:**
    a) Gib die kleinste Zahl an, die beim Runden die angegebene Zahl ergibt.
       ① 6   ② 44,1   ③ 0,078   ④ 0,020   ⑤ 100,0
    b) Martin behautet: „7,84 ist die größte Zahl, die auf Zehntel gerundet 7,8 ergibt."
       Erkläre, warum Martin nicht recht hat.
    c) Eine Zahl ergibt beim Runden 6. Begründe, warum es keine größte Ausgangszahl geben kann.

## 2.4 Dezimalzahlen addieren und subtrahieren

■ Nach dem ersten Lauf beim Ski-Slalom in Wengen gab es dieses Zwischenergebnis:

| 1 | HARGIN | SWE | 54.80 | |
| 2 | GROSS | IT | 54.94 | + 0.14 |
| 3 | KRISTOFFERSEN | NOR | 55.12 | + 0.32 |
| 4 | DOPFER | GER | 55.34 | +0.54 |
| 5 | NEUREUTHER | GER | 55.35 | + 0.55 |

Was bedeuten die Zahlen?
Schreibe passende Rechnungen auf. ■

**Wissen: Addieren und Subtrahieren von Dezimalzahlen**
Dezimalzahlen werden (wie natürliche Zahlen) **stellengerecht addiert bzw. subtrahiert.**
Steht Komma unter Komma, haben untereinander stehende Ziffern den gleichen Stellenwert.

**Beispiel 1:** Rechne schriftlich.
a) 34,92 + 0,34
b) 54,97 − 3,208

**Lösung:**
a) Schreibe die Zahlen stellengerecht untereinander und addiere dann:

Hundertstel (h):  2 + 4 = 6
Zehntel (z):   9 + 3 = 12
(2 Zehntel, 1 Einer im Übertrag)
Einer (E):   4 + 1 = 5
Zehner (Z):   3 + 0 = 3

| | Z | E | z | h |
|---|---|---|---|---|
| | 3 | 4, | 9 | 2 |
| + | | 0, | 3 | 4 |
| | | | 1 | |
| | 3 | 5, | 2 | 6 |

b) Subtrahiere stellenweise:

Tausendstel (t):  2, denn 8 + 2 = 10
(2 Tausendstel, 1 Hundertstel im Übertrag)
Hundertstel (h):  6, denn 1 + 6 = 7
Zehntel (z):   7, denn 2 + 7 = 9
Einer (E):   1, denn 3 + 1 = 4
Zehner (Z):   5, denn 0 + 5 = 5

| | Z | E | z | h | t |
|---|---|---|---|---|---|
| | 5 | 4, | 9 | 7 | 0 |
| − | | 3, | 2 | 0 | 8 |
| | | | | 1 | |
| | 5 | 1, | 7 | 6 | 2 |

### Basisaufgaben

**Hinweis:**
Damit die Anzahl der Nachkommastellen bei beiden Zahlen gleich ist, ergänze – falls nötig – Nullen am Ende.

1. Schreibe die Zahlen stellengerecht untereinander und berechne.
   a) 21,37 + 35,12
   b) 34,7 + 123,5
   c) 41,7 + 3,92
   d) 0,027 + 1,08
   e) 34,79 − 21,35
   f) 83,58 − 8,45
   g) 56,94 − 7,9
   h) 11,8 − 0,707

2. Berechne im Kopf.
   a) 1,4 + 3,2
   b) 0,5 + 7,6
   c) 8 + 1,23
   d) 2,75 + 3,25
   e) 7,9 − 2,1
   f) 24,8 − 4,4
   g) 9 − 1,8
   h) 1,32 − 0,05
   i) 1,99 + 3,99
   j) 0,48 + 0,63
   k) 42,37 − 0,9
   l) 98,531 − 0,03

## 2.4 Dezimalzahlen addieren und subtrahieren

3. **Überschlag:** Addiere. Überschlage zuerst, indem du die Zahlen geeignet rundest.
   Beispiel: 6,218 + 0,497   Überschlag: 6,2 + 0,5 = 6,7   Exaktes Ergebnis: 6,715
   a) 5,89 + 0,483   b) 0,712 + 0,859   c) 10,45 + 6,231   d) 36,67 + 15,8
   e) 14,35 + 0,089   f) 0,0323 + 0,0798   g) 2,7875 + 1,086   h) 0,058 + 0,5858

4. Subtrahiere. Mache zuerst einen Überschlag, indem du die Zahlen geeignet rundest.
   Beispiel: 0,583 − 0,376   Überschlag: 0,6 − 0,4 = 0,2   Exaktes Ergebnis: 0,207
   a) 0,802 − 0,505   b) 7,34 − 0,905   c) 12 − 8,85   d) 106,32 − 23,43
   e) 45,346 − 1,23   f) 2,11 − 1,534   g) 0,0306 − 0,0097   h) 0,6767 − 0,067

5. Ordne jeder Aufgabe das passende Ergebnis auf den Karten zu. Entscheide durch eine Überschlagsrechnung.
   a) 3,193 + 0,612   b) 0,66 − 0,045
   c) 2,385 + 2,45   d) 2,015 − 1,19
   e) 0,0137 + 0,0513   f) 8,205 − 4,08
   g) 0,963 + 0,612   h) 11,12 − 9,055

   4,835   0,065   4,125   0,825
   1,575   3,805   0,615   2,055

6. Katja meint, dass ihre Katze Bo Übergewicht hat, und möchte sie deshalb wiegen. Da Bo aber immer wieder von der Waage springt, wiegt sich Katja zuerst alleine und anschließend noch einmal mit Bo auf dem Arm. Katja wiegt 38,7 kg, beide zusammen wiegen 44,5 kg. Wie schwer ist Bo?

## Weiterführende Aufgaben

7. Mache einen Überschlag und berechne anschließend.
   a) 1,23 + 6,79 + 4,06   b) 11,03 + 0,978 + 5,172   c) 0,033 + 0,0472 + 0,107
   d) 1,9 + 2,99 + 3,999   e) 84,5731 + 7,342 + 9,9402   f) 121,93 + 32,87 + 82,931

   Hinweis zu 7:
   Hier findest du die exakten Lösungen.

   101,8553   237,731   17,18   0,1872   8,889   12,08

8. **Durchblick:** Berechne. Entscheide, ob du im Kopf oder wie in Beispiel 1 schriftlich rechnest. Mache bei e) bis h) zuerst einen Überschlag.
   a) 56,8 + 4,3   b) 12 − 7,6   c) 56,943 − 2,941   d) 0,5 + 3,2 + 1,01
   e) 0,0978 + 3,075   f) 7,704 − 6,12   g) 75,97 − 45,731   h) 9,54 + 4,8 + 0,72

9. **Stolperstelle:** Suche Fehler und berichtige sie. Erläutere kurz, worin der Fehler besteht.

   a)
   |   | 2, | 1 | 9 |
   |---|----|----|----|
   | − | 1, | 5 | 6 |
   |   |    | 1 |   |
   |   | 0, | 6 | 3 |

   b)
   |   |   |   | 8 |
   |---|---|---|---|
   | + | 0, | 7 | 9 |
   |   |   | 1 |   |
   |   | 0, | 8 | 7 |

   c) 12,45 + 4,7 = 16,52   d) 4,3 cm − 3 mm = 1,3 cm

10. Beschreibe das Muster der Zahlenfolge. Ergänze im Heft die nächsten sechs Dezimalzahlen.
    a) 0,25; 0,5; 0,75; 1; 1,25; …   b) 14,1; 13,2; 12,3; 11,4; 10,5; …
    c) 2,05; 2,062; 2,074; 2,086; 2,098; …   d) 7; 6,25; 5,5; 4,75; 4; …
    e) 4; 4,125; 4,25; 4,375; 4,5; …   f) 8,4; 8,05; 7,7; 7,35; 7; …

11. Arbeitet zu zweit. Einer von euch nimmt einen Taschenrechner und gibt mehrere Dezimalzahlen vor und bestimmt jeweils, ob sie addiert oder subtrahiert werden sollen. Der andere rechnet schriftlich. Die erste Person kontrolliert mit dem Taschenrechner. Tauscht dann eure Rollen.

Beispiel: 2,4 →(+1,33)→ 3,73 →(−0,82)→ 2,91 →(+10,706)→ 13,616 →(−1,996)→ 11,62

12. Wie viel Wechselgeld bekommst du zurück, wenn du den Geldbetrag mit einen 5-€-Schein (einem 20-€-Schein) bezahlst?
    a) 4,50 €    b) 1,80 €    c) 3,19 €    d) 0,72 €
    e) 4,22 €    f) 5 Cent    g) 1,95 € + 1,50 €    h) 1,99 € + 2,98 €

13. Stephan möchte Eistee zubereiten. Laut Rezept muss er 0,75 ℓ Früchtetee, 0,45 ℓ Hagebuttentee, 0,125 ℓ Apfelsaft und 0,02 ℓ Zitronensaft mischen.
    Kann er den Tee in eine 1,5-ℓ-Flasche füllen?

14. Die Klasse 6a hat in ihrer Klassenkasse 149,46 € und kauft für eine Weihnachtsfeier ein. Für Getränke geben sie 87,89 €, für Knabbereien 32,19 € und für Teller, Becher und Dekoration 21,39 € aus. Wie viel Euro kostet die Feier insgesamt und wie viel Geld haben sie übrig? Überschlage zunächst und berechne dann.

15. In der Tabelle stehen die Ergebnisse beim Formel-1-Qualifying in Singapur.
    a) Berechne jeweils die Zeitabstände zwischen zwei benachbarten Plätzen.
    b) Welche Fahrer sind unter einer Zehntelsekunde (einer Hundertstelsekunde) voneinander entfernt?
    c) Welche Fahrer meint der Reporter?
        ① „Ihn trennt nur eine halbe Sekunde vom ersten Platz."
        ② „Heute haben die Tausendstel entschieden."
        ③ „Eineinhalb Zehntel schneller und er wäre drei Plätze besser."
        ④ „Sechs Hundertstel trennen ihn von einem Podestplatz."

| 1. Lewis Hamilton | 1 min 45,681 s |
| 2. Nico Rosberg | 1 min 45,688 s |
| 3. Daniel Ricciardo | 1 min 45,854 s |
| 4. Sebastian Vettel | 1 min 45,902 s |
| 5. Fernando Alonso | 1 min 45,907 s |
| 6. Felippe Massa | 1 min 46,000 s |
| 7. Kimi Raikkönen | 1 min 46,170 s |

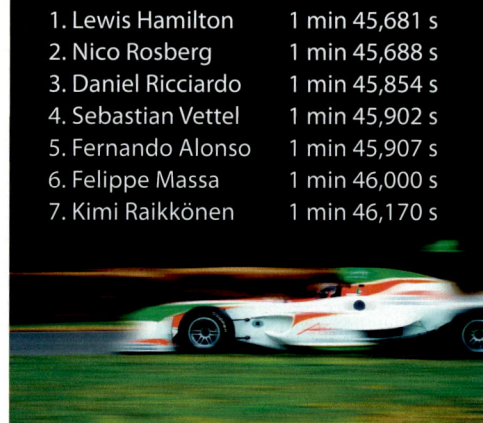

16. Die Summe der beiden unteren Steine ist jeweils der Wert des darauf liegenden Steins. Übertrage die Additionsmauern in dein Heft und ergänze sie.

a)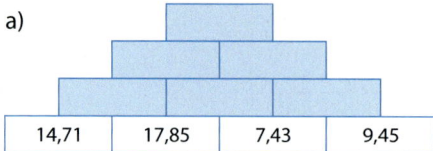
   14,71 | 17,85 | 7,43 | 9,45

b)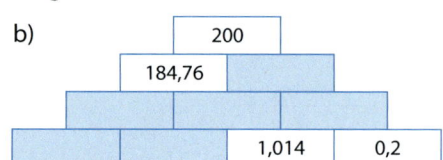
   200
   184,76
   | 1,014 | 0,2

17. **Ausblick:** Ersetze im Heft die Lücken so, dass die Rechnung stimmt.

a)
```
  1 2 , ■ 3
+ ■ 3 , 5 ■
---------
  4 5 , 8 2
```

b)
```
  7 2 2 , ■ 3 5
−   8 ■ , 5 3
-----------
  6 ■ 9 , 7 2 2
```

c)
```
    ■ , 2 ■ 3
+ ■ 3 , ■ 3 9
-----------
  4 0 , 8 1 ■
```

Streifzug

# Spiel: Zahlen-Bingo

■ Dieses Spielfeld findest du auch auf der Rückseite deines Buches. Auf dem Spielfeld findest du verschiedene Darstellungen von Zahlen– Dezimalzahlen, Brüche, Prozente oder die Darstellung als gefärbter Anteil einer Fläche.
Es gibt verschiedene Spielvarianten, die ihr zu dritt oder zu viert spielen könnt. ■

| 0,75 | ◐ | $\frac{1}{2}$ | $\frac{3}{10}$ | ▦ | 0,1 |
|---|---|---|---|---|---|
| $\frac{6}{5}$ | 50% | $\frac{3}{4}$ | $\frac{2}{5}$ | $\frac{1}{3}$ | $0,\bar{6}$ |
| 2% | 30% | $\frac{1}{10}$ | 1,2 | 75% | $\frac{26}{20}$ |
| 0,6 | 1,3 | ▦ | 0,4 | ▦ | 0,02 |
| ◨ | $\frac{1}{50}$ | $0,\bar{3}$ | 60% | 0,5 | $\frac{3}{5}$ |
| 40% | ▦ | 10% | $\frac{2}{3}$ | $1\frac{1}{5}$ | ▦ |

**Startfeld**

### Wissen: Spielregeln

In jeder Runde ist ein Spieler der Spielleiter. Der Spielleiter gibt eine Zahl vor, indem er mit dem Bleistift auf ein Feld zeigt, und die Zeit stoppt.

Nun haben die Mitspieler 5 Sekunden Zeit, um auf ein Feld zu zeigen, dessen **Zahlenwert möglichst nahe an der vorgegebenen Zahl** liegt. Die vorgegebene Zahl darf nicht ausgewählt werden. Sollte ein Spieler diese Zahl wählen, scheidet er aus.

Der (oder die) Spieler mit der kleinsten Differenz zur vorgegebenen Zahl bekommt einen Siegpunkt. Nach jeder Runde wechselt der Spielleiter reihum.

### Beispiel 1: Den Sieger bestimmen

Der Spielleiter Ⓢ hat 50% gewählt.
Die Wahl von Spieler ❶ und Spieler ❷ ist rot gekennzeichnet.
Welcher Spieler bekommt den Punkt?

**Lösung:**
Es gilt: 50% = 12 = 0,5.
Damit sind die Zahlen $\frac{1}{2}$, 0,5 und die Felder, die den Anteil $\frac{1}{2}$ bildlich darstellen, ausgeschlossen.

Spieler ❶ hat $\frac{1}{3}$ gewählt.

Spieler ❷ hat $\frac{3}{4}$ gewählt.

Subtrahiere die kleinere von der größeren Zahl. Spieler ❶ erhält den Siegpunkt.

Spieler 1:
$$50\% - \frac{1}{3} = \frac{1}{2} - \frac{1}{3}$$
$$= \frac{3}{6} - \frac{2}{6} = \frac{1}{6}$$

Spieler 2:
$$\frac{3}{4} - 50\% = 75\% - 50\%$$
$$= 25\% = 0{,}25 = \frac{1}{4}$$

$\frac{1}{6} < \frac{1}{4}$

1. a) Hättest du als Mitspieler noch eine bessere Wahl treffen können?
   b) Angenommen, der Spielleiter hätte die 0,75 gewählt, die beiden Spieler aber genauso gespielt. Wer bekommt jetzt den Siegpunkt?
   c) Nimm an, die Wahl das Spielleiters wäre auf $\frac{6}{5}$ gefallen. Bestimme, wer dann den Punkt erhalten hätte.
   d) Spielt selbst. Notiert günstige Platzierungen der Münzen und besprecht sie anschließend.

**Wissen: Spielregeln für „Eins gewinnt"**
Legt die Münze auf das „Startfeld" unterhalb des Spielfelds und schnippst sie in das Zahlenfeld. Jeder Spieler darf höchstens dreimal schnippsen. Ziel des Spiels ist es, dass die Summe der erhaltenen Zahlen möglichst nahe an 1 liegt. Es zählt immer das Feld, auf dem der größte Teil der Münze liegt. Jeder Spieler entscheidet, ob er noch ein zweites oder drittes Mal schnippsen möchte. Spieler scheiden aus, wenn ihre Summe 1 übersteigt. Liegt die Münze außerhalb des Spielfeldes, gilt das als Fehlversuch. Es wird kein Punkt gegeben.

**Beispiel 2: Differenz zur 1 berechnen**
Hier siehst du die drei getroffenen Felder eines Spielers. Wie nah ist er an der 1?

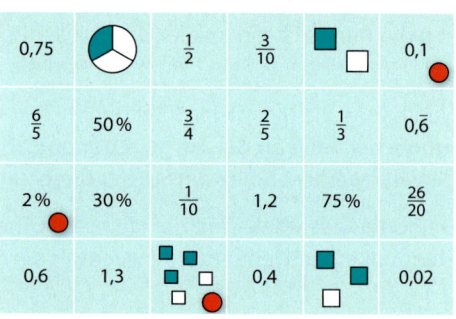

**Lösung:**

Zuerst musst du die Zahlen aus den drei Versuchen addieren.

Summe:
$$0{,}1 + 2\% + \frac{3}{5} = \frac{1}{10} + \frac{2}{100} + \frac{3}{5}$$
$$= \frac{10}{100} + \frac{2}{100} + \frac{60}{100} = \frac{72}{100} = 0{,}72$$

Dann berechnest du die Differenz dieser Summe zur Zahl 1.

$1 - 0{,}72 = 0{,}28$

In diesem Fall beträgt die Differenz 0,28.

2. Julian hat bei den ersten beiden Versuchen die Zahlen 0,02 und $\frac{1}{10}$ getroffen. Gib geeignete Zahlen an, damit Julian näher an die 1 kommt als im Beispiel 2.

3. Spielt mehrfach beide Spiele und überlegt dann gemeinsam, welche Gewinn-Strategien ihr entwickelt habt.

4. In der Klasse 6a spielt eine Gruppe eine andere Form von „Eins gewinnt": Jeder Mitspieler nennt eine Rechnung mit den getroffenen Zahlen, deren Ergebnis möglichst nah an der 1 liegt. Bestimme das Ergebnis für Spieler 1 aus Beispiel 1 nach dieser Regel.

5. Erfinde weitere Varianten des Spiels und erprobe sie gemeinsam mit deinen Mitschülern. Stellt besonders gelungene Spielvarianten der ganzen Klasse auf einem Plakat vor.

# 2.5 Vermischte Aufgaben

1. Gib jeweils zwei vollständig gekürzte Brüche an, die zu der Rechnung passen.
   Beispiel: ■ + ▼ = $\frac{4}{8} + \frac{2}{8} = \frac{6}{8}$, ■ = $\frac{1}{2}$, ▼ = $\frac{1}{4}$
   a) ■ + ▼ = $\frac{16}{48} + \frac{30}{48} = \frac{46}{48}$
   b) ■ − ▼ = $\frac{36}{60} − \frac{15}{60} = \frac{21}{60}$
   c) ■ + ▼ = $\frac{12}{54} + \frac{18}{54} = \frac{30}{54}$
   d) ■ − ▼ = $4\frac{14}{56} − 2\frac{32}{56} = \frac{238}{56} − \frac{144}{56} = \frac{94}{56} = 1\frac{38}{56}$

2. Was passiert mit der Summe $\frac{a}{b} + \frac{c}{d}$ (b ≠ 0; d ≠ 0) bei der angegeben Änderung?
   Setze zunächst Zahlen ein und verallgemeinere dann.
   a) d wird kleiner, a, b und c bleiben gleich.
   b) c und d werden verdreifacht, a und b bleiben gleich.
   c) b und d werden größer, a und c bleiben gleich.

3. Erfinde zu jedem Ergebnis zwei Aufgaben. Du darfst hierbei Brüche oder Dezimalzahlen verwenden. Bereite die Präsentation deiner Aufgaben vor.
   a) $\frac{1}{4}$   b) $\frac{4}{10}$   c) 2,5   d) 0,01   e) $\frac{3}{5}$   f) $\frac{7}{8}$   g) 5

   **Hinweis zu 3:**
   Du kannst mit einem Partner zusammenarbeiten: Tauscht eure Aufgaben gegenseitig und kontrolliert eure Rechnungen.

4. Runde auf die angegebene Einheit. Beispiel: 2195,5 cm auf m: 2195,5 cm ≈ 22 m
   a) 41,2 mm auf cm   b) 783,02 cm auf m   c) 38 146,33 g auf kg   d) 945,7 m auf km

5. Nimm Stellung zu den verwendeten Dezimalzahlen im Nachrichtenartikel. Wäre es hier sinnvoll gewesen zu runden? Erläutere die Bedeutung der Stellen nach dem Komma.

   **Kinder pro Frau im europäischen Vergleich**
   Je nach Nation ist die Zahl der Kinder pro Frau in der Europäischen Union sehr unterschiedlich. Im Durchschnitt hatte eine Frau im Alter zwischen 20 und 49 Jahren im Jahr 2004 etwa 1,50 Kinder. Deutschland liegt mit 1,37 Kindern pro Frau weit unter dem Durchschnitt. Der Erhalt der Bevölkerung ist nach Meinung von Wissenschaftlern bei 2,1 Kindern pro Frau gesichert.

6. Familie Strunk war in den Sommerferien in Norwegen. Die Familie hat (umgerechnet aus der dortigen Währung, der norwegischen Krone) 530,18 € für die Ferienhausmiete, 131,77 € für die Überfahrten von Dänemark nach Norwegen mit der Fähre, 187,55 € für Lebensmittel, 68,14 € für Eintrittsgelder und 12,11 € für einen Angelschein ausgegeben. Dazu kommen Benzinkosten in Höhe von 200,45 €.
   Wie viel Geld hat Familie Strunk für den Urlaub bezahlt? Mache zunächst einen Überschlag und berechne anschließend.

   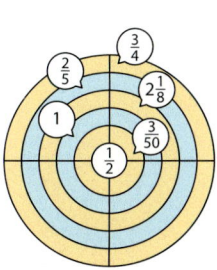

7. Jeder hat drei Schuss frei. Geschossen werden darf entweder nur auf die obere oder nur auf die untere Zielscheibe. Die getroffenen Zahlen werden dabei addiert oder subtrahiert. Zum Beispiel: 1,5 − 0,5 + 0,1 = 1,1.
   - Getroffen wurden $\frac{2}{5}$, $2\frac{1}{8}$ und $\frac{1}{2}$. Nenne drei verschiedene Ergebnisse.
   - Nenne die größte Zahl, die man mit drei verschiedenen Treffern erreichen kann.
   - Kannst du bei der zweiten Zielscheibe mit drei Treffern genau $\frac{23}{5}$ erreichen? Begründe.
   - Wer mit drei Schüssen genau die Zahl 2,5 erzielt, gewinnt. Welche Zielscheibe wählst du?
   - Denk dir eine eigene Fragestellung aus, in der die Zahl „0" vorkommt. Löse die Aufgabe.

   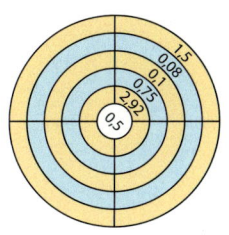

# Prüfe dein neues Fundament

**Lösungen**
↗ S. 225

1. Welche Additionsaufgabe mit gleichnamigen Brüchen ist hier dargestellt?

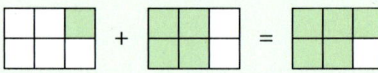

2. Berechne.
   a) $\frac{8}{9} - \frac{4}{9}$
   b) $\frac{4}{7} + \frac{5}{7}$
   c) $\frac{1}{10} + \frac{3}{5}$
   d) $\frac{2}{3} + \frac{3}{4}$
   e) $\frac{3}{16} - \frac{1}{12}$

3. Berechne. Kürze so weit wie möglich.
   a) $\frac{9}{10} + \frac{6}{10}$
   b) $\frac{6}{12} - \frac{2}{5}$
   c) $\frac{3}{9} + \frac{2}{12}$
   d) $\frac{5}{6} - \frac{14}{36}$
   e) $\frac{19}{20} + \frac{10}{25}$

4. Berechne. Gib das Ergebnis als natürliche oder gemischte Zahl an.
   a) $3\frac{2}{3} + 5\frac{1}{3}$
   b) $1\frac{3}{4} - \frac{1}{7}$
   c) $2\frac{3}{5} + 2\frac{9}{10}$
   d) $12 - 6\frac{1}{2}$
   e) $3\frac{2}{3} - 1\frac{8}{9}$

5. a) Gib drei gleichnamige Brüche an, deren Summe 2 ist.
   b) Gib zwei ungleichnamige Brüche an, deren Differenz $\frac{3}{8}$ ist.
   c) Welche Zahl musst du von $\frac{1}{2}$ abziehen, um $\frac{1}{10}$ zu erhalten?

6. Runde
   a) 2,378 auf Zehntel,
   b) 1,125 auf Hundertstel,
   c) 1,324 auf zwei Nachkommastellen,
   d) 1,3799 auf drei Nachkommastellen.

7. Übertrage die Tabelle in dein Heft und ergänze die fehlenden Angaben.

| Aufgabe | Überschlagsrechnung | Überschlagsergebnis | Genaues Ergebnis |
|---|---|---|---|
| 0,47 + 1,238 | 0,5 + | 1,7 | |
| 15,91 − 7,28 | | 9 | |
| 34,873 + 53,234 | | | |
| 0,107 − 0,0543 | | | |

8. Mache einen Überschlag und berechne anschließend.
   a) 1,1 + 0,83
   b) 7 − 5,45
   c) 34,851 − 16,234
   d) 1,9682 + 3,18

9. Überprüfe die Rechnungen. Korrigiere, falls sie fehlerhaft sind.
   a) $\frac{1}{6} + \frac{1}{6} = \frac{1}{3}$
   b) $\frac{11}{30} - \frac{4}{20} = \frac{7}{10}$
   c) 12,6 + 3 = 12,9
   d) 6,15 − 2,8 = 4,7

10. Berechne.
    a) $\frac{17}{21} + \frac{2}{21} - \frac{5}{21}$
    b) $1\frac{2}{5} + \frac{1}{2} + \frac{2}{3}$
    c) 7,6 − 0,8 − 5
    d) 0,85 + 2,904 + 0,067

11. Vervollständige die magischen Quadrate in deinem Heft. In jeder Zeile, Spalte und Diagonale soll die Summe denselben Wert haben.

    a)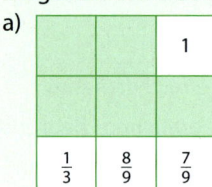
    b)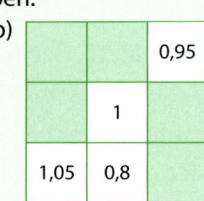

Prüfe dein neues Fundament

12. In einer Bäckerei sind von den Himbeertorten am Mittag noch $3\frac{1}{2}$ Torten vorhanden. Für den Nachmittag liegen Bestellungen über eine halbe und eine dreiviertel Himbeertorte vor. Wie viele Himbeertorten können noch an andere Kunden verkauft werden?

13. Mona hat von ihrer Verwandtschaft zum Geburtstag 100 € bekommen. Sie kauft Süßigkeiten für 5,15 €, Schuhe für 24,95 €, ein Poster für 8,95 € und Sammelkarten für 1,47 €. Den Rest möchte sie sparen. Wie viel Geld hat Mona ausgegeben und wie viel Geld hat sie noch übrig? Mache zunächst einen Überschlag und berechne anschließend.

## Wiederholungsaufgaben

1. Zeichne ein Rechteck mit den Seitenlängen 3 cm und 5 cm in dein Heft.

2. Gib jeweils zwei Beispiele an für etwas,
    a) das ungefähr 5 m lang ist,
    b) ein Volumen von ungefähr 1 dm³ hat,
    c) eine Fläche von ungefähr 5000 m² hat,
    d) 45 Minuten dauert,
    e) 4 Kilogramm schwer ist.

3. Zeichne das Schrägbild eines Würfels mit der Kantenlänge 5 cm in dein Heft. Welches Volumen hat dieser Würfel?

4. Bestimme den Umfang der Dreiecke.
   a) 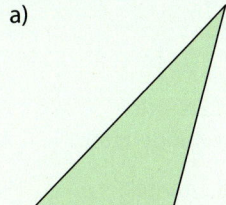    b)

5. In der Jugendherberge gibt es am letzten Tag eine etwas größere Auswahl beim Mittagessen. Jedes Kind kann bei der Hauptspeise und beim Nachtisch zwischen zwei Möglichkeiten wählen. Sebastian macht eine Strichliste mit den Essenswünschen.

|  | Nudeln mit Tomatensoße | Schnitzel und Pommes |
|---|---|---|
| Hauptspeise | ⊪⊪ ⊪⊪ ⊪ | ⊪⊪ ⊪⊪ ⊪⊪ ⊪⊪ |

|  | Eis | Pudding |
|---|---|---|
| Nachtisch | ⊪⊪ ⊪⊪ ⊪⊪ ⊪⊪ ⊪ |  |

a) Wie häufig wurde bei der Hauptspeise Wunsch 1, wie oft Wunsch 2 angegeben?
b) Beim Nachtisch hat er nur gefragt, wer Eis möchte. Alle Kinder bekommen aber einen Nachtisch. Wie viele Portionen Pudding muss Sebastian für seine Klasse bestellen?

# Zusammenfassung
## 2. Brüche und Dezimalzahlen addieren und subtrahieren

**Addieren und Subtrahieren von Brüchen**

**Gleichnamige Brüche** kannst du **addieren** (**subtrahieren**), indem du
1. die Zähler addierst (subtrahierst) und
2. den gemeinsamen Nenner der Brüche beibehältst.

**Ungleichnamige Brüche** kannst du addieren (**subtrahieren**), indem du
1. die Brüche gleichnamig machst und
2. die gleichnamigen Brüche addierst (subtrahierst).

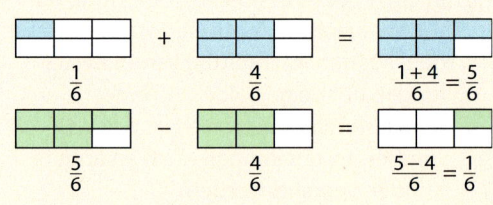

$\frac{2}{5} + \frac{1}{3} = \frac{2 \cdot 3}{5 \cdot 3} + \frac{1 \cdot 5}{3 \cdot 5} = \frac{6+5}{15} = \frac{11}{15}$

$\frac{3}{4} - \frac{2}{3} = \frac{3 \cdot 3}{4 \cdot 3} - \frac{2 \cdot 4}{3 \cdot 4} = \frac{9-8}{12} = \frac{1}{12}$

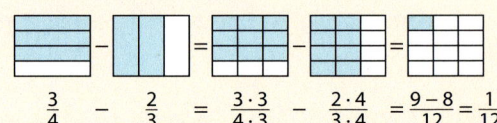

$\frac{3}{4} - \frac{2}{3} = \frac{3 \cdot 3}{4 \cdot 3} - \frac{2 \cdot 4}{3 \cdot 4} = \frac{9-8}{12} = \frac{1}{12}$

---

**Addieren und Subtrahieren von Dezimalzahlen**

**Dezimalzahlen** kannst du **addieren** (**subtrahieren**), indem du
1. die Dezimalzahlen stellengerecht untereinanderschreibst (Komma unter Komma) und Endnullen (wenn nötig) ergänzt,
2. sie stellengerecht wie natürliche Zahlen addierst (subtrahierst) und
3. im Ergebnis das Komma setzt (Komma unter Komma).

Kontrolliere durch Überschlag.

```
1,34 + 23,71          11,7 − 9,67

   1,34                 11,70
 +23,71                − 9,67
 ─────                 ──────
    1                   1 1
  25,05                  2,03
```

Ü: 1 + 24 = 25          Ü: 12 − 10 = 2

---

**Runden von Dezimalzahlen**

Das **Runden von Dezimalzahlen** erfolgt wie das Runden natürlicher Zahlen.
Ob eine Stelle auf– oder abgerundet wird, entscheidet die nachfolgende Stelle.

**Runde auf**, wenn die nachfolgende Stelle 5 oder größer ist.

7,875   gerundet auf Zehntel:       7,9
7,875   gerundet auf Hundertstel:   7,88

**Runde ab**, wenn die nachfolgende Stelle kleiner als 5 ist.

19,643   gerundet auf Zehntel:       19,6
19,643   gerundet auf Hundertstel:   19,64

# 3. Kreis und Winkel

Viele Uhren haben die Form eines Kreises. Der große und der kleine Zeiger der Uhr bilden einen Winkel – oder zwei?

Nach diesem Kapitel kannst du …
- Kreise, Radien und Durchmesser zeichnen,
- Winkelarten angeben,
- Winkel messen und Winkel zeichnen.

## Dein Fundament

3. Kreis und Winkel

Lösungen
↗ S. 226

### Geometrische Grundbegriffe

1. Beschreibe die Linien. Benutze dazu die Fachbegriffe „Punkt", „Strecke", „Strahl", „Gerade", „zueinander parallel" und „zueinander senkrecht".

   a) [g, h]   b) [g, h]   c) [S, a, b]   d) [A, B]

2. Welche der Geraden stehen senkrecht zueinander? Prüfe mit deinem Geodreieck.

   [a, b, c, g, h]

3. Zeichne zwei zueinander senkrecht stehende Geraden g und h.

4. Gib die Länge der Strecke an
   a) von A nach B,   b) von B nach C,   c) von B nach D,   d) von A nach D.

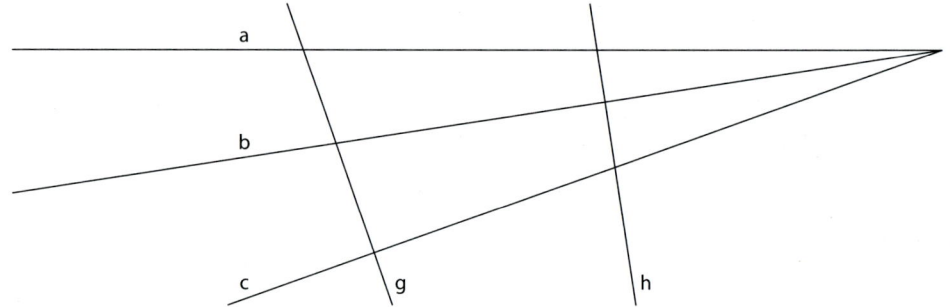

5. Zeichne drei Strahlen a, b und c mit einem gemeinsamen Anfangspunkt S.

### Figuren mit rechten Winkeln

6. Bestimme die Anzahl der rechten Winkel in der Figur.

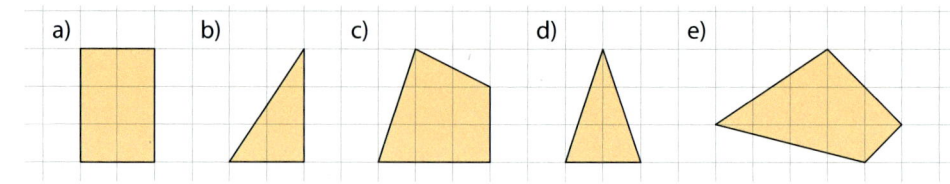

Dein Fundament

7. Zeichne ein Viereck mit nur zwei rechten Winkeln.

8. Zeichne ein Koordinatensystem mit der Einheit 1 cm und trage die Punkte A (2|1), B (4|1) und D (1|2) in das Koordinatensystem ein.
   Trage einen weiteren Punkt C so ein, dass das Viereck ABCD
   a) genau zwei rechte Winkel hat,
   b) keinen rechten Winkel hat,
   c) genau einen rechten Winkel hat.
   Gib jeweils die Koordinaten des Punktes an.

## Sicher rechnen

9. Berechne im Kopf.
   a) 360 − 90   b) 180 + 180   c) 90 + 90 + 90 + 90   d) 360 − 70
   e) 360 : 4    f) 90 : 2      g) 360 : 8             h) 180 : 5

10. Übertrage in dein Heft. Setze für ■ ein Rechenzeichen ein, sodass die Rechnung stimmt.
    a) 180 ■ 2 = 90   b) 270 ■ 90 = 180   c) 360 ■ 45 = 8   d) 180 ■ 90 = 270

11. Setze die Zahlenfolge mit vier weiteren Zahlen fort. Gib eine Vorschrift in Worten an.
    a) 45, 90, 135, …           b) 360, 345, 330, 315, …
    c) 270, 240, 210, …         d) 100, 200, 190, 290, 280, 380, …

## Vermischtes

12. Welche der Zahlen 0, 35, 89, 90, 99, 101, 180, 200, 233 und 271 sind
    a) größer als 0, aber kleiner als 90,
    b) größer als 90, aber kleiner als 180,
    c) kleiner als 270, aber größer als 180?

13. Es ist jetzt 8.00 Uhr. Nach 60 Minuten hat der große Zeiger der Uhr eine volle Drehung gemacht.
    Vervollständige zu einer wahren Aussage.
    a) Nach … Minuten hat der große Zeiger der Uhr eine halbe Drehung gemacht.
    b) Nach 45 Minuten hat der große Zeiger der Uhr … Drehung gemacht.
    c) Nach 90 Minuten hat der große Zeiger der Uhr … Drehungen gemacht.
    d) Nach … Minuten hat der große Zeiger der Uhr zwei Drehungen gemacht.

14. Wahr oder falsch? Überprüfe die Aussagen.
    a) Eine Gerade hat weder einen Anfangspunkt noch einen Endpunkt.
    b) Eine Strecke hat einen Endpunkt, aber keinen Anfangspunkt.
    c) Ein Strahl hat einen Anfangspunkt, aber keinen Endpunkt.
    d) Eine Strecke ist die kürzeste Verbindung zwischen zwei Punkten.
    e) Drei Geraden schneiden sich entweder gar nicht, in genau einem Punkt oder in genau drei Punkten.

# 3. Kreis und Winkel

## 3.1 Kreis

- Ein Bauer bindet seine Ziege an einen Pflock, um sie im hohen Gras weiden zu lassen.
Beschreibe, welche Form die abgegraste Fläche haben wird. ■

> **Wissen: Kreis, Mittelpunkt, Radius und Durchmesser**
> Ein Kreis besteht aus allen Punkten, die vom **Mittelpunkt M** den gleichen Abstand haben.
> Diesen Abstand nennt man den **Radius r** des Kreises.
>
> Der **Durchmesser d** ist der doppelte Radius eines Kreises.

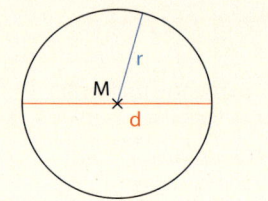

Es gibt verschiedene Möglichkeiten einen Kreis zu zeichnen: Mit einem Zirkel, mit einer Schablone, mit einem kreisförmigen Gegenstand oder mit einer Reißzwecke und einem Faden.

**Beispiel 1:** Zeichne einen Kreis mit dem Radius r = 5 cm um einen Mittelpunkt M. Zeichne und markiere einen Radius im Kreis.

**Lösung:**

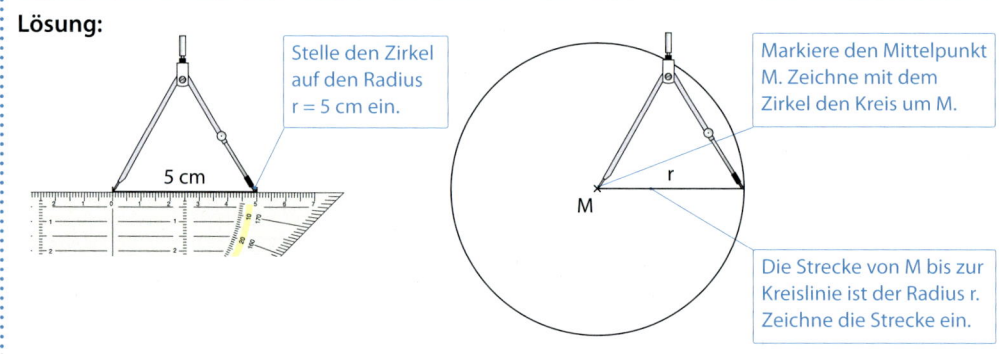

### Basisaufgaben

1. Zeichne einen Kreis mit dem Radius r = 6 cm um einen Mittelpunkt M. Zeichne und markiere einen Radius im Kreis.

2. Zeichne einen Kreis mit dem Zirkel. Markiere zunächst den Mittelpunkt M. Zeichne auch einen Radius r und einen Durchmesser d ein.
   a) r = 2 cm   b) r = 6,5 cm   c) d = 6 cm   d) d = 7 cm

3. a) Zeichne wie im rechten Bild drei Kreise mit den Mittelpunkten A, B, C und den Radien 1 cm, 2 cm und 4 cm.
   b) Beschreibe den Zusammenhang zwischen den Radien und den Durchmessern der Kreise.

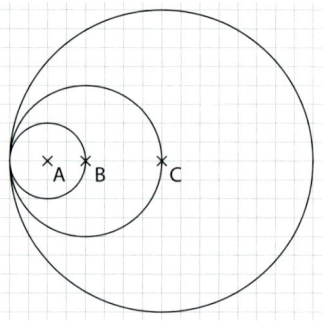

# 3.1 Kreis

4. a) Bestimme aus der Zeichnung den Radius und den Durchmesser von Kreis 1 und Kreis 2.
   b) Zeichne zwei Kreise in dein Heft, die einen gemeinsamen Mittelpunkt haben. Der eine Kreis soll den Radius $r = 4\,\text{cm}$ und der andere den Durchmesser $d = 4\,\text{cm}$ haben.

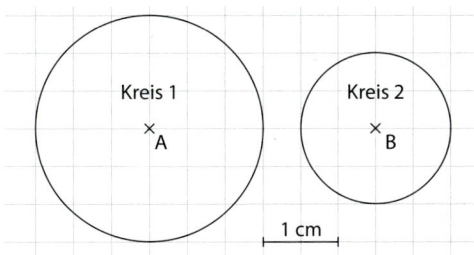

5. **Sehne:** Zeichne einen Kreis mit 5 cm Radius. Eine Strecke zwischen zwei Punkten auf dem Kreis nennt man Sehne.
   a) Zeichne eine Sehne der Länge 4 cm und eine Sehne der Länge 8 cm in den Kreis ein.
   b) Zeichne die deiner Meinung nach längstmögliche Sehne in den Kreis ein.
   Kennst du eine andere Bezeichnung für diese Sehne?

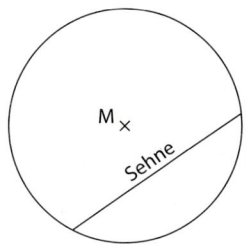

# Weiterführende Aufgaben

6. **Durchblick:**
   a) Zeichne mit dem Zirkel einen Kreis mit dem Durchmesser $d = 10\,\text{cm}$. Beschreibe, wie du dabei vorgehst. Du kannst dich an Beispiel 1 orientieren.
   b) Zeichne einen Kreis mit dem Radius $r = 5\,\text{cm}$, dessen Mittelpunkt auf der Kreislinie des Kreises aus a) liegt. Erkläre, warum der zweite Kreis durch den Mittelpunkt des ersten Kreises verläuft.

 7. **Stolperstelle:** Martina soll den Radius der 2-Euro-Münze bestimmen. Ihr Ergebnis ist 2,5 cm. Kann das stimmen? Begründe.

8. Zeichne die Figuren in deinem Heft nach und male sie bunt aus. Erfinde weitere Figuren.
   a)  b)  c)

   **Hinweis zu 8b:** Diese Figur heißt Yin und Yang und stammt ursprünglich aus China.

9. a) Zeichne mit dem Geodreieck ein Quadrat in dein Heft.
   ① Zeichne einen Kreis, der durch alle vier Eckpunkte des Quadrates verläuft.
   ② Zeichne einen Kreis, der durch alle vier Seitenmittelpunkte des Quadrates verläuft.
   b) Zeichne mit dem Geodreieck ein Rechteck in dein Heft.
   ① Zeichne einen Kreis, der durch alle vier Eckpunkte des Rechtecks verläuft.
   ② Zeichne einen Kreis, der durch die Seitenmittelpunkte der beiden langen Seiten verläuft.

10. Zeichne mit einem kreisförmigen Gegenstand – beispielsweise einer Konservendose – einen Kreis auf ein weißes Blatt Papier.
    a) Zeichne den Mittelpunkt des Kreises ein. Beschreibe dein Vorgehen.
    b) Miss den Radius und den Durchmesser des Kreises.

11. Zeichne ein Koordinatensystem mit der Achseneinteilung 1 cm = 1 Einheit. Zeichne um den Punkt M(6|6) einen Kreis mit dem Radius r = 2 cm ein.
    a) Gib die Koordinaten von drei Punkten an, die vom Punkt M
       ① weniger als 2 cm entfernt sind,
       ② genau 2 cm entfernt sind,
       ③ mehr als 2 cm entfernt sind.
    b) Zeichne einen zweiten Kreis mit dem Radius r = 2 cm, sodass dieser Kreis den ersten Kreis genau in einem Punkt berührt.
    c) Beschreibe, wo die Mittelpunkte aller Kreise mit dem Radius r = 2 cm liegen, die den ersten Kreis in genau einem Punkt berühren.

12. Die Zeichnung zeigt den Plan einer Schatzinsel. Eine Kästchenlänge entspricht einem Schritt. Wo ist der Schatz versteckt? Übertrage den Plan mithilfe des Koordinatensystems in dein Heft.
    a) „Der Schatz ist 6 Schritte von der Palme und 9 Schritte vom Busch entfernt versteckt."
       Bestimme die Koordinaten, wo der Schatz versteckt ist.
    b) „Der Schatz liegt höchstens 8 Schritte von der Palme und höchstens 6 Schritte vom Busch entfernt. Er liegt aber mehr als 7 Schritte vom Anleger entfernt."
       Zeichne ein, wo der Schatz gesucht werden muss.
    c) Denk dir eigene Verstecke aus und beschreibe ihre Lage wie in Aufgabe a) oder b).

**Tipp zu 13 b:**
Ziehe Parallelen, die zu den Dreiecksseiten den gleichen Abstand haben.

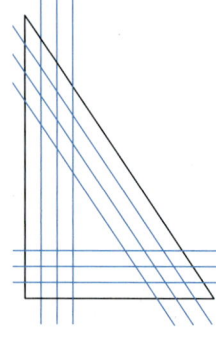

13. Die Stadt Knettelbeck möchte einen Zirkus einladen und stellt für das Zelt ein dreieckiges Terrain mit den Seitenlängen 80 m, 120 m und 144 m zur Verfügung.
    a) Zirkus Trolli besitzt ein Zelt mit 30 m Durchmesser. Ermittle, ob das Zelt auf das Terrain passt.
    b) Welchen Durchmesser darf ein Zirkuszelt maximal haben, damit es auf das Terrain passt?

14. **Ausblick:** Zeichne ein regelmäßiges Achteck. Erstelle dafür einen Kreis mit dem Radius r = 5 cm und zeichne einen Durchmesser ein. Zeichne einen zweiten Durchmesser senkrecht zum ersten und verbinde die Punkte auf dem Kreis zu einem Quadrat. Zeichne durch dessen Seitenmittelpunkte zwei weitere Durchmesser. Verbinde dann die Punkte auf dem Kreis zum Achteck. Färbe das Muster schwarz-weiß ein.

# 3.2 Winkel

■ Peter und Paul sind Detektive und beobachten aus ihren Verstecken in kleinen Seitengassen die Hauseingänge auf der anderen Straßenseite. Wer von beiden kann mehr Hauseingänge sehen? ■

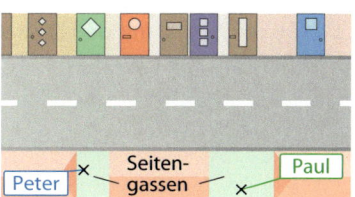
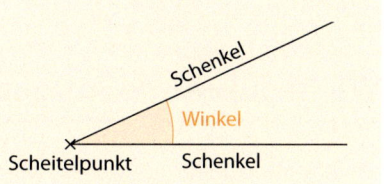

> **Wissen: Winkel**
> Ein **Winkel** wird durch zwei Strahlen begrenzt, die vom gleichen Anfangspunkt ausgehen. Die Strahlen heißen **Schenkel** und der Anfangspunkt ist der **Scheitelpunkt** des Winkels.

Winkel kann man auf verschiedene Weise angeben:

Mit **griechischen Buchstaben**:    Mit **zwei Schenkeln**:    Mit **drei Punkten**:

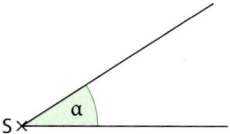 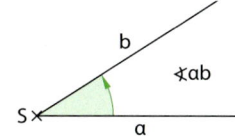 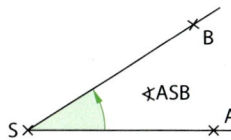

Die Reihenfolge bei der Angabe ∢ab oder ∢ASB erfolgt **gegen den Uhrzeigersinn**. Dies ist die übliche Drehrichtung in der Mathematik.

**Hinweis:**
Die ersten griechischen Buchstaben sind:

α Alpha
β Beta
γ Gamma
δ Delta
ε Epsilon

> **Beispiel 1:**
> a) Übertrage die Zeichnung ins Heft und zeichne Winkel ein, die durch die Schenkel g und h begrenzt werden. Gib die Winkel mit griechischen Buchstaben an.
> b) Gib die Winkel aus a) auch in der Schreibweise mit Schenkeln und mit Punkten an.
>
>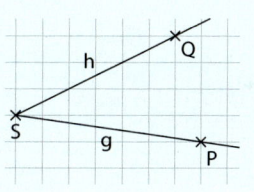
>
> **Lösung:**
> a) Es gibt zwei Winkel, die durch die Schenkel begrenzt werden.
>
> 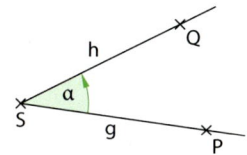     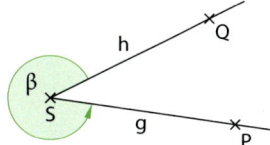
>
> b) Zeichne einen Pfeil entgegen dem Uhrzeigersinn (nach links) ein und lies dann ab.
>     α = ∢ gh = ∢ PSQ          β = ∢ hg = ∢ QSP

## Basisaufgaben

1. Welche beiden Winkel werden durch die Schenkel a und b begrenzt?
   Gib beide Winkel jeweils mit drei Punkten und zwei Schenkeln an.

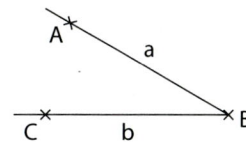

2. Gib die Winkel mit drei Punkten oder zwei Schenkeln an. Beachte die Reihenfolge.

a)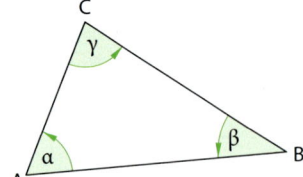
b)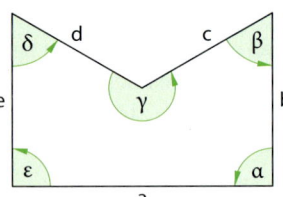

## Weiterführende Aufgaben

Hinweis zu 3:
Insgesamt ergeben die Lösungen 90 Minuten.

3. Bestimme näherungsweise, wie viele Minuten vergangen sind, wenn der Minutenzeiger einer Uhr den gelben Winkel überstreicht.

a)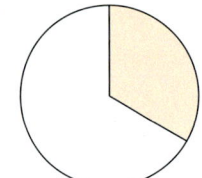
b)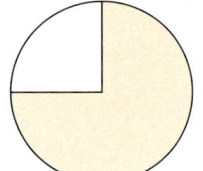
c)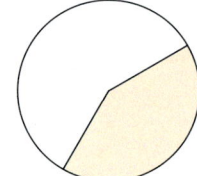

4. Kapitän Hansson ist an Bord seines Fischkutters auf dem Meer. Jule ist am Strand. Das Bild zeigt die Blickwinkel, unter denen die beiden den Leuchtturm sehen.

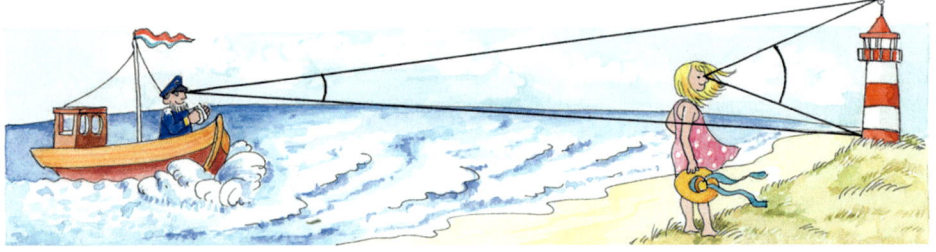

a) Beschreibe den Unterschied zwischen den Blickwinkeln von Kapitän Hansson und Jule.
b) Beschreibe, wie sich der Blickwinkel des Kapitäns verändert, wenn er zurück zum Strand fährt. Wann ist der Blickwinkel des Kapitäns am größten? Wann ist er am kleinsten?

5. **Durchblick:** Ida sagt: „Zeichne ich ein Dreieck, entstehen insgesamt 6 Winkel." Hat sie recht? Begründe.

6. **Stolperstelle:** Tim beschreibt den Winkel α durch α = ∢CBA. Erkläre, was er falsch gemacht hat.

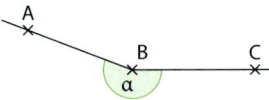

7. **Ausblick:** Im Bild ist der Schusswinkel beim Elfmeter markiert, dazu ein Halbkreis mit dem Radius r = 11 m.
   a) Wie verändert sich der Schusswinkel, wenn der Schütze von einem anderen Punkt des Halbkreises schießt?
   b) Beim Freistoß sieht man häufig, dass die Schützen heimlich den Ball etwas weiter nach vorne legen. Verbessert das ihre Torchance? Wie verändert sich die Torchance, wenn sie den Ball nach links oder rechts legen?

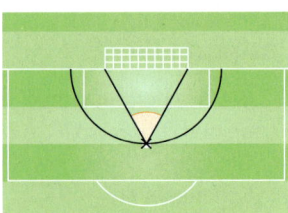

# 3.3 Winkel messen

■ Beschreibe, welche Größen man mit diesen Messgeräten bestimmen kann. ■

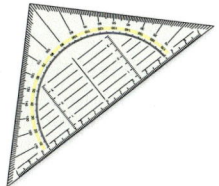  

### Wissen: Winkelmaß und Winkelarten

Die Größe eines Winkels wird in **Grad (°)** angegeben. Liegen beide Schenkel aufeinander, so bilden sie einen **Vollwinkel** von **360°**. Teilt man ihn in 360 gleich große Teile, so hat ein Teil davon die Winkelgröße **1°**.

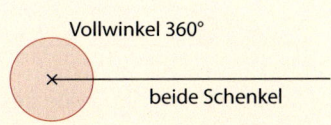

Es gibt verschiedene **Winkelarten** je nach Größe des Winkels:

| spitzer Winkel | rechter Winkel | stumpfer Winkel | gestreckter Winkel | überstumpfer Winkel |
|---|---|---|---|---|
| | | | | |
| kleiner als 90° | 90° | zwischen 90° und 180° | 180° | zwischen 180° und 360° |

## Winkel messen

Winkel kann man mit dem Geodreieck messen. Dazu befindet sich auf dem Geodreieck ein Halbkreis, von dem aus die Winkel von 0° bis 180° eingezeichnet sind.

### Beispiel 1:
a) Schätze die Größe des Winkels α.
b) Miss dann mit dem Geodreieck.

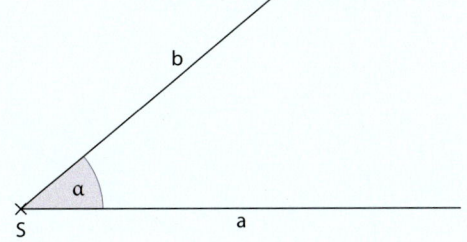

**Hinweis:**
Das **Messen von überstumpfen Winkeln** lernst du in Aufgabe 6.

### Lösung:
a) Der Winkel α ist etwa halb so groß wie ein rechter Winkel. α ist also etwa 45° groß.
b)

Lege das Geodreieck auf den Winkel. Die lange Seite liegt auf einem Schenkel, der Nullpunkt liegt auf dem Scheitelpunkt S.

Zähle an der Skala, die bei 0 beginnt, nach oben:
0°, 10°, … 40°.

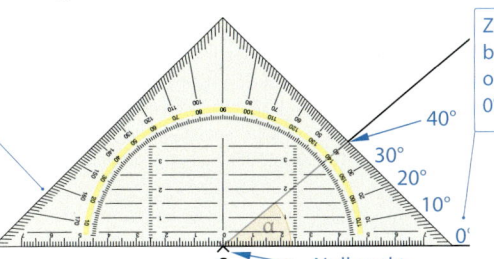

Ergebnis: α = 40°

## Basisaufgaben

1. Die abgebildeten Winkel sind 110°, 18°, 45° und 154° groß. Ordne diese Winkelgrößen den Winkeln α, β, γ und δ zu. Begründe.

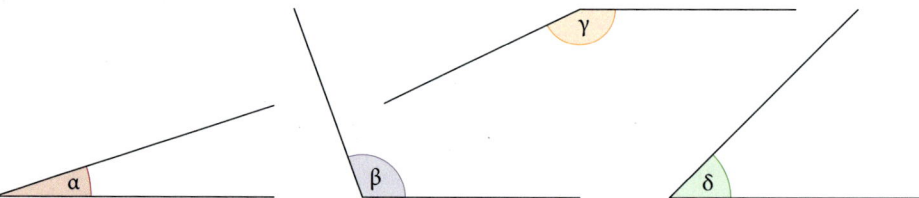

2. Schätze zuerst die Größe des Winkels. Miss dann mit dem Geodreieck und vergleiche die beiden Werte miteinander.

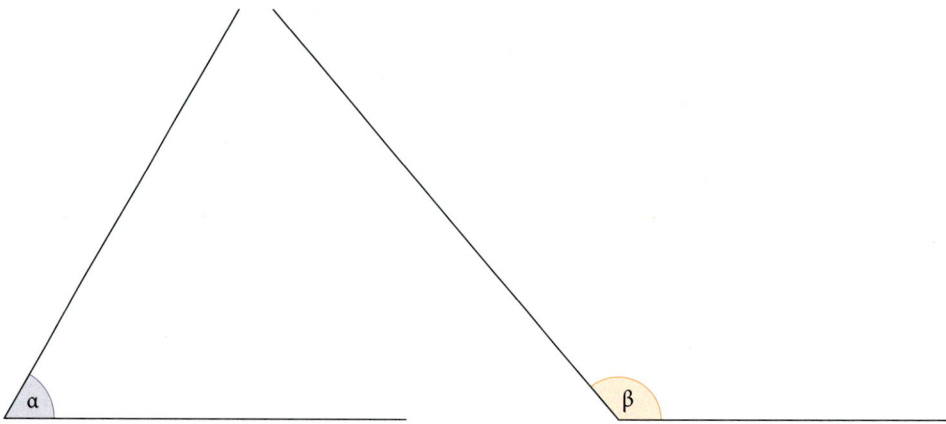

3. Gegeben sind die Winkel α, β, γ und δ.
   a) Entscheide jeweils, um welche Winkelart es sich handelt.
   b) Schätze die Größe der Winkel.
   c) Miss die Größe der Winkel mit dem Geodreieck und vergleiche jeweils den Messwert mit dem geschätzten Wert.

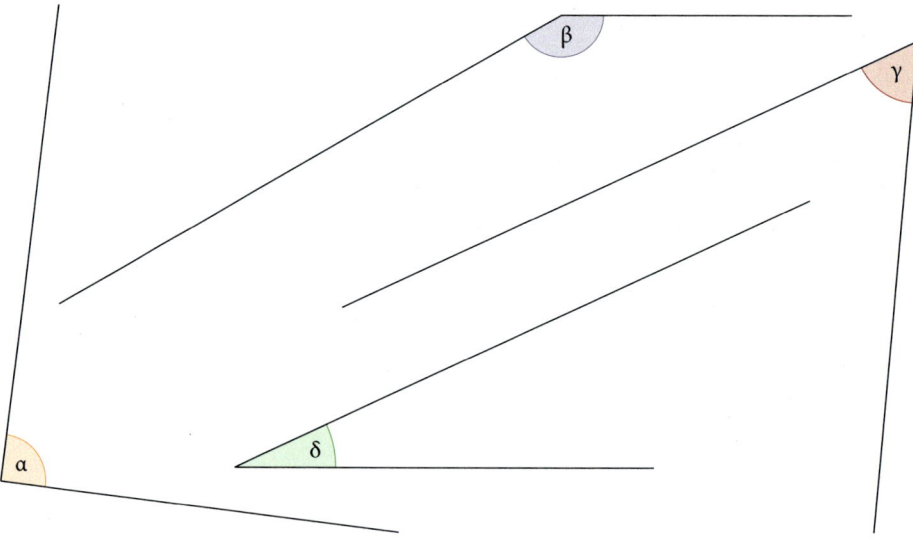

3.3 Winkel messen

## Winkel berechnen

**Beispiel 2:** Berechne die Größe von β.

a)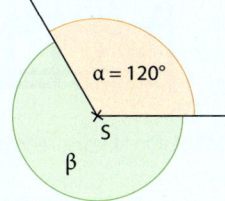

b)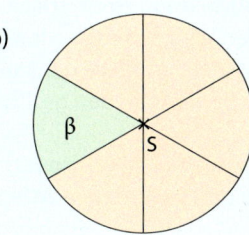

**Lösung:**
Bei dieser Aufgabe brauchst du die Winkel nicht zu messen. Gehe vom Vollwinkel 360° aus und berechne die Winkel.

a) α und β zusammen ergeben einen Vollwinkel, also 360°.

   120° + β = 360°
   β = 360° − 120° = 240°

b) Der Vollwinkel ist in 6 gleich große Teile geteilt. 360° geteilt durch 6 ist die Größe von einem Teilstück.

   β = 360° : 6 = 60°

## Basisaufgaben

4. Berechne die Größe von β.

   a)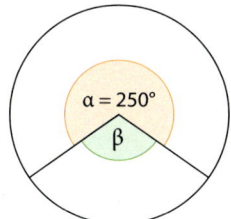

   b)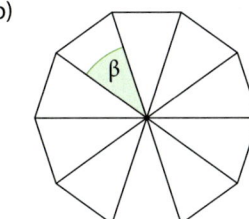

5. Die Winkel α und β bilden zusammen einen gestreckten Winkel und α = 45°. Wie groß ist β?

6. **Überstumpfe Winkel messen:** Der Winkel β ist ein überstumpfer Winkel.

   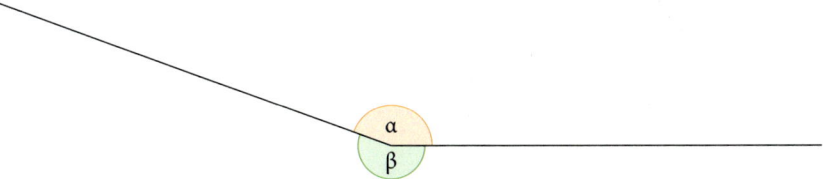

   a) Erkläre, warum sich die Größe des Winkels β nicht direkt auf dem Geodreieck ablesen lässt.
   b) Jan behauptet: „Ich kann die Größe eines überstumpfen Winkels berechnen, indem ich den zweiten Winkel α am Scheitelpunkt messe." Erkläre Jans Verfahren.
   Miss die Größe des Winkels α. Berechne anschließend die Größe des Winkels β.
   c) Die drei Punkte A(1|1), B(9|1) und C(2|8) bilden den überstumpfen Winkel ∢ABC. Zeichne die Punkte in ein Koordinatensystem und bestimme mit dem Verfahren aus b) die Größe des Winkels ∢ABC.

## Weiterführende Aufgaben

7. Betrachte die Abbildung eines Fachwerkhauses.
   a) Suche in der Abbildung einen spitzen, einen rechten und einen stumpfen Winkel. Schätze ihre Größe.
   b) Beschreibe, an welcher Stelle der kleinste spitze Winkel auftaucht. Wo findet man den größten stumpfen Winkel?

Hinweis zu 8:
Hier findest du die Lösungen.

8. Der große und der kleine Zeiger einer Uhr bilden jeweils zwei Winkel. Der kleinere Winkel wird immer mit α und der größere Winkel immer mit β bezeichnet.

   a) Gib die Größe der Winkel α und β in den vier Abbildungen an. Du kannst die Größe der Winkel berechnen. Messen ist an dieser Stelle nicht notwendig.
   b) Erkläre, warum der Winkel β zu fast allen vollen Stunden ein überstumpfer Winkel ist. Es gibt aber Ausnahmen. Zu welchen vollen Stunden ist β kein überstumpfer Winkel?

9. **Durchblick:** Zeichne die Punkte A(1|1), B(6|1) und C(9|6) in ein Koordinatensystem und verbinde sie zu einem Dreieck. Betrachte die Winkel an den Punkten A und B. Bestimme die Winkelart und schätze die Größe der Winkel. Miss dann mit dem Geodreieck. Beschreibe schrittweise, wie du vorgegangen bist.

 10. **Stolperstelle:**
   a) Beim Winkel α misst Lara 75°, Luca misst 105°. Erkläre, wer recht hat und welchen Fehler der andere gemacht hat.
   b) Lara behauptet, dass der Winkel β ein stumpfer Winkel ist. Erkläre, was Lara verwechselt hat.

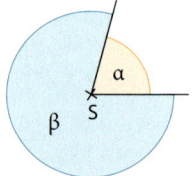

11. a) Der Winkel α ist 120° groß. Ordne dem Winkel α eine Winkelart zu. Begründe.
    b) Zwei Strahlen, die von einem Scheitelpunkt ausgehen, bilden immer zwei Winkel. Ordne dem zweiten Winkel β eine Winkelart zu und bestimme seine Größe.
    c) Richtig oder falsch: Zwei Strahlen, die von einem Scheitelpunkt ausgehen, bilden immer zwei Winkel, von denen einer ein überstumpfer Winkel ist. Begründe.

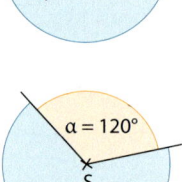

Hinweis:
Beachte die Bewegungen des Stundenzeigers.

12. **Ausblick:** Die Uhr zeigt 4:00. Zeichne eine Uhr, die 8:20 zeigt.
    a) Die Winkel zwischen Minuten- und Stundenzeiger sind um 4:00 und um 8:20 nicht genau gleich groß. Erkläre.
    b) Bestimme die Winkel zwischen Minuten- und Stundenzeiger um 8:20 ohne zu messen. Erkläre deinen Lösungsweg.
    c) Zeichne eine Uhrzeit, bei der die Zeiger einen Winkel von 60° bilden.
    d) Erkläre, warum die Zeiger zu keiner vollen Stunde einen Winkel von 75° bilden können.
    e) Finde eine passende Uhrzeit und zeichne einen Winkel von 75°.

# 3.4 Winkel zeichnen

■ Ein Spiel für zwei: Bastelt gemeinsam eine Winkelscheibe. Schneidet dafür zwei Kreisscheiben mit einem Radius von 7 cm in unterschiedlichen Farben aus. Schneidet die beiden Kreise entlang eines Radius ein und schiebt die Scheiben ineinander.
Der erste Spieler nennt nun eine Winkelgröße, der zweite muss – ohne zu messen – die Winkelgröße mit der Winkelscheibe darstellen. Hinterher könnt ihr zur Überprüfung messen. ■

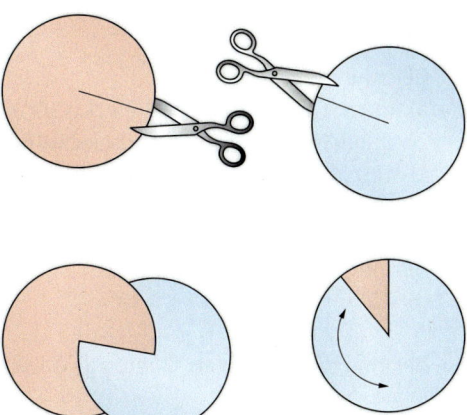

**Beispiel 1:** Zeichne den Winkel α = 50° (Drehen) und β = 140° (Markieren).

**Hinweis:**
Das Zeichnen von überstumpfen Winkeln lernst du in Aufgabe 5.

**Lösung: Geodreieck drehen**
1. Schritt

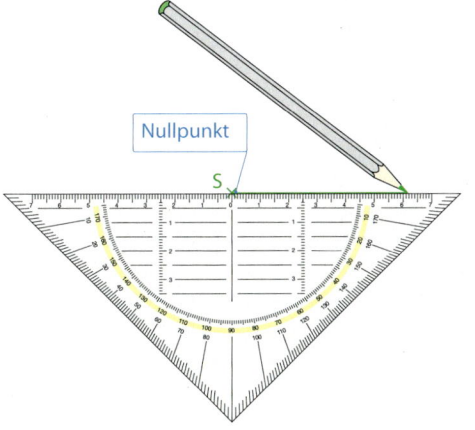

Zeichne den ersten Schenkel mit dem Scheitelpunkt S am Nullpunkt.

2. Schritt

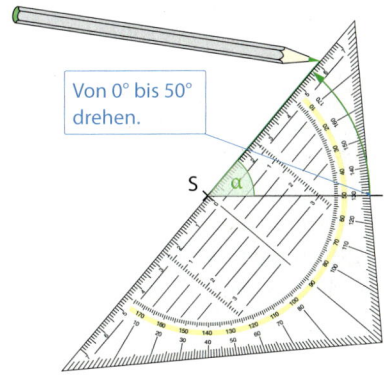

Drehe das Geodreieck nach links, bis die Skala bei 50° steht. Zeichne dann den zweiten Schenkel.

**Lösung: Am Geodreieck markieren**
1. Schritt

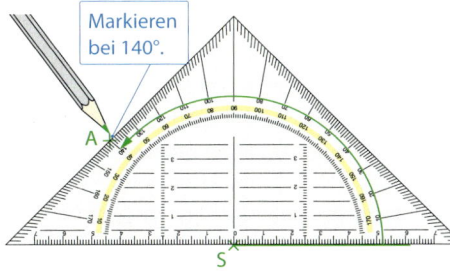

Zeichne den ersten Schenkel mit dem Scheitelpunkts am Nullpunkt. Dann markierst du bei 140° einen weiteren Punkt.

2. Schritt

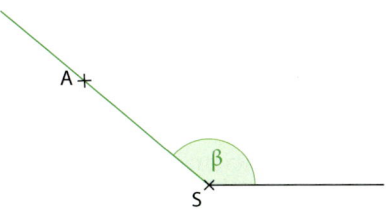

Anschließend verbindest du diesen Punkt mit S und erhältst so den zweiten Schenkel.

## Basisaufgaben

1. Zeichne die Winkel.
   a) durch Drehen des Geodreiecks: 30°, 60°, 90°, 130°
   b) durch Markieren am Geodreieck: 160°, 120°, 90°, 50°
   c) 100°, 70°, 170°, 20°

2. Zeichne den Winkel. Bestimme vorher die Winkelart und überlege, wie groß die Winkelöffnung ungefähr sein muss.
   a) 70°       b) 150°       c) 15°       d) 180°

*Hinweis zu 3c:* Bei der Figur handelt es sich um einen regelmäßigen Stern.

3. Zeichne die Figuren ab. Übertrage dazu schrittweise die Längen und Winkel in dein Heft.
   a) b) c)

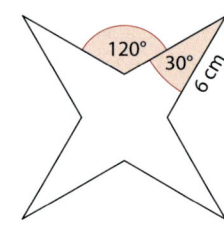

*Hinweis zu 4:*

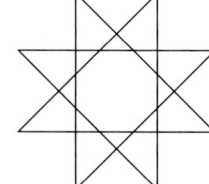

4. a) Übertrage die Figur nach folgender Konstruktion in dein Heft:
   1. Zeichne einen Startpunkt A.
   2. Zeichne von A nach B eine Strecke von 6 cm.
   3. Trage bei B einen 45° Winkel ab.
   4. Die Strecke von B nach C soll wieder 6 cm lang sein.
   5. Trage wieder einen 45° Winkel ab und zeichne wieder eine Strecke von 6 cm.
   6. Setze diese Konstruktion fort, bis du wieder am Startpunkt ankommst.
   b) Wiederhole die Konstruktion aus a) mit den Winkeln 30°, 60° und 90°.

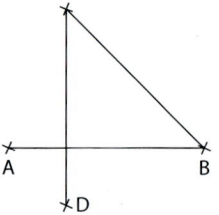

5. **Überstumpfe Winkel zeichnen:** Tim behauptet: „Ich kann einen Winkel mit der Größe 250° zeichnen, indem ich einfach einen Winkel der Größe 110° zeichne."
   a) Zeichne einen Winkel mit der Größe 110°. Erkläre, warum Tim recht hat.
   b) Zeichne die überstumpfen Winkel wie Tim: α = 200°; β = 300°; γ = 225°; δ = 270°

## Weiterführende Aufgaben

6. **Durchblick:** Zeichne zwei Winkel der Größe 65° und 120° jeweils mit beiden Verfahren. Erkläre, bei welchem Verfahren dir die Auswahl der Skala und das Zeichnen leichter fallen.

7. **Stolperstelle:** Raphael sollte einen Winkel α = 110° zeichnen. Marie sollte einen Winkel β = 210° zeichnen. Erkläre die Fehler, die sie gemacht haben.

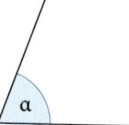
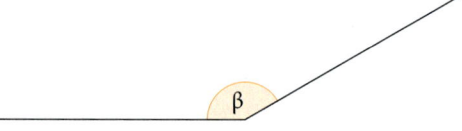

## 3.4 Winkel zeichnen

8. In den fünf Kreisen sind die Winkel α, β, γ, δ oder ε eingefärbt.

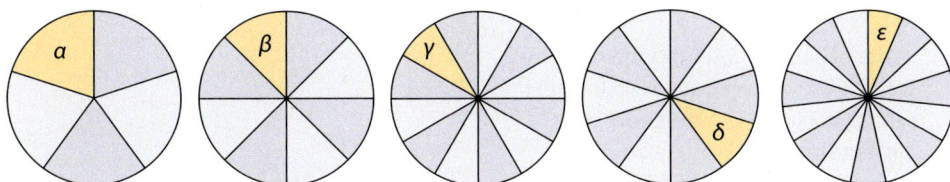

   a) Ordne die Winkel der Größe nach. Gib jeweils ihre Größe an.
   b) Zeichne den Winkel β zweimal so nebeneinander, dass der Scheitelpunkt und ein Schenkel übereinstimmen. Was für einen Winkel erhältst du?
   c) Finde eine Kombination, drei Winkel mit gemeinsamem Scheitelpunkt so aneinanderzulegen, dass sie einen rechten Winkel ergeben. Überprüfe durch eine Zeichnung.
   d) Zeichne die fünf Winkel ausgehend vom gleichen Scheitelpunkt nebeneinander. Wie groß wird der gemeinsame Winkel?

9. Das Gesichtsfeld ist der Bereich, den wir beim Geradeaus-Schauen überblicken können, ohne den Kopf zu bewegen. Das Gesichtsfeld wird durch den Sehwinkel beschrieben.

   a) Öffne deine gestreckten Arme so weit, dass du sie gerade noch sehen kannst. Lass deinen Nachbarn messen, wie groß dein Sehwinkel ist.
   b) Das Gesichtsfeld anderer Lebewesen unterscheidet sich von dem des Menschen teilweise recht deutlich. Recherchiert im Internet und zeichnet die Gesichtsfelder einiger Tiere auf.

10. Im Straßenverkehr sind Kinder benachteiligt. Im Alter von 6 Jahren beträgt ihr Sehwinkel nur 120°, der von Erwachsenen dagegen 180°.
    Erkläre anhand einer Zeichnung die besondere Gefährdung der Kinder.

11. **Ausblick:** Punkte im Koordinatensystem kann man auch durch einen Winkel α und den Abstand d zum Ursprung angeben.

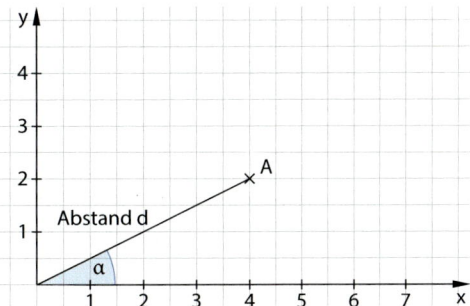

   a) Zeichne den Punkt A(4|2) ein. Miss den Winkel α und den Abstand d.
   b) Zeichne: B: α = 30°, d = 5 cm; C: α = 60°, d = 7 cm; D: α = 15°, d = 5 cm
   c) Zeichne die Punkte P(6|8) und Q(8|6) ein. Lara behauptet: „Die Winkel der Punkte P und Q ergeben zusammen 90°." Hat Lara recht? Prüfe, ob dies auch für R(2|7) und S(7|2) zutrifft. Was fällt dir auf?

# 3.5 Vermischte Aufgaben

1. In der Saison 2013/14 fanden die Auswärtsspiele von Hannover 96 im Durchschnitt in einem Umkreis von etwa 300 km statt.
   a) Finde heraus, welche Auswärtsspiele von Hannover 96 weiter als 300 km von Hannover entfernt stattgefunden haben. Welche Auswärtsspiele waren näher als 300 km?
   b) Finde heraus, wie viele Auswärtsspiele von Hertha BSC Berlin in einem Umkreis von 300 km stattgefunden haben.
   c) Untersuche durch Ausprobieren, welcher Bundesligist in einem Umkreis von 300 km die meisten Auswärtsspiele hatte.

**Tipp:**
Zeichne für die zweite Figur am Mittelpunkt des Kreises fünf gleich große Winkel.

2. Die Figur in Bild ① ist aus verschiedenen, aneinandergesetzten Halbkreisen zusammengesetzt.
   Die Figur in Bild ② ist ein regelmäßiger, fünfzackiger Stern, der in einem Kreis mit dem Durchmesser 10 cm liegt.
   a) Konstruiere die Figuren in deinem Heft.
   b) Beschreibe, wie du dabei vorgehst.

3. a) Zeichne zwei Kreise mit Radien von 3 cm, die
      ① sich in keinem Punkt berühren oder schneiden,
      ② in einem Punkt berühren.
      Erkläre, wie viele Schnittpunkte zwei Kreise höchstens haben können.
   b) Zeichne drei Kreise mit Radien von 3 cm, sodass insgesamt genau vier Schnittpunkte entstehen. Untersuche, wie viele Schnittpunkte die drei Kreise höchstens haben können.

4. a) Wie verändert sich der Neigungswinkel, wenn der Skispringer die Skischanze hinunterfährt? Übertrage die Skischanze als Skizze in dein Heft und zeichne dort drei unterschiedlich große Neigungswinkel ein.
   b) Was versteht man unter einem Steigungswinkel? Finde Beispiele für Steigungswinkel.

## 3.5 Vermischte Aufgaben

5. a) Zeichne eine 7 cm lange Strecke $\overline{AB}$. Zeichne dann mit dem Punkt B als Scheitelpunkt und der Strecke AB als ersten Schenkel je einen Winkel der Größe 35° mit und gegen den Uhrzeigersinn. Der zweite Schenkel soll dabei jeweils eine Länge von 4 cm haben. Verbinde die Enden der beiden Schenkel mit dem Punkt A.
   Welche geometrische Figur ist nun entstanden?
   b) Zeichne eine Raute. Die Winkel im Inneren der Raute sollen 30° und 150° groß sein.

6. Der abgebildete Kreis ist in sechs gleich große Teile geteilt.

   - Bestimme den Radius und den Durchmesser des Kreises.
   - Gib mithilfe der Punkte einen spitzen, einen stumpfen, einen überstumpfen und einen gestreckten Winkel an.
   - Berechne den Winkel α. Enthält die Figur Winkel der Größe 300° und 270°? Begründe.
   - Zeichne die Figur in dein Heft. Wähle als Kreisradius 5 cm.

7. Es gibt Zeichendreiecke, bei denen der Winkel α doppelt so groß ist wie der Winkel β und der Winkel γ dreimal so groß ist wie der Winkel β. Legt man die Winkel wie in der Abbildung so zusammen, dass sie einen gemeinsamen Scheitelpunkt haben, ergibt ihre Summe einen gestreckten Winkel. Gib an, wie groß jeder der drei Winkel ist.

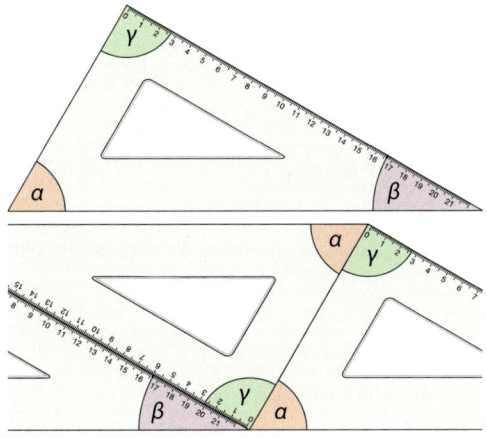

8. Das Bild zeigt, wie ein überstumpfer Winkel von 220° gezeichnet wurde.
   a) Beschreibe das Verfahren.
   b) Zeichne mit diesem Verfahren die folgenden überstumpfen Winkel.
   ① α = 215° ② β = 285° ③ γ = 330°

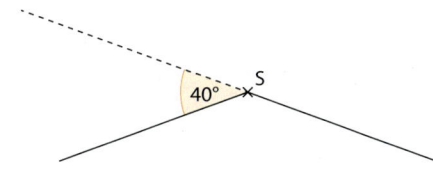

9. Ein Ball wird flach über den Boden auf das leere Tor geschossen. Bestimme durch Messen, in welchem Winkel sich der Ball bewegen kann, um das Tor zu treffen.
   Fertige dazu eine maßstabsgerechte Zeichnung an.

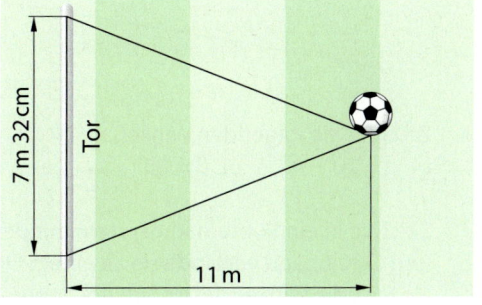

# Prüfe dein neues Fundament

**Lösungen**
↗ S. 227

1. a) Zeichne Kreise mit den Radien 2 cm, 4 cm und 6 cm um denselben Mittelpunkt.
   b) Zeichne einen Kreis mit dem Durchmesser 8 cm.

2. Zeichne ein Quadrat mit der Seitenlänge 10 cm. Zeichne zwei Kreise, die den Schnittpunkt der Diagonalen als Mittelpunkt haben. Der eine Kreis soll die Eckpunkte des Quadrats berühren, der andere die Mittelpunkte der Seiten. Gib Radius und Durchmesser beider Kreise an.

3. Gib die Winkel in der Schreibweise mit drei Punkten und mit zwei Schenkeln an.

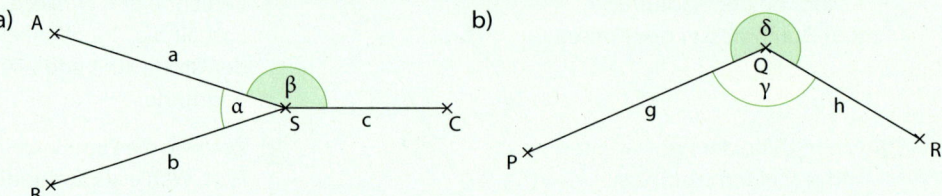

4. a) Gib an, um welche Winkelart es sich jeweils handelt.

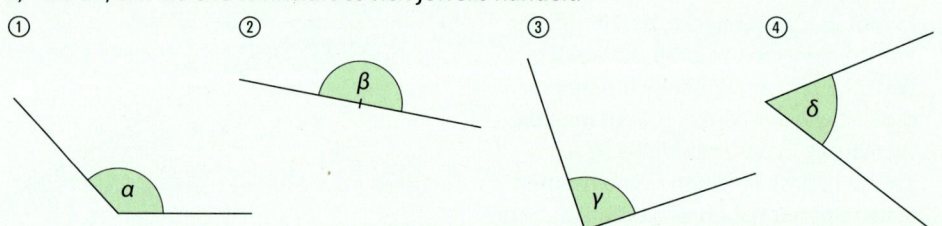

   b) Ordne jedem Winkel in a) eine der Winkelgrößen zu. Zwei Winkelgrößen bleiben übrig.

   30°   60°   90°   132°   180°   225°

5. Miss die Größe der Winkel.

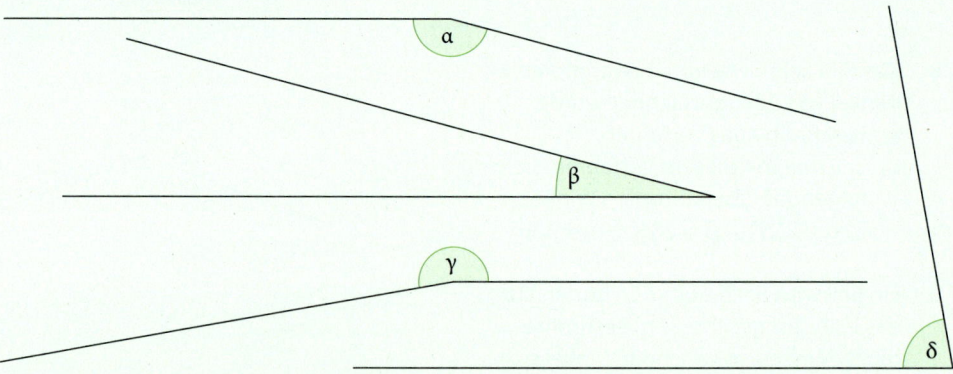

6. Zeichne die folgenden Winkel.
   a) α = 20°   b) β = 85°   c) γ = 90°   d) δ = 110°   e) ε = 210°

7. Zeichne in ein Koordinatensystem mit der Längeneinheit 1 cm die Punkte A(1|1), B(10|1) und C(10|6) und verbinde sie zu einem Dreieck.
   a) Miss die Winkel, die im Dreieck liegen.
   b) Überprüfe, ob ein Kreis mit dem Radius 2 cm vollständig in das Dreieck passt.

Prüfe dein neues Fundament

8. Berechne die Größe des Winkels α.
   a) 160° α
   b) 170° 90° α
   c)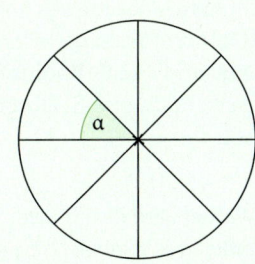

9. An den vier Ecken eines rechteckigen Geländes stehen Mobilfunkantennen. Das Gelände ist 50 km lang und 40 km breit. Die Reichweite jeder Antenne beträgt 35 km, das bedeutet es lassen sich Signale bis zu einer Entfernung von 35 km empfangen.
   a) Kann man in jedem Punkt des Geländes Signale von mindestens einer Antenne empfangen? Begründe mit einer maßstäblichen Zeichnung.
   b) Nora behauptet: „Es reicht eine Antenne aus, damit überall im Gelände Empfang besteht. Man muss sie nur an einem geeigneten Ort aufstellen." Hat Nora recht? Begründe.

## Wiederholungsaufgaben

1. Aus Bausteinen werden Pyramiden gebaut.
   a) Aus wie vielen Bausteinen besteht die abgebildete Pyramide?
   b) Nach dem gleichen Muster wird eine 7 Steine hohe Pyramide gebaut. Wie viele Steine werden für die neue Pyramide benötigt?

2. In einer Schule findet man den Raum mit der Nummer 1240 im Gebäude 1 in der 2. Etage in Raum 40.
   a) Gib in Worten an, wo man Raum 2124 findet.
   b) Welche Bezeichnung hat Raum 12, der sich in der 4. Etage von Gebäude 1 befindet?

3. Maria soll in einer Hausaufgabe Rechenvorteile nutzen. Wie kann sie die folgenden Aufgaben ohne Nebenrechnung oder Taschenrechner lösen?
   a) 25 · 5 · 15 · 4    b) 9837 + 8379 + 3 + 60 + 100    c) 99 · 35

4. Max und sein Vater haben eine mehrtägige Radtour unternommen. In dem Säulendiagramm hat Max die täglich gefahrenen Kilometer dargestellt.
Wie viele Kilometer haben Max und sein Vater insgesamt ungefähr zurückgelegt?

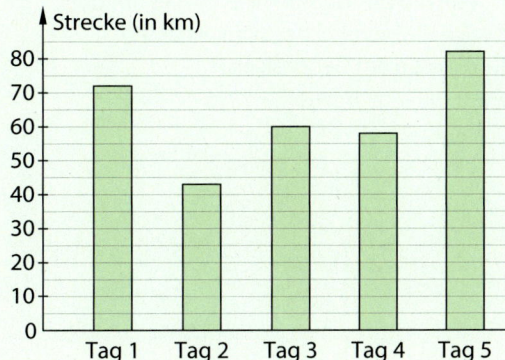

# Zusammenfassung

3. Kreis und Winkel

**Kreis**

Alle Punkte eines Kreises haben von seinem **Mittelpunkt M** den gleichen Abstand r. Der Abstand r heißt **Radius** des Kreises, der doppelte Radius heißt **Durchmesser d** des Kreises.

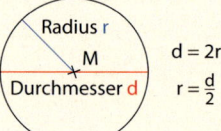

**Winkel**

Ein **Winkel** wird durch zwei Strahlen (die **Schenkel** des Winkels) begrenzt, die von demselben Punkt S (**Scheitelpunkt** des Winkels) ausgehen.
Die Größe eines Winkels wird in Grad (°) gemessen.

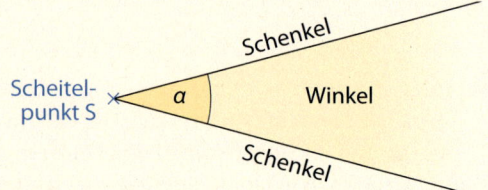

**Winkelbezeichnung**

Winkel kann man auf verschiedene Weise angeben:

| mit griechischen Buchstaben (α, β, γ, δ, ε …) | mithilfe der zwei Strahlen, die den Winkel bilden | mithilfe von Punkten auf den Schenkeln und dem Scheitelpunkt S |
|---|---|---|
| 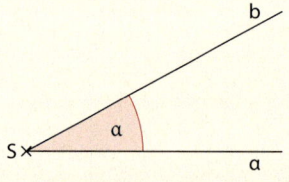 | 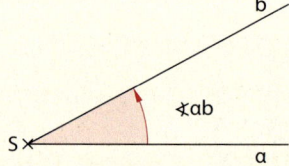 | 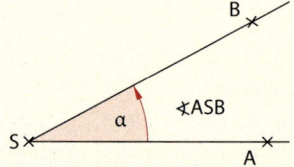 |

**Winkelarten**

| spitzer Winkel größer als 0°, kleiner als 90° | rechter Winkel genau 90° | stumpfer Winkel größer als 90°, kleiner als 180° | gestreckter Winkel genau 180° | überstumpfer Winkel größer als 180°, kleiner als 360° | Vollwinkel genau 360° |
|---|---|---|---|---|---|

**Messen und Zeichnen von Winkeln**

**Winkel messen**
1. Die lange Seite des Geodreiecks genau auf einen Schenkel des Winkels legen.
2. Punkt 0 des Geodreiecks genau auf den Scheitelpunkt S des Winkels legen.
3. Ablesen am Geodreieck.

**Winkel mit dem Geodreieck zeichnen**
1. Zeichne einen Schenkel mit dem Scheitelpunkt S am Punkt 0 des Geodreiecks.
2. Winkelgröße (Gradzahl) an der Winkelskala markieren.
3. Punkt P mit Scheitelpunkt S verbinden.

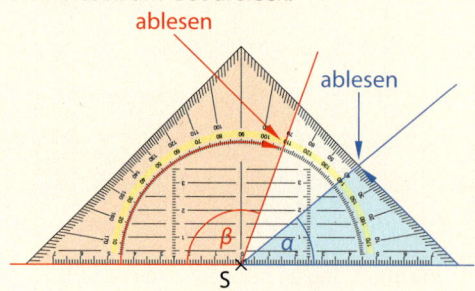
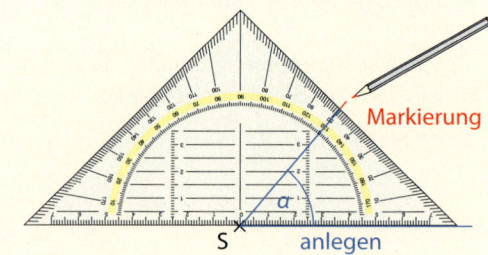

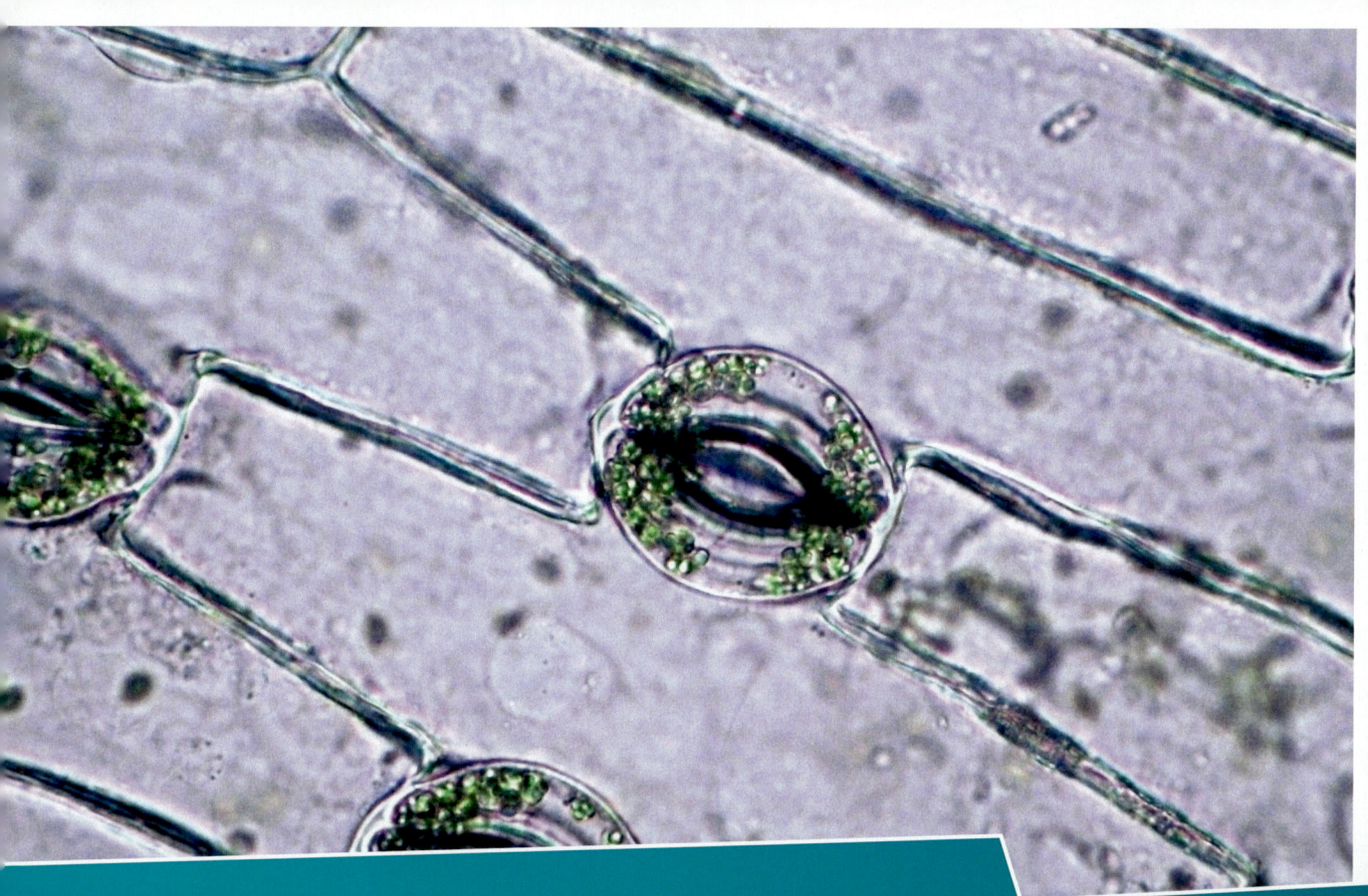

# 4. Brüche und Dezimalzahlen multiplizieren und dividieren

Diese Formen und Farben stammen von 0,05 mm großen Pflanzenzellen, die mit einer 600-fachen Vergrößerung betrachtet werden.

Nach diesem Kapitel kannst du …
- Brüche vervielfachen und teilen,
- Brüche multiplizieren und dividieren,
- Dezimalzahlen multiplizieren und dividieren,
- Rechenausdrücke mit Brüchen und Dezimalzahlen ausrechnen.

# Dein Fundament

4. Brüche und Dezimalzahlen multiplizieren und dividieren

Lösungen
↗ S. 228

## Multiplizieren und Dividieren natürlicher Zahlen

1. Berechne im Kopf.
   a) 9 · 7        b) 3 · 12       c) 7 · 8        d) 5 · 12       e) 73 · 2       f) 85 · 3
   g) 54 : 9       h) 32 : 4       i) 72 : 8       j) 42 : 7       k) 36 : 12      l) 60 : 4
   m) 212 · 4      n) 39 : 3       o) 48 : 12      p) 523 · 2      q) 56 : 8       r) 230 · 9

2. Berechne. Beschreibe deinen Lösungsweg.
   a) 299 · 8      b) 72 · 5       c) 49 · 20      d) 84 : 4       e) 105 : 7      f) 1260 : 20

3. Berechne die Aufgabenserie. Was stellst du fest?
   a) 8 · 10       b) 123 · 10     c) 33 · 20      d) 45 · 60
      8 · 100        123 · 100        33 · 200        45 · 600
      8 · 1000       123 · 1000       33 · 2000       45 · 6000

4. Vergleiche die Ergebnisse. Was stellst du fest?
   a) 270 : 30     b) 4000 : 400   c) 24 000 : 300  d) 20 000 : 5000
      27 : 3          40 : 4          240 : 3          20 : 5

5. Berechne das Vielfache der Größe.
   a) 5 · 12 m     b) 15 min · 3   c) 16 g · 5     d) 4 · 1500 g

6. Ergänze die Lücke, sodass die Rechnung stimmt.
   a) 200 g · ■ = 2 kg    b) $\frac{1}{2}$ h · ■ = 2 h    c) ■ · 25 cm = 3 m    d) 12 min · ■ = 2 h

## Schriftlich rechnen

7. Prüfe mit einem Überschlag, ob die Lösung stimmt. Gib auch die richtige Lösung an.
   a) 175 · 18 = 315    b) 11 620 : 28 = 4150   c) 1704 : 71 = 24    d) 79 · 190 = 1501

8. Rechne schriftlich. Überschlage zuerst.
   a) 5432 · 3     b) 457 · 9      c) 432 · 16     d) 598 · 12
   e) 615 : 5      f) 5468 : 4     g) 1107 : 9     h) 1926 : 6

9. Überprüfe die Ergebnisse durch Multiplikation. Korrigiere falsche Lösungen.
   a) 8820 : 7 = 1160    b) 315 : 7 = 46    c) 1455 : 5 = 289    d) 1467 : 9 = 163

## Anteile bestimmen

10. a) Wie viel Meter sind $\frac{3}{4}$ km?         b) Wie viel Gramm sind $\frac{3}{10}$ kg?
    c) Wie viel Milliliter sind $\frac{1}{8}$ ℓ?     d) Wie viel Minuten sind $2\frac{1}{2}$ h?

11. Wie viel ist das?
    a) $\frac{1}{8}$ von 24 Schülern        b) $\frac{4}{5}$ von 100 Personen
    c) $\frac{3}{10}$ von 12 km             d) jeder zweite von 48 000 Fans

Dein Fundament

## Rechenvorteile nutzen

**12.** Berechne geschickt, indem du Zahlen tauschst.
 a) $13 \cdot 5 \cdot 2$  b) $25 \cdot 21 \cdot 4$  c) $5 \cdot 17 \cdot 20$  d) $5 \cdot 35 \cdot 4 \cdot 5$

**13.** Rechne geschickt.
 a) $14 \cdot 3 + 7 \cdot 14$  b) $17 \cdot 2 + 17 \cdot 8$  c) $2 \cdot 9 + 3 \cdot 9$  d) $45 \cdot 19 + 55 \cdot 19$
 e) $4 \cdot (25 + 7)$  f) $48 \cdot (23 + 77)$  g) $12 \cdot (2 + 10)$  h) $(17 + 20 + 13) \cdot 11$

**14.** Schreibe eine Rechnung auf, die zu dem Rechenbaum passt, und berechne das Ergebnis.

a) 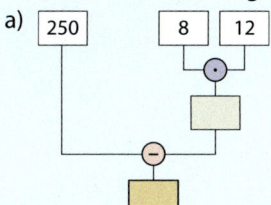   b)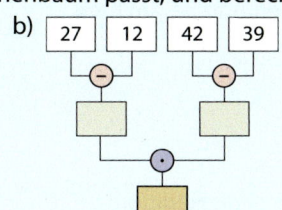

**15.** Stelle die Aufgabe in einem Rechenbaum dar und berechne.
 a) $125 - 30 \cdot 4$  b) $(22 + 28) \cdot (7 + 13)$  c) $2 \cdot (200 - 125)$  d) $40 \cdot 4 - 8 \cdot (23 - 15)$

## Kurz und knapp

**16.** Kürze so weit wie möglich.
 a) $\frac{8}{12}$  b) $\frac{12}{18}$  c) $\frac{70}{100}$  d) $\frac{21}{42}$  e) $\frac{60}{100}$

**17.** Berechne.
 a) $\frac{1}{2} + \frac{1}{2} + \frac{1}{2}$  b) $\frac{2}{3} + \frac{2}{3} + \frac{2}{3} + \frac{2}{3} + \frac{2}{3}$  c) $0{,}3 + 0{,}3 + 0{,}3$  d) $0{,}4 + 0{,}4 + 0{,}4 + 0{,}4$

**18.** Beantworte mithilfe der Skizze die Frage.
 a) Wie oft passt $\frac{1}{2}$ in zwei Ganze?  b) Wie oft passt $\frac{1}{3}$ in zwei Ganze?

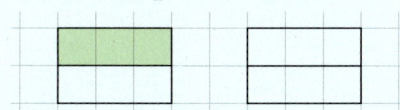  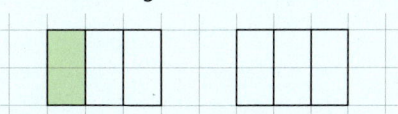

 c) Wie oft passen $\frac{2}{3}$ in zwei Ganze?  d) Wie oft passen $\frac{3}{4}$ in drei Ganze?

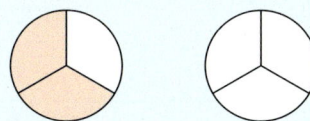  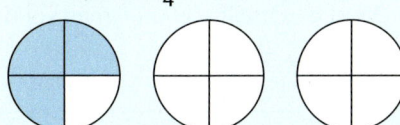

**19.** Schreibe als Dezimalzahl.
 a) $\frac{3}{4}$  b) $4\frac{7}{10}$  c) $\frac{17}{100}$  d) $\frac{15}{300}$  e) $\frac{20}{100}$

**20.** Runde auf Hundertstel (auf Zehntel).
 a) $2{,}876$  b) $0{,}7845$  c) $13{,}74499$  d) $8{,}953$  e) $7{,}117$

## 4.1 Brüche vervielfachen

■ Auf Jans Geburtstagsfeier soll es Kartoffelsalat geben. Da insgesamt 8 Personen teilnehmen, benötigt er die vierfache Menge an Zutaten. Welche Mengen muss er für das angegebene Rezept besorgen? ■

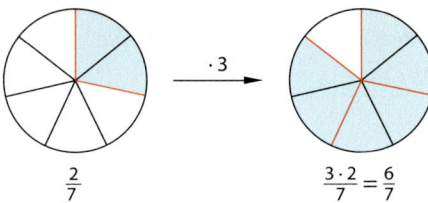

Kartoffelsalat (2 Portionen)
$\frac{1}{2}$ kg Kartoffeln
$\frac{1}{8}$ l Crème fraîche
$\frac{1}{4}$ Gurke
1 TL Schnittlauch
Salz, Pfeffer

Die Aufgabe $3 \cdot \frac{2}{7}$ kann man anschaulich lösen, indem man den Anteil $\frac{2}{7}$ am Kreis verdreifacht:

$\frac{2}{7}$ $\xrightarrow{\cdot 3}$ $\frac{3 \cdot 2}{7} = \frac{6}{7}$

**Hinweis:**
Auch bei Brüchen darf man Faktoren vertauschen (Kommutativgesetz).
Daher gilt: $3 \cdot \frac{2}{7} = \frac{2}{7} \cdot 3$

Oder man schreibt $3 \cdot \frac{2}{7}$ als Addition:

$3 \cdot \frac{2}{7} = \frac{2}{7} + \frac{2}{7} + \frac{2}{7} = \frac{2+2+2}{7} = \frac{3 \cdot 2}{7} = \frac{6}{7}$

Wenn man den Bruch $\frac{2}{7}$ mit 3 multipliziert, wird die Anzahl der Teile verdreifacht. Der Zähler 2 wird mit 3 multipliziert. Die Größe der Teile und damit der Nenner bleiben unverändert.

> **Wissen: Multiplizieren von Brüchen mit natürlichen Zahlen (Vervielfachen)**
> Der Zähler wird mit der natürlichen Zahl multipliziert. Der Nenner bleibt unverändert.
>
> $5 \cdot \frac{2}{11} = \frac{5 \cdot 2}{11} = \frac{10}{11}$         $\frac{2}{11} \cdot 5 = \frac{2 \cdot 5}{11} = \frac{10}{11}$

**Beispiel 1:** Berechne.

a) $\frac{3}{5} \cdot 4$         b) $9 \cdot \frac{5}{36}$

**Lösung:**

a) $\frac{3}{5} \cdot 4 = \frac{3 \cdot 4}{5} = \frac{12}{5}$    (Zähler mal 4)

**Hinweis:**
Kürze zuerst, so werden deine Rechnung und das Ergebnis einfacher.

b) $9 \cdot \frac{5}{36} = \frac{9 \cdot 5}{36} = \frac{45}{36} = \frac{\overset{5}{\cancel{45}}}{\underset{4}{\cancel{36}}} = \frac{5}{4}$    (9 mal Zähler; Kürze durch 9. $45 : 9 = 5$ und $36 : 9 = 4$)

Oft ist es vorteilhaft, wenn man vor dem Multiplizieren kürzt:

$9 \cdot \frac{5}{36} = \frac{9 \cdot 5}{36} = \frac{\overset{1}{\cancel{9}} \cdot 5}{\underset{4}{\cancel{36}}} = \frac{1 \cdot 5}{4} = \frac{5}{4}$

### Basisaufgaben

1. Schreibe die Rechnung mit Brüchen auf.

a)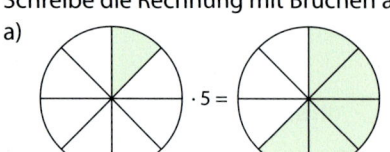

b)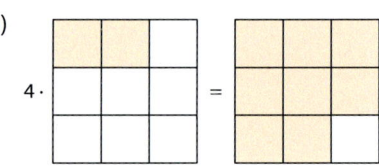

## 4.1 Brüche vervielfachen

**2.** Stelle die Rechnung wie in Aufgabe 1 durch eine Zeichnung dar.
Gib auch das Ergebnis an.
a) $\frac{1}{4} \cdot 3$
b) $\frac{3}{8} \cdot 2$
c) $2 \cdot \frac{4}{9}$
d) $7 \cdot \frac{1}{8}$
e) $\frac{3}{16} \cdot 4$
f) $6 \cdot \frac{2}{15}$

**3.** Schreibe die Multiplikation als Addition und berechne.
Beispiel: $3 \cdot \frac{5}{16} = \frac{5}{16} + \frac{5}{16} + \frac{5}{16} = \frac{15}{16}$
a) $3 \cdot \frac{1}{10}$
b) $4 \cdot \frac{2}{3}$
c) $3 \cdot \frac{9}{100}$
d) $5 \cdot \frac{3}{5}$
e) $2 \cdot \frac{1}{12}$
f) $4 \cdot \frac{7}{8}$

**4.** Berechne.
a) $\frac{1}{20} \cdot 9$
b) $\frac{3}{5} \cdot 3$
c) $6 \cdot \frac{4}{25}$
d) $2 \cdot \frac{11}{5}$
e) $\frac{3}{4} \cdot 1$
f) $7 \cdot \frac{3}{10}$

Hinweis zu 6:
Hier findest du die Lösungen.

**5.** Berechne und kürze das Ergebnis.
a) $\frac{1}{10} \cdot 5$
b) $\frac{3}{4} \cdot 2$
c) $3 \cdot \frac{8}{3}$
d) $64 \cdot \frac{1}{16}$
e) $\frac{5}{20} \cdot 10$
f) $9 \cdot \frac{4}{15}$

**6.** Berechne. Kürze vor dem Multiplizieren.
a) $11 \cdot \frac{9}{22}$
b) $\frac{19}{12} \cdot 4$
c) $60 \cdot \frac{26}{60}$
d) $35 \cdot \frac{9}{40}$
e) $\frac{14}{15} \cdot 30$
f) $55 \cdot \frac{12}{50}$

# Weiterführende Aufgaben

**7. Durchblick:** Ergänze die Lücken im Heft, sodass die Rechnung stimmt. Du kannst dich an Beispiel 1 orientieren.
a) $2 \cdot \frac{3}{11} = \frac{\blacksquare}{\blacksquare}$
b) $\frac{\blacksquare}{7} \cdot 3 = \frac{3}{7}$
c) $5 \cdot \frac{\blacksquare}{15} = \frac{2}{3}$
d) $\frac{2}{9} \cdot \blacksquare = 2$
e) $\frac{7}{9} \cdot 4 = \frac{\blacksquare}{\blacksquare}$
f) $\blacksquare \cdot \frac{3}{8} = \frac{15}{8}$
g) $\frac{1}{\blacksquare} \cdot 8 = \frac{4}{3}$
h) $\blacksquare \cdot \frac{7}{10} = \frac{7}{2}$

**8. Stolperstelle:**
a) Erkläre den Unterschied. In welchem Fall ändert sich der Wert des Bruchs? Gib das Ergebnis an.

① Vervielfache mit 2: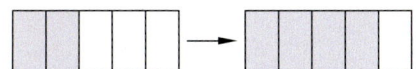

② Erweitere mit 2: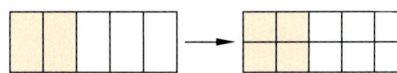

b) Vervielfache $\frac{3}{4}$ mit 5.
c) Erweitere $\frac{3}{4}$ mit 5.
d) Berechne $\frac{5}{7} \cdot 3$ und $\frac{1}{3} \cdot 7$.
e) Erweitere $\frac{5}{7}$ und $\frac{1}{3}$ auf den gleichen Nenner.

**9.** Marlon behauptet: „$2 \cdot \frac{3}{8}$ ist das Gleiche wie $2\frac{3}{8}$." Was meinst du dazu?

**10.** a) In einer Flasche sind $\frac{7}{10}$ ℓ Wasser. Wie viel Wasser ist in einem Kasten mit 12 Flaschen?
b) Isa isst von einem ganzen Johannisbeerkuchen dreimal $\frac{3}{16}$. Welcher Anteil am Kuchen bleibt übrig?
c) Lars hat zwei Wochen lang jeden Tag eine halbe Stunde Vokabeln gelernt, Valentin zehn Tage jeweils eine Dreiviertelstunde. Wer hat insgesamt länger gelernt?

**11. Ausblick:** Multipliziere die Brüche $\frac{4}{9}, \frac{7}{15}$ und $\frac{11}{20}$ so mit einer natürlichen Zahl, dass das Ergebnis wieder eine natürliche Zahl ist. Finde verschiedene Möglichkeiten.
Stelle eine allgemeine Regel auf und überprüfe sie an eigenen Beispielen.

## 4.2 Brüche teilen

■ Ein Saftgefäß enthält $\frac{3}{4}$ Liter Apfelsaft. Der gesamte Saft wird gerecht an drei Freunde verteilt. Wie viel erhält jeder?
Ist es auch möglich den Saft gerecht an sechs Personen zu verteilen? Gib eine Rechnung an, wie viel dann jeder erhält. ■

Die Aufgabe $\frac{4}{5} : 2$ kann man anschaulich lösen, indem man den Anteil $\frac{4}{5}$ am Kreis halbiert. Dies ist besonders einfach, da der Zähler 4 durch 2 teilbar ist.

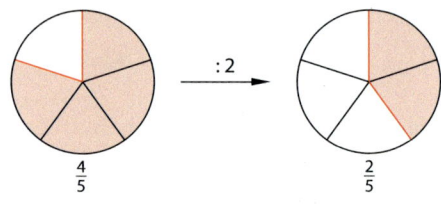

Man kann sich aber auch bei Aufgaben wie $\frac{3}{4} : 2$ eine anschauliche Lösung überlegen:

Teilt man 3 Viertel durch 2, wird jedes Viertel halbiert. Man erhält 3 Achtel.

Der Nenner 4 wird dabei verdoppelt. Daher kann man einen Bruch auch durch 2 teilen, indem man den Nenner mit 2 multipliziert und den Zähler unverändert lässt:

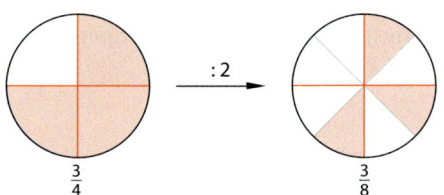

$$\frac{3}{4} : 2 = \frac{3}{4 \cdot 2} = \frac{3}{8}$$

> **Wissen: Dividieren von Brüchen durch natürliche Zahlen (Teilen)**
> Der Nenner wird mit der natürlichen Zahl multipliziert. Der Zähler bleibt unverändert.
> $$\frac{2}{5} : 3 = \frac{2}{5 \cdot 3} = \frac{2}{15}$$

**Beispiel 1:** Berechne.

a) $\frac{3}{10} : 4$  b) $\frac{6}{7} : 3$

**Lösung:**

a) $\frac{3}{10} \cdot 4 = \frac{3}{10 \cdot 4} = \frac{3}{40}$

   ⌞ Nenner mal 4

b) Da $6 : 3 = 2$ ist, kannst du direkt rechnen: 6 Siebtel geteilt durch 3 sind 2 Siebtel.
   $\frac{6}{7} : 3 = \frac{2}{7}$

   Du kannst aber auch die Regel anwenden und kürzen:

   $\frac{6}{7} : 3 = \frac{6}{7 \cdot 3} = \frac{\overset{2}{6}}{7 \cdot \underset{1}{3}} = \frac{2}{7 \cdot 1} = \frac{2}{7}$

   ⌞ Nenner mal 3    ⌞ Kürze durch 3. $6 : 3 = 2$ und $3 : 3 = 1$

## 4.2 Brüche teilen

### Basisaufgaben

1. Berechne.
   a) $\frac{2}{5} : 2$
   b) $\frac{63}{100} : 9$
   c) $\frac{8}{7} : 2$
   d) $\frac{9}{13} : 1$
   e) $\frac{24}{3} : 6$
   f) $\frac{52}{25} : 4$
   g) $\frac{2}{3} : 7$
   h) $\frac{1}{3} : 9$
   i) $\frac{1}{2} : 100$
   j) $\frac{9}{5} : 8$
   k) $\frac{7}{10} : 6$
   l) $\frac{5}{11} : 12$

2. Berechne und kürze das Ergebnis.
   a) $\frac{3}{4} : 6$
   b) $\frac{2}{7} : 10$
   c) $\frac{10}{6} : 9$
   d) $\frac{8}{8} : 8$
   e) $\frac{4}{3} : 30$
   f) $\frac{21}{100} : 7$

3. Berechne. Kürze vor dem Multiplizieren.
   a) $\frac{8}{13} : 8$
   b) $\frac{18}{5} : 36$
   c) $\frac{6}{5} : 21$
   d) $\frac{10}{11} : 50$
   e) $\frac{24}{25} : 30$
   f) $\frac{108}{15} : 9$

**Hinweis zu 3:**
Hier findest du die Lösungen.

## Weiterführende Aufgaben

4. Die Divisionsaufgabe $\frac{3}{5} : 3$ wurde auf zwei verschiedenen Wegen gelöst.
   Beschreibe jeden Lösungsweg und führe die Rechnung durch.

5. **Durchblick:**
   a) Berechne. Kürze das Ergebnis, falls möglich. Du kannst dich an Beispiel 1 orientieren.
      ① $\frac{2}{7} : 2$   ② $\frac{4}{9} : 2$   ③ $\frac{3}{4} : 4$   ④ $\frac{6}{8} : 3$   ⑤ $\frac{2}{3} : 4$
   b) Veranschauliche jede Division aus a) durch eine Zeichnung wie in Aufgabe 4.
      Bei welchen dieser Divisionen ist nur der Weg ② möglich?

6. **Stolperstelle:**
   a) Beschreibe, die Fehler die gemacht wurden. Korrigiere sie.
      Alexander: $\frac{4}{7} : 7 = 4$         Clara: $\frac{28}{35} : 7 = \frac{4}{5}$
   b) Erläutere den Unterschied zwischen Kürzen und Teilen eines Bruches an den Bespielen.
      Berechne jeweils auch das Ergebnis.
      ① Kürze $\frac{4}{10}$ durch 2:         ② Teile $\frac{4}{10}$ durch 2:

      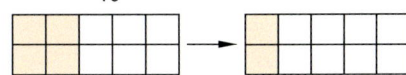

7. a) Ein halber Liter Saft wird gerecht auf 3 Gläser verteilt. Wie viel Liter sind in jedem Glas?
   b) Berechne den dritten Teil von $\frac{9}{10}$ Sekunden.
   c) Von einer Pizza fehlt ein Viertel. Den Rest teilen sich Emil und Tom. Wie viel erhält jeder?

8. **Ausblick:**
   a) Erläutere die Rechnung: $\frac{3}{4}$ von $400\,\text{m} = 400\,\text{m} : 4 \cdot 3 = 100\,\text{m} \cdot 3 = 300\,\text{m}$.
   b) Wandle die Größenangaben in die nächstkleinere Einheit um. Berechne dann wie in a).
      ① $\frac{1}{3}$ von $\frac{3}{4}\,\text{h}$   ② $\frac{2}{3}$ von $\frac{3}{5}\,\text{cm}$   ③ $\frac{1}{10}$ von $\frac{1}{5}\,\text{km}$   ④ $\frac{5}{6}$ von $\frac{9}{10}\,\text{kg}$
   c) Berechne die Anteile in b), ohne die Größenangaben vorher umzurechnen. Überprüfe, ob die Ergebnisse mit denen aus b) übereinstimmen.
      Beispiel: $\frac{3}{4}$ von $\frac{2}{5}\,\text{km} = \frac{2}{5}\,\text{km} : 4 \cdot 3 = \frac{1}{10}\,\text{km} \cdot 3 = \frac{3}{10}\,\text{km}$

## 4.3 Brüche multiplizieren

■ Eine Dreiviertel-Liter-Flasche wird gerecht auf drei Gläser aufgeteilt. Paul trinkt zwei Gläser mit Wasser aus und behauptet: „Jetzt habe ich $\frac{2}{3}$ von $\frac{3}{4}$ ℓ getrunken, das sind mehr als ein halber Liter Wasser." Stimmt das? ■

Wie viel ist $\frac{2}{3}$ von $\frac{3}{4}$? Stelle dazu beide Anteile in einem Quadrat dar.

| Für den Anteil $\frac{3}{4}$ teilt man das Quadrat in 4 gleich breite Streifen und schraffiert 3 davon. | Für $\frac{2}{3}$ teilt man das Quadrat in der anderen Richtung in 3 gleich breite Streifen und schraffiert 2 davon. | Die doppelt schraffierte Fläche ist genau der Anteil $\frac{2}{3}$ von $\frac{3}{4}$, also $\frac{6}{12}$. |
|---|---|---|
| 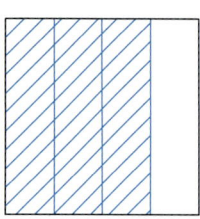 | 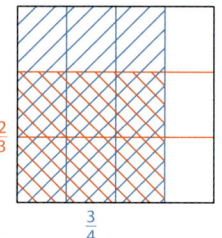 | 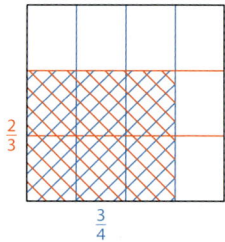 |

Wie viel ist $\frac{2}{3} \cdot \frac{3}{4}$? Stelle dir das Quadrat als Einheitsquadrat vor (Quadrat mit der Seitenlänge 1). Die doppelt schraffierte Fläche ist ein Rechteck mit den Seitenlängen $\frac{2}{3}$ und $\frac{3}{4}$. Der Flächeninhalt des Rechtecks ist „Länge mal Breite". $\frac{2}{3} \cdot \frac{3}{4}$ sind also $\frac{6}{12}$.

Das Ergebnis berechnet man in beiden Fällen so:

Das Quadrat wurde in 3 · 4 = 12 gleich große Teile unterteilt. Davon sind 2 · 3 = 6 schraffiert.

$\frac{2}{3}$ von $\frac{3}{4}$ sind also $\frac{2 \cdot 3}{3 \cdot 4} = \frac{6}{12}$  $\qquad$  $\frac{2}{3} \cdot \frac{3}{4} = \frac{2 \cdot 3}{3 \cdot 4} = \frac{6}{12}$

> **Wissen: Anteile von Brüchen bestimmen und Brüche multiplizieren**
>
> $\frac{3}{4}$ von $\frac{5}{8}$ ist gleich dem Produkt $\frac{3}{4} \cdot \frac{5}{8}$.
>
> Man multipliziert zwei Brüche, indem man Zähler mit Zähler und Nenner mit Nenner multipliziert:
>
> $$\frac{3}{4} \cdot \frac{5}{8} = \frac{3 \cdot 5}{4 \cdot 8}$$

### Anteile von Brüchen bestimmen

**Beispiel 1:** Berechne $\frac{3}{8}$ von $\frac{5}{7}$.

**Lösung:**

Schreibe $\frac{3}{8}$ von $\frac{5}{7}$ als Produkt. Dann multiplizierst du Zähler mit Zähler und Nenner mit Nenner.

$\frac{3}{8}$ von $\frac{5}{7}$ sind $\frac{3}{8} \cdot \frac{5}{7} = \frac{3 \cdot 5}{8 \cdot 7} = \frac{15}{56}$

# 4.3 Brüche multiplizieren

## Basisaufgaben

1. Berechne.
   a) $\frac{1}{2}$ von $\frac{3}{5}$   b) $\frac{3}{4}$ von $\frac{1}{5}$   c) $\frac{1}{7}$ von $\frac{3}{8}$   d) $\frac{3}{7}$ von $\frac{12}{20}$   e) $\frac{7}{8}$ von $\frac{11}{25}$

2. a) In den Bildern ist ein Anteil von einem Anteil dargestellt. Notiere mit Brüchen. Gib auch das Ergebnis an.
   b) Stelle $\frac{3}{4}$ von $\frac{5}{8}$ bildlich dar wie in a) und gib das Ergebnis an.

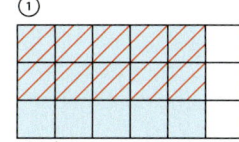
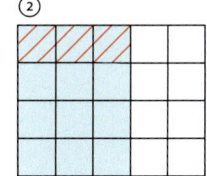

3. Zeichne zwei Quadrate mit jeweils 6 cm Seitenlänge. Stelle in dem einen Quadrat $\frac{1}{2}$ von $\frac{2}{3}$ dar und in dem anderen Quadrat $\frac{2}{3}$ von $\frac{1}{2}$. Was fällt dir auf?

## Brüche multiplizieren

**Beispiel 2:** Berechne.
a) $\frac{2}{3} \cdot \frac{4}{5}$   b) $\frac{5}{8} \cdot \frac{7}{15}$   c) $\frac{49}{27} \cdot \frac{18}{35}$

**Lösung:**

a) $\frac{2}{3} \cdot \frac{4}{5} = \frac{2 \cdot 4}{3 \cdot 5} = \frac{8}{15}$   (Zähler mal Zähler, Nenner mal Nenner)

b) Hier kannst du vor dem Multiplizieren kürzen.

   Zähler mal Zähler, Nenner mal Nenner. Kürze durch 5. $5 : 5 = 1$ und $15 : 5 = 3$

   $\frac{5}{8} \cdot \frac{7}{15} = \frac{5 \cdot 7}{8 \cdot 15} = \frac{\overset{1}{5} \cdot 7}{8 \cdot \underset{3}{15}} = \frac{1 \cdot 7}{8 \cdot 3} = \frac{7}{24}$

   **Hinweis:** Kürze zuerst, so werden deine Rechnung und das Ergebnis einfacher.

c) Hier kannst du mehrfach kürzen.

   Zähler mal Zähler, Nenner mal Nenner. Kürze durch 7. $49 : 7 = 7$ und $35 : 7 = 5$. Kürze durch 9. $18 : 9 = 2$ und $27 : 9 = 3$

   $\frac{49}{27} \cdot \frac{18}{35} = \frac{49 \cdot 18}{27 \cdot 35} = \frac{\overset{7}{49} \cdot \overset{2}{18}}{\underset{3}{27} \cdot \underset{5}{35}} = \frac{7 \cdot 2}{3 \cdot 5} = \frac{14}{15}$

## Basisaufgaben

**Hinweis zu 5:** Hier findest du die Lösungen zu a) bis j).

4. Multipliziere die Brüche.
   a) $\frac{1}{2} \cdot \frac{3}{4}$   b) $\frac{3}{5} \cdot \frac{3}{4}$   c) $\frac{3}{5} \cdot \frac{2}{7}$   d) $\frac{5}{8} \cdot \frac{4}{7}$   e) $\frac{7}{12} \cdot \frac{5}{8}$

5. Berechne. Kürze vor dem Multiplizieren.
   a) $\frac{3}{8} \cdot \frac{4}{9}$   b) $\frac{4}{9} \cdot \frac{3}{16}$   c) $\frac{9}{11} \cdot \frac{33}{45}$   d) $\frac{7}{8} \cdot \frac{24}{35}$   e) $\frac{14}{15} \cdot \frac{5}{7}$
   f) $\frac{3}{8} \cdot \frac{4}{27}$   g) $\frac{6}{5} \cdot \frac{35}{48}$   h) $\frac{5}{7} \cdot \frac{14}{25}$   i) $\frac{5}{8} \cdot \frac{24}{25}$   j) $\frac{16}{21} \cdot \frac{35}{36}$
   k) $\frac{11}{12} \cdot \frac{18}{33}$   l) $\frac{7}{63} \cdot \frac{18}{19}$   m) $\frac{4}{12} \cdot \frac{36}{44}$   n) $\frac{14}{75} \cdot \frac{25}{28}$   o) $\frac{45}{56} \cdot \frac{42}{81}$

6. Vergleiche und erkläre die Rechenwege.
   ① Georg wendet die Regel aus Kapitel 4.1 an: $4 \cdot \frac{3}{5} = \frac{4 \cdot 3}{5} = \frac{12}{5}$
   ② Selina rechnet mit der Regel zur Multiplikation von Brüchen: $4 \cdot \frac{3}{5} = \frac{4}{1} \cdot \frac{3}{5} = \frac{12}{5}$

7. Berechne.
   a) $\frac{2}{7} \cdot 3$   b) $2 \cdot \frac{5}{8}$   c) $\frac{17}{20} \cdot 5$   d) $110 \cdot \frac{9}{10}$   e) $24 \cdot \frac{11}{36}$

8. a) Berechne und vergleiche die Ergebnisse in jeder Aufgabenserie. Erkläre.
   ① $\frac{3}{16} \cdot \frac{2}{3}$; $\frac{3}{8} \cdot \frac{2}{3}$; $\frac{3}{4} \cdot \frac{2}{3}$; $\frac{3}{2} \cdot \frac{2}{3}$; $3 \cdot \frac{3}{4}$; $6 \cdot \frac{2}{3}$
   ② $\frac{100}{5} \cdot \frac{1}{2}$; $\frac{10}{5} \cdot \frac{1}{2}$; $\frac{1}{5} \cdot \frac{1}{2}$; $\frac{1}{50} \cdot \frac{1}{2}$; $\frac{1}{500} \cdot \frac{1}{2}$; $\frac{1}{5000} \cdot \frac{1}{2}$

   b) Bilde eigene Aufgabenserien und lass sie von deinem Nachbarn berechnen.

## Weiterführende Aufgaben

9. **Durchblick:** Übertrage ins Heft und setze für ■ die richtige Zahl ein. Du kannst dich an Beispiel 2 orientieren. Schreibe deine Zwischenschritte auf und erläutere dein Vorgehen.
   a) $\frac{3}{4} \cdot \frac{5}{7} = \frac{15}{■}$   b) $\frac{4}{7} \cdot \frac{21}{8} = \frac{■}{2}$   c) $\frac{16}{3} \cdot \frac{1}{40} = \frac{■}{15}$   d) $\frac{3}{55} \cdot \frac{33}{6} = \frac{■}{10}$
   e) $\frac{3}{■} \cdot \frac{4}{5} = \frac{12}{35}$   f) $\frac{5}{2} \cdot \frac{■}{10} = \frac{1}{4}$   g) $\frac{■}{3} \cdot \frac{2}{9} = \frac{2}{3}$   h) $\frac{6}{25} \cdot \frac{5}{■} = \frac{3}{10}$

10. Berechne. Wandle die gemischten Zahlen zuerst in unechte Brüche um.
    Beispiel: $2\frac{1}{3} \cdot 1\frac{1}{4} = \frac{7}{3} \cdot \frac{5}{4} = \frac{7 \cdot 5}{3 \cdot 4} = \frac{35}{12} = 2\frac{11}{12}$
    a) $\frac{1}{4} \cdot 3\frac{1}{5}$   b) $\frac{1}{8} \cdot 5\frac{1}{3}$   c) $3\frac{3}{5} \cdot \frac{1}{9}$   d) $3 \cdot 1\frac{1}{2}$   e) $4 \cdot 2\frac{1}{12}$
    f) $4\frac{1}{5} \cdot \frac{5}{28}$   g) $\frac{4}{45} \cdot 4\frac{1}{2}$   h) $6\frac{3}{4} \cdot 10$   i) $1\frac{3}{8} \cdot 1\frac{3}{5}$   j) $2\frac{1}{2} \cdot 3\frac{2}{3}$

11. **Stolperstelle:** Beschreibe Michaels Fehler und rechne dann korrekt.
    a) $\frac{3}{7} \cdot \frac{4}{7} = \frac{3 \cdot 4}{7} = \frac{12}{7}$   b) $\frac{3}{8} \cdot \frac{5}{8} = \frac{8}{16}$   c) $5 \cdot \frac{1}{2} = \frac{5 \cdot 1}{5 \cdot 2} = \frac{5}{10}$   d) $2\frac{1}{3} \cdot 4\frac{1}{3} = 8\frac{1}{9}$

12. Bei diesen Rechenmauern steht über zwei Zahlen immer der Wert des Produkts.
    a) Übertrage die Rechenmauern in dein Heft und vervollständige sie.

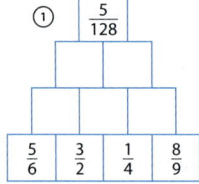
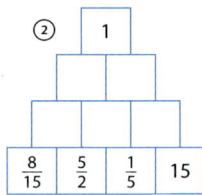
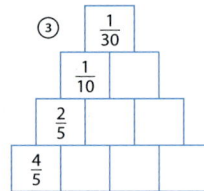

    b) Finde eine eigene Rechenmauer, deren Ergebnis im oberen Kästchen 1 ist.

13. Wie viel ist
    a) die Hälfte von einer halben Stunde,   b) ein Viertel von einem halben Kilometer,
    c) ein Drittel von einem Dreiviertelliter,   d) zwei Drittel von einer Dreiviertelstunde?

14. Berechne die Anteile von Größen.
    a) $\frac{1}{4}$ von $\frac{1}{2}$ kg   b) $\frac{1}{3}$ von $\frac{3}{4}$ h   c) $\frac{5}{6}$ von $\frac{3}{10}$ ℓ   d) $\frac{1}{6}$ von $\frac{3}{10}$ dm
    e) $\frac{1}{5}$ von $1\frac{1}{4}$ m   f) $\frac{2}{3}$ von $1\frac{1}{2}$ ℓ   g) $\frac{1}{3}$ von $2\frac{3}{4}$ h   h) $\frac{3}{8}$ von $2\frac{1}{3}$ g

## 4.3 Brüche multiplizieren

**15.** In der Klasse 6b haben $\frac{2}{5}$ der Schüler Haustiere, die Hälfte davon hat Hunde.
  a) Wie groß ist der Anteil aller Schüler, der Hunde hat?
  b) In die Klasse 6b gehen 25 Schüler. Wie viele haben Haustiere, wie viele haben Hunde?

**16.** Das Wort „von" kommt in verschiedenen Zusammenhängen vor. Gib zu jeder Aufgabe eine passende Rechnung an und löse sie.
  a) $\frac{2}{5}$ von 600 Schülern haben Max als Schülersprecher gewählt. Wie viele Schüler haben Max gewählt?
  b) 5 von 6 Losen sind Nieten. Welcher Anteil ist das?
  c) Von 30 Äpfeln verschenkt Frau Maier 17 Äpfel. Wie viele Äpfel sind übrig?
  d) $\frac{2}{3}$ aller Kinder der Klasse machen in ihrer Freizeit Sport. Von diesen spielt $\frac{1}{5}$ Handball. Welcher Anteil an der gesamten Klasse ist das?

**17.** Die Klasse 6c gestaltet den 40 m² großen Schulgarten neu. Auf $\frac{2}{5}$ der Fläche pflanzen die Schüler verschiedene Gemüsesorten an, davon auf $\frac{3}{4}$ dieser Gemüseanbaufläche Möhren.
  a) Welcher Anteil am Schulgarten wird für Möhren genutzt?
  b) Der Rest der Gemüseanbaufläche wird zur Hälfte mit Kohlrabi, zu einem Drittel mit Feldsalat und einem Sechstel mit Schnittlauch bepflanzt. Bestimme jeweils den Anteil am Schulgarten und den Inhalt der Fläche in Quadratmeter.

**18.** Marius' Vater hat in seinem Zoogeschäft ein quaderförmiges Aquarium. Heute soll das Wasser eingefüllt werden und Marius darf helfen.
  a) Wie viel Kubikmeter Wasser passen maximal in das Aquarium?
  b) Sein Vater sagt, dass man das Aquarium für Wasserschildkröten zu $\frac{3}{4}$ mit Wasser füllen soll. Wie viel Liter Wasser muss Marius einfüllen?

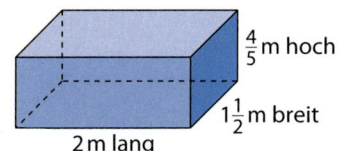

**Erinnere dich:** Formel für das Volumen eines Quaders mit der Länge a, der Breite b und der Höhe c: $A = a \cdot b \cdot c$

**19.** Schreibe auf einen gemeinsamen Bruchstrich und kürze. Berechne anschließend.
Beispiel: $\frac{5}{8} \cdot \frac{2}{3} \cdot \frac{4}{5} = \frac{\cancel{5}\cdot\cancel{2}\cdot\cancel{4}}{\cancel{8}\cdot 3\cdot\cancel{5}} = \frac{1\cdot 1\cdot 1}{1\cdot 3\cdot 1} = \frac{1}{3}$
  a) $\frac{20}{21} \cdot \frac{7}{8} \cdot \frac{3}{5}$
  b) $\frac{2}{3} \cdot \frac{5}{16} \cdot \frac{18}{25}$
  c) $\frac{11}{17} \cdot \frac{9}{21} \cdot \frac{34}{44} \cdot \frac{7}{18}$
  d) $\frac{144}{5} \cdot \frac{7}{2} \cdot \frac{10}{9} \cdot \frac{1}{16}$

**20.** Achte auf die Rechenart und berechne. Erkläre bei a), b) und c) den Rechenweg.
  a) $\frac{2}{3} \cdot \frac{4}{5}$
  b) $\frac{2}{3} + \frac{4}{5}$
  c) $\frac{4}{5} - \frac{2}{3}$
  d) $\frac{4}{9} + \frac{1}{3}$
  e) $\frac{7}{11} \cdot \frac{33}{14}$
  f) $\frac{7}{8} - \frac{1}{4}$
  g) $\frac{13}{15} + \frac{7}{20}$
  h) $1\frac{1}{5} + 2\frac{3}{10}$
  i) $\frac{5}{7} \cdot \frac{14}{45}$
  j) $2\frac{4}{9} - 1\frac{5}{6}$
  k) $7 - 3\frac{5}{11}$
  l) $\frac{17}{63} + \frac{2}{9}$
  m) $\frac{7}{24} \cdot 3$
  n) $\frac{19}{24} - \frac{5}{16}$
  o) $1\frac{3}{8} \cdot 1\frac{4}{11}$

**Hinweis zu 20:** Hier findest du die Lösungen zu a) bis j).

**21. Ausblick:** Wie ändert sich das Ergebnis eines Produkts aus zwei Brüchen, wenn
  a) der Zähler des einen Bruchs verdoppelt wird,
  b) der Nenner des einen Bruchs verdoppelt wird,
  c) der Zähler des ersten Bruchs und der Nenner des zweiten Bruchs verdoppelt werden?
  Notiere zu jeder Aufgabe ein Beispiel.

## 4.4 Brüche dividieren

■ Kais Eltern sind Obstbauern. Da er bei der Apfelernte geholfen hat, darf Kai 12 Liter Apfelsaft aus eigener Produktion an Freunde und Verwandte verschenken.

a) Wie viele $\frac{1}{2}$-Liter-Flaschen braucht er, um die ganzen 12 Liter gleichmäßig zu verteilen?

b) Überlege entsprechend, wie viele $\frac{1}{4}$-Liter-Flaschen oder $\frac{3}{4}$-Liter-Flaschen er benötigt. ■

Für die Lösung der Division $6 : \frac{2}{3}$ kann man überlegen, wie oft $\frac{2}{3}$ in 6 Ganze hineinpasst.

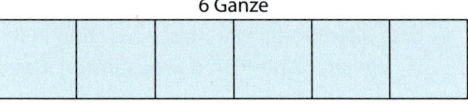

1. Schritt: $\frac{1}{3}$ passt in 1 Ganzes 3-mal.

$\frac{1}{3}$ passt in 6 Ganze $6 \cdot 3 = 18$-mal.

2. Schritt: $\frac{2}{3}$ ist doppelt so groß wie $\frac{1}{3}$.

$\frac{2}{3}$ passt daher nur halb so oft in 6 Ganze wie $\frac{1}{3}$, also $18 : 2 = 9$-mal.

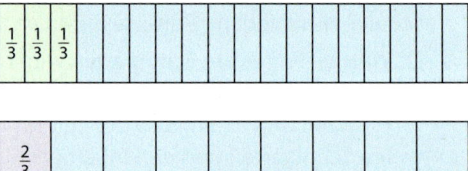

*Erinnere dich:*
*3 geteilt durch 2 ergibt $\frac{3}{2}$.*

Im 1. Schritt rechnet man „mal 3", im 2. Schritt rechnet man „durch 2".

Als Rechnung erhält man insgesamt $6 \cdot 3 : 2 = 6 \cdot \frac{3}{2} = 9$.

Es gilt also $6 : \frac{2}{3} = 6 \cdot \frac{3}{2}$. Die Division durch $\frac{2}{3}$ lässt sich durch die Multiplikation mit $\frac{3}{2}$ ersetzen.

> **Wissen: Brüche dividieren**
> Zwei Brüche werden dividiert, indem man den ersten Bruch mit dem **Kehrwert** des zweiten Bruchs multipliziert.
> Den Kehrwert eines Bruches erhält man durch Vertauschen von Zähler und Nenner.
> $$\frac{3}{4} : \frac{2}{5} = \frac{3}{4} \cdot \frac{5}{2}$$

**Beispiel 1:** Berechne.

a) $\frac{7}{5} : \frac{3}{8}$ 　　　　　 b) $\frac{7}{12} : \frac{3}{16}$

**Lösung:**

a) Statt durch $\frac{3}{8}$ zu dividieren, multiplizierst du mit dem Kehrwert $\frac{8}{3}$.

$$\frac{7}{5} : \frac{3}{8} = \frac{7}{5} \cdot \frac{8}{3} = \frac{7 \cdot 8}{5 \cdot 3} = \frac{56}{15}$$

*Multipliziere mit dem Kehrwert* 　　 *Kürze, bevor du das Ergebnis berechnest.*

b) $\frac{7}{12} : \frac{3}{16} = \frac{7}{12} \cdot \frac{16}{3} = \frac{7 \cdot \overset{4}{\cancel{16}}}{\underset{3}{\cancel{12}} \cdot 3} = \frac{28}{9}$

## 4.4 Brüche dividieren

### Basisaufgaben

1. Gib den Kehrwert an.
   a) $\frac{3}{5}$   b) $\frac{3}{4}$   c) $\frac{3}{2}$   d) $\frac{11}{10}$   e) $\frac{1}{4}$   f) $\frac{1}{12}$   g) 2   h) 13   i) $2\frac{1}{2}$   j) 1

   **Hinweis:** Der Kehrwert von 3 ist $\frac{1}{3}$, da man 3 als $\frac{3}{1}$ schreiben kann.

2. Berechne.
   a) $\frac{3}{4} : \frac{5}{7}$   b) $\frac{1}{2} : \frac{2}{3}$   c) $\frac{3}{5} : \frac{1}{4}$   d) $\frac{5}{6} : \frac{1}{5}$   e) $\frac{1}{3} : \frac{1}{2}$
   f) $\frac{7}{8} : \frac{2}{3}$   g) $\frac{2}{5} : \frac{9}{7}$   h) $\frac{1}{6} : \frac{1}{5}$   i) $\frac{11}{10} : \frac{5}{3}$   j) $\frac{12}{17} : \frac{1}{2}$

3. Berechne und kürze möglichst geschickt.
   a) $\frac{3}{2} : \frac{1}{4}$   b) $\frac{5}{6} : \frac{1}{2}$   c) $\frac{7}{8} : \frac{3}{4}$   d) $\frac{9}{10} : \frac{3}{7}$   e) $\frac{8}{15} : \frac{3}{5}$
   f) $\frac{3}{4} : \frac{3}{2}$   g) $\frac{7}{10} : \frac{14}{15}$   h) $\frac{22}{3} : \frac{44}{27}$   i) $\frac{9}{40} : \frac{81}{10}$   j) $\frac{100}{7} : \frac{25}{21}$

   **Hinweis zu 3:** Hier findest du die Lösungen.

4. Vergleiche und erkläre die Rechenwege.
   ① Georg wendet die Regel aus Kapitel 4.2 an: $\frac{3}{5} : 2 = \frac{3}{5 \cdot 2} = \frac{3}{10}$
   ② Selina rechnet mit dem Kehrwert: $\frac{3}{5} : 2 = \frac{3}{5} : \frac{2}{1} = \frac{3}{5} \cdot \frac{1}{2} = \frac{3}{10}$

5. Berechne.
   a) $\frac{3}{4} : 2$   b) $3 : \frac{1}{2}$   c) $8 : \frac{2}{5}$   d) $\frac{15}{17} : 3$   e) $10 : \frac{100}{99}$

6. a) Berechne und vergleiche die Ergebnisse in jeder Aufgabenserie. Erkläre.
   ① $6 : \frac{3}{4}$;  $3 : \frac{3}{4}$;  $\frac{3}{2} : \frac{3}{4}$;  $\frac{3}{4} : \frac{3}{4}$;  $\frac{3}{8} : \frac{3}{4}$;  $\frac{3}{16} : \frac{3}{4}$
   ② $\frac{4}{5} : 10$;  $\frac{4}{5} : 5$;  $\frac{4}{5} : \frac{5}{2}$;  $\frac{4}{5} : \frac{5}{4}$;  $\frac{4}{5} : \frac{5}{8}$;  $\frac{4}{5} : \frac{5}{16}$

   b) Bilde eine eigene Aufgabenserie und lass sie von deinem Nachbarn berechnen.

### Weiterführende Aufgaben

7. **Durchblick:** Berechne. Du kannst dich an Beispiel 1 orientieren. Welche Aufgaben kannst du im Kopf ganz leicht ohne die Regel zur Division von Brüchen berechnen? Begründe.
   a) $\frac{1}{3} : \frac{1}{3}$   b) $\frac{1}{2} : \frac{1}{4}$   c) $\frac{3}{5} : \frac{1}{4}$   d) $\frac{5}{6} : \frac{1}{5}$   e) $3 : \frac{3}{2}$
   f) $20 : \frac{6}{3}$   g) $\frac{2}{5} : \frac{9}{7}$   h) $\frac{1}{6} : \frac{1}{5}$   i) $\frac{11}{10} : \frac{12}{12}$   j) $\frac{12}{17} : \frac{1}{2}$

8. Berechne. Wandle die gemischten Zahlen zuerst in einen unechten Bruch um.
   Beispiel: $2\frac{1}{4} : 1\frac{2}{3} = \frac{9}{4} : \frac{5}{3} = \frac{9}{4} \cdot \frac{3}{5} = \frac{27}{20} = 1\frac{7}{20}$
   a) $3\frac{1}{4} : \frac{1}{2}$   b) $2\frac{3}{8} : \frac{1}{4}$   c) $7\frac{2}{3} : \frac{2}{3}$   d) $2\frac{1}{2} : 5$   e) $4\frac{1}{2} : 3$
   f) $4\frac{1}{3} : 2\frac{3}{5}$   g) $1\frac{5}{7} : 2\frac{5}{14}$   h) $4\frac{1}{3} : 10$   i) $31 : 1\frac{5}{26}$   j) $2\frac{99}{100} : \frac{99}{100}$

9. **Stolperstelle:**
   a) Laura soll rechts das richtige Ergebnis ankreuzen. Sie sagt: „32 kann es nicht sein, denn das ist ja größer als 8". Erkläre, warum Laura falsch gedacht hat.
   
   Wie lautet das Ergebnis zu $8 : \frac{1}{4}$?
   ☐ $\frac{1}{32}$   ☐ 1   ☐ 32
   
   b) Korrigiere Evas Aufgaben. Formuliere jeweils, worauf Eva achten muss.
   ① $7 : \frac{7}{8} = \frac{1}{8}$   ② $\frac{3}{5} : \frac{1}{4} = \frac{5}{3} \cdot \frac{1}{4} = \frac{5}{12}$   ③ $5\frac{1}{6} : \frac{1}{3} = 5\frac{1}{2}$

**10.** Überprüfe dein Ergebnis zeichnerisch. Wie oft passt

a) $\frac{1}{2}$ cm in 10 cm,   b) $\frac{1}{4}$ cm in $9\frac{1}{2}$ cm,   c) $\frac{2}{5}$ cm in 6 cm,   d) $\frac{1}{5}$ dm in $1\frac{1}{2}$ dm?

**11.** Wie oft passt

a) $\frac{1}{6}$ in $\frac{1}{2}$,   b) $\frac{2}{3}$ in 12,   c) $\frac{3}{4}$ in 48,   d) $\frac{2}{9}$ in $\frac{8}{9}$,   e) $\frac{3}{5}$ in $\frac{11}{25}$?

**12.** In dem Quadrat sind sechs Rechnungen versteckt. In je drei aufeinanderfolgenden Feldern von oben nach unten oder von links nach rechts steht eine Divisionsaufgabe und das Ergebnis.
Beispiel: $\frac{1}{8} : \frac{4}{5} = \frac{5}{32}$

a) Finde ein weitere Divisionsaufgabe.
b) Findest du auch alle sechs Divisionsaufgaben, die in dem Quadrat versteckt sind?
c) Stellt selber ein Quadrat zusammen, in dem Divisionsaufgaben versteckt sind.

| $\frac{3}{7}$ | $\frac{3}{7}$ | 2 | $\frac{5}{4}$ | $\frac{5}{2}$ |
|---|---|---|---|---|
| 1 | $\frac{1}{8}$ | $\frac{4}{5}$ | $\frac{5}{32}$ | 9 |
| $\frac{1}{4}$ | $\frac{3}{2}$ | $\frac{1}{6}$ | 8 | $\frac{11}{4}$ |
| $\frac{17}{2}$ | $\frac{9}{8}$ | $\frac{12}{3}$ | $\frac{11}{17}$ | $\frac{11}{102}$ |
| $\frac{1}{34}$ | $\frac{13}{17}$ | $\frac{17}{3}$ | $\frac{2}{9}$ | $\frac{51}{2}$ |

**13.** Bilde jeweils mit vier Ziffern von 1 bis 9 eine Divisionsaufgabe mit zwei Brüchen: $\frac{\square}{\square} : \frac{\square}{\square}$
Jede Ziffer darf nur einmal vorkommen. Das Ergebnis soll
a) möglichst groß sein,
b) möglichst klein sein,
c) genau 1 sein,
d) genau 2 sein.

**Hinweis zu 14:**
Die Division ist die Umkehroperation zur Multiplikation.

**14.** Ergänze die Lücke im Heft. Verwende die Umkehroperation.

a) $\blacksquare \cdot \frac{1}{2} = \frac{3}{4}$   b) $\frac{2}{3} \cdot \blacksquare = \frac{5}{6}$   c) $\frac{1}{4} \cdot \blacksquare = 2$   d) $\blacksquare \cdot \frac{11}{24} = \frac{10}{9}$

**15.** Ergänze die Lücken im Heft, sodass die Rechnung stimmt.

a) $\frac{8}{\blacksquare} : \frac{1}{2} = \frac{16}{3}$   b) $\frac{\blacksquare}{3} : \frac{4}{5} = \frac{5}{6}$   c) $\frac{2}{5} : \frac{2}{\blacksquare} = 1$   d) $\frac{7}{3} : \frac{\blacksquare}{4} = \frac{28}{9}$
e) $\frac{1}{2} : \frac{\blacksquare}{\blacksquare} = \frac{1}{4}$   f) $\frac{\blacksquare}{\blacksquare} : \frac{1}{2} = 3$   g) $1\frac{\blacksquare}{3} : \frac{2}{5} = \frac{25}{6}$   h) $\frac{7}{8} : \frac{\blacksquare}{\blacksquare} = 5$

**16.** Rolf und Julia haben Äpfel ausgepresst und so $4\frac{1}{2}$ Liter Apfelsaft gewonnen. Diesen wollen sie auf Flaschen aufteilen, die jeweils einen $\frac{3}{4}$ Liter fassen. Wie viele Flaschen können sie füllen?

**17.** Ein Obsthändler hat 200 kg Äpfel und 120 kg Orangen bestellt.
a) Die Äpfel werden in Beutel zu je $1\frac{1}{2}$ kg verpackt. Wie viele Beutel ergibt dies?
b) Die Orangen werden in Beutel zu je $2\frac{1}{2}$ kg verpackt. Wie viele Beutel ergibt dies?
c) Von den Mandarinen hat der Obsthändler das $1\frac{1}{2}$ fache der Orangenmenge bestellt.
Die Mandarinen werden in $\frac{3}{4}$-kg-Beutel verpackt. Wie viele Beutel erhält er?

## 4.4 Brüche dividieren

18. Bei einem Rechteck ist der Flächeninhalt A und eine Seitenlänge a gegeben. Berechne die fehlende Seitenlänge b.
   a) $A = \frac{3}{4} m^2$, $a = \frac{1}{2} m$
   b) $A = \frac{1}{2} m^2$, $a = \frac{1}{5} m$
   c) $A = 2\frac{2}{5} cm^2$, $a = 1\frac{1}{4} cm$

**Erinnere dich:**
Für den Flächeninhalt eines Rechtecks gilt $A = a \cdot b$.

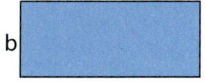

19. Ein rechteckiges Grundstück ist $225\frac{1}{2} m^2$ groß und 11 m breit. Wie lang ist das Grundstück?

20. Der Eiffelturm hat eine Höhe von 324 Metern. Berechne, wie viele Gegenstände man aufeinanderstapeln müsste, um auf dieselbe Höhe zu kommen.
   a) Wasserkisten mit einer Höhe von $\frac{2}{5}$ m
   b) Pinguine mit einer Höhe von $\frac{6}{5}$ m
   c) Camembertkäse mit einer Höhe von $2\frac{1}{2}$ cm

21. Johannes hat festgestellt, dass bei der Division durch einen Bruch das Ergebnis manchmal größer und manchmal kleiner ist als der Dividend. Finde eigene Beispiele und untersuche, wann das Ergebnis größer und wann kleiner ist. Präsentiere deine Ergebnisse.

22. Pia hat eine andere Regel zur Division von Brüchen aufgestellt: Sie erweitert den ersten Bruch und dividiert dann Zähler durch Zähler und Nenner durch Nenner.
   Beispiel: $\frac{5}{6} : \frac{2}{3} = \frac{10}{12} : \frac{2}{3} = \frac{10:2}{12:3} = \frac{5}{4}$
   a) Rechne wie Pia. Überprüfe die Ergebnisse durch Multiplikation mit dem Kehrwert.
   ① $\frac{4}{9} : \frac{2}{3}$ ② $\frac{8}{15} : \frac{4}{5}$ ③ $\frac{4}{5} : \frac{1}{4}$ ④ $\frac{2}{3} : \frac{4}{3}$ ⑤ $\frac{7}{8} : \frac{5}{6}$
   b) Begründe, warum diese Regel ebenfalls gilt.

23. Berechne. Pass auf, dass du die Regeln nicht verwechselst.
   a) $\frac{2}{3} + \frac{5}{6}$
   b) $\frac{7}{15} \cdot \frac{9}{14}$
   c) $\frac{7}{8} : \frac{2}{3}$
   d) $\frac{8}{5} - \frac{2}{15}$
   e) $1\frac{5}{12} + \frac{8}{15}$
   f) $8 : \frac{4}{5}$
   g) $\frac{9}{22} - \frac{5}{33}$
   h) $\frac{13}{27} \cdot 9$
   i) $\frac{16}{15} : \frac{20}{39}$
   j) $\frac{3}{8} + \frac{9}{10}$
   k) $3\frac{1}{6} - \frac{2}{3}$
   l) $\frac{15}{11} : 6$
   m) $1\frac{2}{5} \cdot \frac{5}{14}$
   n) $\frac{4}{5} + \frac{7}{9}$
   o) $\frac{4}{5} : \frac{7}{9}$

**Hinweis zu 23:**
Du kannst dir eine Übersicht zu den Rechenregeln für die vier Grundrechenarten erstellen.

**Hinweis zu 23:**
Hier findest du die Lösungen zu a) bis j).

24. **Ausblick:** Samuel findet in einem alten Mathematikbuch einen Doppelbruch: $\frac{\frac{2}{3}}{\frac{4}{5}}$.
   Er überlegt: „Wenn $\frac{2}{3}$ dasselbe ist wie 2 : 3, dann muss doch $\frac{\frac{2}{3}}{\frac{4}{5}}$ dasselbe sein wie …"
   a) Welche Idee hat Samuel? Berechne den Doppelbruch, indem du dividierst.
   b) Berechne die Doppelbrüche $\frac{\frac{3}{4}}{\frac{1}{3}}$, $\frac{\frac{7}{8}}{\frac{5}{6}}$ und $\frac{\frac{11}{15}}{\frac{22}{35}}$.
   c) Gib einen Doppelbruch an, der den Wert 1 (10; $\frac{1}{2}$; $\frac{3}{10}$; $1\frac{1}{2}$) hat.

## 4.5 Kommaverschiebung bei Dezimalzahlen

■ Beim Kistenklettern braucht es viel Geschick und eine gute Sicherung. Wie hoch befindet sich ein Kletterer, wenn er auf 10 Getränkekisten (Höhe 0,26 m) steht? 100 Kisten hat noch niemand geschafft, aber wie hoch wäre der Stapel dann? ■

*Erinnere dich:*
Zehnerpotenzen:
$10^1 = 10$
$10^2 = 100$
$10^3 = 1000$
$10^4 = 10\,000$
usw.

### Dezimalzahlen mit Zehnerpotenzen multiplizieren

Beim Multiplizieren einer Dezimalzahl mit 10 verschiebt sich das Komma einfach um eine Stelle nach rechts. Dies kann man nachrechnen, indem man die Dezimalzahl als Zehnerbruch schreibt:

Dezimalzahl mit 10 multiplizieren: $3{,}14 \cdot 10 = 31{,}4$

Zehnerbruch mit 10 multiplizieren: $\frac{314}{100} \cdot 10 = \frac{3140}{100} = \frac{314}{10} = 31{,}4$

Die Kommaverschiebung beim Multiplizieren mit 10, 100, 1000, … kann man auch an der Stellenwerttafel sehen:

*Erinnere dich:*
T: Tausender
H: Hunderter
Z: Zehner
E: Einer
z: Zehntel
h: Hundertstel
t: Tausendstel
zt: Zehntausendstel

3,14 mit 10 multiplizieren:      $3{,}14 \cdot 10 \phantom{00}=$
3,14 mit 100 multiplizieren:     $3{,}14 \cdot 100 \phantom{0}=$
3,14 mit 1000 multiplizieren:    $3{,}14 \cdot 1000 =$

| T | H | Z | E | z | h |
|---|---|---|---|---|---|
|   |   |   | 3 | , 1 | 4 |
|   |   | 3 | 1 | , 4 |   |
|   | 3 | 1 | 4 |   |   |
| 3 | 1 | 4 | 0 |   |   |

**Wissen: Dezimalzahlen mit Zehnerpotenzen multiplizieren**
Beim Multiplizieren einer Dezimalzahl mit 10, 100, 1000, … wird das Komma um eine, um zwei, um drei, … Stellen nach rechts verschoben.
Ergänze dabei Nullen, wenn nach dem Komma nicht genügend Ziffern stehen.

**Beispiel 1:** Berechne.
a) $9{,}31 \cdot 10$    b) $9{,}31 \cdot 100$    c) $9{,}31 \cdot 1000$

**Lösung:**
Du verschiebst das Komma immer um die Anzahl der Nullen in der Zehnerpotenz.
a) Verschiebe um eine Stelle nach rechts.     $9{,}31 \cdot 10 = 93{,}1$
b) Verschiebe um zwei Stellen nach rechts.    $9{,}31 \cdot 100 = 931$
c) Verschiebe um drei Stellen nach rechts.    $9{,}31 \cdot 1000 = 9{,}310 \cdot 1000 = 9310$
   Ergänze dazu rechts eine Null.

### Basisaufgaben

1. Berechne die Aufgabenserie.

   a) $3{,}125 \cdot 10$
   $3{,}125 \cdot 100$
   $3{,}125 \cdot 1000$

   b) $5{,}89 \cdot 10$
   $5{,}89 \cdot 100$
   $5{,}89 \cdot 1000$

   c) $1{,}2 \cdot 10$
   $1{,}2 \cdot 100$
   $1{,}2 \cdot 1000$

   d) $7{,}834 \cdot 100$
   $7{,}834 \cdot 1000$
   $7{,}834 \cdot 10\,000$

## 4.5 Kommaverschiebung bei Dezimalzahlen

2. Berechne.
   a) 312,14 · 10
   b) 912,021 · 100
   c) 42,023 · 10 000
   d) 0,11 · 100
   e) 2,07 · 1000
   f) 10 · 1,25
   g) 1000 · 200,8
   h) 0,001 · 100

3. Übertrage ins Heft und setze die fehlende Zahl ein.
   a) 3,56 · ■ = 35,6
   b) 5,783 · ■ = 578,3
   c) 23,4 · ■ = 2340
   d) ■ · 87,3 = 87 300

4. **Größenangaben in kleinere Einheiten umrechnen:** Schreibe in der angegebenen Einheit.
   Beispiel: 1,429 km in m    1,429 km = 1,429 · 1 km = 1,429 · 1000 m = 1429 m
   a) 78,3 cm in mm
   b) 14,15 km in m
   c) 57,3 m in cm
   d) 3,25 cm in mm

5. Diese Türme kannst du nur in deiner Phantasie bauen. Wie hoch wäre ein Turm aus
   a) 100 Pfannkuchen mit einer Dicke von 1,4 cm,
   b) 1000 Mobiltelefonen mit einer Dicke von 9,7 mm,
   c) 1000 Getränkekisten mit einer Höhe von 35,5 cm,
   d) 10 000 Scheiben Salami mit einer Dicke von 2,5 mm?

## Dezimalzahlen durch Zehnerpotenzen dividieren

Die Umkehraufgabe von 3,14 · 10 = 31,4 ist 31,4 : 10 = 3,14. Beim Dividieren von 3,14 durch 10 verschiebt sich das Komma also um eine Stelle nach links.

Die Kommaverschiebung beim Dividieren durch 10, 100, 1000, … kann man auch an der Stellenwerttafel sehen:

| Z | E | , | z | h | t | zt |
|---|---|---|---|---|---|----|
| 2 | 5 | , | 9 |   |   |    |
|   | 2 | , | 5 | 9 |   |    |
|   | 0 | , | 2 | 5 | 9 |    |
|   | 0 | , | 0 | 2 | 5 | 9  |

25,9 durch 10 dividieren:     25,9 : 10   = 2,59       : 10
25,9 durch 100 dividieren:    25,9 : 100  = 0,259      : 100
25,9 durch 1000 dividieren:   25,9 : 1000 = 0,0259     : 1000

> **Wissen: Dezimalzahlen durch Zehnerpotenzen dividieren**
> Beim Dividieren einer Dezimalzahl durch 10, 100, 1000, … wird das Komma um eine, um zwei, um drei, … Stellen nach links verschoben.
> Ergänze dabei Nullen, wenn vor dem Komma nicht genügend Ziffern stehen.

**Beispiel 2:** Berechne.
a) 31,2 : 10
b) 31,2 : 100
c) 31,2 : 1000

**Lösung:**
Du verschiebst das Komma immer um die Anzahl der Nullen in der Zehnerpotenz.
a) Verschiebe um eine Stelle nach links.        31,2 : 10 = 3,12
b) Verschiebe um zwei Stellen nach links.       31,2 : 100 = 0,312
   Ergänze dazu links eine Null.
c) Verschiebe um drei Stellen nach links.       31,2 : 1000 = 0,0312
   Ergänze dazu links zwei Nullen.

## Basisaufgaben

6. Berechne die Aufgabenserie.
   a) 1324,6 : 10
      1324,6 : 100
      1324,6 : 1000
   b) 278,2 : 10
      278,2 : 100
      278,2 : 1000
   c) 17,3 : 10
      17,3 : 100
      17,3 : 1000
   d) 1,2 : 100
      1,2 : 1000
      1,2 : 10 000

7. Berechne.
   a) 878,31 : 10
   b) 91 : 10
   c) 4,1 : 10 000
   d) 0,7 : 100
   e) 1,03 : 1000
   f) 0,0102 : 10
   g) 56 : 1000
   h) 0,209 : 100

8. **Größenangaben in größere Einheiten umrechnen:** Schreibe in der angegebenen Einheit.
   Beispiel: 4219 m in km   4219 m = 4219 km : 1000 = 4,219 km
   a) 1949 m in km
   b) 57,3 cm in m
   c) 419,2 mm in cm
   d) 30 m in km

## Weiterführende Aufgaben

9. **Durchblick:** Rechne im Kopf. Du kannst dich an Beispiel 1 und 2 orientieren.
   a) 13 : 10
   b) 2,5 · 10
   c) 14,4 : 100
   d) 1,11 · 100
   e) 14,3 : 10
   f) 10 · 1,54
   g) 7,3 : 100
   h) 38,7 · 100

10.  **Stolperstelle:** Finde die Fehler und korrigiere sie.
    a) 41,31 · 10 = 4,131
    b) 2 : 1000 = 0,0002

*Hinweis zu 11:*
*Hier findest du die fehlenden Zahlen.*

11. Übertrage die Aufgaben ins Heft und ergänze die fehlenden Zahlen.
    a) 19,31 · ■ = 1931
    b) 523,1 : ■ = 0,5231
    c) ■ · 100 = 421,93
    d) ■ : 100 = 0,003
    e) 0,003 · 100 = ■
    f) 412,9 : ■ = 4,129

12. Wie ändert sich der Stellenwert der Ziffer 3, wenn man die Zahl 30,14
    a) mit 10, (mit 100; mit 1000) multipliziert,
    b) durch 10 (durch 100; durch 1000) dividiert?

13. Rechne in die angegebene Einheit um.
    a) 81 593 g in kg
    b) 3,28 € in ct
    c) 4,23 t in kg
    d) 250 ml in l
    e) 45 mg in g
    f) 643 ct in €
    g) 18,21 kg in g
    h) 0,625 cm² in mm²

14. Ein Stapel von 1000 DIN-A4-Blättern ist 11 cm hoch und wiegt 4 989,6 g. Wie dick und wie schwer ist ein einzelnes Blatt?

*Erinnere dich:*
*Der Maßstab 1 : 100 bedeutet, dass 1 cm auf der Karte 100 cm (also 1 m) in der Wirklichkeit sind.*

15. a) Auf einer Wanderkarte im Maßstab 1 : 100 000 misst Jan auf der Karte 5,5 cm für seine Tour zur Berghütte. Wie weit ist sein Weg in Wirklichkeit?
    b) Seine Freundin Maike erzählt ihm von einer 12,75 km langen Tour. Wie lang ist dieser Weg in Jans Karte?

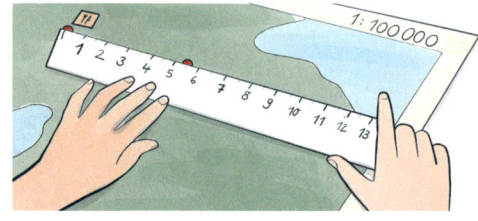

16. **Ausblick:** Peter multipliziert schrittweise: 8,91 · 1000 = 891 · 10 = 8910
    a) Erkläre Peters Rechnung.
    b) Rechne ebenso.   ① 193,41 · 10 000   ② 0,4 · 1000   ③ 49,73 : 10 000
    c) Formuliere eine Regel.
    d) Finde für die Multiplikation und Division jeweils drei eigene Beispiele.

# 4.6 Dezimalzahlen multiplizieren

■ Simon möchte ein neues Handy kaufen.
Er überlegt, ob ihm ein 4-Zoll-Display reicht.
Wie groß ist ein 4-Zoll-Display in Zentimeter?
1 Zoll sind 2,54 cm. ■

Dezimalzahlen kannst du schon multiplizieren, wenn du mit Zehnerbrüchen rechnest.

Dezimalzahlen multiplizieren:   $1{,}3 \cdot 2{,}5 = 3{,}25$
Zehnerbrüche multiplizieren:   $\frac{13}{10} \cdot \frac{25}{10} = \frac{325}{100} = 3{,}25$

Zehntel mal Zehntel sind Hundertstel und damit erhält man zwei Nachkommastellen im Ergebnis.

> **Wissen: Dezimalzahlen multiplizieren**
> Multipliziere zuerst die Zahlen, ohne das Komma zu beachten. Setze dann das Komma so, dass das Ergebnis genauso viele Nachkommastellen hat wie die Faktoren zusammen.

**Beispiel 1:** Berechne $3{,}75 \cdot 2{,}3$.

**Lösung:**

Multipliziere wie bei natürlichen Zahlen, ohne das Komma zu berücksichtigen.

Nebenrechnung:   $375 \cdot 23$
750
1125
8625

3,75 hat zwei Nachkommastellen.
2,3 hat eine Nachkommastelle.
Also sind es drei Nachkommastellen im Ergebnis. Setze das Komma nach der 8.

$3{,}75 \cdot 2{,}3 = 8{,}625$
  2    1      3   Nachkommastellen

## Basisaufgaben

1. Berechne im Kopf.
   a) $0{,}5 \cdot 3$   b) $1{,}1 \cdot 4$   c) $0{,}7 \cdot 8$   d) $0{,}9 \cdot 3$   e) $0{,}1 \cdot 4$
   f) $4{,}2 \cdot 3$   g) $2 \cdot 1{,}3$   h) $4 \cdot 1{,}2$   i) $3{,}5 \cdot 3$   j) $5 \cdot 2{,}5$

2. Berechne im Kopf. Achte auf die Anzahl der Nachkommastellen.
   a) $0{,}7 \cdot 0{,}7$   b) $2 \cdot 0{,}03$   c) $1{,}2 \cdot 0{,}4$   d) $0{,}13 \cdot 0{,}3$   e) $2{,}5 \cdot 4$
   f) $20 \cdot 0{,}6$   g) $0{,}1 \cdot 700$   h) $300 \cdot 0{,}5$   i) $400 \cdot 0{,}04$   j) $0{,}08 \cdot 0{,}01$

3. **Überschlag:** Mache eine Überschlagsrechnung, indem du beide Faktoren auf Einer rundest. Multipliziere dann schriftlich.
   Beispiel: $6{,}2 \cdot 2{,}5$   Überschlag: $6 \cdot 3 = 18$   Exaktes Ergebnis: $15{,}5$
   a) $2{,}7 \cdot 5$   b) $10{,}6 \cdot 7$   c) $1{,}73 \cdot 6$   d) $7{,}84 \cdot 8$   e) $5 \cdot 1{,}93$
   f) $2{,}35 \cdot 2{,}7$   g) $1{,}34 \cdot 19{,}1$   h) $5{,}2 \cdot 2{,}4$   i) $2{,}34 \cdot 7{,}85$   j) $1{,}83 \cdot 9{,}75$

Hinweis zu 2:
Hier findest du die Lösungen.

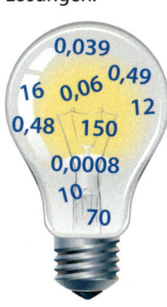

## 4. Brüche und Dezimalzahlen multiplizieren und dividieren

**Hinweis zu 4:**
Manchmal ist es nicht sinnvoll, beim Überschlag auf Einer zu runden.
Beispiel: 500 · 0,11
ungünstig: 500 · 0 = 0
besser: 500 · 0,1 = 50
Runde so, dass es einfach ist zu rechnen.

4. Überschlage, indem du die Aufgabe geeignet vereinfachst.
   Multipliziere dann schriftlich.
   Beispiel: 8,7 · 0,23     Überschlag: 9 · 0,2 = 1,8     Exaktes Ergebnis: 2,001
   a) 0,81 · 7,9      b) 12,8 · 0,467    c) 134 · 0,111    d) 19,8 · 9,02    e) 0,38 · 0,408
   f) 3,73 · 4,2      g) 5,4 · 17,2      h) 2,43 · 6,04    i) 0,39 · 0,12    j) 2,75 · 0,072

5. Überschlage und wähle aus ① bis ④ das richtige Ergebnis aus.
   a) 0,23 · 301,7    ① 0,69391    ② 693,91    ③ 69,391    ④ 6,9391
   b) 2,5 · 56,4      ① 1,41       ② 14,10     ③ 0,141     ④ 141
   c) 0,062 · 1,25    ① 0,775      ② 0,0775    ③ 7,75      ④ 0,00775

6. Setze im Ergebnis das Komma an die richtige Stelle. Füge – falls nötig – noch Nullen ein.
   a) 3,4 · 2,3 = 782    b) 0,1 · 0,343 = 343    c) 19 · 0,02 = 38    d) 5 · 13,5 = 675

7. a) Berechne und vergleiche in jeder Aufgabenserie die Ergebnisse. Stelle Regeln auf.
   ① 50 · 7       5 · 7        0,5 · 7       0,05 · 7;      0,005 · 7
   ② 1,2 · 0,009  1,2 · 0,09   1,2 · 0,9     1,2 · 9        1,2 · 90
   ③ 12 · 0,8     1,2 · 8      0,12 · 80     0,012 · 800    0,0012 · 8000
   b) Erstelle zu jeder Regel eine Aufgabenserie. Tauscht die Serien untereinander und berechnet die Ergebnisse.

## Weiterführende Aufgaben

8. **Durchblick:** Berechne. Begründe, warum du nur einmal schriftlich rechnen musst.
   Du kannst dich dabei an Beispiel 1 orientieren.
   a) 123 · 27    b) 12,3 · 2,7    c) 1,23 · 0,27    d) 123 · 2,7    e) 123 · 0,027

9. Alexandra meint: „Die Rechnungen können nicht stimmen. Das Ergebnis hat ja weniger Nachkommastellen als die Faktoren zusammen."
   ① 0,5 · 0,8 = 0,4    ② 2 · 1,5 = 3    ③ 0,25 · 0,4 = 0,1    ④ 0,01 · 900 = 9
   a) Berechne die Aufgaben und überprüfe, ob alle Ergebnisse richtig sind.
   b) Erkläre, was Alexandra nicht bedacht hat.

10. **Stolperstelle:** Korrigiere Tinas Rechnungen. Wo liegen ihre Denkfehler?
    a) 0,3 · 0,3 = 0,9    b) 2,3 · 2,7 = 4,21    c) 40 · 0,2 = 0,8    d) 0,6 · 0,5 = 0,03

11. Gib jeweils zwei verschiedene Multiplikationsaufgaben an, deren Ergebnis
    a) 1,2;    b) 0,04;    c) 0,5;    d) 1,44    ist.

12. Übertrage ■,■ · ■,■ dreimal in dein Heft. Trage die Ziffern 0, 1, 2, 3 so ein, dass
    a) ein möglichst großes Ergebnis entsteht,
    b) ein möglichst kleines Ergebnis entsteht,
    c) das Produkt genau 0,63 ergibt.
    Vergleicht eure Ergebnisse untereinander.

13. Überprüfe die Aussage. Ist sie richtig oder falsch? Begründe.
    a) Das Produkt zweier Dezimalzahlen ist immer größer als 1.
    b) Das Produkt zweier Dezimalzahlen ist stets größer als jeder der beiden Faktoren.
    c) Das Produkt einer Dezimalzahl mit der Zahl 10 kann kleiner als 1 sein.

## 4.6 Dezimalzahlen multiplizieren

14. Übertrage ins Heft und setze das richtige Zeichen <, > oder = ein.
    a) 1,7 · 1,3 ▪ 1     b) 0,7 · 0,3 ▪ 1     c) 1,2 · 1,2 ▪ 1,2     d) 0,9 · 0,9 ▪ 0,9
    e) 0,7 · 1,3 ▪ 0,7     f) 0,7 · 1,3 ▪ 1,3     g) 0,9 · 1,1 ▪ 1     h) 0 · 1,7 ▪ 0

15. Übertrage ins Heft und setze das richtige Zeichen <, > oder = ein. Achte bei jeder Zahl auf die Position des Kommas.
    a) 8,5 · 1,2 ▪ 85 · 1,2     b) 8,5 · 1,2 ▪ 0,85 · 1,2     c) 8,5 · 1,2 ▪ 0,85 · 12
    d) 8,5 · 1,2 ▪ 850 · 0,12     e) 8,5 · 1,2 ▪ 850 · 0,012     f) 8,5 · 1,2 ▪ 0,0085 · 120

    **Hinweis zu 15:** Du musst die Ergebnisse nicht ausrechnen.

16. Setze bei den Faktoren das Komma an der richtigen Stelle. Finde verschiedene Möglichkeiten. Streiche jeweils die Anfangs- und Endnullen, die nicht benötigt werden.
    a) 0050 · 0040 = 2,0     b) 00210 · 0030 = 0,063     c) 001030 · 0020 = 2,06
    d) 0060 · 0050 = 0,03     e) 0070 · 0080 = 0,056     f) 00190 · 0040 = 0,076

17. 1 kg kernlose griechische Weintrauben kosten 1,90 €. Ermittle den Preis für
    a) 0,8 kg;     b) 1,3 kg;     c) 2,4 kg;     d) 1,540 kg.

18. Vincent soll für seine Mutter Lebensmittel einkaufen. Berechne, wie viel er bezahlen muss.

    2 kg Tomaten
    1,5 kg Kartoffeln
    0,4 kg Trauben
    150 g Käseaufschnitt

    1 kg 1,95 €     1 kg 1,45 €     1 kg 2,85 €     1 kg 14,40 €

19. Eine Ameise (Länge 0,5 cm) wird durch eine Lupe mit 4,75-facher Vergrößerung betrachtet. Gib die Länge der Ameise in der Vergrößerung an.

20. Ein Kreuzfahrtschiff bewegt sich mit einer durchschnittlichen Geschwindigkeit von 21 Seemeilen je Stunde von Hamburg nach Amsterdam. 1 Seemeile entspricht 1,852 km.
    Wie viele Kilometer legt das Schiff in fünf Stunden zurück? Runde auf Ganze.

21. Berechne den Flächeninhalt des Rechtecks mit den Seiten a und b. Achte auf die Einheiten.
    a) a = 3,5 cm; b = 2,7 cm     b) a = 0,8 cm; b = 5,7 cm     c) a = 4,23 cm; b = 1,9 cm
    d) a = 1,25 m; b = 3,7 cm     e) a = 0,47 m; b = 47 cm     f) 1,25 cm; b = 6,4 mm

    **Erinnere dich:** Formel für den Flächeninhalt eines Rechtecks mit den Seiten a und b: A = a · b

22. **Ausblick:** Vervollständige die Multiplikationsmauer im Heft. Die Zahl auf einem Stein ergibt sich aus dem Produkt der beiden direkt darunterliegenden Steine.

    a) 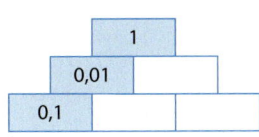     b) 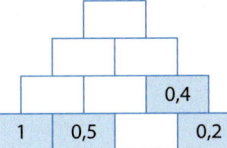     c)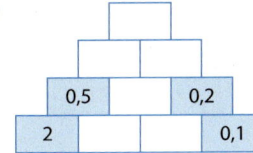

## 4.7 Dezimalzahlen dividieren

■ Die Geschwister Robin, Jonas und Sandra holen am Sonntagmorgen für die ganze Familie Brötchen. Als Belohnung dürfen sie das Wechselgeld behalten. Die Bäckerin gibt ihnen insgesamt 3,42 € zurück.
Wie viel Geld bekommt jeder der Drei, wenn sie gerecht teilen? ■

### Dezimalzahlen durch natürliche Zahlen dividieren

Hinweis:
Man kann auch die Zahlen ohne Komma dividieren, also 48 : 3 = 16.
Im Ergebnis muss man dann das Komma an der richtigen Stelle setzen.

Dezimalzahlen kann man durch eine natürliche Zahl dividieren, wenn man die Dezimalzahl als Zehnerbruch schreibt.

Dezimalzahl dividieren:  4,8 : 3 = 1,6

Zehnerbruch dividieren:  $\frac{48}{10} : 3 = \frac{48:3}{10} = \frac{16}{10} = 1,6$

**Beispiel 1:** Dividiere schriftlich.
a) 5,85 : 5
b) 3,48 : 8

**Lösung:**
a) Rechne nach dem Verfahren der schriftlichen Division wie bei natürlichen Zahlen.
Setze im Ergebnis ein Komma, wenn du bei 5,85 die erste Ziffer nach dem Komma herunterziehst.

```
5, 8 5 : 5 = 1, 1 7
5         · 5
0 8
  5       · 5
  3 5
  3 5     · 5
      0
```

Hinweis:
Geht die Division nicht auf, musst du beim Dividenden nach dem Komma Endnullen ergänzen, um weiterzurechnen.

b) Ergänze im letzten Schritt hinter der 3,48 eine 0, damit die Rechnung aufgeht.

```
3, 4 8 0 : 8 = 0, 4 3 5
0
3 4
3 2
  2 8
  2 4
    4 0
    4 0
      0
```

**Wissen: Dezimalzahlen durch eine natürliche Zahl dividieren**
Man rechnet nach dem Verfahren der schriftlichen Division. Überschreitet man bei der Dezimalzahl das Komma, muss man auch im Ergebnis ein Komma setzen.

### Basisaufgaben

1. Berechne im Kopf.
   a) 1,5 : 3
   b) 2,5 : 5
   c) 2,4 : 2
   d) 1,6 : 4
   e) 10,6 : 2
   f) 1,2 : 12
   g) 0,09 : 3
   h) 0,36 : 6
   i) 0,01 : 2
   j) 6,4 : 20

## 4.7 Dezimalzahlen dividieren

2. **Überschlag:** Mache eine Überschlagsrechnung. Ändere die Zahlen so, dass du einfach im Kopf dividieren kannst. Dividiere anschließend schriftlich.
   Beispiel: 30,2 : 8    Überschlag: 32 : 8 = 4    Exaktes Ergebnis: 3,775
   a) 16,8 : 2    b) 7,4 : 5    c) 23,7 : 6    d) 38,6 : 4    e) 69,2 : 8
   f) 31,2 : 12   g) 4,61 : 2   h) 14,35 : 7   i) 16,42 : 4   j) 240,8 : 80

   *Hinweis:* Runde beim Überschlag so, dass du gut rechnen kannst.

3. Berechne schriftlich. Überprüfe dein Ergebnis durch eine Multiplikation.
   Beispiel: 2,7 : 5 = 0,54    Probe: 0,54 · 5 = 2,7
   a) 1,3 : 4     b) 6,3 : 3    c) 4,5 : 6     d) 22,8 : 4    e) 0,9 : 5
   f) 6,318 : 2   g) 897,6 : 4  h) 0,1 : 8     i) 1,005 : 5   j) 0,09 : 40

   *Hinweis zu 3:* Du kannst dir die Probe auch am Pfeilmodell verdeutlichen.
   
   2,7 ⇄ 0,54  ( :5 / ·5 )

4. Dividiere. Gib das Ergebnis als natürliche Zahl mit Rest und als Dezimalzahl an.
   Beispiel: 11 : 4 = 2 Rest 3 und 11 : 4 = 2,75
   a) 14 : 5    b) 37 : 4    c) 51 : 6    d) 100 : 8    e) 9 : 12

5. Berechne und vergleiche in jeder Aufgabenserie die Ergebnisse. Stelle Regeln auf.
   a) 0,015 : 5    0,15 : 5    1,5 : 5    15 : 5
   b) 90 : 4       90 : 40     90 : 400   90 : 4000
   c) 0,04 : 2     0,4 : 20    4 : 200    40 : 2000

## Dezimalzahlen dividieren

Ein 4,5 m langer Flur soll mit Holzdielen der Breite 0,15 m ausgelegt werden. Die Anzahl der benötigten Holzdielen kann man wie folgt berechnen:

  4,5 m  : 0,15 m   oder
  45 dm  : 1,5 dm   oder
  450 cm : 15 cm = 30

Das Ergebnis muss jeweils gleich sein, nämlich 30 (Holzdielen).

Das Beispiel zeigt, dass der Quotient von zwei Zahlen sich nicht ändert, wenn man das Komma bei beiden Zahlen um gleich viele Stellen in die gleiche Richtung verschiebt:
4,5 : 0,15 = 45,0 : 1,5 = 450 : 15

---

**Beispiel 2:** Berechne.
a) 0,36 : 0,3                        b) 1,7 : 0,25

**Lösung:**
a) Verschiebe das Komma bei beiden Zahlen um eine Stelle nach rechts, damit du durch eine natürliche Zahl teilen kannst.
   3,6 : 3 kannst du im Kopf rechnen.
   
   0,36 : 0,3 = 3,6 : 3 = 1,2

b) Verschiebe das Komma bei beiden Zahlen um zwei Stellen nach rechts. Schreibe dazu 1,7 als 1,70.
   Nun kannst du schriftlich durch eine natürliche Zahl teilen.
   
   1,70 : 0,25 = 170 : 25 = 170,0 : 25 = 6,8
                                    150
                                    200
                                    200
                                      0

> **Wissen: Dezimalzahlen dividieren**
> 1. Verschiebe das Komma bei Dividend und Divisor um gleich viele Stellen nach rechts, sodass der Divisor eine natürliche Zahl wird.
> 2. Dividiere dann durch die natürliche Zahl. Achte auf die Kommaüberschreitung.

Hinweis zu 7:
Hier findest du die Lösungen.

## Basisaufgaben

6. Verschiebe das Komma so, dass der Divisor eine natürliche Zahl wird, und berechne.
   a) 5,7 : 1,9   b) 0,35 : 0,5   c) 0,4 : 0,02   d) 8,123 : 0,01   e) 45 : 0,003

7. Berechne im Kopf.
   a) 1,2 : 0,4   b) 2,8 : 1,4   c) 3,6 : 0,6   d) 10 : 0,5   e) 6 : 1,2
   f) 0,15 : 0,3   g) 0,47 : 0,01   h) 9 : 0,09   i) 0,4 : 0,08   j) 0,75 : 0,001

Hinweis:
Runde beim Überschlag so, dass du gut rechnen kannst.

8. **Überschlag:** Mache einen geeigneten Überschlag. Dividiere anschließend schriftlich.
   Beispiel: 2,7 : 0,4   Überschlag: 2,8 : 0,4 = 28 : 4 = 7   Exaktes Ergebnis: 6,75
   a) 3,1 : 0,5   b) 7,83 : 0,9   c) 2,1 : 0,12   d) 8,32 : 0,2   e) 33 : 0,8
   f) 2,156 : 1,1   g) 1,9 : 0,02   h) 4,32 : 36   i) 8,67 : 1,7   j) 770,52 : 1,2

Hinweis zu 9:
Du kannst dir die Probe auch am Pfeilmodell verdeutlichen.

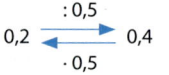

9. Berechne. Überprüfe dein Ergebnis durch eine Multiplikation.
   Beispiel: 0,2 : 0,5 = 0,4   Probe: 0,4 · 0,5 = 0,2
   a) 0,1 : 0,4   b) 51 : 0,02   c) 6,4 : 0,05   d) 2,7 : 0,15   e) 3,2 : 0,16
   f) 19,8 : 1,5   g) 22,22 : 2,2   h) 8,16 : 4,8   i) 0,102 : 0,03   j) 0,36 : 0,016

10. Berechne jeweils den Preis pro Kilogramm und vergleiche.
    a) 1,5 kg für 1,95 €
    b) 5,5 kg für 6,60 €

## Weiterführende Aufgaben

11. **Durchblick:** Wähle aus den Aufgaben ① bis ④ jeweils die einfachste Aufgabe aus und berechne sie. Bestimme dann die Ergebnisse der anderen Aufgaben.
    Überlege, nach welcher Regelmäßigkeit die Serie aufgebaut ist.
    a) ① 917,2 : 40   ② 91,72 : 4   ③ 9,172 : 0,4   ④ 0,9172 : 0,04
    b) ① 738 : 0,3   ② 73,8 : 0,3   ③ 7,38 : 0,3   ④ 0,738 : 0,3
    c) ① 1,6 : 0,0005   ② 1,6 : 0,005   ③ 1,6 : 0,05   ④ 1,6 : 0,5

12. **Stolperstelle:** Beschreibe Nicos Fehler und korrigiere sie.
    a) 15,25 : 5 = 3,5
    b) 8,24 : 0,02 = 8,24 : 2 = 4,12
    c) 0,35 : 0,7 = 5
    d) 17,804 : 0,2 = 89,2

13. Lisa rechnet die Aufgaben 4 : 2; 4 : 1; 4 : 0,5; 4 : 0,2; 4 : 0,1 …
    a) Berechne die Aufgaben. Was passiert, wenn der Divisor immer kleiner wird?
    b) Finde Divisionsaufgaben, deren Ergebnis größer ist als 100.

## 4.7 Dezimalzahlen dividieren

**14.** Die Schüler der 6d vergleichen für die Division 6,832 : 0,61 ihre Überschlagsrechnungen.
Finn: $6,6 : 0,6$   Alicja: $7 : 1$   Magdalena: $6 : 0,6$
Liam: $7 : 0,5$   Mohammed: $6,832 : 0,61 = 68,32 : 6,1 \approx 66 : 6$
a) Wie gut findest du einzelnen Überschläge? Begründe ohne zu rechnen.
b) Berechne die Überschläge und das exakte Ergebnis.
c) Welche Überschläge sind am besten, welche am schlechtesten? Vergleiche mit deiner Beurteilung in a).

**15.** Prüfe durch Überschlag und Rechnung, ob ein Komma fehlt. Falls ja, ergänze es.
a) 172 : 0,4 = 43   b) 198,1 : 20 = 99,05   c) 375 : 0,2 = 187,5   d) 89,2 : 20 = 44 600
e) 0,735 : 0,5 = 147   f) 219,81 : 3 = 73,27   g) 549,5 : 7 = 785   h) 789,8 : 1,1 = 71 800

**16.** a) Dividiere schriftlich.
① 1,56 cm : 1,2 cm   ② 0,336 km : 0,105 km   ③ 0,9 kg : 0,002 kg   ④ 0,2 ℓ : 0,25 ℓ
b) Rechne die Größenangaben aus a) in die nächstkleinere Einheit um und dividiere anschließend. Vergleiche die Rechnungen mit denen in a). Was fällt dir auf?

**17.** Ein Lkw kann pro Fahrt 3,5 t Erde transportieren. Wie viele Fahrten muss er machen, bis er 73,5 t Erde abtransportiert hat?

**18.** Wie dick ist eigentlich Alu-Folie? 120 Schichten Folie sind 1,2 cm dick. Berechne die Dicke eines Streifens Alu-Folie.

**19.** Dividiere schriftlich. Runde das Ergebnis auf Hundertstel.
Beispiel: 8,6 : 7 = 1,228..., also 8,6 : 7 ≈ 1,23
a) 8 : 3   b) 7,4 : 6   c) 0,2 : 7   d) 53,47 : 30   e) 46,83 : 9
f) 10 : 1,1   g) 0,2 : 1,2   h) 0,4 : 0,09   i) 2,18 : 0,15   j) 15,08 : 7,5

**Hinweis:** Das Ergebnis einer Division kann sehr viele Nachkommastellen haben. Dann ist es sinnvoll, die schriftliche Division abzubrechen und das Ergebnis zu runden.

**20.** Laras Schuhe sind 8,5 cm breit. Ein Fach im Schuhregal ist innen 119,4 cm breit. Wie viele Paar Schuhe kann sie dort hineinstellen? Runde sinnvoll.

**21.** Ein Klippspringer – das ist eine afrikanische Antilope – mit einer Schulterhöhe von 58 cm springt 7,98 m hoch, eine 6 mm große Wiesenschaumzikade 0,696 m. Berechne jeweils, wie viele Tiere derselben Art aufeinander stehend übersprungen werden könnten.

**22. Ausblick:** Sophie steht mit ihren Eltern im Stau. Sie liest in der Bedienungsanleitung, dass das Auto 4397 mm lang ist.
a) Wie oft könnte ihr Auto auf einer Strecke von 3,8 km hintereinander stehen? Runde vor dem Rechnen die Autolänge auf dm.
b) Schätze ungefähr, wie viele Autos bei einem 3,8 km langen Stau auf einer dreispurigen Straße stehen. Berücksichtige auch Lkws und andere Fahrzeuge.

## 4.8 Rechnen mit Brüchen und Dezimalzahlen

■ Achte auf die Reihenfolge der Rechenschritte.
a) Berechne. Gib an, nach welchen Rechenregeln du rechnest.
① 2 · (9 − 5)   ② 7 + 3 · 8
b) Rechne nach den gleichen Regeln wie in a).
① $\frac{1}{3} \cdot \left(\frac{7}{8} - \frac{3}{8}\right)$   ② 2,1 + 4 · 0,5 ■

Erinnere dich:
„KLAPS":
 Klammer
  Punktrechnung
   Strichrechnung

### Wiederholung der Vorrangregeln

1. Ausdrücke in Klammern werden zuerst berechnet.   28 − (6 + 14) = 28 − 20 = 8
2. Wo keine Klammern sind, geht Punktrechnung vor Strichrechnung.   12 + 8 · 11 = 12 + 88 = 100
3. In allen anderen Fällen rechnet man von links nach rechts.   36 − 16 − 6 = 20 − 6 = 14

Diese Vorrangregeln gelten auch beim Rechnen mit Brüchen und Dezimalzahlen.

### Basisaufgaben

1. Rechne von links nach rechts.
   a) $\frac{3}{4} - \frac{1}{2} + \frac{1}{4}$   b) $\frac{27}{10} - 2 - \frac{2}{5}$   c) $8 \cdot \frac{2}{9} : \frac{4}{9}$   d) $\frac{5}{7} : \frac{1}{3} \cdot \frac{2}{5}$
   e) 1,2 − 0,2 + 3,5   f) 6,2 + 2 − 1,1 + 4   g) 0,4 : 2 · 0,9   h) 15 · 0,3 : 0,01

2. Berechne. Beachte die Regel „Punktrechnung geht vor Strichrechnung".
   a) $5 \cdot \frac{5}{6} - \frac{1}{6}$   b) $\frac{3}{2} - \frac{2}{5} \cdot \frac{1}{2}$   c) $\frac{7}{9} + \frac{14}{3} : 7$   d) $\frac{1}{4} \cdot \frac{1}{3} + \frac{2}{3} \cdot \frac{3}{4}$
   e) 10 − 3 · 1,2   f) 0,6 + 0,8 · 0,5   g) 7,2 − 1,6 : 0,4   h) 3 · 0,3 − 0,1 · 9

3. Berechne zuerst die Klammer. Berechne dann das Ergebnis.
   a) $5 - \left(1 - \frac{1}{2}\right)$   b) $\left(\frac{1}{8} + \frac{2}{8}\right) \cdot \frac{2}{3}$   c) $\frac{2}{7} : \left(\frac{3}{14} : \frac{15}{21}\right)$   d) $\left(\frac{1}{2} + 2\right) \cdot \left(\frac{13}{10} - 1\right)$
   e) (0,5 + 0,7) : 2   f) (4,4 + 5,6) · 3,03   g) 19 − (11,8 + 7)   h) (8 − 7,5) · (4 − 2,8)

4. Vervollständige den Rechenbaum im Heft. Notiere die zugehörige Aufgabe.

   a) 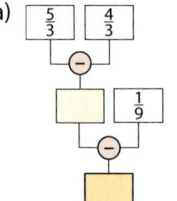   b) 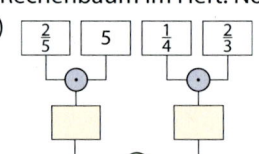   c) 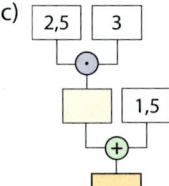   d)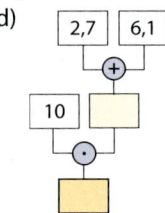

5. Stelle die Aufgaben in einem Rechenbaum dar und berechne.
   a) $\frac{20}{11} - 1 - \frac{5}{11}$   b) $\frac{4}{5} + \frac{1}{10} \cdot \frac{10}{3}$   c) 1,2 · 0,5 : 2   d) 4 + 0,1 · 3,3 − 2,3
   $\frac{20}{11} - \left(1 - \frac{5}{11}\right)$   $\left(\frac{4}{5} + \frac{1}{10}\right) \cdot \frac{10}{3}$   (1,2 · 0,5) : 2   (4 + 0,1) · (3,3 − 2,3)

4.8 Rechnen mit Brüchen und Dezimalzahlen

## Wiederholung der Rechengesetze der Addition und Multiplikation

Bei der **Addition** dürfen
1. Summanden beliebig vertauscht werden (**Kommutativgesetz**),   $12 + 35 = 35 + 12$
2. Klammern beliebig gesetzt oder weggelassen werden (**Assoziativgesetz**).   $(6 + 12) + 8 = 6 + (12 + 8) = 6 + 12 + 8$

Bei der **Multiplikation** dürfen
1. Faktoren beliebig vertauscht werden (**Kommutativgesetz**),   $3 \cdot 12 = 12 \cdot 3$
2. Klammern beliebig gesetzt oder weggelassen werden (**Assoziativgesetz**).   $(7 \cdot 4) \cdot 5 = 7 \cdot (4 \cdot 5) = 7 \cdot 4 \cdot 5$

Diese Rechengesetze gelten auch beim Rechnen mit Brüchen und Dezimalzahlen.

### Basisaufgaben

6. Setze geschickt ein oder mehrere Klammerpaare und berechne.
   Beispiel: $\frac{1}{16} + \frac{3}{20} + \frac{7}{20} = \frac{1}{16} + \left(\frac{3}{20} + \frac{7}{20}\right) = \frac{1}{16} + \frac{1}{2} = \frac{9}{16}$
   a) $\frac{3}{5} + \frac{5}{12} + \frac{7}{12}$
   b) $2 + \frac{1}{3} + \frac{29}{40} + \frac{11}{40}$
   c) $\frac{3}{13} \cdot \frac{7}{12} \cdot \frac{24}{7}$
   d) $0{,}9 + 3{,}82 + 0{,}18$
   e) $2{,}5 + 1{,}73 + 1{,}27 + 4$
   f) $0{,}25 \cdot 8 \cdot 4{,}1$

7. Vertausche geschickt Summanden und berechne vorteilhaft.
   Beispiel: $\frac{5}{48} + 2 + \frac{7}{48} = \frac{5}{48} + \frac{7}{48} + 2 = \frac{1}{4} + 2 = \frac{9}{4}$
   a) $\frac{3}{16} + \frac{2}{9} + \frac{5}{16}$
   b) $\frac{10}{17} + \frac{5}{8} + \frac{7}{17} + \frac{7}{8}$
   c) $\frac{3}{50} + 1 + \frac{1}{15} + \frac{7}{50}$
   d) $2{,}49 + 9{,}6 + 0{,}51$
   e) $0{,}19 + 2{,}87 + 0{,}1 + 0{,}81$
   f) $3{,}12 + 0{,}999 + 5 + 0{,}001$

8. Vertausche geschickt Faktoren und berechne vorteilhaft.
   Beispiel: $\frac{5}{16} \cdot \frac{7}{9} \cdot \frac{8}{5} = \frac{5}{16} \cdot \frac{8}{5} \cdot \frac{7}{9} = \frac{1}{2} \cdot \frac{7}{9} = \frac{7}{18}$
   a) $\frac{20}{3} \cdot \frac{1}{17} \cdot \frac{3}{10}$
   b) $\frac{3}{4} \cdot \frac{14}{9} \cdot 4 \cdot \frac{9}{14}$
   c) $\frac{22}{21} \cdot \frac{5}{9} \cdot 9 \cdot \frac{7}{11}$
   d) $0{,}01 \cdot 0{,}057 \cdot 100$
   e) $0{,}2 \cdot 7 \cdot 50 \cdot 1{,}1$
   f) $1{,}25 \cdot 4 \cdot 0{,}2 \cdot 8$

9. Berechne die Aufgaben auf beiden Kärtchen. Wenn die Ergebnisse gleich sind, begründe dies durch ein Rechengesetz.
   a) $\frac{5}{6} \cdot \frac{1}{3}$ | $\frac{1}{3} \cdot \frac{5}{6}$
   b) $\frac{5}{6} : \frac{1}{3}$ | $\frac{1}{3} : \frac{5}{6}$
   c) $\frac{5}{6} + \frac{1}{3}$ | $\frac{1}{3} + \frac{5}{6}$
   d) $(3{,}2 + 1{,}6) + 0{,}8$ | $3{,}2 + (1{,}6 + 0{,}8)$
   e) $(3{,}2 - 1{,}6) - 0{,}8$ | $3{,}2 - (1{,}6 - 0{,}8)$

## Weiterführende Aufgaben

10. **Durchblick:** Berechne. Gib an, welche Regeln oder Gesetze du anwendest.
    a) $2 \cdot \left(\frac{1}{2} - \frac{1}{3}\right)$
    b) $\frac{5}{6} \cdot \frac{4}{5} + \frac{5}{6} \cdot \frac{4}{5}$
    c) $\frac{13}{18} + \frac{11}{20} + \frac{7}{9}$
    d) $14 \cdot \frac{44}{3} \cdot \frac{6}{22}$
    e) $2 - 1{,}3 - 0{,}3$
    f) $5{,}6 + 2{,}8 : 2$
    g) $0{,}37 + 3{,}8 + 0{,}63$
    h) $4{,}7 \cdot 2{,}5 \cdot 0{,}4$

11. **Stolperstelle:** Erläutere, welche Fehler Tanja gemacht hat, und korrigiere.
    a) $\frac{1}{2} + \frac{1}{2} \cdot 3 = 1 \cdot 3 = 3$
    b) $\frac{7}{8} - \left(\frac{3}{8} + \frac{1}{4}\right) = \frac{4}{8} + \frac{1}{4} = \frac{3}{4}$
    c) $9 - 5{,}7 - 1{,}7 = 9 - 4 = 5$
    d) $5 : 2 : 0{,}2 = 5 : (2 : 0{,}2) = 5 : 10 = 0{,}5$

12. Schreibe als Rechenausdruck und berechne.
    a) Multipliziere $\frac{12}{13}$ mit der Summe der Zahlen von $\frac{1}{6}$ und $\frac{1}{4}$.
    b) Addiere das Produkt von 0,3 und 7 zum Produkt von 8 und 0,01.
    c) Multipliziere die Differenz von 1 und 0,5 mit ihrer Summe.

13. Gib den Rechenausdruck mit Worten an wie in Aufgabe 12 und berechne.
    a) $\left(\frac{4}{5} - \frac{7}{10}\right) \cdot \frac{1}{2}$
    b) $19 : (0{,}6 + 1{,}3)$
    c) $3 \cdot 0{,}75 + 2 \cdot 0{,}49$

Hinweis zu 14:
Hier findest du die Lösungen.

14. Berechne. Beachte die Vorrangregeln.
    a) $\frac{9}{40} - \frac{1}{20} + \frac{2}{5} \cdot \frac{3}{4}$
    b) $2\frac{1}{4} + 3 \cdot \left(3\frac{1}{2} - 2\right)$
    c) $\left(1 + 1\frac{1}{3}\right) \cdot \left(12 - 1\frac{2}{9} \cdot 9\right)$
    d) $3{,}5 - 25 : 10 + 0{,}05$
    e) $(0{,}1 + 1) \cdot 6 - 1{,}9$
    f) $(0{,}3 + 0{,}2 \cdot 4) - (0{,}6 + 0{,}4)$

15. Der Pilotfilm einer Fernsehserie dauert eineinhalb Stunden. Jede der anschließenden 30 Folgen dauert eine Dreiviertelstunde. Wie lang ist die Serie insgesamt? Schreibe einen passenden Rechenausdruck auf und berechne.

16. Benjamin kauft einen Collegeblock für 2,70 €, zwei Bleistifte für je 0,99 € und einen Radiergummi für 1,30 €. Er zahlt mit einem 10-€-Schein. Schreibe für das Wechselgeld, das er zurückbekommt, einen passenden Rechenausdruck auf und berechne ihn vorteilhaft.

17. a) Berechne auf zwei Arten. Wandle in Brüche oder in Dezimalzahlen um.
    Beispiel: $\frac{1}{2} \cdot 0{,}2 = \frac{1}{2} \cdot \frac{1}{5} = \frac{1}{10}$ oder $\frac{1}{2} \cdot 0{,}2 = 0{,}5 \cdot 0{,}2 = 0{,}1$
    ① $\frac{3}{8} + 0{,}25$  ② $5{,}73 - \frac{11}{2}$  ③ $1{,}2 \cdot \frac{6}{5}$  ④ $\frac{1}{8} : 0{,}1$  ⑤ $2\frac{1}{2} + 8{,}5$

    b) Berechne. Entscheide, ob du mit Brüchen oder Dezimalzahlen rechnest, und begründe.
    ① $6{,}6 + \frac{7}{2}$  ② $0{,}4 - \frac{1}{16}$  ③ $0{,}01 \cdot \frac{27}{40}$  ④ $2{,}5 : \frac{1}{4}$  ⑤ $2{,}6 + 3\frac{1}{4}$

18. Lara möchte $0{,}7 \cdot \frac{1}{3}$ berechnen und weiß nicht weiter: $0{,}7 \cdot \frac{1}{3} = 0{,}7 \cdot 0{,}3333\ldots$
    a) Erläutere, warum der Rechenweg von Lara nicht funktioniert.
    b) Wähle einen anderen Rechenweg und berechne das Ergebnis.
    c) Rechne mit Dezimalzahlen, wenn die Brüche bei der Umwandlung abbrechende Dezimalzahlen ergeben. Ansonsten rechne mit Brüchen.
    ① $\frac{2}{3} + 1{,}8$  ② $\frac{9}{4} - 0{,}14$  ③ $\frac{1}{6} \cdot 0{,}8$  ④ $1{,}5 : \frac{7}{15}$  ⑤ $\frac{11}{50} + 1{,}2$

19. Tobias mischt in einem Gefäß $\frac{3}{4}$ ℓ Kirschsaft und 0,7 ℓ Bananensaft. Wie viele 0,2-ℓ-Gläser kann er damit füllen?

20. **Ausblick:** Berechne geschickt. Achte auf Rechenregeln und Rechengesetze.
    a) $0{,}25 : \left(\frac{1}{4} + 0{,}75\right)$
    b) $0{,}5 \cdot \frac{3}{4} \cdot 0{,}4$
    c) $\frac{3}{4} + 0{,}125 - \frac{1}{8}$
    d) $\frac{5}{3} \cdot \left[\frac{11}{10} - (3{,}1 - 2{,}9)\right]$
    e) $5{,}5 + 3\frac{4}{5} + \frac{9}{2} + 6{,}2$
    f) $3\frac{1}{4} - 0{,}75 \cdot \frac{1}{16}$
    g) $1{,}2 - \frac{2}{3} - 0{,}05$
    h) $2{,}5 - \left(0{,}75 - \frac{7}{12}\right) \cdot 10$

# 4.9 Ausmultiplizieren und Ausklammern

■ Vervollständige die Rechnungen im Heft.
Multipliziere bei b) und c) aus wie in a). ■

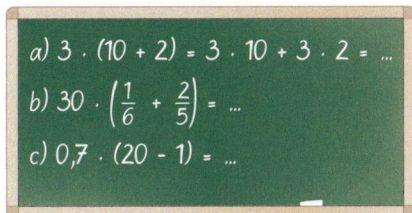

Beim **Ausmultiplizieren** wendet man das Distributivgesetz an.

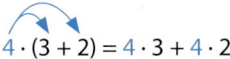
$4 \cdot (3 + 2) = 4 \cdot 3 + 4 \cdot 2$     $6 \cdot (8 - 5) = 6 \cdot 8 - 6 \cdot 5$

Beim **Ausklammern** wendet man das Distributivgesetz in umgekehrter Richtung an.

$4 \cdot 3 + 4 \cdot 2 = 4 \cdot (3 + 2)$     $6 \cdot 8 - 6 \cdot 5 = 6 \cdot (8 - 5)$

Das Distributivgesetz gilt auch beim Rechnen mit Brüchen und Dezimalzahlen.

## Basisaufgaben

1. Multipliziere aus und berechne.
   a) $\frac{1}{2} \cdot (66 + 88)$   b) $\frac{1}{10} \cdot (360 - 190)$   c) $28 \cdot \left(\frac{11}{14} - \frac{3}{7}\right)$   d) $\left(\frac{5}{3} + \frac{1}{2}\right) \cdot \frac{6}{5}$
   e) $0{,}2 \cdot (70 + 8)$   f) $(9 - 0{,}4) \cdot 5$   g) $1{,}1 \cdot (300 - 5)$   h) $(10 + 0{,}3) \cdot 0{,}3$

2. Führe beide Rechnungen im Heft zu Ende und vergleiche die Rechenwege.
   Welchen Rechenweg findest du besser? Begründe.
   a) $\frac{2}{7} \cdot \left(\frac{5}{8} - \frac{1}{8}\right) = \frac{2}{7} \cdot \frac{5}{8} - \frac{2}{7} \cdot \frac{1}{8} = \ldots$     $\frac{2}{7} \cdot \left(\frac{5}{8} - \frac{1}{8}\right) = \frac{2}{7} \cdot \frac{4}{8} = \ldots$
   b) $24 \cdot \left(\frac{1}{3} + \frac{1}{4}\right) = 24 \cdot \frac{1}{3} + 24 \cdot \frac{1}{4} = \ldots$     $24 \cdot \left(\frac{1}{3} + \frac{1}{4}\right) = 24 \cdot \left(\frac{4}{12} + \frac{3}{12}\right) = \ldots$
   c) $1{,}9 \cdot (10 - 1) = 1{,}9 \cdot 10 - 1{,}9 \cdot 1 = \ldots$     $1{,}9 \cdot (10 - 1) = 1{,}9 \cdot 9 = \ldots$
   d) $4 \cdot (1{,}3 + 1{,}7) = 4 \cdot 1{,}3 + 4 \cdot 1{,}7 = \ldots$     $4 \cdot (1{,}3 + 1{,}7) = 4 \cdot 3 = \ldots$

3. Entscheide, ob Ausmultiplizieren vorteilhaft ist, und berechne.
   a) $11 \cdot \left(\frac{17}{20} + \frac{13}{20}\right)$   b) $\frac{1}{9} \cdot \left(\frac{9}{4} + \frac{9}{2}\right)$   c) $2{,}8 \cdot (6 + 4)$   d) $100 \cdot (0{,}8 - 0{,}23)$

4. Klammere aus und berechne.
   a) $7 \cdot \frac{1}{4} + 7 \cdot \frac{11}{4}$   b) $\frac{8}{7} \cdot 19 - \frac{1}{7} \cdot 19$   c) $\frac{2}{5} \cdot 33 - \frac{2}{5} \cdot 13$   d) $\frac{3}{4} \cdot \frac{7}{6} + \frac{3}{4} \cdot \frac{5}{6}$
   e) $9 \cdot 1{,}4 + 9 \cdot 1{,}6$   f) $7 \cdot 2{,}3 - 7 \cdot 0{,}3$   g) $48 \cdot 0{,}6 - 8 \cdot 0{,}6$   h) $0{,}7 \cdot 0{,}8 + 0{,}7 \cdot 0{,}2$

   Hinweis zu 4:
   Hier findest du die Lösungen.

5. Führe beide Rechnungen im Heft zu Ende und vergleiche die Rechenwege.
   Welchen Rechenweg findest du besser? Begründe.
   a) $30 \cdot \frac{1}{20} + 30 \cdot \frac{1}{6} = 30 \cdot \left(\frac{1}{20} + \frac{1}{6}\right) = \ldots$     $30 \cdot \frac{1}{20} + 30 \cdot \frac{1}{6} = \frac{30}{20} + \frac{30}{6} = \ldots$
   b) $\frac{7}{9} \cdot \frac{14}{3} - \frac{7}{9} \cdot \frac{11}{3} = \frac{7}{9} \cdot \left(\frac{14}{3} - \frac{11}{3}\right) = \ldots$     $\frac{7}{9} \cdot \frac{14}{3} - \frac{7}{9} \cdot \frac{11}{3} = \frac{98}{27} - \frac{77}{27} = \ldots$
   c) $0{,}4 \cdot 20 + 0{,}4 \cdot 8 = 0{,}4 \cdot (20 + 8) = \ldots$     $0{,}4 \cdot 20 + 0{,}4 \cdot 8 = 8 + 3{,}2 = \ldots$
   d) $1{,}2 \cdot 13 - 1{,}2 \cdot 3 = 1{,}2 \cdot (13 - 3) = \ldots$     $1{,}2 \cdot 13 - 1{,}2 \cdot 3 = 15{,}6 - 3{,}6 = \ldots$

6. Entscheide, ob Ausklammern vorteilhaft ist, und berechne.
   a) $\frac{1}{4} \cdot 136 - \frac{1}{4} \cdot 96$   b) $\frac{3}{2} \cdot \frac{2}{3} + \frac{3}{2} \cdot \frac{1}{6}$   c) $15 \cdot 4 - 15 \cdot 0{,}2$   d) $3 \cdot 1{,}15 + 3 \cdot 0{,}85$

## Weiterführende Aufgaben

7. **Durchblick:** Berechne geschickt. Ist es sinnvoll das Distributivgesetz anzuwenden?
   a) $\frac{5}{6} \cdot 90 - \frac{5}{6} \cdot 84$
   b) $\frac{4}{3} \cdot \left(\frac{9}{20} + \frac{11}{20}\right)$
   c) $\frac{19}{40} \cdot 18 + \frac{21}{40} \cdot 18$
   d) $100 \cdot \left(\frac{7}{100} + 0,9\right)$
   e) $4 \cdot (5,3 - 1,3)$
   f) $3 \cdot 0,75 + 7 \cdot 0,75$
   g) $(40 - 2) \cdot 0,8$
   h) $7 \cdot 1,1 + 7 \cdot 1,1$

8. Berechne, indem du das Distributivgesetz für die Division anwendest.
   Beispiel: $\left(\frac{9}{2} - \frac{9}{4}\right) : 9 = \frac{9}{2} : 9 - \frac{9}{4} : 9 = \frac{1}{2} - \frac{1}{4} = \frac{1}{4}$
   a) $\left(\frac{5}{3} + \frac{25}{6}\right) : 5$
   b) $\left(8 - \frac{47}{10}\right) : \frac{1}{10}$
   c) $(120 - 2,4) : 12$
   d) $(0,8 + 16) : 0,8$

9. **Stolperstelle:** Sina behauptet: „Bei der Division gilt das Distributivgesetz, wenn man die Klammer durch die Zahl teilt, aber nicht, wenn man die Zahl durch die Klammer teilt."
   Hat Sina recht? Überprüfe, indem du folgende Rechenausdrücke berechnest:
   ① $(2 + 0,5) : 10$ und $2 : 10 + 0,5 : 10$
   ② $10 : (2 + 0,5)$ und $10 : 2 + 10 : 0,5$

10. Übertrage die Rechenbäume in dein Heft.

    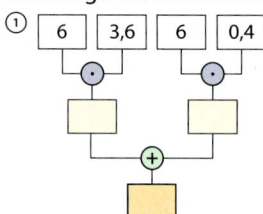
    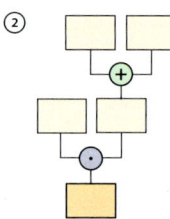

    a) Vervollständige den Rechenbaum ①. Notiere die zugehörige Aufgabe.
    b) Forme die Aufgabe nach dem Distributivgesetz um. Trage sie dann in den Rechenbaum ② ein und vervollständige ihn.

11. Welche Rechenausdrücke haben das gleiche Ergebnis wie $9 \cdot (4 + 0,9)$?
    Entscheide ohne zu rechnen.

    | $9 \cdot 4 + 0,9$ | $0,9 \cdot 9 + 4 \cdot 9$ | $(4 + 0,9) \cdot 9$ | $9 \cdot 4 + 9 \cdot 0,9$ |
    |---|---|---|---|
    | $(0,9 + 4) \cdot 9$ | $(9 + 4) \cdot (9 + 0,9)$ | $9 \cdot 0,9 + 4 \cdot 0,9$ | $9 \cdot 0,9 + 4 \cdot 9$ |

12. In einem Zirkus gibt es 300 Plätze zum Preis von 8,50 € und 300 Plätze zum Preis von 6,50 €. Wie viel Euro nimmt der Zirkus ein, wenn eine Vorstellung ausverkauft ist? Schreibe einen passenden Rechenausdruck auf und berechne ihn vorteilhaft.

13. Ben erhält jeden Monat von seinen Eltern 20 € und von seinem Opa 2,50 € Taschengeld.
    a) Mit welchen der Rechenausdrücke kann Ben sein jährliches Taschengeld berechnen?
       ① $12 \cdot (20 + 2,5)$   ② $20 + 2,50 \cdot 12$   ③ $12 \cdot 20 + 12 \cdot 2,5$   ④ $(2,50 + 20) \cdot 12$
    b) Wie viel Taschengeld bekommt Ben im Jahr? Wie würdest du rechnen?

14. **Ausblick:** Zerlege einen Faktor geschickt in eine Summe oder Differenz und berechne.
    Beispiel: $22 \cdot 3,1 = 22 \cdot (3 + 0,1) = 22 \cdot 3 + 22 \cdot 0,1 = 66 + 2,2 = 68,2$
    a) $40 \cdot 7,2$
    b) $0,9 \cdot 67$
    c) $29 \cdot 2,5$
    d) $0,27 \cdot 2,1$
    e) $0,11 \cdot 245$

# 4.10 Vermischte Aufgaben

1. Übertrage ins Heft und setze für ■ das Zeichen < oder > ein.
   a) $\frac{1}{3}+\frac{5}{6}$ ■ $\frac{1}{2}\cdot\frac{3}{4}$
   b) $\frac{2}{6}\cdot\frac{9}{5}$ ■ $\frac{7}{8}+\frac{2}{4}$
   c) $\frac{8}{5}:\frac{7}{9}$ ■ $\frac{8}{15}-\frac{2}{5}$
   d) $\frac{13}{17}\cdot\frac{34}{49}$ ■ $\frac{8}{5}-\frac{9}{25}$

2. Berechne.
   a) $4{,}132 \cdot 10$
   b) $19{,}312 \cdot 100$
   c) $42{,}723 \cdot 1\,000$
   d) $0{,}312 \cdot 10$
   e) $942{,}31 : 10$
   f) $9{,}112 : 100$
   g) $0{,}125 : 1\,000$
   h) $100 : 10\,000$

3. Berechne zunächst die Aufgaben in der linken Spalte schriftlich. Ordne dann, ohne zu rechnen, jeder Aufgabe in der linken Spalte die Aufgabe in der rechten Spalte zu, die das gleiche Ergebnis hat.
   a) $1{,}5 \cdot 30$    $58{,}7 \cdot 1{,}04$    b) $800 : 3{,}2$    $8{,}7 : 3$
       $2{,}7 \cdot 1{,}9$    $0{,}34 \cdot 93$       $81 : 2{,}7$    $80 : 0{,}32$
       $3{,}4 \cdot 9{,}3$    $19 \cdot 0{,}27$        $870 : 300$    $910 : 260$
       $5{,}87 \cdot 10{,}4$   $132{,}3 \cdot 0{,}36$     $54 : 2{,}4$    $810 : 27$
       $13{,}23 \cdot 3{,}6$   $0{,}3 \cdot 150$        $91 : 26$    $5{,}4 : 0{,}24$

4. Übertrage ins Heft und setze im Dividenden das Komma so, dass das Ergebnis stimmt.
   a) $342 : 12 = 2{,}85$
   b) $441 : 7 = 6{,}3$
   c) $132 : 1{,}1 = 12$
   d) $2912 : 3{,}2 = 9{,}1$

5. Bestimme die fehlende Zahl.
   a) Der Quotient aus einer Zahl und 1,4 ergibt 1,6.
   b) Der Dividend ist 1,3 und der Wert des Quotienten ist 1,6.
   c) Der Divisor ist 2,7 und der Dividend ist 17,55.
   d) Der Quotient aus einer Zahl und 2,7 ist gleich dem Produkt der Zahlen 3 und 3,24.
   e) Entwickle selbst drei verschiedene Aufgaben. Tausche mit deinem Nachbarn und überprüfe dann die Lösung.

6. Ist die Aussage beim Rechnen mit Dezimalzahlen richtig oder falsch? Begründe.
   a) Wenn der Dividend verdoppelt wird, so verdoppelt sich der Wert des Quotienten.
   b) Wenn das Komma beim Dividenden um eine Stelle nach rechts und beim Divisor um eine Stelle nach links verschoben wird, so vergrößert sich das Ergebnis um den Faktor 100.
   c) Wenn beide Faktoren verdoppelt werden, so verdoppelt sich der Wert des Produkts.
   d) Wenn bei einem Faktor das Komma um eine Stelle nach links verschoben wird, dann wird das Komma im Ergebnis ebenfalls um eine Stelle nach links verschoben.
   e) Wenn ein Faktor halbiert und der andere verdoppelt wird, so ändert sich der Wert des Produkts nicht.

   **Tipp zu 6:**
   Bei falschen Aussagen genügt ein Gegenbeispiel, bei richtigen Aussagen musst du argumentieren.

7. Übertrage in dein Heft. Ersetze die Leerstellen ■ durch eine Ziffer und setze im zweiten Faktor ein Komma, damit die Rechnung stimmt.
   a) $\;\;2,3\,4\;\cdot\;■\,4$
         $\overline{\phantom{xx}1\,1\,7\,0\phantom{xx}}$
         $\phantom{xx}9\,3\,6\phantom{xxx}$
         $\overline{■,3\,6\phantom{xxxx}}$

   b) $\;\;6\,8,9\;\cdot\;■■\,7$
         $\phantom{xxxx}■\,■\,9$
         $\phantom{xxx}4\,8\,2\,3$
         $\overline{1\,1,7\,1\,3\phantom{xx}}$

   c) $\;\;1\,7\,6\;\cdot\;0\,■\,2\,■$
         $\phantom{xxxxx}3\,5\,■$
         $\phantom{xxxxxx}5\,■$
         $\overline{4,0\,4\,8\phantom{xxx}}$

8. Die Schüler der Klasse 6b sollen die Längen 1,18 m und 5 dm addieren und das Ergebnis auf eine Nachkommastelle runden". Es gibt folgende Ergebnisse.
   Sven: 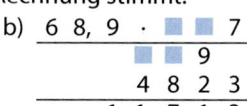  Nina: 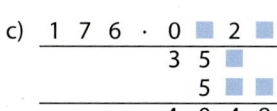  Sandra: 168,0 cm
   Erläutere, wie die Schüler gerechnet haben könnten. Wer hat deiner Meinung nach das richtige Ergebnis?

9. Janas Schulweg ist 1,5 km lang. Lukas muss $\frac{7}{5}$ mal so weit fahren wie Jana und Sebastian wohnt 750 m weiter weg als Lukas. Anna hat den weitesten Weg, sie muss das $\frac{4}{3}$ fache von Sebastians Weg zurücklegen. Wie lang sind die Schulwege von Lukas, Sebastian und Anna?

10. Lisa möchte ihrer Mutter einen Blumenstrauß für ungefähr 7 € schenken. Eine Rose kostet 0,80 €, eine Tulpe 0,50 € und eine Nelke 0,40 €. Der Blumenstrauß sollte zu $\frac{1}{3}$ aus Rosen und zu $\frac{1}{4}$ aus Nelken bestehen. Der Rest wird mit Tulpen aufgefüllt. Wie viele Rosen, Tulpen und Nelken kauft Lisa?

11. Leon und Lucas haben sich $\frac{1}{3}$ der Familienpizza genommen. Die Mutter der Zwillinge, beide Großelternpaare und eine Uroma wollen den Rest gleichmäßig untereinander aufteilen.
    a) Welchen Anteil erhält jeder der anderen? Erstelle eine zeichnerische Lösung.
    b) Gib einen rechnerischen Lösungsweg an.
    c) Haben Leon und Lucas jeweils mehr als die anderen Familienmitglieder gegessen?
    d) Wie viel von der ganzen Pizza hätten die Zwillinge essen dürfen, damit eine gerechte Teilung möglich gewesen wäre?

12. Eine $\frac{3}{4}$-ℓ-Flasche ist halb mit Apfelsaft gefüllt. In einer 2-ℓ-Kanne sind $\frac{5}{4}$ ℓ Apfelsaft mit $\frac{1}{4}$ ℓ Wasser gemischt. In die Kanne wird der Saft aus der Flasche gegossen und mit Wasser aufgefüllt. Wie hoch ist der Wasseranteil?

13. Bei einem Sponsorenlauf startet Julia mit drei Sponsoren. Pro gelaufener Runde erhält sie vom ersten Sponsor 1,50 €, vom zweiten Sponsor 0,80 € und vom dritten Sponsor 3,50 €. Sie läuft insgesamt 10 Runden. Welchen Betrag erhält sie insgesamt von ihren Sponsoren?

14. Timo möchte einen Obstsalat für die ganze Familie zubereiten. Im Supermarkt sind alle Preise pro kg angegeben. Überschlage, was der Obstsalat insgesamt kostet. Berechne dann den Gesamtpreis und den Preis pro Portion.

| Obstsalat (4 Portionen) | Preise: | |
|---|---|---|
| 2 Bananen (150 g) | Bananen | 1,59 €/kg |
| 2 Orangen (ca. 300 g) | Orangen | 2,29 €/kg |
| 300 g Weintrauben | Weintrauben | 1,99 €/kg |
| 200 g Erdbeeren | Erdbeeren | 5,99 €/kg |
| etwas Vanillezucker | Päckchen Vanillezucker | 0,95 € |

15. Berechne für jede Wurstsorte den Preis pro 100 g.

| Name | Packungsgröße | Preis |
|---|---|---|
| Edelsalami | 200 g | 1,29 € |
| Salami extra frisch | 75 g | 1,59 € |
| geräucherte Salami | 150 g | 1,49 € |
| Mortadella | 125 g | 1,69 € |
| Schinkenwurst extra fein | 80 g | 1,19 € |
| Schinkenwurst extra fein Vorratspackung | 200 g | 2,95 € |

## 4.10 Vermischte Aufgaben

16. Auf vielen Nahrungsmitteln sind die Nährwerte pro Portion angegeben.
    a) kJ (Kilojoule) ist die Einheit des Energiegehalts. Im Alltag ist auch die Einheit kcal (Kilokalorien) gebräuchlich, es gilt 1 kcal ≈ 4,2 kJ. Wie viel kcal enthalten drei Schokowaffeln? Runde auf Ganze.
    b) Berechne den Energiegehalt in kJ und in kcal sowie die Zucker- und Fettmenge von 100 g Schokowaffeln.

17. Jan möchte Himbeereis herstellen. Im Internet findet er ein Rezept.
    • Berechne, wie viel eine Portion wiegt. Gib in Kilogramm und Gramm an.
    • Berechne die Zutatenmengen für eine Person. Runde auf ganze Gramm.
    • Wie teuer sind die 6 Portionen, wenn 1 kg Himbeeren 7,90 €, 1 kg Zucker 0,88 € und 1 kg Joghurt 1,40 € kosten.
    • Jans Freund Niko findet die Portionen zu klein. Er schlägt die 1,5-fache Menge pro Portion vor. Wie viele Portionen ergeben dann die Zutaten aus dem Rezept?
    • Suche im Internet ein Eisrezept für deine Lieblingssorte. Was würden die Zutaten insgesamt kosten, wenn du dieses Eis für deine ganze Klasse herstellen würdest?

    6 Portionen:
    $\frac{1}{4}$ kg tiefgefrorene Himbeeren
    $\frac{1}{10}$ kg Zucker
    $\frac{1}{4}$ kg Joghurt
    Die Zutaten in einem Mixer ca. eine Minute auf der höchsten Stufe mixen und die Mischung für vier Stunden ins Eisfach stellen.

18. Kirsten hat noch 3,85 € im Portemonnaie. Sie kauft für sich und jede ihrer Freundinnen jeweils einen Schokoriegel für 0,60 €. Ihr Geld reicht nicht mehr, um ihrer kleinen Schwester noch einen Schokoriegel mitzubringen. Mit wie vielen Freundinnen ist Kirsten unterwegs?

19. An einem 7,3 m langen Zaunabschnitt soll alle 0,65 m ein Haselnussstrauch eingepflanzt werden. Wie viele Sträucher werden benötigt? Runde sinnvoll.

20. Berechne. Beachte gegebenenfalls die Klammern.
    a) $\frac{2}{7} : \frac{3}{14} : \frac{15}{21}$
    b) $\frac{2}{7} : \left(\frac{3}{14} : \frac{15}{21}\right)$
    c) $\frac{3}{4} \cdot \frac{12}{5} : \frac{1}{10}$
    d) $\frac{3}{4} : \left(\frac{12}{5} : \frac{1}{10}\right)$

21. Berechne vorteilhaft.
    a) $\frac{5}{7} \cdot \left(\frac{1}{3} + \frac{4}{9}\right)$
    b) $\frac{8}{3} \cdot \left(\frac{3}{8} + \frac{3}{11}\right)$
    c) $\frac{4}{5} \cdot \frac{5}{8} + \frac{4}{5} \cdot \frac{15}{4}$
    d) $\frac{2}{5} \cdot \frac{9}{7} - \frac{2}{5} \cdot \frac{2}{7}$
    e) $\frac{4}{9} \cdot \left(\frac{2}{5} + \frac{1}{10}\right)$
    f) $\frac{63}{11} \cdot \left(\frac{8}{9} - \frac{7}{9}\right)$
    g) $\frac{15}{38} \cdot \frac{2}{3} + \frac{15}{38} \cdot \frac{3}{5}$
    h) $\frac{9}{16} \cdot \frac{8}{15} - \frac{3}{25} \cdot \frac{5}{12}$

22. Berechne. Nutze Rechenvorteile.
    a) $2 \cdot 7,8 \cdot 0,5$
    b) $0,4 \cdot 7,93 \cdot 25$
    c) $0,2 \cdot 1,98 \cdot 0,5$
    d) $8 \cdot 23,87 \cdot 1,25$

23. Überschlage zunächst, berechne dann möglichst geschickt.
    a) $0,56 \cdot 2,37 + 0,56 \cdot 4,63$
    b) $0,72 : 0,8 + 0,08 : 0,8$
    c) $5 \cdot 2,22 \cdot 3,6$
    d) $9,87 + 9,87 \cdot 3 + 9,87 \cdot 5 + 9,87 - 4 \cdot 9,87$
    e) $73 - 7 \cdot (8,7 : 2)$
    f) $78,345 \cdot 100 - 12,7 \cdot 10$

# Prüfe dein neues Fundament

**Lösungen**
↗ S. 229

1. Berechne. Kürze das Ergebnis – falls möglich.
   a) $3 \cdot \frac{3}{4}$
   b) $\frac{5}{12} \cdot 6$
   c) $4 \cdot \frac{3}{8}$
   d) $\frac{8}{3} : 2$
   e) $\frac{5}{6} : 6$

2. Berechne.
   a) $\frac{1}{10} \cdot \frac{1}{4}$
   b) $\frac{5}{8} \cdot \frac{1}{3}$
   c) $\frac{3}{5} \cdot \frac{2}{7}$
   d) $\frac{3}{5} : \frac{1}{2}$
   e) $\frac{9}{10} : \frac{10}{7}$

3. Berechne und kürze geschickt.
   a) $\frac{2}{3} \cdot \frac{9}{8}$
   b) $\frac{7}{12} \cdot \frac{24}{7}$
   c) $\frac{5}{9} \cdot \frac{36}{55}$
   d) $\frac{7}{50} \cdot 75$
   e) $\frac{14}{27} \cdot \frac{18}{35}$
   f) $\frac{5}{6} : \frac{10}{3}$
   g) $\frac{1}{16} : \frac{5}{8}$
   h) $\frac{7}{9} : 14$
   i) $20 : \frac{10}{21}$
   j) $\frac{40}{9} : \frac{25}{6}$

4. Berechne den Anteil.
   a) $\frac{1}{3}$ von $\frac{3}{5}$
   b) $\frac{3}{7}$ von $\frac{4}{9}$
   c) $\frac{1}{2}$ von $\frac{1}{10}$ kg
   d) $\frac{1}{3}$ von $\frac{3}{4}$ mm
   e) $\frac{2}{5}$ von $1\frac{1}{2}$ ℓ

5. Die Hälfte der Schüler in der Klasse 6d spielt gerne Fußball, ein Drittel davon sogar im Verein.
   a) Bestimme den Anteil der Vereinsspieler in der Klasse.
   b) Wie viele Kinder sind das, wenn 24 Schüler in der Klasse sind?

6. Berechne.
   a) $5 \cdot 1\frac{2}{3}$
   b) $2\frac{3}{4} \cdot 3\frac{1}{2}$
   c) $5\frac{1}{2} : 10$
   d) $30 : 1\frac{1}{3}$
   e) $2\frac{2}{5} : \frac{4}{5}$

7. Sylvana nimmt jeden Tag eine halbe Tablette. In der Packung sind 20 Tabletten. Wie viele Tage reichen diese Tabletten?

8. Nina, Kathrin und Mathias unterhalten sich darüber, wie lange sie jeweils pro Woche im Internet „surfen". Nina ist pro Woche fünfmal eine halbe Stunde im Internet, Kathrin dreimal eine Dreiviertelstunde und Mathias an jedem Tag der Woche eine Viertelstunde. Wer verbringt in einer Woche die meiste Zeit mit dem „Surfen" im Internet?

9. Rechne in die angegebene Einheit um.
   a) 7261 m in km
   b) 212,3 mm in cm
   c) 1,75 dm in cm
   d) 23,92 kg in g

10. Multipliziere die Zahl mit 100 und dividiere sie durch 100.
    a) 0,033
    b) 1,562
    c) 0,862
    d) 13,9
    e) 440,8

11. Berechne im Kopf.
    a) 0,2 · 8
    b) 3 · 2,3
    c) 0,7 · 0,9
    d) 1,25 · 4
    e) 0,8 · 0,05
    f) 1,8 : 6
    g) 2 : 5
    h) 3,3 : 1,1
    i) 0,4 : 20
    j) 7 : 0,07

12. Mache eine Überschlagsrechnung. Berechne anschließend schriftlich.
    a) 2,6 · 1,7
    b) 3,45 · 2,1
    c) 6,2 · 0,17
    d) 9,5 · 5,12
    e) 15,15 · 10,51
    f) 23,2 : 4
    g) 45,95 : 5
    h) 13,2 : 1,1
    i) 43 : 0,8
    j) 27,12 : 1,2

# Prüfe dein neues Fundament

**13.** Übertrage ins Heft und setze für ■ die fehlende Zahl ein.
- a) 0,35 · ■ = 350
- b) ■ · 100 = 0,6
- c) 5 · ■ = 0,5
- d) ■ · 7 = 2,1
- e) 1,2 : ■ = 0,12
- f) ■ : 1000 = 27,2
- h) 8 : ■ = 80
- h) ■ : 2 = 0,3

**14.** Ein Euro entspricht im Mittel etwa 1,26 US-Dollar. Wie viel Dollar sind 200 €?

**15.** Bei einem Marathon müssen Läufer etwa 42,2 km laufen. Ein sehr guter Läufer schafft die Strecke in zweieinhalb Stunden. Wie hoch ist seine durchschnittliche Geschwindigkeit? Runde auf ganze Kilometer pro Stunde.

**16.** Schreibe als Rechenausdruck und berechne.
- a) Dividiere 9 durch die Summe aus $\frac{3}{5}$ und $\frac{3}{10}$.
- b) Multipliziere die Summe von 0,1 und 0,05 mit der Differenz von 2 und 1,6.

**17.** Berechne. Beachte die Vorrangregeln.
- a) $\frac{1}{6} + 5 \cdot \frac{2}{3}$
- b) $\left(\frac{2}{5} + \frac{1}{5}\right) : \frac{1}{5}$
- c) $14 - 3,6 + 6,4$
- d) $1,2 + (2 - 0,2) \cdot 0,1$

**18.** Berechne vorteilhaft. Nutze Rechengesetze.
- a) $\frac{5}{27} + \frac{1}{12} + \frac{4}{27}$
- b) $1,91 + 8,7 + 2,09$
- c) $\frac{5}{4} \cdot \frac{3}{13} \cdot \frac{4}{5}$
- d) $25 \cdot 3,3 \cdot 0,4$
- e) $\frac{1}{3} \cdot (66 + 93)$
- f) $0,4 \cdot (70 - 4)$
- g) $9 \cdot \frac{17}{40} - 9 \cdot \frac{13}{40}$
- h) $25 \cdot 4,4 + 25 \cdot 0,6$

# Wiederholungsaufgaben

**1.** Bei welchen Figuren handelt es sich tatsächlich um Quadernetze?

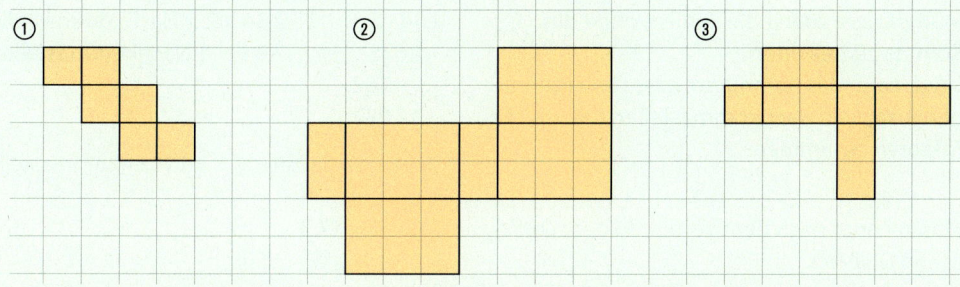

**2.** Eine Karte hat den Maßstab 1 : 50 000. Anna misst mit dem Lineal eine Entfernung. Wie viel Meter in der Wirklichkeit entsprechen 12 cm auf der Karte?

**3.** Ein LKW-Fahrer hat sein Fahrzeug so eingestellt, dass er konstant 80 $\frac{km}{h}$ fährt.
- a) Wie weit ist der LKW nach einer halben Stunde gekommen?
- b) Wie lange braucht der LKW im Idealfall für 200 km?

**4.** 
- a) Wie viele Kästchen des Quadrates müsste man schraffieren, um 75 % darzustellen?
- b) Welcher Anteil wäre dargestellt, wenn 6 Kästchen schraffiert würden?

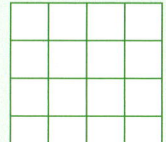

# Zusammenfassung

| **Brüche vervielfachen und teilen** | Multipliziere den **Zähler mit der natürlichen Zahl**. Lasse den Nenner unverändert. | $\frac{3}{7} \cdot 2 = \frac{3 \cdot 2}{7} = \frac{6}{7}$ |
|---|---|---|
| | Multipliziere den **Nenner mit der natürlichen Zahl**. Lasse den Zähler unverändert. | $\frac{4}{5} : 3 = \frac{4}{5 \cdot 3} = \frac{4}{15}$ |
| **Brüche multiplizieren** | Zwei Brüche werden dividiert, indem man **Zähler mit Zähler** und **Nenner mit Nenner** multipliziert. | $\frac{3}{4} \cdot \frac{5}{7} = \frac{3 \cdot 5}{4 \cdot 7} = \frac{15}{28}$ |
| **Brüche dividieren** | Zwei Brüche werden dividiert, indem man den **ersten Bruch mit dem Kehrwert des zweiten Bruchs** multipliziert. | $\frac{3}{5} : \frac{2}{3} = \frac{3}{5} \cdot \frac{3}{2} = \frac{3 \cdot 3}{5 \cdot 2} = \frac{9}{10}$ |
| **Dezimalzahlen mit Zehnerpotenzen multiplizieren und dividieren** | Beim Multiplizieren einer Dezimalzahl mit 10, 100, 1000, … wird das **Komma** um eine, um zwei, um drei, … Stellen **nach rechts** verschoben. Fehlende Nachkommastellen werden durch Nullen ergänzt. | 2,53 · 10 = 25,3<br>2,53 · 100 = 253<br>2,53 · 1000 = 2530 |
| | Beim Dividieren einer Dezimalzahl durch 10, 100, 1000, … wird das **Komm**a um eine, um zwei, um drei, … Stellen **nach links** verschoben. Stehen vor dem Komma nicht genügend Ziffern, werden Nullen ergänzt. | 17,53 : 10 = 1,753<br>17,53 : 100 = 0,1753<br>17,53 : 1000 = 0,017 53 |
| **Dezimalzahlen multiplizieren** | Multipliziere zuerst die Zahlen, ohne das Komma zu beachten. Setze dann das Komma so, dass das Ergebnis genauso viele Nachkommastellen hat wie die Faktoren zusammen. | 2,34 · 7,3    2,34 hat 2 Nachkommastellen.<br>1638    7,3 hat 1 Nachkommastelle.<br>  702<br>17,082<br><br>Das Ergebnis hat 2 + 1 = 3 Nachkommastellen. |
| **Dezimalzahlen durch eine natürliche Zahl dividieren** | Man rechnet nach dem Verfahren der schriftlichen Division. Überschreitet man bei der Dezimalzahl das Komma, muss man auch im Ergebnis ein Komma setzen. | 69,2 : 4 = 17,3<br>4<br>29<br>28<br>12<br>12<br>0 |
| **Dezimalzahlen dividieren** | 1. Verschiebe das Komma bei Dividend und Divisor um gleich viele Stellen nach rechts, sodass der Divisor eine natürliche Zahl wird.<br>2. Dividiere dann durch die natürliche Zahl. | 15,72 : 1,2<br><br>157,2 : 12 = 13,1<br>12<br>37<br>36<br>12<br>12<br>0 |

# 5. Symmetrie

In der Schönheit der Natur zeigt sich häufig Symmetrie. Dieser Schmetterling ist ein schönes Beispiel für Achsensymmetrie.

Nach diesem Kapitel kannst du …
- Achsensymmetrie, Punktsymmetrie und Drehsymmetrie erkennen,
- Spiegelungen und Drehungen ausführen,
- Symmetrieachsen konstruieren,
- Ebenensymmetrie erkennen.

# Dein Fundament

5. Symmetrie

**Lösungen**
↗ S. 230

## Geometrische Grundbegriffe

1. Zeichne wie im Bild zwei Geraden g und h sowie einen Punkt P in dein Heft.

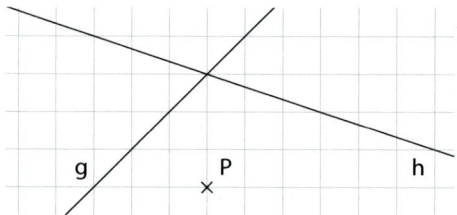

   a) Zeichne zu jeder Geraden eine parallele Gerade durch den Punkt P.
   b) Zeichne zu jeder Geraden eine senkrechte Gerade durch den Punkt P.

2. Beschreibe die Lage der Geraden mit Fachbegriffen wie „zueinander parallel", „zueinander senkrecht", „schneiden einander".

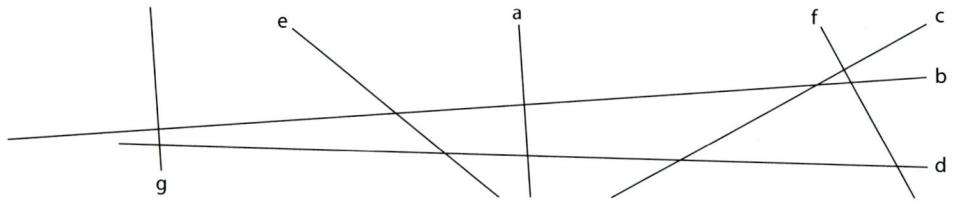

3. Miss den Abstand des Punktes P von der Geraden g.
   a)                                                       b)

4. Zeichne ein Koordinatensystem mit der Einheit 1 cm.
   a) Trage die Punkte A(1|1), B(2|0), C(3|1), D(2|2) und E(1|2) in das Koordinatensystem ein.
   b) Zeichne die Strecke $\overline{BD}$ und gib ihre Länge an.
   c) Zeichne einen Strahl s mit dem Anfangspunkt A, der durch den Punkt C verläuft. Gib die Koordinaten des Schnittpunkts P des Strahls s mit der Strecke $\overline{BD}$ an.
   d) Zeichne durch E eine Senkrechte g zur Strecke $\overline{BD}$. Gib die Koordinaten des Schnittpunkts Q von g mit der Strecke $\overline{BD}$ an.

## Winkel

5. Gib an, welche der bezeichneten Winkel 90° betragen, welche kleiner als 90° sind und welche größer als 90° sind.

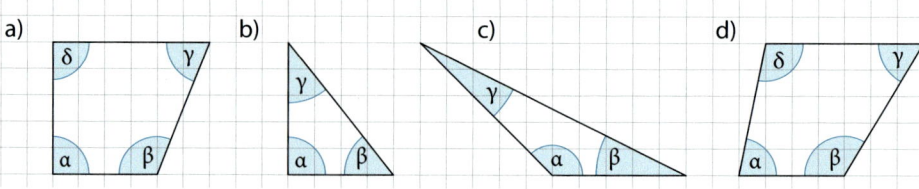

# Dein Fundament

6. Zeichne einen Winkel mit der angegebenen Größe.
   a) α = 45°   b) β = 135°   c) γ = 270°   d) δ = 315°

7. Miss die Größe des Winkels.
   a)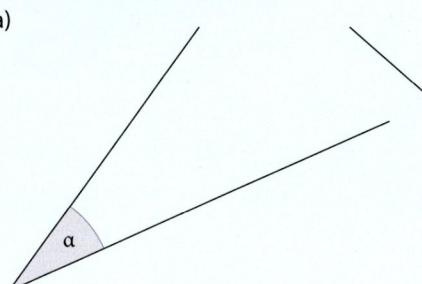
   b)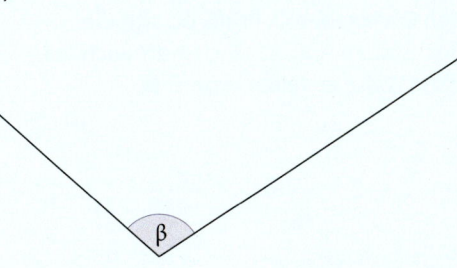

8. Ermittle die Größe des Winkels.
   a)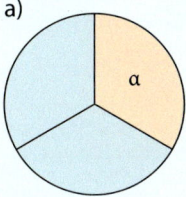
   b)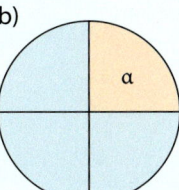
   c)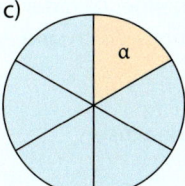
   d)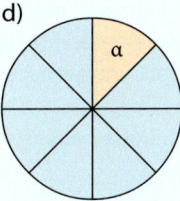

## Vermischtes

9. Zeichne ein Rechteck mit den Seitenlängen 4,5 cm und 2,5 cm.

10. Übertrage das Muster ins Heft und setze es um 8 Kästchen nach rechts fort.
    a)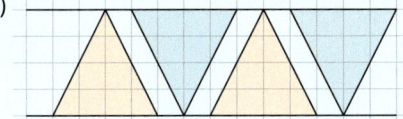
    b)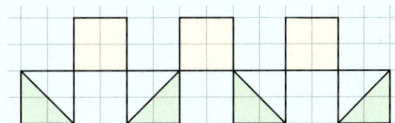

11. a) Gib jeweils die Koordinaten von zwei im Koordinatensystem eingezeichneten Punkten an, die von der Geraden h gleich weit entfernt sind.
    b) Beschreibe die Lage der Geraden h zur Strecke $\overline{AE}$.
    c) Überprüfe: Die Gerade h halbiert die Strecke $\overline{DH}$ ($\overline{BF}$; $\overline{CG}$).

    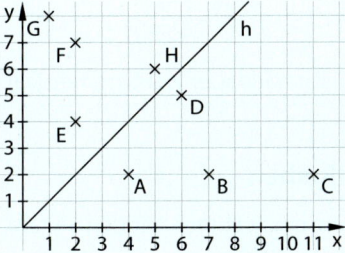

12. Zeichne eine Schnittfläche des Körpers, wenn man den Körper durch einen Schnitt in zwei Teile gleicher Form und Größe zerlegt.
    a)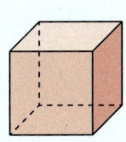
    b)
    c)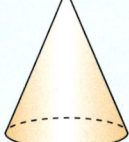
    d)
    e)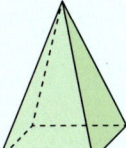

# 5.1 Achsensymmetrie

■ Maria hat einen Notizzettel einmal in der Mitte gefaltet und mit der Schere bearbeitet. Nach dem Auseinanderklappen erhält sie den Buchstaben O. Prüfe, ob sich die Buchstaben A, C, J, L, T, U und Y auch auf diese Weise erstellen lassen. ■

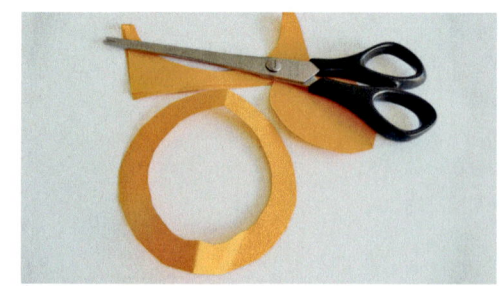

## Achsensymmetrie erkennen

**Hinweis:**
Wenn zwei Flächen in Form und Größe übereinstimmen, bezeichnet man diese Flächen als zueinander deckungsgleich.

**Wissen: Achsensymmetrie**
Eine Figur, die man entlang einer Geraden so falten kann, dass die beiden Teile deckungsgleich sind, nennt man **achsensymmetrisch**.

Die Gerade heißt **Symmetrieachse**.

**Beispiel 1:** Zeichne ein Quadrat mit der Seitenlänge 3 cm. Zeichne anschließend alle Symmetrieachsen ein.

**Lösung:**
Stelle dir vor, dass du das Quadrat so faltest, dass je zwei Teile genau aufeinanderpassen. Es gibt genau vier Möglichkeiten:

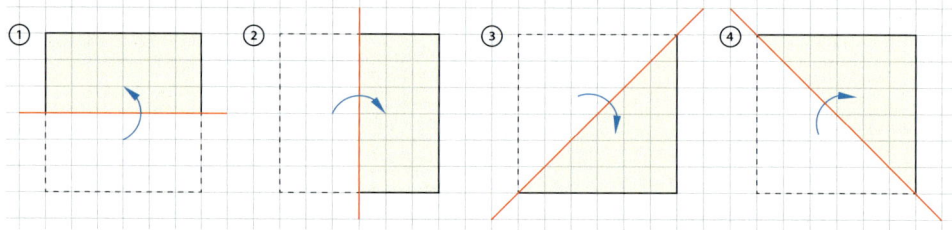

Ein Quadrat hat daher vier Symmetrieachsen.

## Basisaufgaben

1. Zeichne ein Rechteck mit den Seitenlängen 3 cm und 4 cm. Zeichne anschließend alle Symmetrieachsen ein.

2. Übertrage die Figuren in dein Heft und zeichne alle Symmetrieachsen ein.

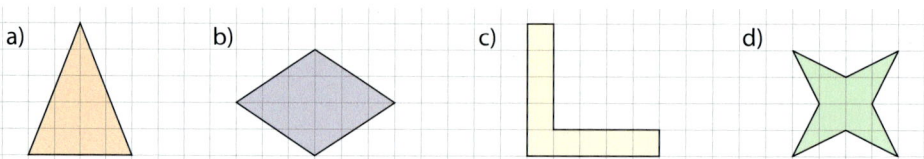

## 5.1 Achsensymmetrie

### Achsenspiegelung ausführen

Beim Spiegeln einer Figur an einer Geraden ergibt sich zu jedem **Punkt** auf der einen Seite der Geraden ein **Bildpunkt** auf der anderen Seite.

Diesen Vorgang nennt man **Achsenspiegelung**. Dabei entsteht eine achsensymmetrische Figur.

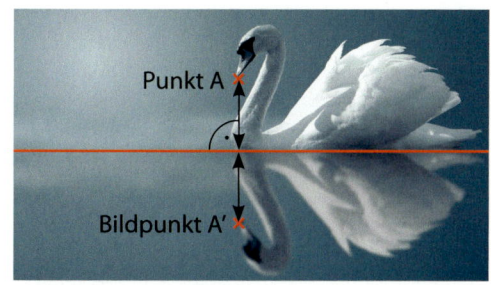

> **Wissen: Punkt und Bildpunkt bei der Achsenspiegelung**
> Punkt und Bildpunkt haben denselben Abstand von der Geraden, an der gespiegelt wird **(Spiegelachse)**.
> Punkt und Bildpunkt liegen auf einer Geraden, die senkrecht zur Spiegelachse steht.

Achsenspiegelungen lassen sich mithilfe des Geodreiecks durchführen.

**Beispiel 2:** Spiegele die Figur an der roten Geraden.

a) 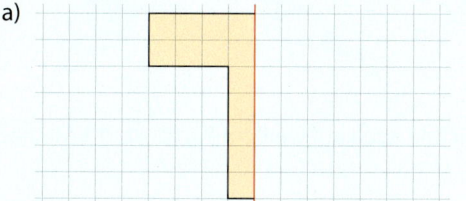   b)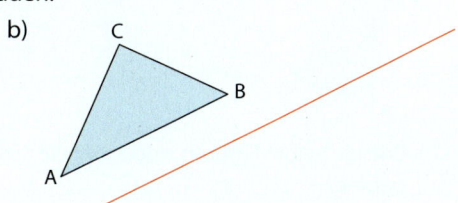

**Lösung:**

a) Hier kannst du die Lage der Bildpunkte an den Kästchen abzählen.
Zähle, wie viele Kästchen ein Eckpunkt von der roten Geraden entfernt liegt. Zeichne seinen Bildpunkt in der gleichen Entfernung auf der anderen Seite der Geraden ein.

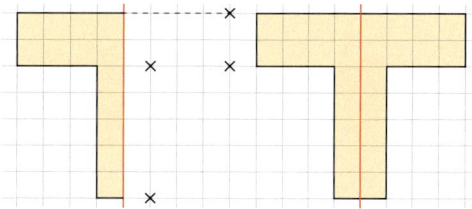

Wenn alle Eckpunkte der Figur gespiegelt sind, zeichnest du die zugehörigen Strecken.

b) Lege die Mittellinie des Geodreiecks auf die rote Gerade.

Miss den Abstand von Punkt B zur roten Geraden und markiere den Bildpunkt B' im selben Abstand zur Geraden.

Verfahre mit A und C genauso.

Verbinde die Bildpunkte A', B' und C' genau wie A, B und C in der Ausgangsfigur.

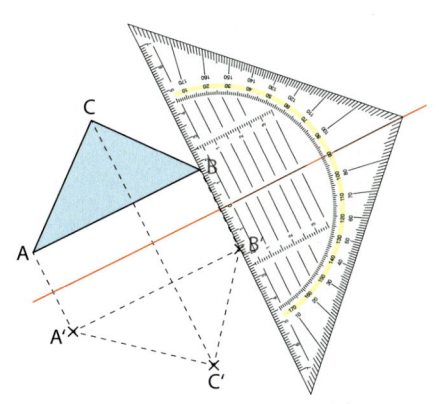

**Hinweis zu 2a:**
Bei der entstandenen Figur ist die rote Gerade sowohl Spiegelachse als auch Symmetrieachse.

## Basisaufgaben

1. Übertrage die Figur in dein Heft und spiegele sie an der roten Geraden.

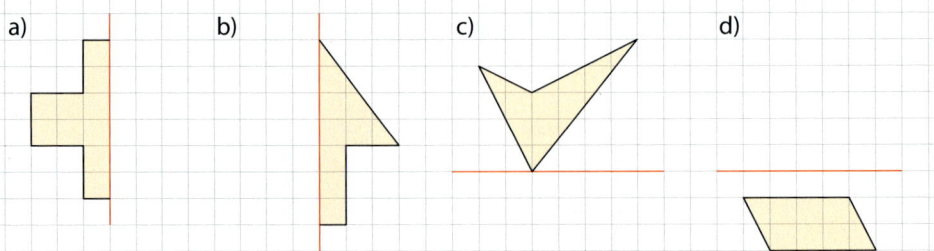

2. a) Übertrage die Figur auf Kästchenpapier und spiegele sie an der roten Geraden.

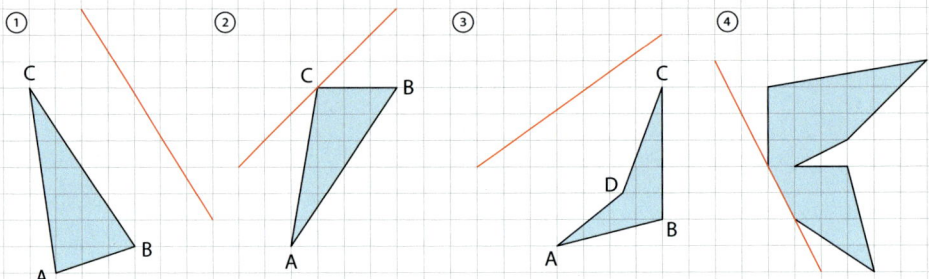

   b) Erfinde selbst Figuren und spiegele sie. Zeichne auch auf weißem Papier statt Kästchenpapier.

## Weiterführende Aufgaben

3. a) Zeichne Figuren, die eine oder mehrere Symmetrieachsen haben. Lass die Symmetrieachsen von deinem Nachbarn eintragen. Kontrolliert anschließend gemeinsam.
   b) Zeichne verschiedene Vierecke (Quadrat, Rechteck, Parallelogramm, Raute, Trapez, Drachenviereck). Untersuche die Anzahl der Symmetrieachsen der Vierecke.

4. Durchblick:
   a) Übertrage die Figuren in dein Heft. Spiegele sie wie in Beispiel 2 an der roten Geraden. Kann man jeweils auf den Einsatz des Geodreiecks verzichten? Begründe.

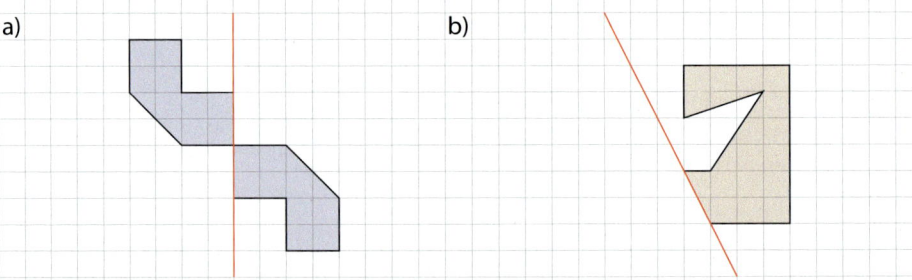

   b) Wie viele Symmetrieachsen haben die Figuren aus a) nach der Spiegelung? Du kannst dich an Beispiel 1 orientieren.

## 5.1 Achsensymmetrie

5. **Stolperstelle:**
   a) Marta sagt: Ein Kreis hat überhaupt keine Symmetrieachsen. Stimmt das?
   b) Marek hat bei verschiedenen Parallelogrammen Symmetrieachsen eingezeichnet. Was meinst du dazu?

   ① 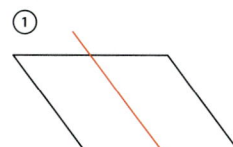  ② 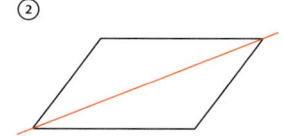  ③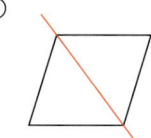

6. Welche der folgenden Flaggen sind achsensymmetrisch? Bestimme die Anzahl der Symmetrieachsen. Weißt du, zu welchen Ländern diese Flaggen gehören?

   a)   b)   c)

   d)   e)   f)

   **Hinweis zu 6:**
   Hier findest du die Anzahlen der Symmetrieachsen.

7. Übertrage die Figur ins Heft. Spiegele sie zunächst an der roten Geraden, danach an der blauen Geraden. Beschreibe, wie die entstandenen Bildfiguren zueinander liegen.

   Erfinde selbst Figuren und spiegele sie an mehreren Geraden.

   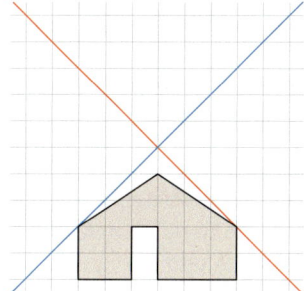

8. In der Natur ist nicht alles perfekt – aber fast.
   a) Untersuche, inwiefern die Tiere und Pflanzen in den folgenden Abbildungen achsensymmetrisch sind. Beschreibe die Abweichungen.

   ①  ②  ③

   b) Finde selbst weitere Beispiele aus der Natur.

9. **Ausblick:** Es gibt Figuren mit einer Symmetrieachse (wie den Buchstaben U), mit zwei Symmetrieachsen (wie das Rechteck) oder mit vier Symmetrieachsen (wie das Quadrat). Aber gibt es auch Figuren mit 3, 5 oder genau 6 Symmetrieachsen?
   a) Skizziere eine Figur mit 3 Symmetrieachsen.
   b) Skizziere eine Figur mit 5 Symmetrieachsen.
   c) Skizziere eine Figur mit 6 Symmetrieachsen.
   d) Könntest du – wenn du genug Zeit hättest – eine Figur mit 12 Symmetrieachsen zeichnen? Beschreibe, wie du dabei vorgehen würdest.

## Symmetrieachsen konstruieren

■ Eine Mondsichel ist achsensymmetrisch.
Mit den Eckpunkten A und A' sind zwei Punkte gegeben, die symmetrisch zueinander liegen. Zeichne eine Mondsichel in dein Heft und zeichne die Symmetrieachse ein. ■

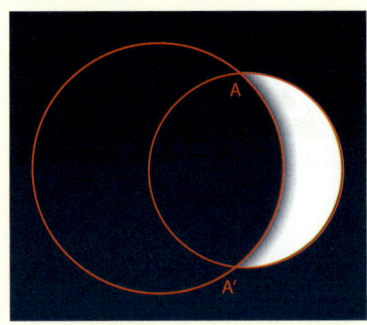

## Mittelsenkrechte konstruieren

Jede Symmetrieachse liegt in der Mitte zwischen Punkt und Bildpunkt und steht senkrecht auf der Verbindungslinie, zwischen Punkt und Bildpunkt. Man sagt daher auch:
Die **Symmetrieachse** ist die **Mittelsenkrechte** zwischen Punkt und Bildpunkt.

> **Wissen: Mittelsenkrechte**
> Eine Gerade, die senkrecht zur Strecke $\overline{AB}$ steht und durch den Mittelpunkt M der Strecke $\overline{AB}$ geht, nennt man **Mittelsenkrechte** der Strecke $\overline{AB}$.

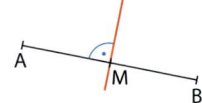

Die Mittelsenkrechte zwischen zwei Punkten lässt sich mit dem Geodreieck zeichnen oder mit Zirkel und Lineal konstruieren.

> **Beispiel 1:** Zeichne in dein Heft eine Strecke $\overline{AB}$ und konstruiere mit Zirkel und Lineal deren Mittelsenkrechte.
>
> **Lösung:**
> Zeichne jeweils einen Kreis (oder Kreisausschnitt) mit dem Radius $r = \overline{AB}$ um die Punkte A und B.
> Die Kreise schneiden einander in zwei Punkten, bezeichnet diese mit C und D.
> Die Gerade durch C und D ist die Mittelsenkrechte der Strecke $\overline{AB}$.

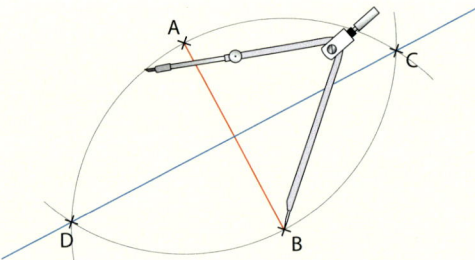

## Basisaufgaben

1. Punkt und Bildpunkt sind aus einer Achsenspiegelung entstanden. Übertrage die Punkte in dein Heft und zeichne die Symmetrieachse ein. Konstruiere dazu die Mittelsenkrechte.

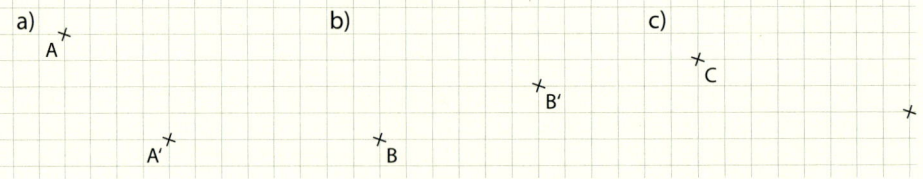

2. Konstruiere zu den Punkten im Koordinatensystem die Mittelsenkrechte.
   Gib dann die Koordinaten von zwei Punkten an, die auf der Mittelsenkrechten liegen.
   a) A(0|4); B(6|4)   b) C(4|3); D(4|5)   c) E(0|0); F(5|5)   d) G(2|1); H(6|3)

## Winkelhalbierende konstruieren

Es gibt symmetrische Figuren, in denen die Symmetrieachse durch den Scheitelpunkt eines Winkels verläuft. Die Teilwinkel, die dabei entstehen, sind gleich groß. Man sagt dann auch: Die Symmetrieachse ist die Winkelhalbierende des Winkels.

> **Wissen: Winkelhalbierende**
> Eine Gerade, die den Winkel α in zwei gleich große Teilwinkel zerlegt, nennt man **Winkelhalbierende** des Winkels α.

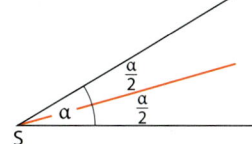

**Beispiel 2:** Zeichne einen Winkel. Konstruiere mit Zirkel und Lineal seine Winkelhalbierende.

**Lösung:**
Zeichne um S einen Kreis. Bezeichne die Schnittpunkte mit den Schenkeln mit A und B.
Zeichne zwei gleich große Kreise um A und B. Bezeichne einen der Schnittpunkte der beiden Kreise mit C.
Die Gerade durch S und C ist die Winkelhalbierende von α.

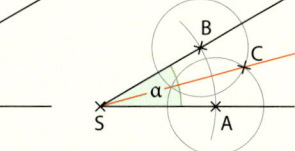

## Basisaufgaben

3. Übertrage in dein Heft. Konstruiere dazu die Winkelhalbierende des Winkels.

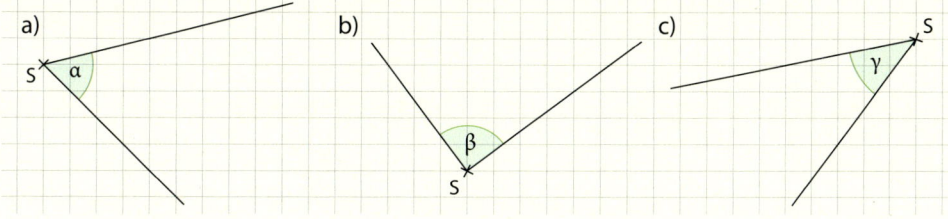

4. Zeichne das Dreieck ABC mit A(0|4), B(4|0) und C(5|5) in ein Koordinatensystem.
    a) Konstruiere in jedem Eckpunkt die Winkelhalbierende.
    b) Welche der Winkelhalbierenden ist Symmetrieachse des achsensymmetrischen Dreiecks?

## Aufgaben

5. Beschreibe, wie du die Symmetrieachsen in dem Bild konstruieren könntest.

a)    b)    c)

## 5.2 Punktsymmetrie

■ Viele Spielkarten sind symmetrisch, damit man beim Ziehen oder Ablegen erkennt, um welche Karte es sich handelt – egal, ob die Karte „auf dem Kopf steht".
Erkläre, warum Spielkarten aber nicht achsensymmetrisch sind.
Beschreibe die Symmetrie von Spielkarten in eigenen Worten. ■

Hinweis:
Eine halbe Drehung ist eine Drehung um 180°.

**Wissen: Punktsymmetrie**
Eine Figur, die nach einer halben Drehung um einen Punkt mit sich selbst in Deckung kommt, heißt **punktsymmetrisch**.

Der Punkt Z heißt **Symmetriezentrum**.

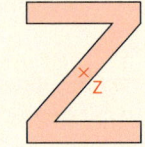

### Punktsymmetrie erkennen

**Beispiel 1:** Prüfe, ob der Buchstabe N punktsymmetrisch ist.

**Lösung:**

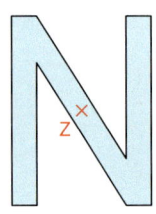 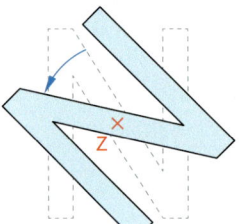 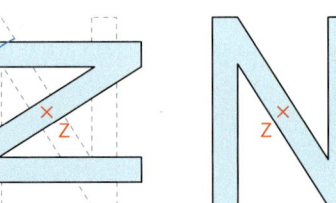

Ausgangsfigur · viertel Drehung (Drehung um 90°) · halbe Drehung (Drehung um 180°)

Die Figur sieht nach einer halben Drehung genauso aus wie die Ausgangsfigur. Daher ist die Figur punktsymmetrisch.

### Basisaufgaben

1. Welche der Verkehrszeichen sind punktsymmetrisch? Begründe.

   a) 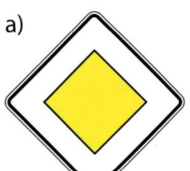 b)  c)  d) 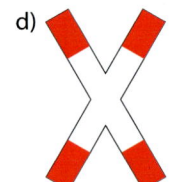 e)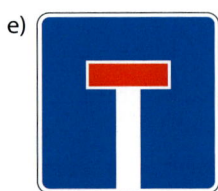

2. Gib an, welche der Buchstaben A bis Z (der Ziffern 0 bis 9) punktsymmetrisch sind. Begründe durch Skizzen, in denen jeweils das Symmetriezentrum markiert ist.

## 5.2 Punktsymmetrie

**3.** a) Prüfe, ob die Figuren punktsymmetrisch sind. Übertrage die punktsymmetrischen Figuren in dein Heft und zeichne ihr Symmetriezentrum ein.

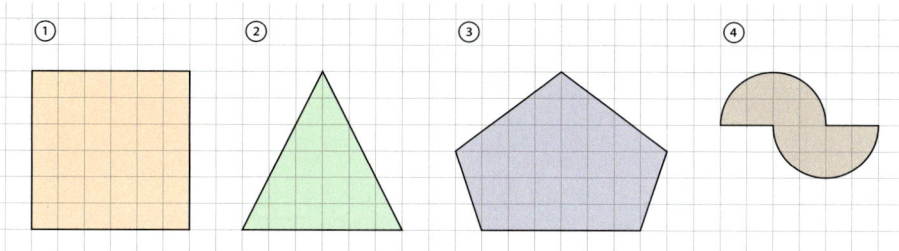

b) Zeichne selbst eine punktsymmetrische Figur.

## Punktspiegelungen ausführen

Beim Spiegeln einer Figur an einem Punkt ergibt sich zu jedem **Punkt** ein **Bildpunkt** gegenüber des Spiegelpunkts.
Diesen Vorgang nennt man **Punktspiegelung**. Dabei entsteht eine punktsymmetrische Figur.

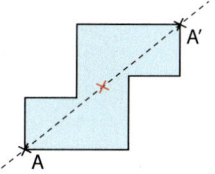

> **Wissen: Punkt und Bildpunkt bei der Punktspiegelung**
> Punkt und Bildpunkt haben denselben Abstand von dem Punkt, an dem gespiegelt wird (**Spiegelpunkt**).
> Punkt und Bildpunkt liegen auf einer Geraden, die durch den Spiegelpunkt verläuft.

**Beispiel 2:** Spiegele die Figur am Punkt Z.

a)    b)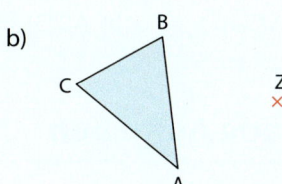

**Lösung:**

a) Hier kannst du die Lage der Bildpunkte an den Kästchen abzählen. Wenn alle Punkte der Figur gespiegelt sind, zeichnest du die Strecken.

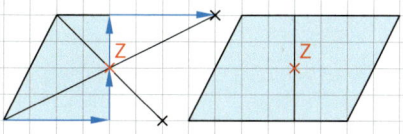

Nach einer halben Drehung der Figur um den Punkt Z ergibt sich wieder die ursprüngliche Figur.

b) Lege das Geodreieck mit dem Nullpunkt auf den Punkt Z. Lies den Abstand von A zu Z ab und markiere gegenüber den Bildpunkt A' im selben Abstand zu Z.

Verfahre ebenso mit B und C.

Verbinde die Bildpunkte A', B' und C' zu einem Dreieck.

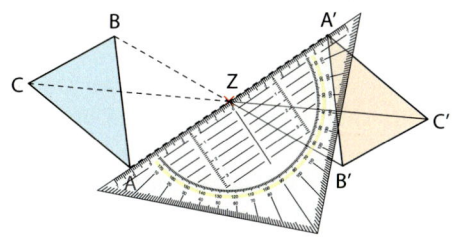

## Basisaufgaben

4. Übertrage die Figur in dein Heft und spiegele sie am Punkt Z. Du kannst dich an den Kästchen orientieren.

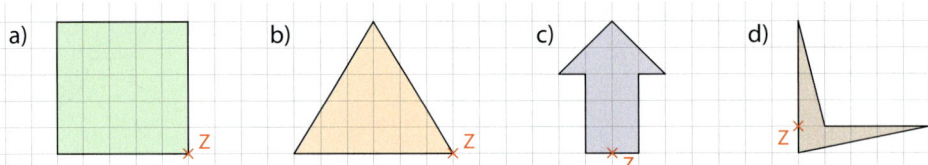

5. Übertrage die Figur in dein Heft und spiegele sie am Punkt Z.

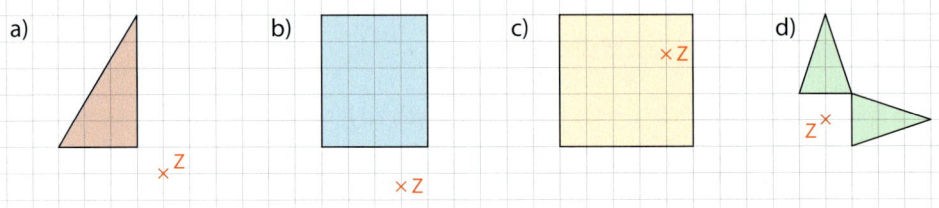

6. Zeichne auf weißem Papier ein 4,2 cm langes und 3,4 cm breites Rechteck.
   a) Spiegele das Rechteck an einem seiner Eckpunkte.
   b) Spiegele das Rechteck am Schnittpunkt der Diagonalen.

Erinnere dich:

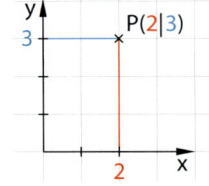

7. Zeichne die Figur in ein Koordinatensystem. Spiegele sie am Punkt Z(6|4). Gib dann die Koordinaten der Eckpunkte der Bildfigur an.
   a) A(1|2), B(5|1), C(2|5)      b) A(2|3), B(7|2), C(7|6)      c) A(5|5), B(9|5), C(9|8), D(5|8)

## Weiterführende Aufgaben

8. Durchblick:

   a) Übertrage die Figur in dein Heft und spiegele sie am Punkt Z. Orientiere dich an Beispiel 2.
   b) Florian meint: „Ich kann jede Figur durch eine Punktspiegelung zu einer punktsymmetrischen Figur ergänzen." Hat Florian recht? Begründe.

9. Zeichne verschiedene Vierecke (Quadrat, Rechteck, Parallelogramm, Raute, Trapez, Drachenviereck). Untersuche, ob sie punktsymmetrisch sind.

10. **Stolperstelle:** Zeichne in dein Heft und überprüfe, ob die Figur punktsymmetrisch ist. Beschreibe gegebenenfalls die Lage des Symmetriezentrums.
    a) Strecke von A nach B          b) Strahl mit dem Anfangspunkt A
    c) Gerade                         d) zwei Geraden, die sich schneiden

## 5.2 Punktsymmetrie

**11.** Die elektronische Zeitangabe auf dem Bild ist punktsymmetrisch. Gib eine weitere punktsymmetrische elektronische Zeitangabe an.

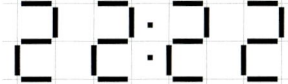

**12.** Welche der abgebildeten Flaggen sind
a) nur achsensymmetrisch, b) nur punktsymmetrisch, c) achsen- und punktsymmetrisch?

**13.** Ergänze die Figur im Heft zu einer punktsymmetrischen Figur. Färbe möglichst wenige Kästchen blau.

a) 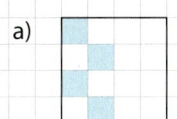  b) 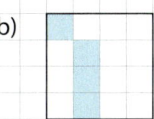  c)   d)

**Hinweis zu 13:**
Hier findest du die Anzahlen der blauen Kästchen, die hinzugefügt werden müssen.

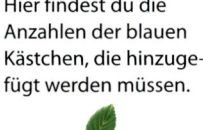

**14.** Übertrage die Figur in dein Heft und ergänze sie zu einer punktsymmetrischen Figur (zu einer achsensymmetrischen Figur). Gib jeweils zwei verschiedene Möglichkeiten an. Markiere das Symmetriezentrum Z (die Symmetrieachse g) rot.

a)   b) 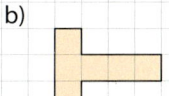  c) 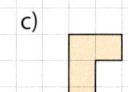  d)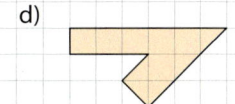

**15.** Übertrage die Figur sowie die rote und blaue Linie in dein Heft und färbe die Figur grün.
a) Spiegele die Figur an der roten Linie.
b) Spiegele das erhaltene Bild an der blauen Linie. Färbe die nun erhaltene Figur auch grün.
c) Ist die gesamte grün gefärbte Figur eine punktsymmetrische Figur?
d) Nachdem Martin die Aufgabe gelöst hat, meint er: „Man muss also nur zwei Achsenspiegelungen durchführen, um eine Punktspiegelung zu erhalten." Überprüfe Martins Aussage an einem weiteren Beispiel.

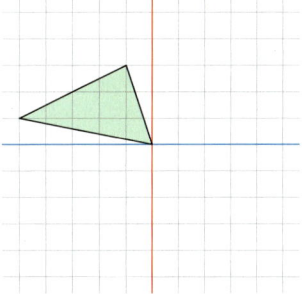

**16. Ausblick:** „Eine achsensymmetrische Figur mit zwei aufeinander senkrecht stehenden Symmetrieachsen ist auch punktsymmetrisch."
a) Zeichne ein 6 cm langes und 4 cm breites Rechteck. Zeige, dass die Aussage auf das Rechteck zutrifft. Beschreibe die Lage des Symmetriezentrums bezüglich der Symmetrieachsen.
b) Überprüfe die Aussage an mindestens drei weiteren Figuren (zum Beispiel an einer Raute oder an einem Kreis).
c) Was passiert bei drei Symmetrieachsen? Zeichne ein Dreieck mit drei Symmetrieachsen. Prüfe die Figur auf Punktsymmetrie.

## 5.3 Drehsymmetrie

■ Das Windrad ist weder achsen- noch punktsymmetrisch.
Es ist aber trotzdem regelmäßig aufgebaut.
Beschreibe diese Regelmäßigkeit in eigenen Worten.
Finde weitere Gegenstände mit solchen Regelmäßigkeiten. ■

> **Wissen: Drehsymmetrie**
> Eine Figur, die nach einer Drehung um einen Winkel zwischen 0°
> und 360° um einen Punkt mit sich selbst in Deckung kommt, heißt
> **drehsymmetrisch**.

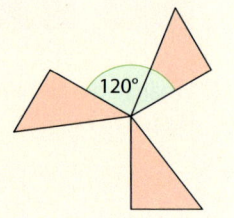

### Drehsymmetrie erkennen

**Beispiel 1:** Prüfe, ob das Verkehrsschild „Kreisverkehr" drehsymmetrisch ist. Gib passende Drehwinkel an.

**Lösung:**

Ausgangsfigur      Drehung um 120°      Drehung um 240°

Bei Drehungen um 120° oder 240° sieht das gedrehte Verkehrsschild so aus wie die Ausgangsfigur. Das Verkehrsschild ist drehsymmetrisch. Die Drehwinkel sind 120° und 240°.

### Basisaufgaben

1. Welche der Verkehrsschilder sind drehsymmetrisch? Begründe.

a)  b)  c)  d)  e)

**Hinweis zu 2:**
Hier findest du die Lösungen.

2. Die Figuren sind drehsymmetrisch. Gib jeweils den kleinsten passenden Drehwinkel an.

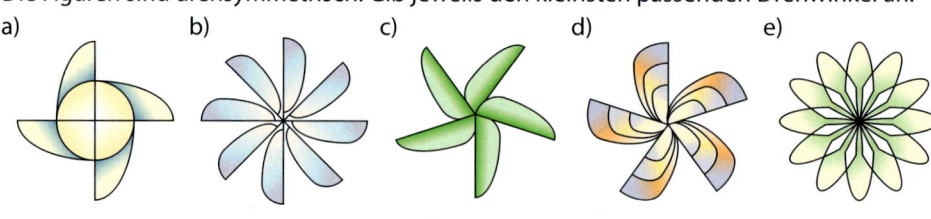

a)  b)  c)  d)  e)

# 5.3 Drehsymmetrie

## Drehungen ausführen

**Beispiel 2:** Drehe den Punkt P um den Punkt Z mit dem Drehwinkel 30°.

**Lösung:**
1. Zeichne von Z durch P den ersten Schenkel des Drehwinkels α = 30° ein.
2. Trage an diesem Schenkel α = 30° bei Z ab.
3. Markiere den Bildpunkt P' auf dem zweiten Schenkel. P und P' müssen den gleichen Abstand zu Z haben.

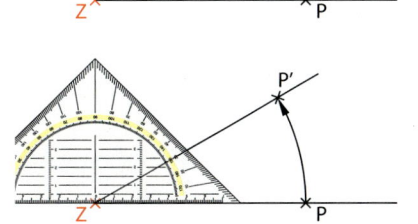

**Hinweis**
Die **Drehrichtung** bei Drehungen ist entgegen dem Uhrzeigersinn.

**Beispiel 3:** Zeichne ein Rechteck ABCD und einen Punkt Z, der außerhalb des Rechtecks liegt. Drehe das Rechteck um den Punkt Z mit dem Drehwinkel 120°.

**Lösung:**
1. Gehe für jeden Punkt vor wie in Beispiel 2.
2. Verbinde am Ende die Bildpunkte zum Rechteck A'B'C'D'.

1. Verbinde Z und A.
2. Trage den Drehwinkel α = 120° bei Z ab.
3. Markiere A' auf dem zweiten Schenkel des Drehwinkels.

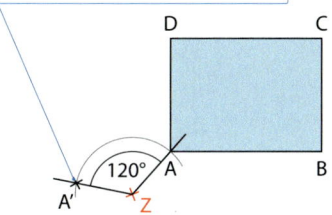
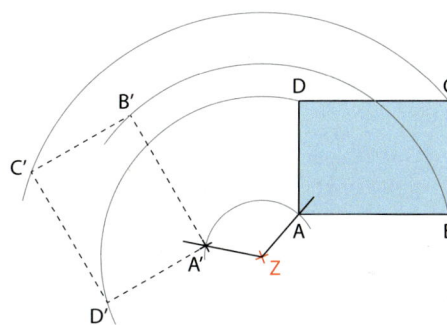

## Basisaufgaben

3. Übertrage die beiden Punkte in dein Heft. Drehe P um Z mit dem angegebenen Drehwinkel.

   a) Drehung um 90°   b) Drehung um 45°   c) Drehung um 110°

   Z×     ×P          ×P          Z×          ×P
                      Z×

4. Übertrage die Figuren ins Heft. Drehe dann die Figur um den Punkt Z mit dem angegebenen Drehwinkel.

   a) Drehung um 90°   b) Drehung um 180°   c) Drehung um 90°   d) Drehung um 180°

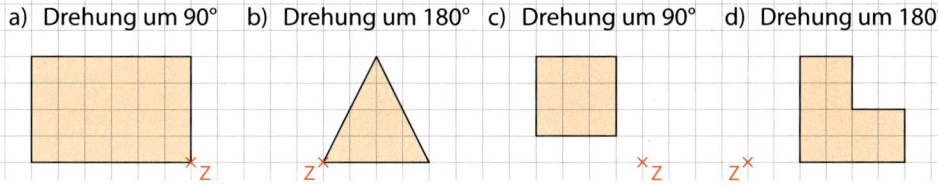

5. Ergänze zu einer drehsymmetrischen Figur, indem du mehrere Drehungen um Z durchführst.

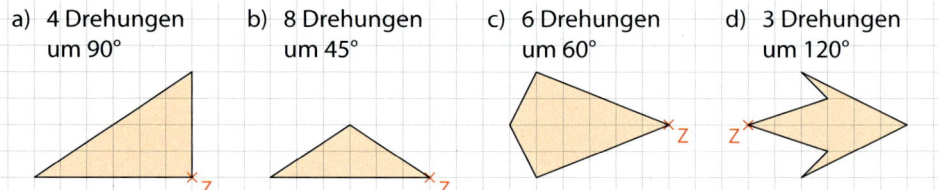

a) 4 Drehungen um 90°  b) 8 Drehungen um 45°  c) 6 Drehungen um 60°  d) 3 Drehungen um 120°

## Weiterführende Aufgaben

6. Um wie viel Grad kannst du die Figuren drehen, damit sie mit sich selbst zur Deckung kommen? Beachte: Es gibt zum Teil mehrere Lösungen.

a)    b) 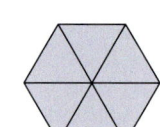   c) 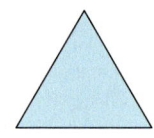   d)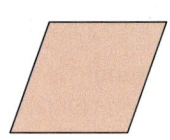

7. Zeichne in ein Koordinatensystem das Dreieck ABC und den Punkt Z.
   Drehe das Dreieck um Z erst mit einem Drehwinkel α = 90°, dann mit einem Drehwinkel β = 180° und zuletzt mit einem Drehwinkel γ = 270°.
   a) A(9|6), B(9|10), C(6|10) und Z(6|6)   b) A(4|6), B(7|8), C(2|8) und Z(5|5)

8. **Durchblick:** Drehe das Dreieck zwei Mal nacheinander um den Punkt C mit dem Drehwinkel 120°. Beachte Beispiel 2 und 3. Prüfe, ob die entstehende Figur drehsymmetrisch ist.

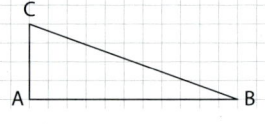

 9. **Stolperstelle:** Sandra ist der Meinung, dass eine Punktspiegelung eine spezielle Drehung ist. Hat sie recht? Begründe mit Beispielen.

10. Bei welcher Drehung liegt das grüne Kreuz genau über dem gelben Kreuz? Gib einen Drehpunkt und einen Drehwinkel an. Es gibt nicht nur eine Lösung.

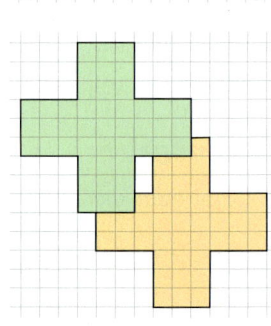

11. **Ausblick:**
    a) Prüfe, ob die Figuren achsensymmetrisch sind. Bestimme jeweils die Anzahl der Symmetrieachsen.
    b) Prüfe, ob die Figuren drehsymmetrisch sind. Gib jeweils alle Drehwinkel an.
    c) Stelle einen Zusammenhang zwischen Achsensymmetrie und Drehsymmetrie her. Finde weitere Beispiele, die deine Vermutung belegen.

① 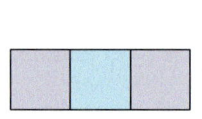   ② 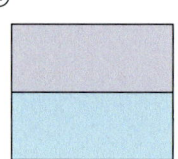   ③ 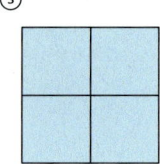   ④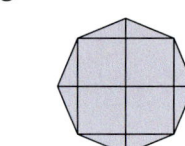

# 5.4 Symmetrie im Raum

■ Die Fassade des abgebildeten Hauses ist achsensymmetrisch.
Beschreibe die Symmetrie, die sich ergibt, wenn man das Haus auch in der Tiefe betrachtet. ■

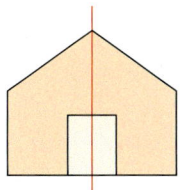
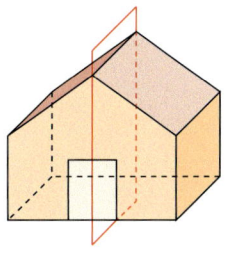

Viele Gegenstände, Bauwerke oder Lebewesen sind vollständig oder annähernd symmetrisch aufgebaut. Sie lassen sich gedanklich durch eine Schnittebene in zwei gleiche Teile zerlegen. Man spricht dann im Unterschied zu ebenen Figuren nicht von einer Symmetrieachse, sondern von einer **Symmetrieebene**.

> **Wissen: Symmetrie im Raum**
> Einen Körper, der durch Spiegelung an einer Ebene mit sich selbst zur Deckung kommt, nennt man **ebenensymmetrisch**.
>
> Die Ebene heißt **Symmetrieebene**.

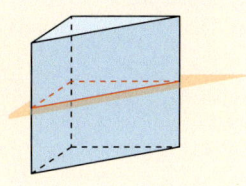

**Hinweis:**
Als Ebene bezeichnet man in der Mathematik unendlich ausgedehnte, flache zweidimensionale Objekte.

## Symmetrie im Raum erkennen

**Beispiel 1:** Wie viele Symmetrieebenen hat ein Quader?

**Lösung:**
Stelle dir vor, dass du den Quader in zwei Teile zerlegst, die in Form und Größe exakt gleich sind. Es gibt drei Möglichkeiten.

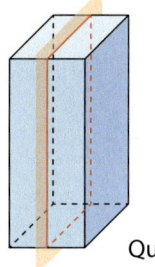   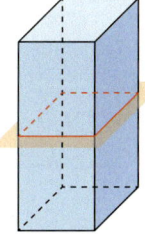   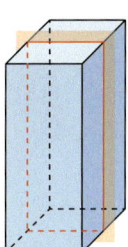
Quader

Daher hat ein Quader drei Symmetrieebenen.

### Basisaufgaben

1. a) Sind die eingezeichneten Schnitte durch den Körper Symmetrieebenen? Begründe.

① 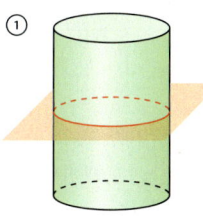 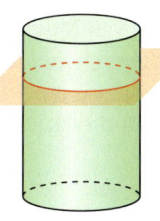   ②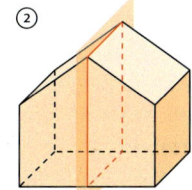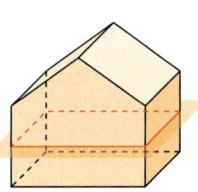

b) Untersuche, ob es noch weitere Symmetrieebenen im Zylinder oder im Haus gibt.

2. a) Begründe, ob der eingezeichnete Schnitt durch den Körper eine Symmetrieebene des Körpers ist.

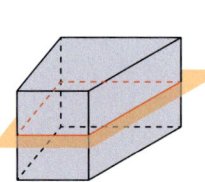 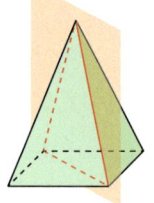 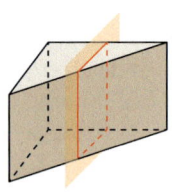 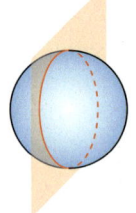

b) Skizziere für jeden Körper die Form der Schnittfläche.

Hinweis zu 3:
Insgesamt ergeben die Lösungen 9 Symmetrieebenen.

3. In den Abbildungen ist jeder Körper im Schrägbild und aus der Sicht von oben zu sehen. Bestimme die Anzahl aller Symmetrieebenen.

Schrägbild: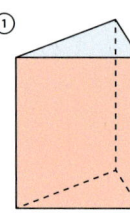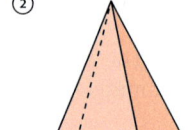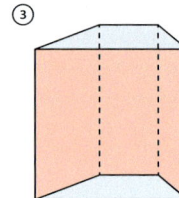

Grundriss: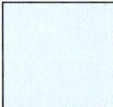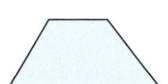

4. a) Gib an, welche der abgebildeten Gegenstände ebenensymmetrisch sind. Wie viele Symmetrieebenen haben sie?

b) Finde weitere Gegenstände aus deiner Umgebung, die ebenensymmetrisch sind.

## Weiterführende Aufgaben

5. Ein Würfel soll mit einem Schnitt halbiert werden.
   a) Zeichne den Würfel von oben. Markiere darin vier Möglichkeiten, wie man den Würfel mit einem Schnitt halbieren kann. Begründe jeweils, warum die Würfelteile gleich groß sind.
   b) Zeichne für jede Möglichkeit ein Schrägbild und skizziere im Schrägbild die Schnittebene.
   c) Gib jeweils an, welche Form die Schnittfläche hat.
   d) Tragt eure Lösungen zu a) und b) in der Klasse zusammen. Beantwortet die Frage, wie viele Symmetrieebenen ein Würfel hat.

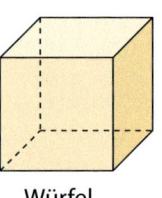

Würfel

## 5.4 Symmetrie im Raum

6. Beschreibe geometrische Regelmäßigkeiten, die in Bildern zu erkennen sind.
   Nenne jeweils auch kleinere Abweichungen von diesen Regelmäßigkeiten.

7. **Durchblick:** Die ebenensymmetrischen Körper in a) und b) sind von vorn, von oben und von rechts zu sehen. In welcher Ansicht kann man eine Symmetrieebene als Geraden einzeichnen? Zeichne diese Ansicht in dein Heft und markiere mindestens eine Symmetrieebene.

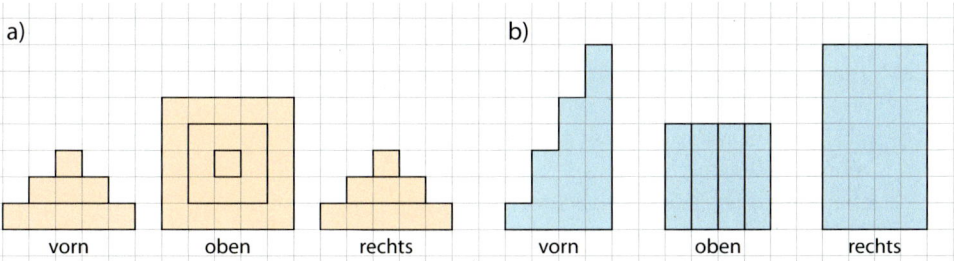

8. **Stolperstelle:** Lina behauptet:
   *„Jeder Quader hat auch eine schräge Symmetrieebene.
   Ein schräger Schnitt teilt den Körper in zwei gleich große Hälften."*
   Was meinst du dazu?

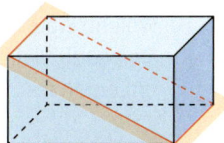

9. Malte meint, dass eine Konservendose sehr viele Symmetrieebenen hat.
   Er fertigt eine Skizze an.
   Erkläre seine Skizze. Hat Malte recht?
   Wie viele Symmetrieebenen hat eine Konservendose?

10. **Ausblick:**
    a) Untersuche Tetraeder, Kegel und Kugel auf Ebenensymmetrie.
    b) Gib die Form der Schnittflächen an.
    c) Beschreibe die Lage der Symmetrieebenen.

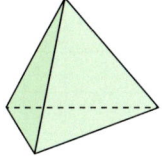  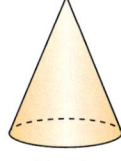  

Tetraeder     Kegel     Kugel

# 5.5 Vermischte Aufgaben

1. Gib an, ob die blaue Figur an einer Geraden beziehungsweise einem Punkt gespiegelt oder um einen Punkt gedreht wurde, um die grüne Figur zu erzeugen. Begründe, zum Beispiel durch eine Zeichnung im Heft.

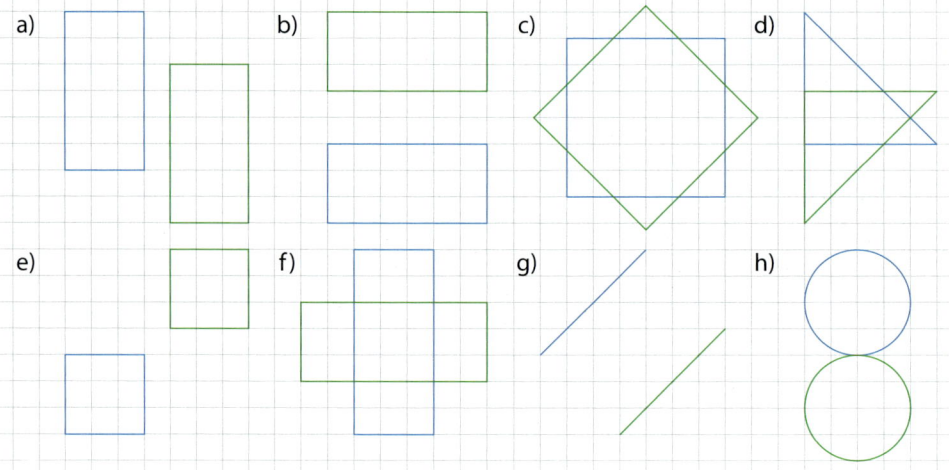

2. Übertrage das Dreieck ABC für jede Teilaufgabe in dein Heft.
   a) Ergänze das Dreieck zu einer achsensymmetrischen Figur mit der Geraden durch A und B als Symmetrieachse.
   b) Ergänze das Dreieck zu einer punktsymmetrischen Figur mit dem Symmetriezentrum C.
   c) Spiegele das Dreieck an der Mittelsenkrechten der Strecke $\overline{AB}$.

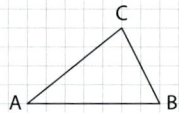

3. a) Übertrage das Dreieck ABC in dein Heft und drehe es fünfmal gegen den Uhrzeigersinn um 60° um den Punkt C.
   b) Welche Eigenschaft hat die entstandene Figur?
   c) Denke dir Vielecke aus und drehe sie so oft um den gleichen Winkel um einen festen Punkt, dass eine drehsymmetrische Figur entsteht.

4. Die nebenstehende Abbildung zeigt eine Figur, die aus verschiedenen, aneinandergesetzten Halbkreisen besteht.
   a) Aus wie vielen Halbkreisen besteht die Figur?
   b) Beschreibe, wie man die Figur konstruieren kann.
   c) Untersuche die Figur auf Achsensymmetrie, Punktsymmetrie und Drehsymmetrie.
   d) Zeichne eine eigene punktsymmetrische Figur.

5. Übertrage die Figur ins Heft. Ergänze sie mit möglichst wenig Kästchen zu einer drehsymmetrischen Figur.

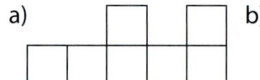 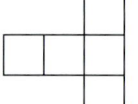 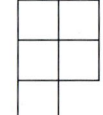 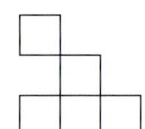

## 5.5 Vermischte Aufgaben

**6.** In der Geschichte der Kelten findet man viele geheimnisvolle und oft sehr regelmäßige Symbole. Untersuche die drei abgebildeten keltischen Symbole auf Achsensymmetrie Punktsymmetrie und Drehsymmetrie.

①   ②   ③

**7.** Betrachte die nebenstehende Abbildung.
- Wie groß ist der Durchmesser und wie groß ist der Radius eines Kreises, wenn die Figur insgesamt 45 cm breit ist?
- Ist die Figur achsensymmetrisch? Wenn ja: Wie viele Symmetrieachsen hat sie? Begründe.
- Ist die Figur punktsymmetrisch? Wenn ja: Wo liegt das Symmetriezentrum?
- Ist die Figur drehsymmetrisch? Wenn ja: Gib die Lage des Drehzentrums und alle zugehörigen Drehwinkel zwischen 0° und 360° an.
- Übertrage die Figur in dein Heft. Wähle als Radius $r = 3$ cm.

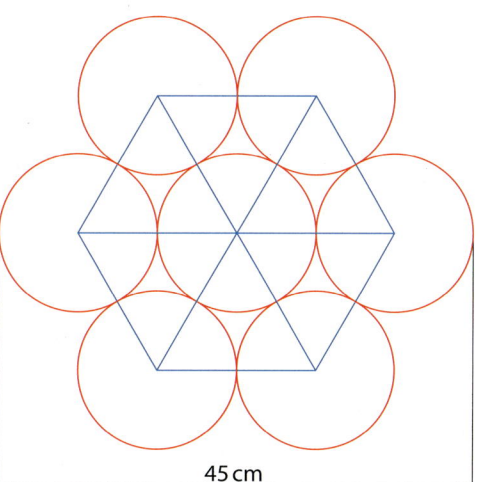

**8.** Zeichne ein Koordinatensystem (x-Achse von 0 bis 20; y-Achse von 0 bis 10).
a) Zeichne darin das Viereck ABCD mit A(0|4), B(6|3), C(5|7) und D(1|6) ein.
b) Spiegele das Viereck an der Geraden durch die Punkte B und E(6|7).
c) Spiegele das Bildviereck A'B'C'D' aus b) an der Geraden durch die Punkte F(12|0) und G(12|7). Du erhältst dadurch das Bildviereck A"B"C"D". Gib seine Koordinaten an.
d) Gibt es eine Möglichkeit, das Bildviereck A"B"C"D" direkt aus dem Viereck ABCD zu erzeugen? Erläutere sie anhand deiner Zeichnung.

**9.** Bestimme die Gesamtzahl der kleinen Würfel. Nutze dabei die Symmetrieeigenschaften des Körpers.

a)   b)   c)   d)

**10.** Legt mit euren Mathematikbüchern ebensymmetrische Bücherstapel. Zeigt daran jeweils die Symmetrieebenen oder stellt sie durch Blätter aus Karton dar, die ihr zwischen die Bücher legt. Statt Büchern könnt ihr auch Streichholzschachteln oder Ähnliches zum Bauen verwenden.

# Prüfe dein neues Fundament

5. Symmetrie

**Lösungen**
↗ S. 231

1. Gib an, ob das Verkehrszeichen achsensymmetrisch ist. Notiere auch die Anzahl der Symmetrieachsen.

   a)   b)   c)   d)   e)

2. Zeichne die Figur in ein Koordinatensystem und spiegle sie an der Geraden, die durch die Punkte P und Q verläuft.
   a) Fünfeck: A(1|0), B(3|0), C(4|3), D(2|5), E(0|3)   Gerade: P(5|0), Q(5|6)
   b) Viereck: A(2|3), B(5|5), C(2|7), D(1|5)   Gerade: P(0|0), Q(6|6)

3. Übertrage die Figur in dein Heft und ergänze sie zu einer achsensymmetrischen Figur.

   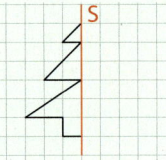

4. Gib an, ob die Figur punktsymmetrisch ist. Wenn ja, zeichne sie in dein Heft und markiere die Lage des Symmetriezentrums.

   a) 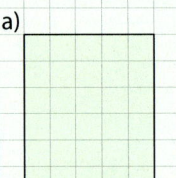  b) 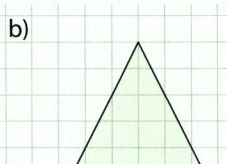  c) 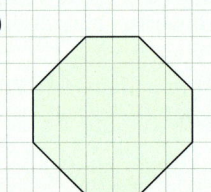  d)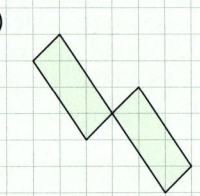

5. Übertrage die Figur in dein Heft und spiegle sie am Punkt Z.

   a) 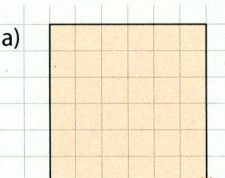  b) 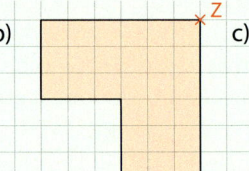  c) 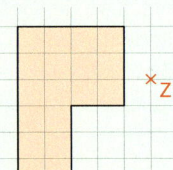  d)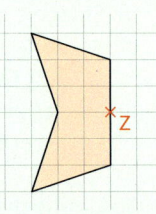

6. Gib an, ob die Figur drehsymmetrisch ist. Wenn ja, notiere mindestens zwei mögliche Drehwinkel.

   a)   b) 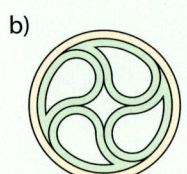  c) 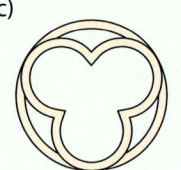  d) 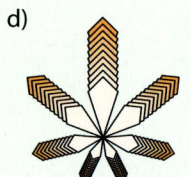  e)

7. Zeichne ein Quadrat ABCD mit der Seitenlänge 4 cm. Drehe es um den Punkt B um den Winkel 45°.

Prüfe dein neues Fundament

8. Gib an, ob die Figur durch eine Achsenspiegelung, eine Punktspiegelung oder eine Drehung entstanden ist.

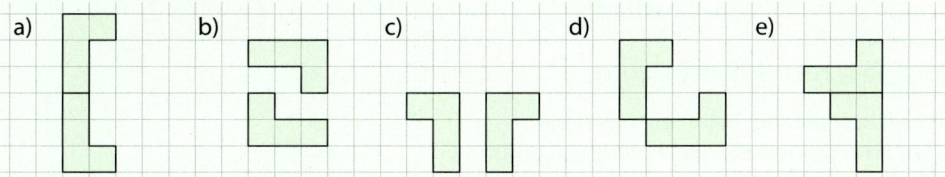

9. Zeichne auf Karopapier eine Figur, die aus vier Kästchen besteht und welche punktsymmetrisch, aber nicht achsensymmetrisch ist.

10. Gib an, ob der Körper ebenensymmetrisch ist. Wenn ja, dann notiere, ob es genau eine oder mindestens zwei Symmetrieebenen gibt.

a)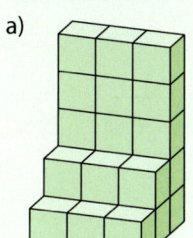
b)
c)
d)

## Wiederholungsaufgaben

1. Miss die Länge der Strecke a und die Größe des Winkels α.

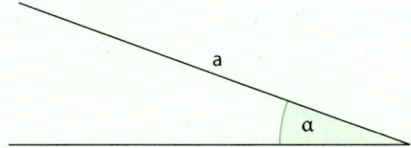

2. Prüfe zunächst durch einen Überschlag, ob die folgenden Rechnungen korrekt ausgeführt wurden, anschließend durch eine schriftliche Rechnung.
   a) 8455 + 13 531 = 26 986    b) 14 476 : 22 = 656    c) 515 782 − 471 623 = 44 159

3. Stelle dir vor: Die Form der abgebildeten Gebäude soll mit Bauklötzen nachgebaut werden. Die Bauklötze sind Quader, Pyramiden sowie Dreiecksprismen. Übertrage die Tabelle in dein Heft und kreuze alle Körper an, die du jeweils verwenden würdest.

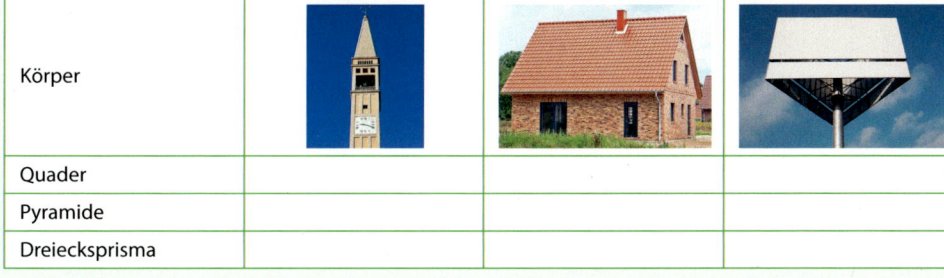

| Körper | | | |
|---|---|---|---|
| Quader | | | |
| Pyramide | | | |
| Dreiecksprisma | | | |

# Zusammenfassung

5. Symmetrie

**Achsensymmetrie, Achsenspiegelung**

Eine Figur, die man entlang einer Geraden so falten kann, dass die beiden Teile deckungsgleich sind, heißt **achsensymmetrisch**.
Die Gerade heißt **Symmetrieachse**.

**Achsenspiegelung**: Beim Spiegeln einer Figur an einer Geraden (**Spiegelachse**) ergibt sich zu jedem Punkt auf der einen Seite der Geraden ein Bildpunkt auf der anderen Seite. Punkt und Bildpunkt haben den gleichen Abstand zu der Geraden. Ihre Verbindungsstrecke verläuft senkrecht zur Geraden.

Bei einer Achsenspiegelung entsteht eine achsensymmetrische Figur.

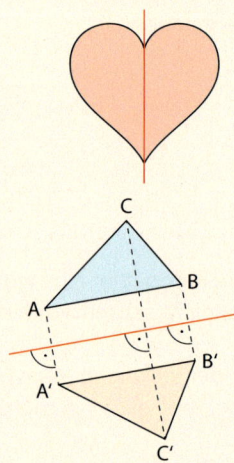

**Punktsymmetrie, Punktspiegelung**

Eine Figur, die nach einer halben Drehung (Drehung um 180°) um einen Punkt Z mit sich selbst zur Deckung kommt, heißt **punktsymmetrisch**.
Der Punkt Z heißt **Symmetriezentrum**.

**Punktspiegelung**: Beim Spiegeln einer Figur an einem Punkt Z (**Spiegelpunkt**) ergibt sich zu jedem Punkt ein Bildpunkt gegenüber von Z. Punkt und Bildpunkt liegen auf einer Geraden durch Z und haben denselben Abstand von Z.

Bei einer Punktspiegelung entsteht eine punktsymmetrische Figur.

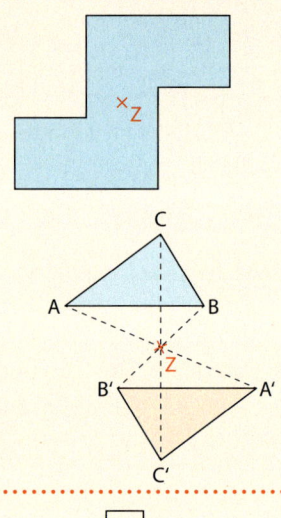

**Drehsymmetrie, Drehung**

Eine Figur, die nach einer Drehung zwischen 0° und 360° um einen Punkt Z mit sich selbst zur Deckung kommt, heißt **drehsymmetrisch**.

**Drehung**: Beim Drehen einer ebenen Figur um einen **Drehwinkel** bewegen sich alle Punkte dieser Figur um einen festen Punkt Z (**Drehpunkt**) auf Kreislinien. Zu jedem Punkt ergibt sich dabei ein Bildpunkt. Drehrichtung und Drehwinkel sind für alle Punkte der Figur gleich.

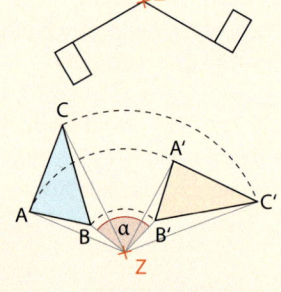

**Ebenensymmetrie**

Einen Körper, der durch Spiegelung an einer Ebene mit sich selbst in Deckung kommt, nennt man **ebenensymmetrisch**.
Die Ebene heißt **Symmetrieebene**.

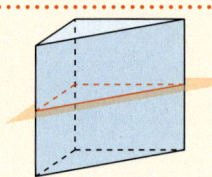

# 6. Winkel- und Symmetriebetrachtungen

Bei einem Drachen gibt es viele geometrische Figuren und Beziehungen zu entdecken.

Nach diesem Kapitel kannst du …
- Winkelgrößen über die Winkelsätze an Geradenkreuzungen bestimmen,
- Winkelgrößen über die Winkelsumme im Dreieck und Viereck bestimmen,
- Symmetrie- und Winkeleigenschaften von besonderen Dreiecken und Vierecken nutzen.

# Dein Fundament

6. Winkel- und Symmetriebetrachtungen

## Winkel

1. a) Zeichne nach Augenmaß folgende Winkel:
   α = 45°; β = 60°; γ = 90°; δ = 135°; ε = 180°
   b) Miss die gezeichneten Winkel und schreibe die gemessene Größe an jeden Winkel.
   c) Gib jeweils an, um welche Winkelart es sich handelt.

2. Zeichne den Winkel α in der angegebenen Größe.
   Teile α in zwei gleich große Winkel und gib deren Größe an.
   a) α = 90°    b) α = 60°    c) α = 70°    d) α = 130°    e) α = 148°

3. Die Zeiger einer Uhr lassen sich als Schenkel zweier Winkel interpretieren.
   a) Gib die Winkelart und (wenn möglich) die Größe des jeweils kleineren Winkels bei folgenden Uhrzeiten an:
   14:00 Uhr; 8:00 Uhr; 9:00 Uhr; 6:00 Uhr.
   b) Gib für einen spitzen, einen rechten, einen stumpfen und einen überstumpfen Winkel jeweils zwei zugehörige Uhrzeiten an.

4. Übertrage das Dreieck ABC in dein Heft.
   a) Miss die drei Winkel α, β und γ und ordne sie der Größe nach.
   b) Entscheide, welche Winkelart bei α, β und γ vorliegt.
   c) Miss die drei Seitenlängen a, b und c des Dreiecks ABC und ordne diese der Größe nach.
   d) Verlängere die Seiten des Dreiecks über die Eckpunkte hinaus.
   Es entstehen neue Winkel (außerhalb des Dreiecks).
   Miss deren Größe.

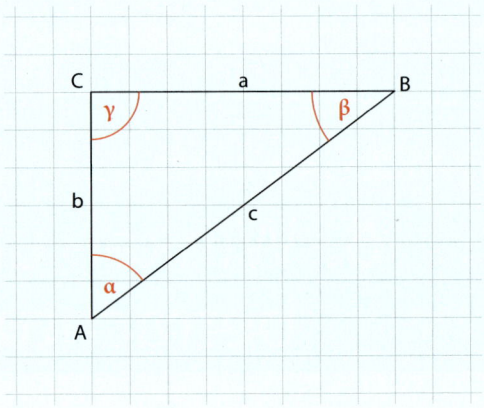

## Dreiecke und Vierecke

5. a) Zeichne ein Dreieck ABC mit $\overline{AB}$ = 3,5 cm und $\overline{AC}$ = 3,5 cm.
   b) Zeichne ein Dreieck ABC mit ∢ BAC = 60° und ∢ CBA = 60°.

6. Ordne den abgebildeten Vierecken eine passende Viereckart (Quadrat, Rechteck, Parallelogramm, Raute, Trapez und Drachenviereck) zu. Verwende jede Viereckart nur einmal.

① ② ③  ④ 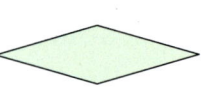 ⑤  ⑥

Lösungen S. 232

Dein Fundament

7. Gib alle Viereckarten (Quadrat, Rechteck, Parallelogramm, Raute, Trapez und Drachenviereck) an, für die die Eigenschaft immer zutrifft.
   a) Alle vier Seiten sind gleich lang.
   b) Alle vier Winkel sind rechte Winkel.
   c) Gegenüberliegende Seiten sind parallel.
   d) Die Diagonalen sind gleich lang.
   e) Benachbarte Seiten sind gleich lang.
   f) Es gibt zwei parallele Seiten.
   g) Gegenüberliegende Seiten sind gleich lang.
   h) Die Diagonalen stehen senkrecht aufeinander.

8. Eine zweigleisige Straßenbahnstrecke kreuzt eine andere zweigleisige Straßenbahnstrecke.
   a) Fertige eine Skizze an.
   b) Gib an, wie viele Schnittpunkte dabei insgesamt entstehen.
   c) Gib an, welche Viereckarten entstehen.

## Achsen- und Punktsymmetrie

9. Gib an, ob die Gesamtfigur achsensymmetrisch ist. Begründe.
   a)   b)   c)

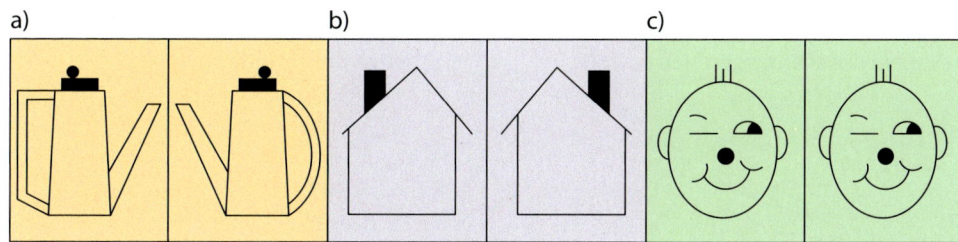

10. Übertrage die Figur in dein Heft und gib an, ob sie achsensymmetrisch, punktsymmetrisch oder beides ist. Trage alle Symmetrieachsen und das Symmetriezentrum ein.
    a)   b)   c)   d)

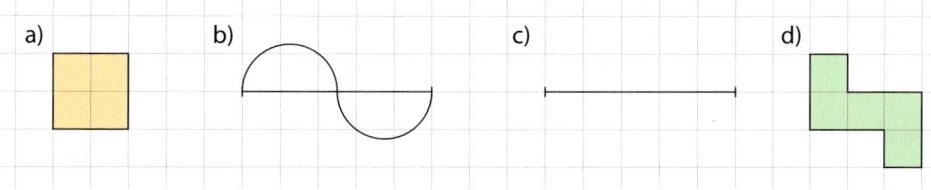

11. Übertrage die Figur mit der Geraden s in dein Heft und spiegle die Figur an s.
    a)   b)   c)

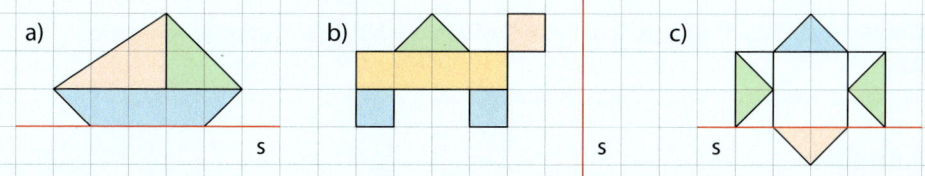

12. Zeichne ein Rechteck mit 2,5 cm und 4 cm langen Seiten und spiegele es an einem seiner Eckpunkte.

## 6.1 Nebenwinkel und Scheitelwinkel

■ Zeichne zwei Geraden, die sich in einem Punkt schneiden. Miss die Winkel α, β, γ und δ. Was kannst du über Winkel aussagen, die nebeneinander liegen wie α und β?
Was kannst du über die Winkel sagen, die gegenüber liegen wie β und δ?
Ist das Zufall oder ist das immer so? ■

**Hinweis:** Zeichne die Geraden so, dass kein rechter Winkel entsteht.

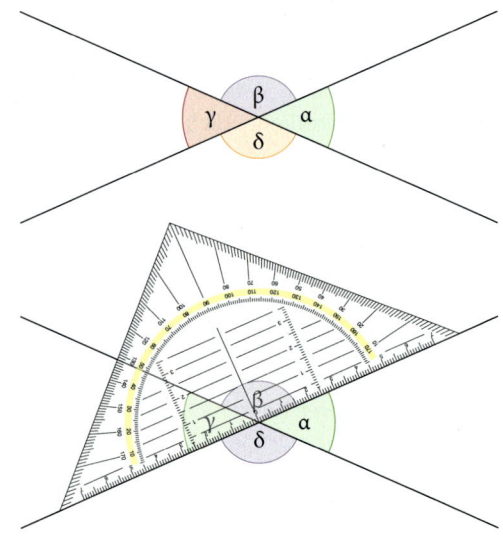

Zwei Geraden, die sich schneiden, bilden eine **Geradenkreuzung** mit vier Winkeln. Benachbarte Winkel an Geradenkreuzungen nennt man **Nebenwinkel**, z. B. α und β in der Zeichnung. Gegenüberliegende Winkel heißen **Scheitelwinkel**, z.B. β und δ.

Durch Messen der Winkel kann man die besonderen Eigenschaften von Neben- und Scheitelwinkeln erkennen.

**Erinnere dich:**
Winkel bezeichnet man mit kleinen griechischen Buchstaben wie:
α Alpha
β Beta
γ Gamma
δ Delta
ε Epsilon

### Wissen: Winkelsätze an Geradenkreuzungen

**Nebenwinkelsatz:**
Nebenwinkel ergänzen sich zu 180°.

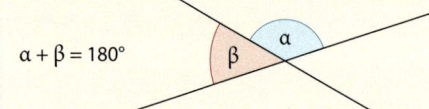

**Scheitelwinkelsatz:**
Scheitelwinkel sind gleich groß.

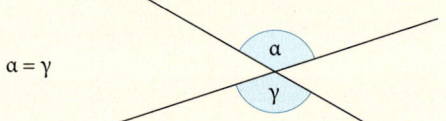

**Beispiel 1** Bestimme die Größe der eingezeichneten Winkel.

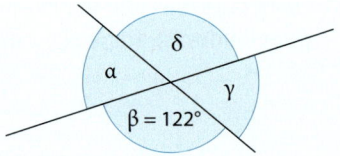

**Lösung:**

α und β sind Nebenwinkel: Ihre Summe beträgt 180°.
α + 122° = 180°
Also: α = 58°

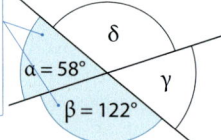

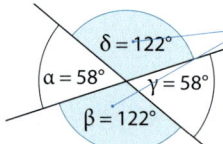

β und δ sind Scheitelwinkel, also gleich groß.
β = δ = 122°

Der Winkel γ = 58° ergibt sich als Scheitelwinkel von α = 58° oder als Nebenwinkel von β = 122°.

### Basisaufgaben

**Hinweis zu 1:** Du kannst auch ein Papier zweimal falten, sodass die Faltkanten eine Geradenkreuzung bilden.

1. Zeichne zwei Geraden, die sich schneiden. Beschrifte an der Geradenkreuzung alle vier Winkel, die entstehen, gegen den Uhrzeigersinn mit α, β, γ und δ. Schreibe dann alle Nebenwinkelpaare und alle Scheitelwinkelpaare auf.

## 6.1 Nebenwinkel und Scheitelwinkel

2. a) Bestimme alle Nebenwinkelpaare und alle Scheitelwinkelpaare.
   b) Bestimme alle Scheitelwinkelpaare. Begründe, warum es keine Nebenwinkelpaare gibt.
   c) Bestimme alle Nebenwinkelpaare. Begründe, warum es keine Scheitelwinkelpaare gibt.

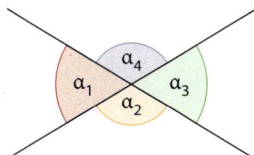
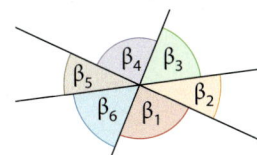
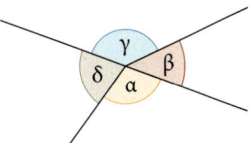

3. Ermittle die fehlenden Winkelgrößen.

   a)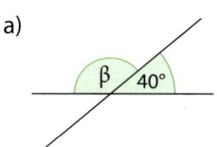
   b)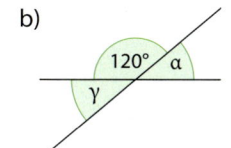
   c)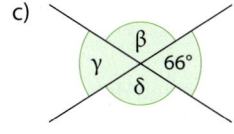
   d)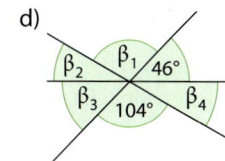

Hinweis zu 3:
Hier findest du die fehlenden Winkelgrößen.

4. Berechne alle Winkelgrößen $\alpha$, $\beta$, $\gamma$ und $\delta$ an einer Geradenkreuzung, wenn gilt:

   a) $\alpha = 50°$   b) $\beta = 145°$   c) $\gamma = 120°$   d) $\delta = 90°$

## Weiterführende Aufgaben

5. a) Bestimme die fehlenden Winkel $\alpha$, $\beta$ und $\gamma$ am Andreaskreuz.
   b) Findet weitere Beispiele aus dem Alltag für Neben- und Scheitelwinkel. Denkt zum Beispiel an Dinge, die ihr auf dem Schulweg seht (Verkehrsschilder, Gebäude). Fertigt jeweils eine Skizze an.

Hinweis zu 5b:
Macht Fotos und gestaltet ein Plakat. Tragt die Ergebnisse dann in der Klasse vor.

6. Durchblick:
   a) Berechne die Größe von $\beta$, $\gamma$ und $\delta$, wenn $\alpha = 45°$ ist.
   b) Wie groß müssten die Winkel sein, damit $\alpha$ doppelt so groß wie $\beta$ ist?
   c) Wie groß müssten die Winkel sein, wenn $\delta$ um 25° kleiner als $\gamma$ wäre?

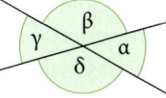

7. Stolperstelle: Benjamin behauptet: „$\beta$ ist 110°, da $\alpha$ und $\beta$ nebeneinander liegen und deshalb Nebenwinkel sind."

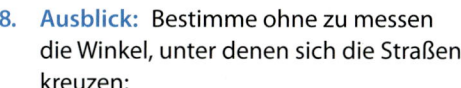

8. Ausblick: Bestimme ohne zu messen die Winkel, unter denen sich die Straßen kreuzen:
   a) University Pl(ace) und E 10th St (East 10th Street)
   b) E 10 th St und 4th Ave (4 th Avenue)
   c) E 10 th St und Broadway

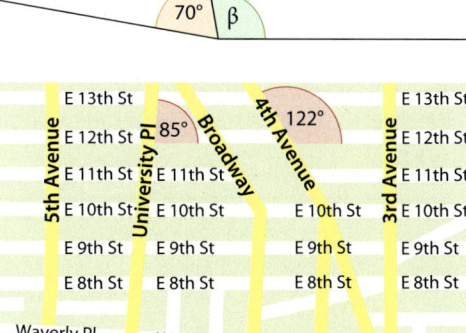

## 6.2 Stufenwinkel und Wechselwinkel

■ Zeichne zwei parallele Geraden, die von einer dritten Geraden geschnitten werden. Miss die Winkel α und β. Was kannst du aussagen? ■

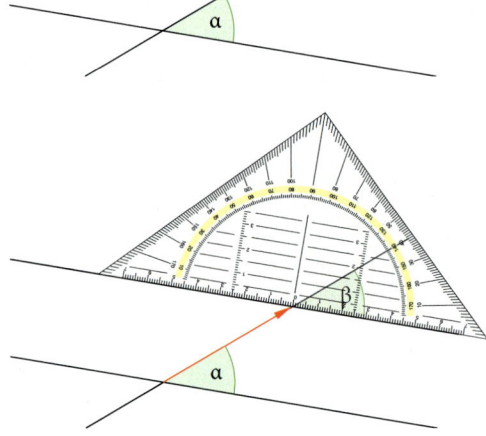

Zwei parallele Geraden, die von einer dritten Geraden geschnitten werden, bilden zwei Geradenkreuzungen. Winkel, die auf den beiden Geradenkreuzungen die gleiche Ausrichtung haben, heißen **Stufenwinkel**, z. B. α und β.
Stufenwinkel kann man entlang der dritten Geraden aufeinander schieben.
Sie sind also gleich groß.

> **Wissen: Stufenwinkelsatz**
> Stufenwinkel an parallelen Geraden sind gleich groß.
>
>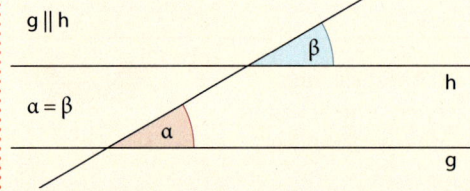

Miss die Winkel α und γ. Was vermutest du?

Winkel, die auf den beiden Geradenkreuzungen entgegengesetzte Ausrichtung haben, heißen **Wechselwinkel**, z.B. α und γ.

α und β sind Stufenwinkel, also gleich groß.
β und γ sind Scheitelwinkel, also gleich groß.
Deshalb sind auch die **Wechselwinkel** α und γ gleich groß.

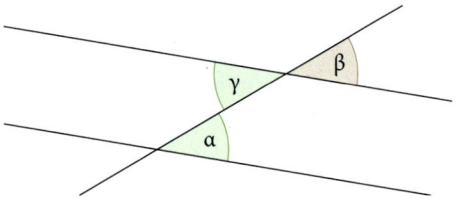

> **Wissen: Wechselwinkelsatz**
> Wechselwinkel an parallelen Geraden sind gleich groß.
>
>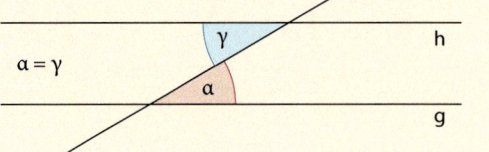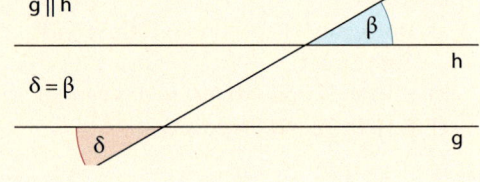

## 6.2 Stufenwinkel und Wechselwinkel

**Beispiel 1:** Bestimme die Größe der eingezeichneten Winkel.

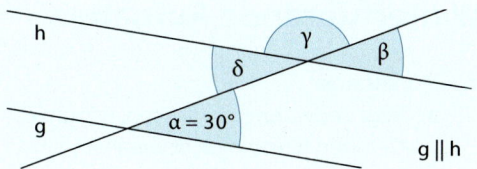

**Lösung:**

α und β sind Stufenwinkel, also gleich groß:
α = β = 30°

α und δ sind Wechselwinkel, also gleich groß:
α = δ = 30°

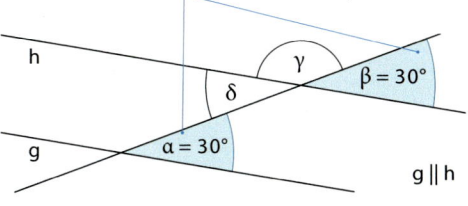
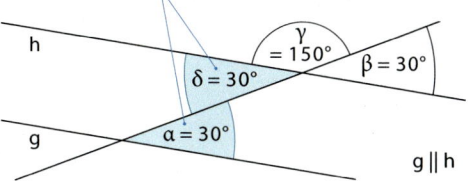

Der Winkel γ = 150° ergibt sich als Nebenwinkel von β = 30°.

## Basisaufgaben

1. Übertrage die vier Geraden in dein Heft. Färbe alle gleich großen Winkel in derselben Farbe.

2. a) Begründe, warum in der Abbildung alle Winkel gleich groß sind.

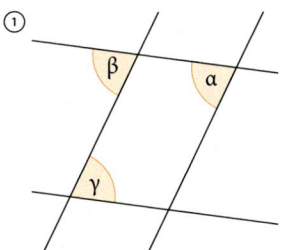
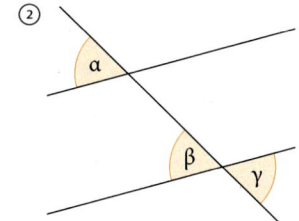
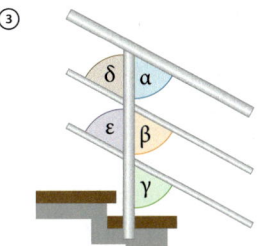

b) Findet Beispiele aus dem Alltag, bei denen Stufen- und Wechselwinkel auftreten. Fertigt eine Skizze an. Stellt die Beispiele dann in der Klasse vor.

3. Gib die Größe der fehlenden Winkel an.

a)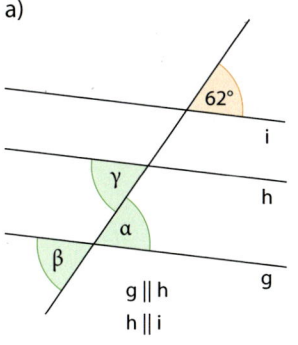
b)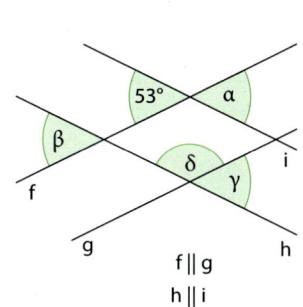
c)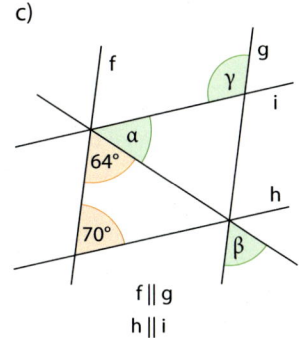

## Weiterführende Aufgaben

4. **Durchblick:**
   a) Begründe ohne zu messen, warum die Geraden g und h nicht parallel sein können.
   b) Ändere eine der beiden Winkelgrößen, sodass g und h parallel verlaufen.

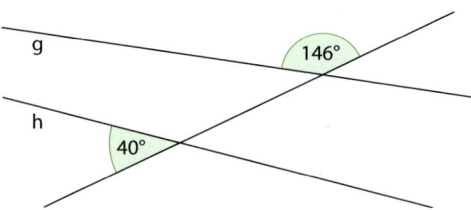

5. **Stolperstelle:** Beschreibe die Fehler, die hier gemacht wurden.

   a)                                                  b)

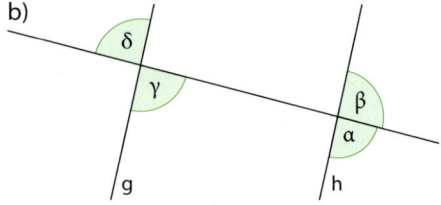

   β = γ (Stufenwinkel)                β = γ (Wechselwinkel)

6. ①                                    ②

                    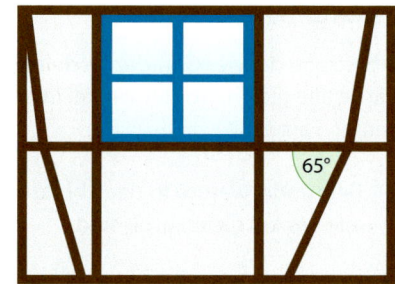

   a) Übertrage das Fachwerkmuster möglichst genau in dein Heft.
   b) Finde Paare von Nebenwinkeln, Wechselwinkeln, Stufenwinkeln und Scheitelwinkeln.
   c) Bestimme mithilfe des angegeben Winkels weitere Winkelgrößen.

7. In einem Prospekt für Modelleisenbahnen wird die Schienenkreuzung im Bild mit „Kreuzung K30" angegeben.
   a) Fertige eine Skizze der Schienenkreuzung in deinem Heft an. Überlege, welche Bedeutung die Angabe „K30" hat.
   b) Bezeichne alle gleich großen Winkel in der Schienenkreuzung mit demselben Winkelnamen.
   c) Welche andere Winkelgröße taucht in der Zeichnung mehrfach auf? Begründe.

**Tipp zu 8:**
Zeichne ein Parallelogramm und beschrifte die Winkel wie in der Abbildung. Verlängere nun die vier Seiten über die Ecken hinaus.

8. **Ausblick:** In einem Parallelogramm kann man alle vier Innenwinkel berechnen, wenn man einen Innenwinkel kennt.
   a) Berechne β, γ und δ, wenn α = 40° ist.
   b) Gib α, β und δ an, wenn γ = 164° ist.
   c) Betrachte jeweils die Größen der vier Innenwinkel. Welche Regel vermutest du? Notiere sie.

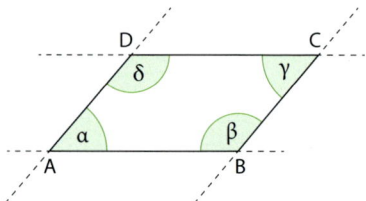

Streifzug

# Definition und Satz

■ Marla behauptet, dass der Wechselwinkelsatz gar nicht stimmt. Sie hat das mit einer Zeichnung im Heft geprüft. Ein Winkel ist 52° groß, der Wechselwinkel nur 51°.
Schreibe auf, was du Marla sagen würdest. ■

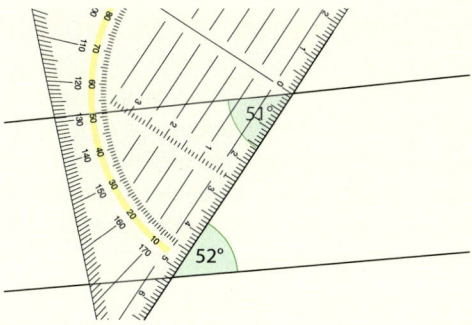

> **Wissen: Definition und Satz**
>
> Bei einer **Definition** wird festgelegt, was man unter einem bestimmten Begriff versteht.
> Beispiel: Gegenüberliegende Winkel an einer Geradenkreuzung heißen Scheitelwinkel.
>
> Einen **Satz** hingegen kann man begründen (oder beweisen).
> Beispiel: Scheitelwinkel an einer Geradenkreuzung sind gleich groß. (Scheitelwinkelsatz)

Für eine Begründung kann man auf bekannte Kenntnisse zurückgreifen, die nach Möglichkeit auch schon begründet wurden. Zum Beispiel kann man den Scheitelwinkelsatz mit dem Nebenwinkelsatz begründen ohne zu messen.

**Beispiel 1:** Begründe den Scheitelwinkelsatz.

**Lösung:**
Bekannt: „Nebenwinkel ergänzen sich zu 180°." (Nebenwinkelsatz)
α und β sind Nebenwinkel,          β und δ sind Nebenwinkel,
also ist α + β = 180°.              also ist β + δ = 180°.

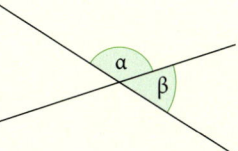 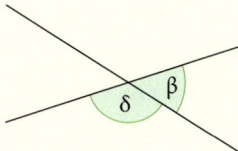

Da der Winkel β in beiden Fällen gleich groß ist und das Ergebnis in beiden Fällen 180° ist, müssen die Scheitelwinkel α und δ gleich groß sein.

**Beispiel 2:** Begründe den Wechselwinkelsatz.

**Lösung:**
Bekannt: „Stufenwinkel und Scheitelwinkel sind gleich groß." (Stufen- und Scheitelwinkelsatz)
An parallelen Geraden sind die Stufenwinkel α und β gleich groß.         Da β und γ an einer Geradenkreuzung liegen, sind β und γ gleich groß. Deshalb sind die Wechselwinkel α und γ gleich groß.

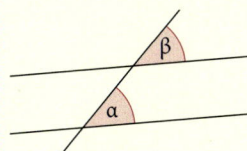 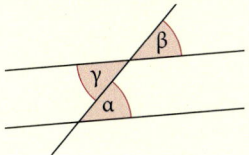

## 6.3 Winkelsumme im Dreieck

■ „Das ist ja ein Zufall!" Theresa hat drei Notizzettel übereinander gelegt und eine Ecke abgeschnitten, sodass drei gleiche Dreiecke entstanden sind. „Die lassen sich so aneinander legen, dass eine gerade Kante entsteht."
Ist das wirklich Zufall? ■

Wenn du die Innenwinkel eines Dreiecks ausmisst und die Werte addierst, ergibt sich immer ungefähr 180°. Es liegt also die Vermutung nahe, dass in einem Dreieck immer
α + β + γ = 180° gilt. Diese Vermutung kann man mit dem Wechselwinkelsatz begründen.

**Bekannt:** „Wechselwinkel an parallel Geraden sind gleich groß." (Wechselwinkelsatz)

Hinweis:
Diese Begründung gilt für jedes beliebige Dreieck.

**Begründung:** Zeichne zur Grundseite $\overline{AB}$ eines Dreiecks eine parallele Gerade, die durch den Punkt C geht.
Dann ergeben sich die Wechselwinkel α und α' sowie β und β'.

α', γ und β' ergänze sich zu einem gestreckten Winkel. Daher ist α' + β' + γ = 180°.

Nach dem Wechselwinkelsatz sind α = α' und β = β'. Daher darf man α' durch α und β' durch β ersetzen. Also ist α + β + γ = 180°.

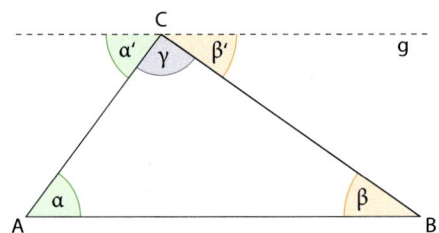

> **Wissen: Winkelsummensatz im Dreieck**
> Die Summe der Innenwinkel in einem Dreieck beträgt immer 180°.
> α + β + γ = 180°

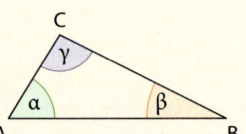

**Beispiel 1:** In einem Dreieck sind die Winkel α = 30° und β = 80° gegeben.
Berechne, wie groß γ ist.

**Lösung:**
Im Dreieck gilt: α + β + γ = 180°     30° + 80° + γ = 180°
Setze die Werte für α und β ein.        110° + γ = 180°
Dann kannst du γ berechnen.             γ = 70°

### Basisaufgaben

1. Bestimme für jedes Dreieck die Größe des dritten Winkels.
   a) α = 40°, β = 90°   b) β = 55°, γ = 67°   c) α = 72°, β = 11°

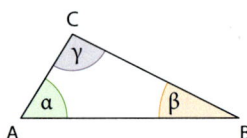

## 6.3 Winkelsumme im Dreieck

2. Bestimme die fehlenden Winkelgrößen der Dreiecke.

|   | α | β | γ |
|---|---|---|---|
| a) |   | 40° | 22° |
| b) | 42° |   | 127° |
| c) | 27° | 73° |   |

3. Die Winkelgrößen gehören zu drei Dreiecken. Gib an, welche Winkel zusammengehören.

34°   81°   26°   45°   54°
   52°   46°   120°   82°

# Weiterführende Aufgaben

4. Berechne in jeder Figur die fehlenden Winkelgrößen.

   a) 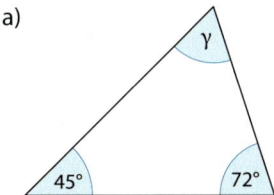   b) 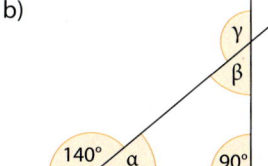   c)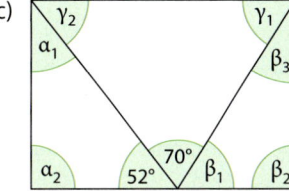

   Hinweis zu 4:
   Hier findest du die fehlenden Winkelgrößen.

5. **Durchblick:** Zeichne zwei verschieden große Dreiecke mit den angegebenen Winkeln. Miss den dritten Winkel und vergleiche mit der berechneten Winkelgröße.
   a) α = 35°, β = 45°   b) α = 85°, γ = 60°   c) β = 108°, γ = 24°

6. Gibt es Dreiecke ABC mit den angegebenen Winkeln? Begründe. Gib, falls möglich, die fehlende Winkelgröße und die Dreiecksart an.
   a) α = 33°, β = 57°,   b) α = 88°, β = 92°
   c) β = 59°, α = β = γ   d) β = 89°, γ = 89°

 7. **Stolperstelle:** Jan und Henry haben Dreiecke in ihr Heft gezeichnet, die Innenwinkel gemessen und die Winkelsumme berechnet.
   Jan: „Ich komme auf 178°."        Henry: „Ich komme auf 181°."
   Kann das stimmen? Was würdest du den beiden sagen?

8. **Ausblick:** Die rot gefärbten Winkel nennt man Außenwinkel des Dreiecks.
   a) Wie groß ist der Außenwinkel, wenn man den zughörigen Innenwinkel kennt? Berechne β' in der Bild 1. Formuliere einen allgemeinen Satz und begründe.
   b) Wie groß ist der Außenwinkel, wenn man die nicht anliegenden Innenwinkel kennt? Berechne α' in Bild 2. Formuliere einen Satz und begründe.

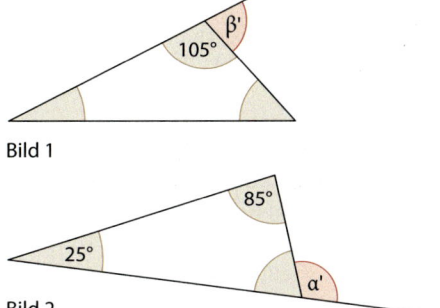

Bild 1

Bild 2

# 6.4 Winkelsumme im Viereck

■ Beim Spiegeln eines gleichseitigen Dreiecks an einer Seite entsteht als Gesamtfigur ein Viereck. Miss alle Innenwinkel des Vierecks und berechne, wie groß die Summe dieser Winkel ist. ■

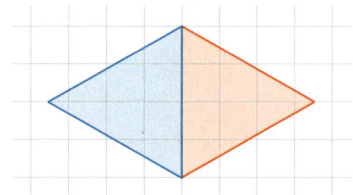

Man kann jedes Viereck durch eine Diagonale in zwei Dreiecke zerlegen. Da die Summe der Innenwinkel eines Dreiecks immer 180° beträgt, ist die Summe der Innenwinkel eines Vierecks vermutlich 360°. Diese Vermutung kann man begründen.

**Bekannt:** „Die Summe der Innenwinkel in einem Dreieck beträgt immer 180°." (Winkelsummensatz im Dreieck)

**Begründung:** Durch Einzeichnen einer Diagonalen wird ein Viereck in zwei Dreiecke zerlegt.

Nach dem Innenwinkelsatz für Dreiecke gilt:
$\alpha_1 + \gamma_1 + \delta = 180°$ und $\alpha_2 + \beta + \gamma_2 = 180°$

Alle Winkel addiert ergeben 360°:
$\alpha_1 + \gamma_1 + \delta + \alpha_2 + \beta + \gamma_2 = 360°$

Die Summanden kann man umsortieren:
$\alpha_1 + \alpha_2 + \beta + \gamma_1 + \gamma_2 + \delta = 360°$

Da $\alpha_1 + \alpha_2$ der Winkel α des Vierecks und $\gamma_1 + \gamma_2$ der Winkel γ des Vierecks ist, gilt: $\alpha + \beta + \gamma + \delta = 360°$

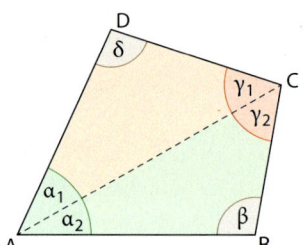

**Wissen: Winkelsummensatz im Viereck**
Die Summe der Innenwinkel in einem Viereck beträgt immer 360°.
$\alpha + \beta + \gamma + \delta = 360°$

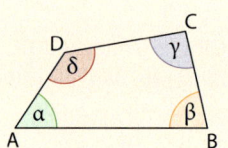

**Beispiel 1:** In einem Viereck sind die Winkel α = 30°, β = 80° und δ = 80° gegeben. Berechne, wie groß γ ist.

**Lösung:**
Im Viereck gilt: $\alpha + \beta + \gamma + \delta = 360°$   $30° + 80° + \gamma + 80° = 360°$
Setze die Werte für α, β und δ ein.   $190° + \gamma = 360°$
Dann kannst du γ berechnen.   $\gamma = 170°$

## Basisaufgaben

1. Berechne die Größe des vierten Innenwinkels.
   a) α = 100°, β = 100°, γ = 100°
   b) α = 90°, β = 45°, δ = 140°
   c) β = 90°, γ = 70°, δ = 80°
   d) α = 20°, γ = 25°, δ = 220°

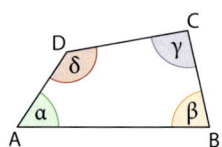

## 6.4 Winkelsumme im Viereck

2. Berechne die Größe des fehlenden Winkels.

   a) 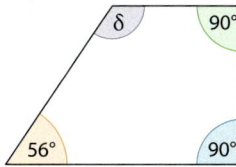   b) 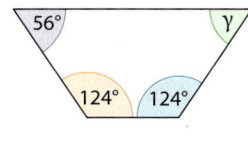   c)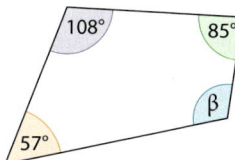

3. In diesen besonderen Vierecken sind gegenüberliegende Winkel gleich groß. Bestimme aus dem gegebenen Winkel die Größen der anderen Winkel.

   a) Parallelogramm   b) Raute   c) Drachenviereck

   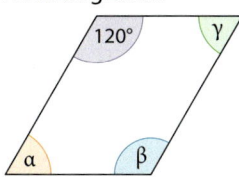   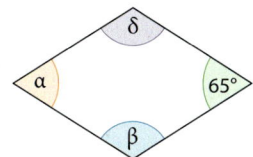   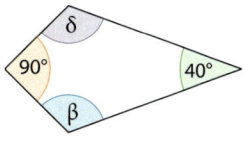

4. a) Übertrage ins Heft und ergänze die fehlenden Innenwinkel der Vierecke.

   |   | (1) | (2) | (3) | (4) | (5) |
   |---|---|---|---|---|---|
   | α | 25° | 80° | 45° |  | 45° |
   | β | 155° | 135° |  | 90° | 90° |
   | γ | 25° |  | 55° | 90° | 135° |
   | δ |  | 135° | 165° |  |  |

   b) Gib an, um welche Viereckart es sich jeweils handelt, und woran du das erkennst.

## Weiterführende Aufgaben

5. **Durchblick:** Gilt der Winkelsummensatz tatsächlich für alle Vierecke – oder gibt es Ausnahmen? Untersuche nebenstehende Figur.

6. Berechne die fehlenden Winkelgrößen. Fertige vorher eine Skizze an.
   a) In einem Viereck gilt: α = 50°, β = 30° und γ und δ sind gleich groß.
   b) In einem Parallelogramm gilt: α = 40°.
   c) In einer Raute ist ein Winkel 32° groß.

   Hinweis zu 6:
   Hier findest du die fehlenden Winkelgrößen.

7. **Stolperstelle:** „In jedem Dreieck ist die Summe der Innenwinkel 180°. Also ist die Summe im Viereck 4 · 180° = 720°."
   Wo liegt der Fehler in dieser Überlegung?

8. **Ausblick:**
   a) „Die Summe der Innenwinkel in einem Fünfeck beträgt immer 540°." Begründe den Satz. Die Zerlegung rechts kann dir dabei helfen.
   b) Stelle eine Vermutung für die Summe der Innenwinkel im Sechseck (im Siebeneck; im Achteck) auf.
   c) Im n-Eck gilt: Die Winkelsumme ist (n − 2) · 180°. Prüfe mithilfe dieser Formel deine Vermutung in b).

   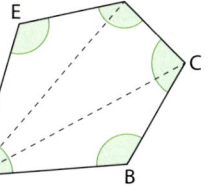

   Hinweis zu 8b:
   Zeichne das Vieleck in dein Heft und zerlege die Figur in Dreiecke.

## 6.5 Symmetrische Dreiecke

■ Zeichne das Dreieck ABC in 3 Schritten:

Schritt 1: Zeichne eine 5 cm lange Strecke $\overline{AB}$.

Schritt 2: Zeichne um A und um B zwei Kreisbögen mit dem Radius 4 cm, die sich in einem Punkt C schneiden.

Schritt 3: Verbinde A und B mit dem Schnittpunkt C.

Miss die Längen und die Winkel des Dreiecks. Was stellst du fest? ■

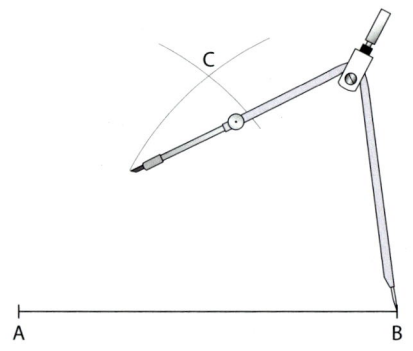

### Dreiecke ordnen und auf Symmetrie untersuchen

**Wissen: Gleichschenkliges Dreieck und gleichseitiges Dreieck**

Ein **gleichschenkliges Dreieck** hat zwei gleich langen Seiten.
Diese beiden Seiten heißen **Schenkel**.
Die dritte Seite heißt **Basis**.

Ein Dreieck mit drei gleich langen Seiten nennt man **gleichseitiges Dreieck**.

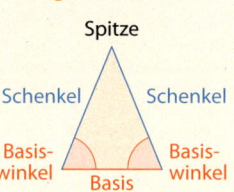 

**Beispiel 1: Symmetrie im gleichschenkligen Dreieck**
Zeichne ein gleichseitiges Dreieck. Prüfe, ob das gleichseitige Dreieck symmetrisch ist.

**Lösung:**
Zeichne um A und um B zwei Kreisbögen mit gleichem Radius, die sich in einem Punkt C schneiden.

Verbinde A und B mit dem Schnittpunkt C.

In dem Dreieck gibt es eine Symmetrieachse. Die Symmetrieachse ist die Mittelsenkrechte der Basis $\overline{AB}$ und die Winkelhalbierende des Winkels γ in der Spitze.

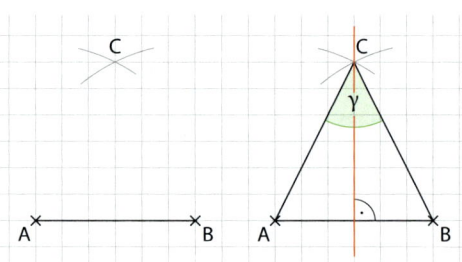

### Basisaufgaben

1. In jeder Figur gibt es mehrere Dreiecke. Gib alle Dreiecke mit ihren Eckpunkten an. Entscheide, welche der Dreiecke gleichschenklig und welche gleichseitig sind.

a) 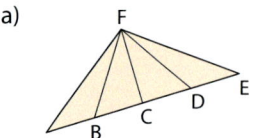   b) 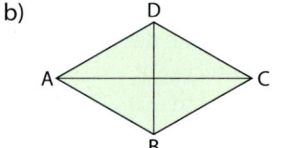   c)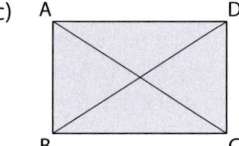

## 6.5 Symmetrische Dreiecke

2. Übertrage das Dreieck in dein Heft und prüfe, ob es achsensymmetrisch ist.
   Falls ja, so zeichne die Symmetrieachse ein.

   a)   b)   c)   d)

   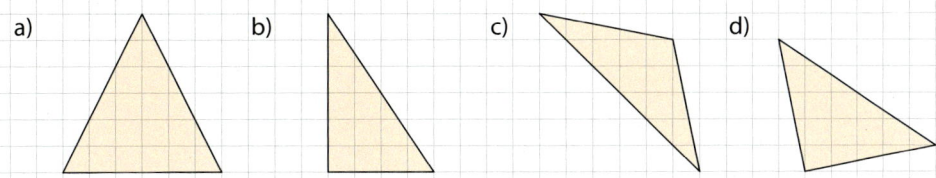

3. **Symmetrie im gleichseitigen Dreieck:**
   a) Zeichne das gleichseitige Dreieck ABC in 3 Schritten:
      Schritt 1: Zeichne eine 4 cm lange Strecke $\overline{AB}$.
      Schritt 2: Zeichne um A und um B zwei Kreisbögen mit dem Radius 4 cm, die sich in einem Punkt C schneiden.
      Schritt 3: Verbinde A und B mit dem Schnittpunkt C.
   b) Gib an, wie viele Symmetrieachsen ein gleichseitiges Dreieck hat. Zeichne die Symmetrieachsen in deinem Heft ein.
   c) Prüfe, ob die Symmetrieachsen Winkelhalbierende oder Mittelsenkrechte sind.

   Hinweis zu 3b:
   Du kannst deine Lösung überprüfen, indem du das Dreieck ausschneidest und entlang der eingezeichneten Symmetrieachsen faltest.

4. **Dreiecke nach Winkeln ordnen:** Ein Dreieck heißt spitzwinklig, wenn alle Innenwinkel kleiner als 90° sind, stumpfwinklig, wenn ein Innenwinkel größer als 90° ist, und rechtwinklig, wenn ein Innenwinkel 90° groß ist.
   Bestimme im Bild ein spitzwinkliges, ein stumpfwinkliges und ein rechtwinkliges Dreieck.

   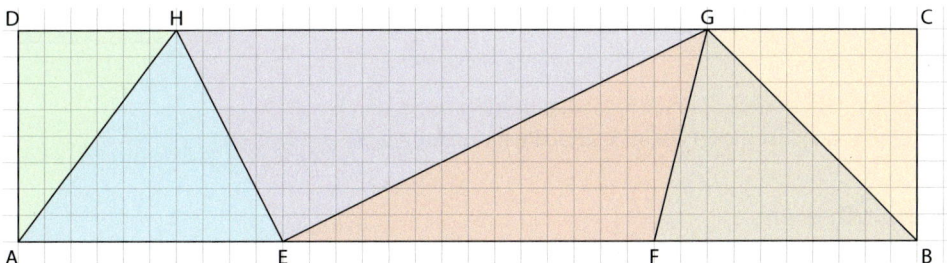

   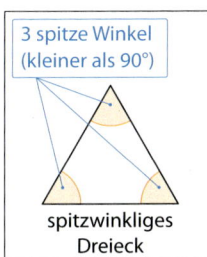
   spitzwinkliges Dreieck

   stumpfwinkliges Dreieck

   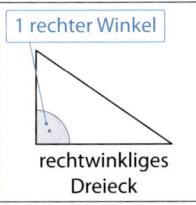
   rechtwinkliges Dreieck

5. Zeichne ein spitzwinkliges, ein rechtwinkliges und ein stumpfwinkliges Dreieck. Miss die Innenwinkel und trage sie in das Dreieck ein.

## Basiswinkelsatz

Misst man in einem gleichschenkligen Dreieck die Innenwinkel, so stellt man fest, dass die Winkel, die an der Basis anliegen (**Basiswinkel**) gleich groß sind.

**Begründung:** Da jedes gleichschenklige Dreieck achsensymmetrisch ist, kommen die Basiswinkel beim Falten entlang der Symmetrieachse genau zur Deckung. Die beiden Winkel müssen also gleich groß sein.

> **Wissen: Basiswinkelsatz**
> In jedem gleichschenkligen Dreieck sind die Basiswinkel gleich groß.

**Beispiel 2:** Berechne in dem gleichschenkligen Dreieck die fehlenden Winkelgrößen.

a) 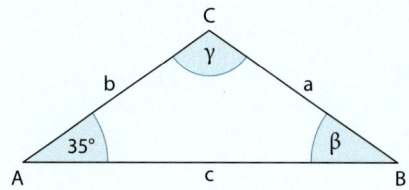   b)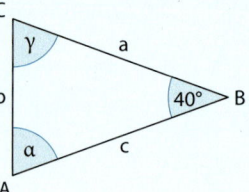

**Lösung:**

a) α und β sind Basiswinkel. Also ist β = 35°.        α = 35°, β = 35°        35° + 35° + γ = 180°
   Berechne mit dem Winkelsummensatz im                                      70° + γ = 180°
   Dreieck (α + β + γ = 180°) den Winkel γ.                                  Also ist γ = 110°.

b) β und γ sind Basiswinkel, also gleich groß.        α = 40°                40° + β + γ = 180°
   Aus dem Winkelsummensatz ergibt sich,                                     Da β = γ gilt, sind
   dass β + γ = 140° groß ist. Also müssen β                                 β = 70° und γ = 70°.
   und γ jeweils 70° groß sein.

**Hinweis:**
Es gilt umgekehrt: Wenn in einem Dreick zwei (drei) Innenwinkel gleich groß sind, so gibt es zwei (drei) gleich lange Seiten.

Misst man in einem gleichseitigen Dreieck die Innenwinkel, so stellt man fest, dass alle Winkel 60° groß sind.

**Begründung:** Da ein gleichseitiges Dreieck drei Symmetrieachsen hat, kommt jeder Innenwinkel beim Falten entlang einer Symmetrieachse mit den jeweils anderen Innenwinkeln zur Deckung. Daher müssen alle Innenwinkel gleich groß sein. Nach dem Winkelsummensatz ist jeder Winkel 180° : 3 = 60° groß.

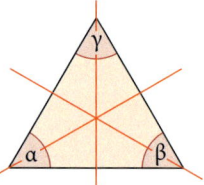

**Wissen: Satz über die Innenwinkel im gleichseitigen Dreieck**
In einem gleichseitigen Dreieck sind alle Innenwinkel 60° groß.

## Basisaufgaben

6. Gib im gleichschenkligen Dreieck Basis und Schenkel an. Wie groß sind die Basiswinkel?

a) 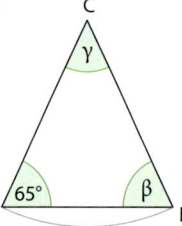   b) 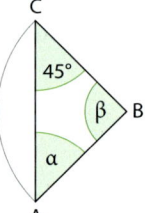   c) 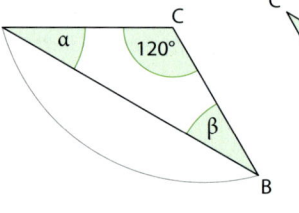   d)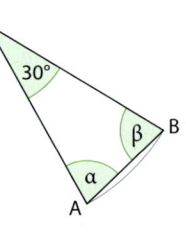

**Hinweis zu 7:**
Hier findest du die fehlenden Winkelgrößen.

7. Gib an, ob das Dreieck gleichschenklig oder gleichseitig ist. Berechne dann die fehlenden Winkelgrößen.

a) 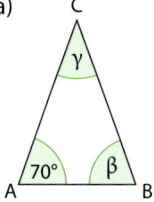   b) 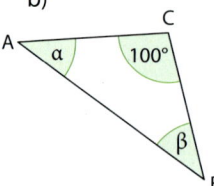   c) 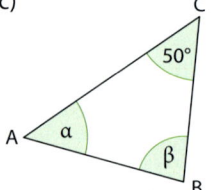   d)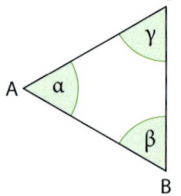

## 6.5 Symmetrische Dreiecke

8. Der Neigungswinkel eines Daches sorgt dafür, das Regenwasser ablaufen kann.
   a) Das Dach eines Hauses hat einen Neigungswinkel von 55°. Bestimme den Neigungswinkel der linken Dachhälfte.
   b) Welchen Winkel hat das Dach in der Giebelspitze?
   c) Für unterschiedliche Materialien sind unterschiedliche Neigungswinkel vorgeschrieben.
      Berechne für symmetrische Dächer den Winkel in der Dachspitze.

   | Material | Neigungswinkel |
   |---|---|
   | Schiefer | 25° |
   | Schindeln | 20° bis 85° |
   | Kunststoffplatten | 15° |

# Weiterführende Aufgaben

9. Übertrage die Tabelle ins Heft. Gib für jedes Dreieck an, welche Eigenschaft zutrifft.

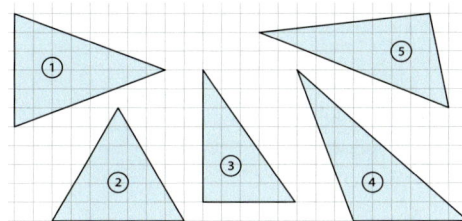

   |  | 1 | 2 | 3 | 4 | 5 |
   |---|---|---|---|---|---|
   | spitzwinklig | ✓ |  |  |  |  |
   | rechtwinklig | – |  |  |  |  |
   | stumpfwinklig | – |  |  |  |  |
   | gleichschenklig |  |  |  |  |  |
   | gleichseitig |  |  |  |  |  |

10. **Durchblick:** Bestimme alle Innenwinkel des Dreiecks.
    a) Das Dreieck ist gleichschenklig. Ein Basiswinkel ist 54° groß.
    b) Das Dreieck ist gleichschenklig. Der Winkel in der Spitze beträgt 30°.
    c) Das Dreieck ist rechtwinklig. Die beiden anderen Winkel sind gleich groß.
    d) Alle drei Winkel sind gleich groß.

11. Ist das Dreieck spitzwinklig, stumpfwinklig oder rechtwinklig, gleichseitig, gleichschenklig? Prüfe mit dem Winkelsummensatz für Dreiecke.
    a) $\alpha = 54°, \beta = 51°$   b) $\alpha = 60°, \beta = 60°$   c) $\beta = 45°, \gamma = 90°$   d) $\alpha = 36°, \gamma = 48°$

12. **Stolperstelle:** Ist die Aussage richtig oder falsch? Begründe.
    a) Ein gleichschenkliges Dreieck ist auch gleichseitig, da es gleich lange Seiten hat.
    b) Ein stumpfwinkliges Dreieck kann kein gleichseitiges Dreieck sein.
    c) Ein Dreieck mit drei gleich langen Seiten hat auch drei gleich große Winkel.
    d) Ein rechtwinkliges Dreieck ist auch gleichschenklig.
    e) Es gibt kein Dreieck, das rechtwinklig und gleichseitig ist.

13. **Ausblick:** Welche Längen kann die fehlende Seite des Dreiecks haben?
    a) a = 6 cm; b = 6 cm   b) b = 37 mm; c = 41 mm   c) a = 6,3 m; c = 1,9 m

## 6.6 Symmetrische Vierecke

■ Das rote Dreieck ist achsensymmetrisch.
Zeichne das Dreieck ab und ergänze die Symmetrieachse.
Ergänze dann die Figur zu einem symmetrischen Viereck. ■

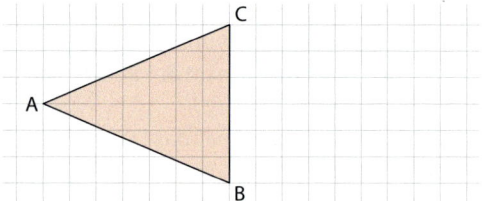

### Symmetrische Vierecke

Vierecke kann man aufgrund ihrer Gemeinsamkeiten (gleich lange Seiten, parallele Seiten und rechte Winkel) ordnen. Sie lassen sich aber auch aufgrund ihrer Symmetrieeigenschaften ordnen.

**Wissen: Haus der Vierecke**

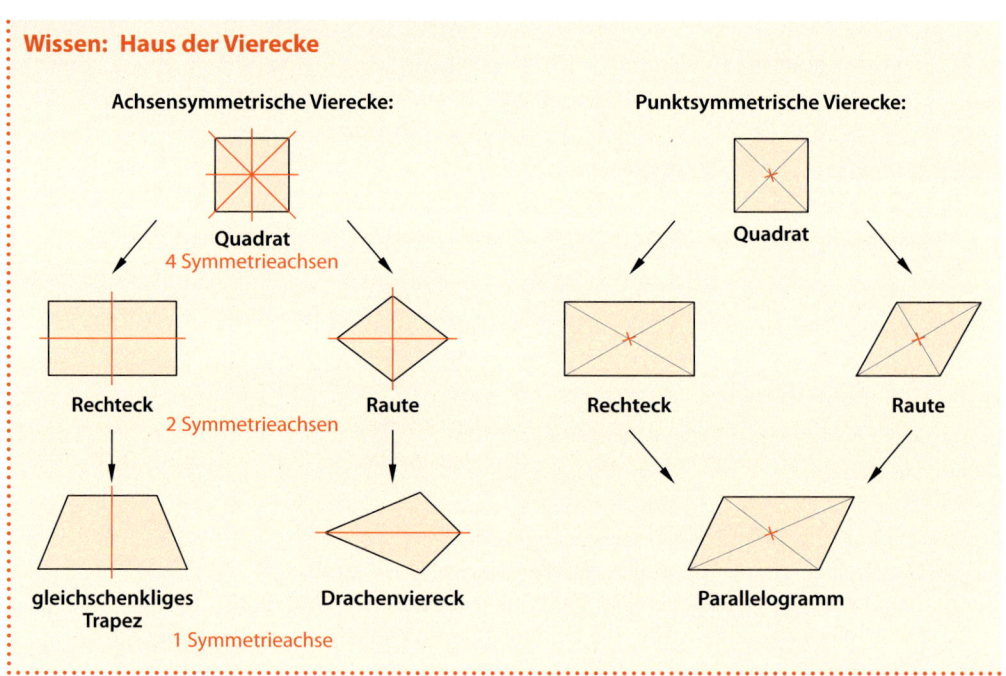

Hinweis:
Ein Trapez heißt **gleichschenkliges Trapez**, wenn die Innenwinkel an den parallelen Seiten gleich groß sind.

Die Pfeile im **Haus der Vierecke** verdeutlichen die Ordnung.
Ein „⟶" Pfeil steht für „Alle … sind auch …"

Es gilt beispielsweise: Alle Quadrate sind auch Rechtecke. Alle Quadrate sind auch Rauten.

Deshalb hat jedes Quadrat sowohl die Symmetrieeigenschaften eines Rechtecks als auch die einer Raute. Ein Quadrat hat 4 Symmetrieachsen. 2 Symmetrieachsen sind Mittelsenkrechte wie beim Rechteck und 2 Symmetrieachsen sind Winkelhalbierende wie bei der Raute.

Es gilt auch: Alle Rechtecke sind sowohl gleichschenklige Trapeze als auch Parallelogramme.

Genau wie ein gleichschenkliges Trapez hat ein Rechteck eine Mittelsenkrechte als Symmetrieachse. Da jedes Parallelogramm punktsymmetrisch ist, ist auch ein Rechteck punktsymmetrisch. Das Symmetriezentrum ist bei beiden Figuren der Schnittpunkt der Diagonalen.

## 6.6 Symmetrische Vierecke

**Basisaufgaben**

1. Ergänze im Heft zu einem achsensymmetrischen Viereck.

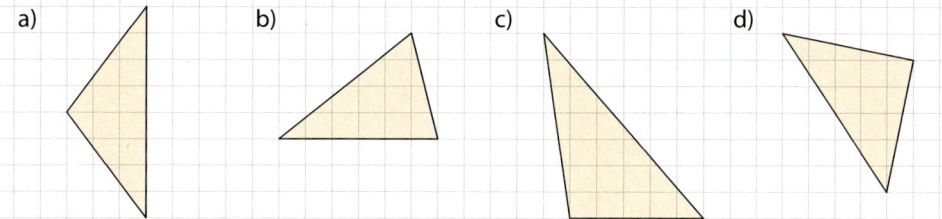

2. Übertrage die Vierecke ins Heft. Markiere Symmetrieachsen und Symmetriezentrum.

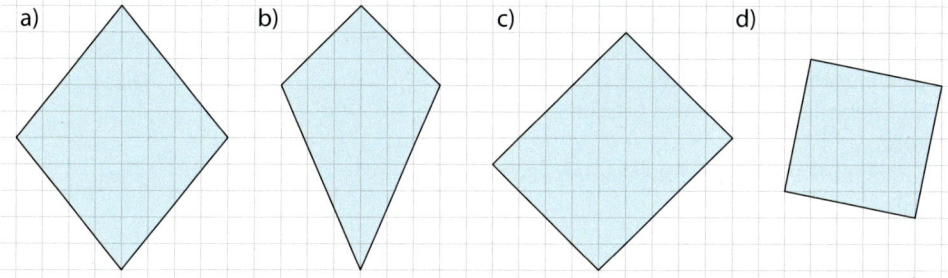

3. Beschreibe die Symmetrieeigenschaften eines Rechtecks (eines Quadrats).

4. Gib alle Vierecke mit diesen Eigenschaften an.
   a) Das Viereck hat mindestens zwei Symmetrieachsen.
   b) Das Viereck hat zwei Winkelhalbierende als Symmetrieachsen.
   c) Das Viereck ist achsensymmetrisch zu genau einer Winkelhalbierenden.
   d) Das Viereck hat zwei Symmetrieachsen, die Mittelsenkrechte sind.
   e) Das Viereck ist achsensymmetrisch zu genau einer Mittelsenkrechten.

5. Ist die Aussage richtig oder falsch?
   a) Jedes Rechteck ist auch ein Parallelogramm.
   b) Jedes Parallelogramm ist auch eine Raute.
   c) Manche Trapez sind auch Rechtecke.
   d) Jedes Parallelogramm ist auch ein Trapez.

6. Quadrate, Rechtecke und Rauten haben mehrere Symmetrieachsen.
   Gib die Winkel an, unter denen sich die Symmetrieachsen schneiden.

7. a) Zeichne auf Karopapier ein gleichschenkliges Dreieck. Ergänze es durch Spiegeln an der Basis zu einem symmetrischen Viereck. Gib die Vierecksart an.
   b) Zeichne auf Karopapier ein rechtwinkliges Dreieck. Ergänze es durch Spiegeln an der längsten Seite zu einem symmetrischen Viereck. Gib die Vierecksart an.
   c) Zeichne auf Karopapier ein beliebiges Dreieck. Ergänze es durch Spiegeln an der längsten Seite zu einem symmetrischen Viereck. Gib die Vierecksart an.

Tipp zu 7:

gleichschenklig

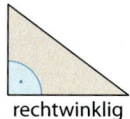
rechtwinklig

8. Was für Figuren entstehen, wenn man die achsensymmetrischen Vierecke entlang ihrer Symmetrieachsen zusammenfaltet? Erstelle eine Tabelle.

## Winkel in symmetrischen Vierecken

In einem Parallelogramm sind die Innenwinkel, die sich gegenüberliegen, gleich groß. Dies kann man nachmessen oder mit Symmetrieeigenschaften des Parallelogramms begründen.

**Begründung:** Da jedes Parallelogramm punktsymmetrisch ist, kommt der Winkel β bei einer Drehung um 180° um Z mit dem Winkel δ zur Deckung. Daher sind β und δ gleich groß.

Dies gilt auch für α und γ.

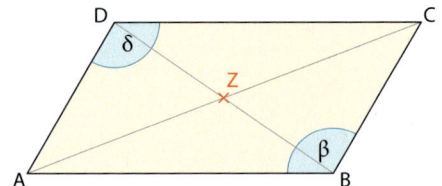

### Wissen: Winkel in Vierecken
**Quadrat** und **Rechteck:** Alle Winkel sind gleich groß (90°).

**Parallelogramm** und **Raute:**
Gegenüberliegende Winkel sind gleich groß.
Benachbarte Winkel sind zusammen 180° groß.

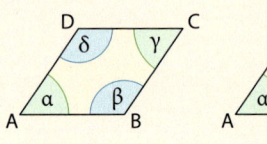 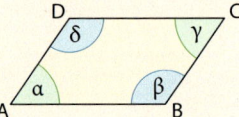

**Drachenviereck:**
Es gibt ein Paar gleich großer Winkel, die sich im Viereck gegenüber liegen.

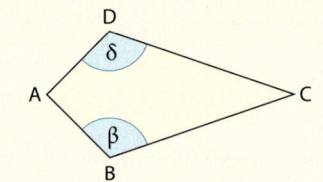

**Beispiel 1:** Ermittle die fehlenden Winkelgrößen.

a)   b)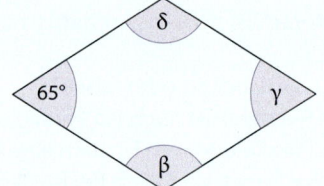

**Lösung:**
a) Im Parallelogramm sind gegenüber-  γ = 67°
liegende Winkel gleich groß.  δ = 113°

b) In einer Raute sind gegenüberliegende
Winkel gleich groß. Daher ist γ = 65°.  γ = 65°
β und der Winkel mit der Größe 65° sind
benachbarte Winkel. Sie sind zusammen  65° + β = 180°
180° groß. Berechne damit β. Der Winkel δ  β = 135°
ist so groß wie β.  δ = 135°

## Basisaufgaben

9. Berechne die fehlenden Winkelgrößen im Parallelogramm ABCD.
   a) α = 80°, β = 100°   b) β = 68°, γ = 112°   c) δ = 55°   d) γ = 62°

# 6.6 Symmetrische Vierecke

**10.** Berechne die fehlenden Winkelgrößen in den Vierecken.

a) 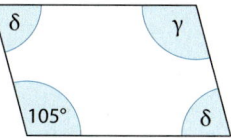   b) 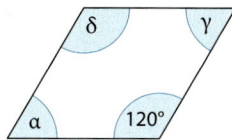   c)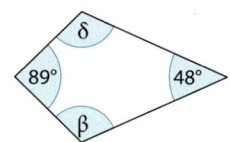

## Weiterführende Aufgaben

**11.** Begründe, dass benachbarte Winkel in Parallelogrammen zusammen 180° groß sind. Verwende dazu die Sätze über Winkel an doppelten Geradenkreuzungen.

**12.** Das Bild zeigt ein gleichschenkliges Trapez. Untersuche Beziehungen zwischen den Winkelgrößen. Begründe jeweils.

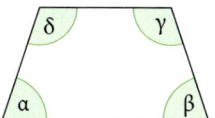

**13.**
a) Ermittle die Innenwinkel der Vierecke, aus denen das Sechseck zusammengesetzt ist.
b) Um was für eine Viereckart handelt es sich? Begründe.
c) Zeichne ein Sechseck. Nutze die Ergebnisse aus a) und b).
d) Wie könnte man ein Achteck konstruieren?

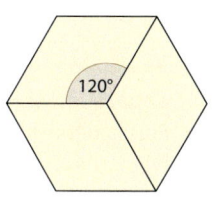

**14. Durchblick:** Übertrage die Tabelle in dein Heft und kreuze darin passend an.

| | achsensymmetrisch | punktsymmetrisch | 4 rechte Winkel | je 2 gleich große Winkel | 4 gleich lange Seiten | 2 Seiten sind parallel | gegenüberliegende Seiten sind parallel |
|---|---|---|---|---|---|---|---|
| ① | | | | | | | |
| ② | | | | | | | |
| … | | | | | | | |

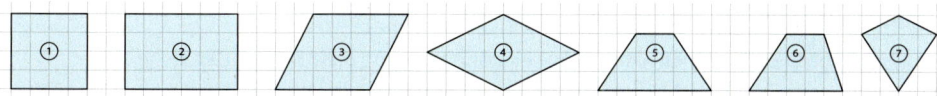

**15.** Erstelle je einen Steckbrief zu den Vierecksarten Quadrat, Rechteck, Parallelogramm, Raute und Trapez.

**16. Stolperstelle:** „Trapeze sind niemals achsensymmetrisch." Prüfe diese Aussage und begründe.

**17. Ausblick:**
a) Zeichne ein Parallelogramm mit a = 5 cm, β = 120° und c = 3 cm.
b) Zeichne ein Drachenviereck mit a = 3 cm, b = 6 cm und β = δ = 130°.

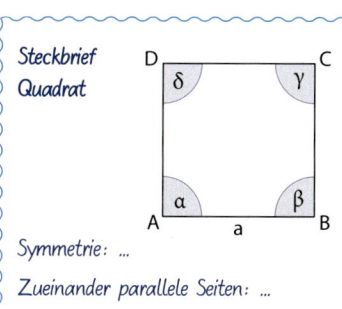

# 6.7 Vermischte Aufgaben

1. Ermittle die Größen aller Winkel in der Zeichnung.
   a) 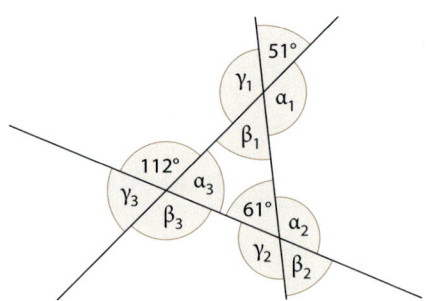 b)

2. Ist die Aussage richtig oder falsch? Begründe.
   a) $\alpha_1 = \gamma_1$
   b) $\alpha_1 = \alpha_2$
   c) $\beta_1 + \gamma_1 = 180°$
   d) $\beta_1 = \delta_2$
   e) $\alpha_1 + \beta_2 = 180°$

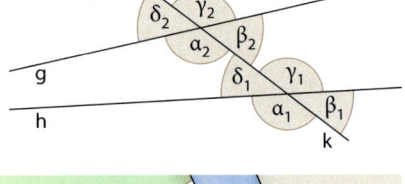

3. An einem begradigten Fluss sollen Weiden so abgezäunt werden, dass die Zäune, die auf den Fluss zu führen, parallel zueinander sind. Der Bauer hat eine Skizze angefertigt. Ermittle die fehlenden Winkelgrößen.

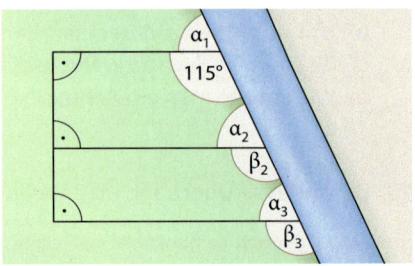

4. In einem Koordinatensystem gibt es die Punkte P(4|4) und Q(8|4). Welche Koordinaten kann ein dritter Punkt R haben, sodass die drei Punkte ein rechtwinkliges und gleichschenkliges Dreieck bilden? Gib alle Möglichkeiten an.

5. Berechne die Größen der drei Innenwinkel im Dreieck.
   a) In einem Dreieck hat $\alpha$ eine Winkelgröße von 50°. $\beta$ ist 30° größer als $\gamma$.
   b) In einem Dreieck ist $\alpha$ doppelt so groß wie $\beta$ und $\gamma$ beträgt 60°.
   c) In einem Dreieck ist $\alpha$ doppelt so groß wie $\beta$ und dreimal so groß wie $\gamma$.
   d) In einem gleichschenkligen Dreieck liegt der Winkel $\alpha$ der Basis gegenüber, $\alpha$ beträgt 78°.

6. Ist die Aussage richtig oder falsch? Begründe.
   a) Ein spitzwinkliges Dreieck hat drei spitze Winkel.
   b) Ein stumpfwinkliges Dreieck hat drei stumpfe Winkel.
   c) Ein gleichschenkliges Dreieck ist immer spitzwinklig.
   d) Ein rechtwinkliges Dreieck kann keinen stumpfen Winkel haben.
   e) Ein Dreieck, bei dem ein Winkel größer ist als die anderen beiden Winkel zusammen, ist stumpfwinklig.

7. Viviana behauptet: „Ein gleichseitiges Dreieck ist nicht nur achsensymmetrisch, sondern auch punktsymmetrisch. Das Symmetriezentrum ist der Schnittpunkt der Symmetrieachsen." Hat Viviana recht? Begründe deine Meinung.

## 6.7 Vermischte Aufgaben

8. a) Zeichne die Punkte A(1|1), B(7|3), C(9|9) und D(3|7) in ein Koordinatensystem und verbinde sie zum Viereck ABCD.
   b) Miss die Größe der vier Innenwinkel und berechne die Winkelsumme.
   c) Untersuche, ob das Viereck achsensymmetrisch, punktsymmetrisch oder beides ist und trage gegebenenfalls die Symmetrieachsen und das Symmetriezentrum Z ein.

9. a) Berechne die Winkelgrößen α und β im nebenstehenden Fünfeck.
   b) Ermittle die Innenwinkelsumme des Fünfecks.

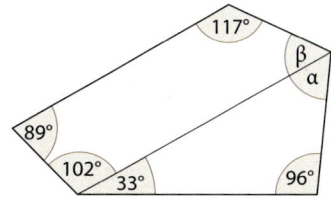

10. Berechne die Innenwinkelgrößen des gegebenen Vierecks.
    a)
    b)
    c)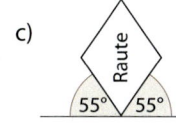

11. Trage die Punkte A(1|3), C(6|5) und D(8|3) in ein Koordinatensystem ein. Es soll ein weiterer Punkt B so eingetragen werden, dass ein Viereck ABCD entsteht. Entscheide, welche Viereckarten so erzeugt werden können und skizziere jeweils ein Beispiel.

12. a) Zeichne zwei Geraden g und h, die einander schneiden, und einen Punkt Z, der nicht auf den Geraden liegt. Spiegele die Geraden am Punkt Z.
    b) Gib an, was für ein Viereck die Geraden g, h, g' und h' bilden.

13. Nimm begründet Stellung zu folgender Aussage:
    „Verläuft die Symmetrieachse eines Vierecks durch einen Eckpunkt, so ist sie gleichzeitig eine Winkelhalbierende."

14. Erläutere, wie man ein gleichseitiges Dreieck (ein gleichschenkliges Dreieck) durch Achsenspiegelung oder durch Punktspiegelung am Mittelpunkt einer Seite zu einem symmetrischen Viereck ergänzen kann. Gib jeweils die Viereckart an, die dabei entsteht. Stelle deine Ergebnisse in einer Präsentation vor.

15. Rauten sind achsen- und punktsymmetrisch.

    - Beschreibe die Lage der Symmetrieachsen und die Lage des Symmetriezentrums.
    - Zeichne eine Raute mit seinen beiden Diagonalen und kennzeichne jeweils ein Scheitelwinkelpaar, ein Nebenwinkelpaar und ein Wechselwinkelpaar.
    - Nimm Stellung zu der Aussage: „Jedes Parallelogramm ist auch eine Raute, aber nicht jede Raute ist auch ein Parallelogramm."
    - Bestimme die Größe von allen vier Innenwinkeln einer Raute, wenn ein Winkel 110° groß ist.
    - Zeichne das gleichschenklige Dreieck ABC mit A(1|3), B(3|1) und C(3|5) in ein Koordinatensystem und spiegele es an seiner Basis. Welche Viereckart ist dabei entstanden?

# Prüfe dein neues Fundament

Lösungen
↗ S. 234

1. Ermittle die Größen der eingezeichneten Winkel. Erläutere dein Vorgehen.
   a) 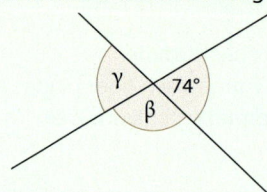     b)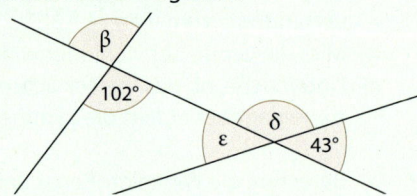

2. a) Gib zwei Paare Scheitelwinkel an.
   b) Gib zwei Paare Nebenwinkel an.
   c) Gib zwei Paare Stufenwinkel an.
   d) Gib zwei Paare Wechselwinkel an.

   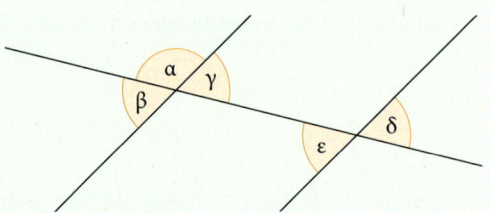

3. Ermittle die Größen der eingezeichneten Winkel. Erläutere dein Vorgehen.
   a) 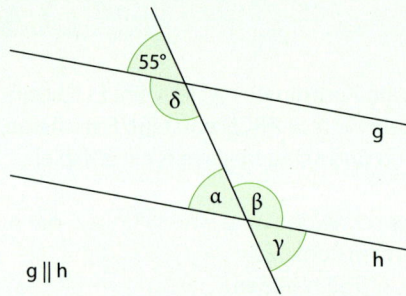     b)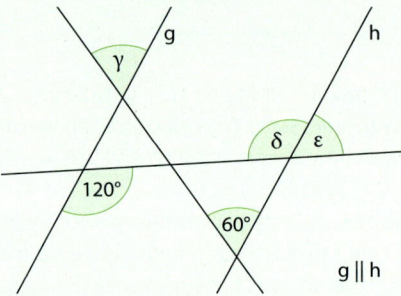

4. Berechne, wie groß der dritte Innenwinkel des Dreiecks ABC ist.
   a) $\alpha = 20°$, $\beta = 90°$     b) $\beta = 33°$, $\gamma = 86°$     c) $\alpha = 55°$, $\gamma = 24°$

5. Berechne, wie groß der vierte Innenwinkel des Vierecks ABCD ist.
   a) $\alpha = 90°$; $\beta = 90°$; $\gamma = 90°$     b) $\beta = 45°$; $\gamma = 135°$; $\delta = 45°$     c) $\alpha = 101°$; $\gamma = 66°$; $\delta = 94°$

6. Bestimme die Größe des Winkels $\alpha$.
   a) 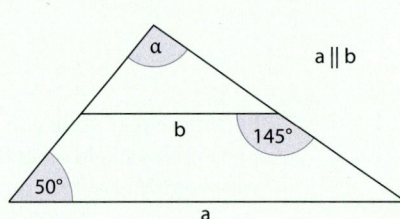     b)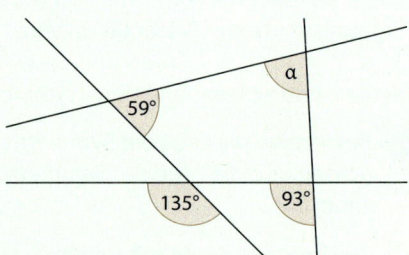

7. Ein Bücherregal soll unter eine Dachschräge mit einem Neigungswinkel von 42° montiert werden. Unter welchem Winkel $\alpha$ muss das Bücherregal abgesägt werden, damit es lückenlos unter die Schräge passt?

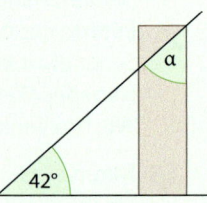

Prüfe dein neues Fundament

8. Gib die drei Winkelgrößen eines Dreiecks an, das rechtwinklig und gleichschenklig ist.

9. Ist die Aussage richtig oder falsch? Begründe.
   a) Ein gleichschenkliges Dreieck hat zwei gleich große Winkel.
   b) Ein Dreieck kann zwei rechte Innenwinkel haben.
   c) Ein Dreieck kann höchstens eine Symmetrieachse haben.

10. Bestimme die Größe von allen vier Innenwinkeln eines Parallelogramms, wenn einer der Winkel 110° groß ist.

11. Untersuche das Viereck auf Achsen- und Punktsymmetrie. Übertrage es in dein Heft und trage gegebenenfalls die Symmetrieachsen und das Symmetriezentrum Z ein.

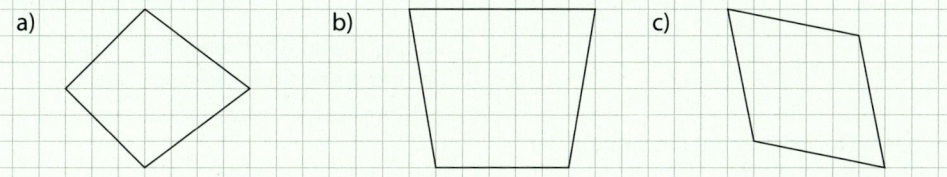

12. Um welche Viereckart handelt es sich?
    a) Das Viereck ist punktsymmetrisch, aber nicht achsensymmetrisch.
    b) Das Viereck ist achsensymmetrisch, hat aber drei verschiedene Seitenlängen.

## Wiederholungsaufgaben

1. Gib das Ergebnis in der in Klammer stehenden Maßeinheit an.
   a) Ein Viertel von 1 m. (in Zentimeter)
   b) Das Achtfache von 400 g. (in Kilogramm)
   c) Ein Drittel eines Tages. (in Stunden)
   d) Das Zwölffache von 70 Cent. (in Euro)

2. Ergänze die nebenstehende Figur in deinem Heft zu einem Würfelnetz. Es gibt mehrere Lösungen. Skizziere alle Möglichkeiten.

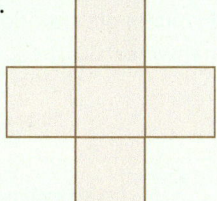

3. Im Diagramm siehst du das Ergebnis einer Umfrage. Jeder Befragte konnte genau eine Kategorie auswählen. Bestimme anhand des Diagramms, wie viele Personen insgesamt geantwortet haben.

# Zusammenfassung

6. Winkel- und Symmetriebetrachtungen

## Winkelsätze an Geradenkreuzungen

Zwei Geraden, die sich schneiden, bilden eine **Geradenkreuzung** mit vier Winkeln.

An einer Geradenkreuzung gilt:
- **Nebenwinkel** ergänzen sich zu 180°.
- **Scheitelwinkel** sind gleich groß.

Zwei parallele Geraden, die von einer dritten Geraden geschnitten werden, bilden zwei Geradenkreuzungen.

An einer doppelten Geradenkreuzung gilt:
- **Stufenwinkel** sind gleich groß.
- **Wechselwinkel** sind gleich groß.

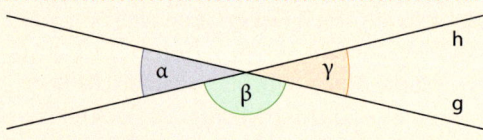

α und β sind Nebenwinkel. α + β = 180°
α und γ sind Scheitelwinkel. α = γ

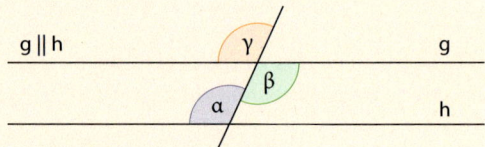

α und β sind Wechselwinkel. α = β
α und γ sind Stufenwinkel. α = γ

## Innenwinkelsumme

In jedem Dreieck beträgt die Summe der drei Innenwinkel 180°.

In jedem Viereck beträgt der Summe der Innenwinkel 360°

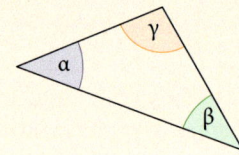

## Gleichschenklige Dreiecke, gleichseitige Dreiecke

Ein **gleichschenkliges Dreieck** hat zwei gleich lange Seiten. Diese beiden Seiten heißen **Schenkel**. Die dritte Seite heißt **Basis**.

In jedem gleichschenkligem Dreieck sind die Basiswinkel gleich groß (**Basiswinkelsatz**).

Ein Dreieck mit drei gleich langen Seiten nennt man **gleichseitiges Dreieck**.

In einem gleichseitiges Dreieck sind alle Innenwinkel 60° groß.

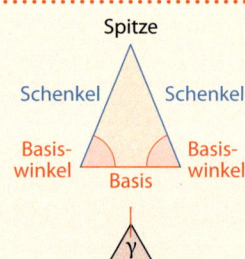

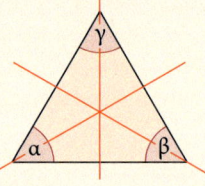

## Symmetrische Vierecke

Achsensymmetrische Vierecke:

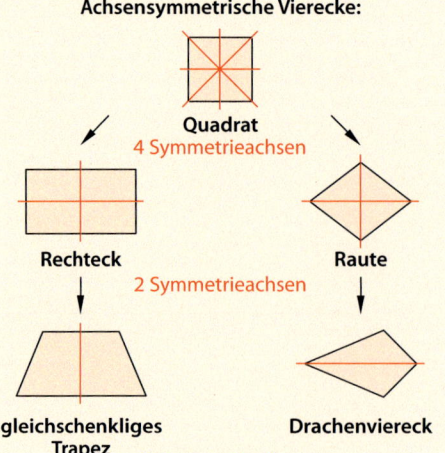

Punktsymmetrische Vierecke:

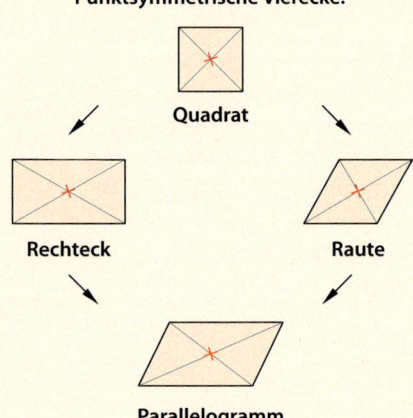

# 7. Daten

Wie viele rote, grüne und gelbe Gummibärchen gibt es in einer Tüte? Diese Frage kann man mit einer absoluten Zahl, aber auch mit einer Prozentzahl beantworten.

Nach diesem Kapitel kannst du …
- relative Häufigkeiten berechnen,
- mit Kreisdiagrammen umgehen,
- das arithmetische Mittel berechnen,
- Minimum, Maximum und Modalwert angeben.

# Dein Fundament

7. Daten

**Lösungen**
S. 234

## Daten in Tabellen erfassen

1. Die Tabelle zeigt die Altersverteilung aller Schüler der Klasse 6a.
   a) Wie viele Schüler sind 13 Jahre alt?
   b) Wie viele Schüler sind jünger als 13 Jahre?
   c) Wie viele Schüler gehen in die Klasse 6a?

| Alter | Strichliste | Häufigkeit |
|---|---|---|
| 11 | \|\| | 2 |
| 12 | \|\|\|\|  \|\|\|\| | 10 |
| 13 | \|\|\|\|  \|\|\|\|  \| | 11 |
| 14 | \| | 1 |

2. Ines fragte ihre Freundinnen nach ihrer Augenfarbe. Sie erhält folgende Antworten.

| Anja | Anna | Sofie | Maja | Nele | Laura | Sara | Hanna | Lena |
|---|---|---|---|---|---|---|---|---|
| braun | grün | blau | braun | grün | grau | braun | blau | braun |

   Fertige eine Strichliste und eine Häufigkeitstabelle an.

3. Die Tabelle zeigt einige Ergebnisse der Klassensprecherwahl der Klasse 6b. Alle abgegebenen Stimmen von 25 Schülern waren gültig. Auf jedem Stimmzettel stand genau ein Name.

| Name | Strichliste | Häufigkeit |
|---|---|---|
| Katja | | 5 |
| Nele | \|\|\|\|  \|\|\|\| | |
| Aron | \|\|\|\|  \|\| | |
| Gustav | | |

   a) Übertrage die Tabelle in dein Heft und fülle sie aus.
   b) Wer wurde zum Klassensprecher gewählt?
   c) Am Wahltag fehlten drei Schüler. Hätte ein anderer Klassensprecher werden können, wenn sie da gewesen wären?
   d) Wie viele Schüler gehören zur Klasse 6b?

## Daten in Säulendiagrammen darstellen

4. In dem Diagramm hat Tobias die Länge von Flüssen veranschaulicht.
   Lies die Länge der Flüsse aus dem Diagramm ab. Runde auf Hunderter.

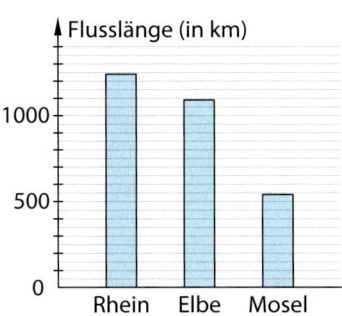

5. So lange brauchen Schüler für ihren Schulweg. Stelle die Daten in einem Säulendiagramm dar.
   Schulwegzeiten: 20 min, 15 min, 25 min, 20 min, 15 min, 30 min, 30 min, 15 min, 15 min, 20 min, 30 min, 25 min, 30 min, 40 min, 30 min, 20 min, 15 min, 15 min, 35 min, 40 min

Dein Fundament

6. Hundert Kinder wurden befragt, für welchen Zweck sie einen großen Teil ihres Taschengeldes ausgeben. Jedes Kind durfte maximal drei Dinge nennen. Das Befragungsergebnis ist im Diagramm dargestellt. Die Zahlen geben an, wie häufig der Zweck der Ausgaben genannt wurde.

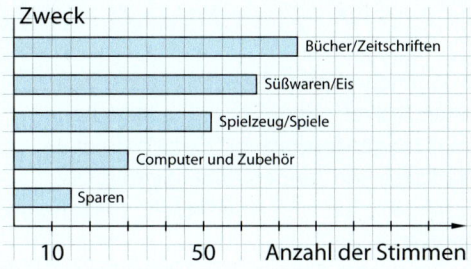

   a) Wie viele Kinder gaben an, dass sie einen großen Teil ihres Taschengeldes für Computer und Zubehör ausgaben?
   b) Wie viele Kinder gaben nicht an, dass sie einen großen Teil ihres Taschengeldes sparen?
   c) Insgesamt wurden 236 Antworten gegeben. 64-mal wurde die Antwort „Süßwaren/Eis" gegeben. Wie oft wurde „Spielzeug und Spiele" genannt?

## Brüche, Dezimalzahlen und Prozente

7. Übertrage die Tabelle in dein Heft und ergänze sie.

| (gekürzter) Bruch | $\frac{1}{2}$ | $\frac{3}{4}$ | | | | |
|---|---|---|---|---|---|---|
| Bruch mit Nenner 100 | $\frac{50}{100}$ | | | $\frac{25}{100}$ | | $\frac{180}{100}$ |
| Dezimalzahl | 0,5 | | 0,2 | | 0,05 | |
| Prozentangabe | 50 % | | | 80 % | | |

8. Gib den Anteil als Bruch und in Prozent an.
   a) 3 von 12 Schülern
   b) 7 von 14 Büchern
   c) 8 von 16 Stück Kuchen

9. Wie groß ist der farbig dargestellte Anteil? Gib als Bruch, als Dezimalzahl und in Prozent an.
   a) 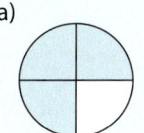   b) 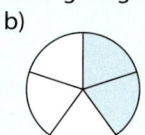   c) 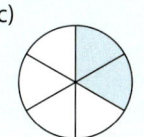   d) 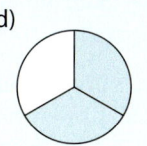   e) 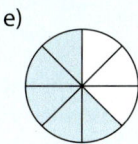   f)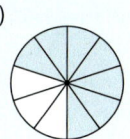

## Kurz und knapp

10. Berechne.
    a) (2 + 2 + 3 + 4 + 2) : 5
    b) (3,4 + 6,9 + 7,7) : 3
    c) (13 + 10 + 14 + 13) : 4

11. Zeichne den Winkel.
    a) 20°   b) 45°   c) 80°   d) 120°   e) 135°   f) 240°

12. Gib den farbigen Anteil des Kreises als Bruch und die Größe des Winkels α in Grad an.
    a) 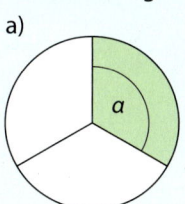   b) 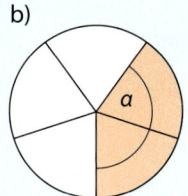   c) 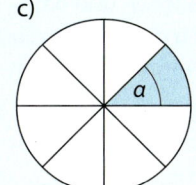   d)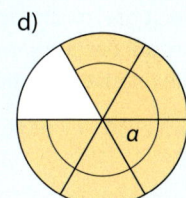

# 7.1 Absolute und relative Häufigkeit

■ Paul schreibt für die Schülerzeitschrift einen Artikel: „Gibt es typische Mädchen- oder Jungensportarten?" Dazu befragt er Mädchen und Jungen seiner Schule. Die Ergebnisse hat er in einer Tabelle zusammengefasst.
Paul schreibt: „Schwimmen ist bei Jungen und Mädchen gleich beliebt. Jungen mögen Fußball lieber als Mädchen."
Stimmt das? Begründe deine Meinung. ■

| Mädchen (insgesamt 30) | |
|---|---|
| Fußball | 15 |
| Reiten | 10 |
| Schwimmen | 5 |
| **Jungen (insgesamt 40)** | |
| Fußball | 30 |
| Reiten | 5 |
| Schwimmen | 5 |

Mark und Jonas sind sehr gute Basketballspieler. Nach dem letzten Training möchten sie wissen, wer von beiden die bessere Freiwurfquote hat.

| Mark (40 Würfe) | Jonas (50 Würfe) |
|---|---|
| 16 Körbe | 18 Körbe |

Jonas hat 18 Körbe geworfen, Mark nur 16 Körbe. Wenn man nur die **absoluten Häufigkeiten** – also die Anzahl der Körbe – vergleicht, dann ist Jonas besser. Um aber fair zu vergleichen, muss man berücksichtigen, wie oft jeder geworfen hat. Dazu teilt man die Treffer durch die Gesamtzahl der Würfe. Diese Anteile nennt man **relative Häufigkeiten**.

Mark: $\frac{16}{40} = 0{,}4 = 40\,\%$ 　　　　　　　　　Jonas: $\frac{18}{50} = 0{,}36 = 36\,\%$

Bezogen auf die Anzahl der Würfe ist Mark besser.

Erinnere dich:
$0{,}4 = 40\,\%$
$0{,}36 = 36\,\%$
$1 = 100\,\%$

> **Wissen: Relative Häufigkeiten**
>
> **Relative Häufigkeiten** geben an, wie groß der Anteil an der Gesamtzahl ist. Man berechnet sie, indem man die absolute Häufigkeit durch die Gesamtzahl teilt.
>
> $$\text{relative Häufigkeit} = \frac{\text{absolute Häufigkeit}}{\text{Gesamtzahl}}$$
>
> Relative Häufigkeiten werden als **Bruch**, **Dezimalzahl** oder in **Prozent** angegeben.
> Die Summe aller absoluten Häufigkeiten ergibt die Gesamtzahl. Die Summe aller relativen Häufigkeiten ergibt 1 oder 100 %. Dies kann zur Kontrolle genutzt werden.

## Relative Häufigkeiten berechnen

**Beispiel 1:** In eine Klasse gehen 9 Mädchen und 16 Jungen.
Gib die absoluten und die relativen Häufigkeiten in einer Tabelle an.

**Lösung:**
Ermittle die Gesamtzahl: $9 + 16 = 25$

Teile erst die Anzahl der Mädchen und dann die Anzahl der Jungen durch die Gesamtzahl, um die relativen Häufigkeiten zu bestimmen.

Kontrolle: $36\,\% + 64\,\% = 100\,\%$

| | absolute Häufigkeit | relative Häufigkeit |
|---|---|---|
| Mädchen | 9 | $\frac{9}{25} = 0{,}36 = 36\,\%$ |
| Jungen | 16 | $\frac{16}{25} = 0{,}64 = 64\,\%$ |

## 7.1 Absolute und relative Häufigkeit

### Basisaufgaben

1. Michael hat 80-mal gewürfelt. In die Tabelle hat er geschrieben, wie oft die Augenzahlen vorkamen.
   a) Berechne die relativen Häufigkeiten der Augenzahlen 1 bis 6. Trage die absoluten und die relativen Häufigkeiten in eine Tabelle im Heft ein.
   b) Überprüfe, ob die Summe der relativen Häufigkeiten 100 % ergibt.

| Augenzahl | absolute Häufigkeit | relative Häufigkeit |
|---|---|---|
| 1 | 10 | |
| 2 | 8 | |
| 3 | 10 | |
| 4 | 20 | |
| 5 | 16 | |
| 6 | 16 | |

2. Die Tabelle zeigt das Ergebnis einer Umfrage zu Lieblingstieren.
   a) Berechne die relativen Häufigkeiten bei den Mädchen und bei den Jungen.
   b) Überprüfe, ob die Summe der relativen Häufigkeiten jeweils 100 % ist.

| Tier | Mädchen | Jungen |
|---|---|---|
| Hunde | 15 | 15 |
| Katzen | 24 | 20 |
| Pferde | 21 | 15 |
| insgesamt | 60 | 50 |

### Vergleichen mit relativen Häufigkeiten

**Beispiel 2:** Eva und Janno nehmen an einem Tischtennisturnier teil. Eva hat bis jetzt 7 von 10 Spielen gewonnen, Janno 6 von 8 Spielen. Wer war besser? Vergleiche die relativen Häufigkeiten.

**Lösung:**
Berechne jeweils die relative Häufigkeit der gewonnenen Spiele. Gib sie in Prozent an.

Eva: $\frac{7}{10} = 0{,}7 = 70\,\%$    Janno: $\frac{6}{8} = 0{,}75 = 75\,\%$

Vergleiche dann die Prozente.

75 % ist größer als 70 %. Janno ist besser. Er hat relativ gesehen mehr Spiele gewonnen.

### Basisaufgaben

3. Sara würfelt 28-mal und hat dabei 4 Einsen. Marek würfelt 12-mal und hat 3 Einsen. Berechne erst für Sara und dann für Marek die relative Häufigkeit der Einsen. Wer hatte den höheren Anteil an Einsen?

4. Beim Torwandschießen treten Dennis und Felix gegeneinander an. Beide haben jeweils 3 min Zeit, auf die Löcher zu schießen. Ihre Ergebnisse sind in der Tabelle dargestellt.

| Dennis | absolute Häufigkeit |
|---|---|
| unten, Treffer | 10 |
| unten, kein Treffer | 15 |
| oben, Treffer | 9 |
| oben, kein Treffer | 16 |
| Schüsse gesamt | |

| Felix | absolute Häufigkeit |
|---|---|
| unten, Treffer | 12 |
| unten, kein Treffer | 18 |
| oben, Treffer | 8 |
| oben, kein Treffer | 12 |
| Schüsse gesamt | |

a) Berechne die relative Häufigkeiten.
b) Felix behauptet, dass er unten und oben besser war als Dennis. Überprüfe dies mit den absoluten und den relativen Häufigkeiten.

5. Dies sind die Ergebnisse der 6. Klassen bei den Bundesjugendspielen:
   Klasse 6a (30 Schüler): 6 Ehrenurkunden, 15 Siegerurkunden
   Klasse 6b (24 Schüler): 6 Ehrenurkunden, 12 Siegerurkunden
   Klasse 6c (25 Schüler): 7 Ehrenurkunden, 15 Siegerurkunden
   Vergleiche die relativen Häufigkeiten für Ehrenurkunden (für Siegerurkunden).
   Entscheide damit, welche Klasse am besten war.

## Weiterführende Aufgaben

6. a) „Ich fand die Hausaufgaben relativ einfach." Erkläre hier die Bedeutung von „relativ".
   b) Bilde einen weiteren Satz mit „relativ" und erkläre die Bedeutung in diesem Satz.

7. **Stolperstelle:**
   a) In Karls Klasse können von 26 Schülern 4 Schüler deutsch und türkisch sprechen.
   Erkläre, was er bei der Berechnung der relativen Häufigkeit falsch gemacht hat:
   $\frac{26}{4} = 6{,}5 = 65\%$

   b) Bei einer Umfrage wurden Passanten gefragt, wie viele Fremdsprachen sie gut sprechen. Die Antworten wurden zusammengefasst und mit relativen Häufigkeiten in einer Tabelle dargestellt. Ronny behauptet: „Das kann nicht stimmen. Das sieht man doch sofort." Was meinst du dazu?

   | Anzahl der Fremdsprachen | relative Häufigkeit |
   |---|---|
   | keine | 30 % |
   | eine | 50 % |
   | zwei | 20 % |
   | drei oder mehr | 10 % |

8. **Durchblick:** Die Schülervertretung befragte Sechstklässler und Zehntklässler, welche Brötchen sie im Bistro am liebsten essen. Die Ergebnisse zeigt die Tabelle.
   a) Sind Wurstbrötchen in den 6. Klassen beliebter als in den 10. Klassen? Erkläre, warum du zunächst die Gesamtzahl und die relativen Häufigkeiten berechnen musst, um diese Frage zu beantworten.

   | Brötchen | 6. Klassen | 10. Klassen |
   |---|---|---|
   | Käsebrötchen | 16 | 42 |
   | Milchbrötchen | 32 | 36 |
   | Schokobrötchen | 20 | 24 |
   | Wurstbrötchen | 12 | 18 |
   | insgesamt | | |

   b) Berechne die relativen Häufigkeiten.
   c) Entscheide für jede Brötchenart, ob sie in den 6. oder 10. Klassen beliebter ist.
   d) Erkläre, warum für das Bistro auch die absoluten Häufigkeiten wichtig sind.

Hinweis zu 9a:
Hier findest du die fehlenden Einträge.

9. a) Bestimme die fehlenden Einträge in der Tabelle.

   | | Klasse 6a | | Jahrgang 6 | |
   |---|---|---|---|---|
   | | absolute Häufigkeit | relative Häufigkeit | absolute Häufigkeit | relative Häufigkeit |
   | Nichtschwimmer | 3 | | | 15 % |
   | Freischwimmer | 18 | | | 50 % |
   | Fahrtenschwimmer | 9 | | | 35 % |
   | insgesamt | | | 80 | |

   b) Vergleiche die Klasse 6a mit dem gesamten Jahrgang.
   c) Führt eine solche Umfrage in eurer Klasse durch. Vergleicht die Ergebnisse mit denen der Klasse 6a.

## 7.1 Absolute und relative Häufigkeit

**10.** Auf die Frage „Wie kommst du zur Schule?" antworteten
65 Schüler „zu Fuß", 38 Schüler „mit dem Fahrrad",
84 Schüler „mit dem Bus", 16 Schüler „Ich werde mit dem Auto gefahren."
Stelle eine Tabelle mit den absoluten und den relativen Häufigkeiten auf.

**11.** Die Einwohnerstatistik von Hannover enthält viele Daten. Die Tabelle zeigt einen Auszug.

| Einwohner insgesamt | 540 000 |
|---|---|
| Frauen | 280 000 |
| Männer | 260 000 |
| unter 18 Jahre | 80 000 |
| 60 Jahre oder älter | 130 000 |

a) Die relativen Häufigkeiten sind durcheinandergeraten. Ordne sie den passenden Einträgen in der Tabelle zu. Eine Angabe bleibt übrig.

51,9 %   14,8 %   48,1 %   100 %   61,1 %   24,1 %

b) In Aufgabe a) bleibt eine relative Häufigkeit übrig. Finde dazu ein passendes Merkmal, das nicht in der Tabelle auftaucht. Bestimme auch die zugehörige absolute Häufigkeit.

c) In Deutschland leben 2015 rund 80 Millionen Menschen. Davon sind etwa 12 Millionen unter 18 Jahre und etwa 22 Millionen 60 Jahre oder älter.
Vergleiche diese Zahlen mit den Daten zu Hannover.

**12.** Untersuche, wie sich die relative Häufigkeit verändert.
a) Die Gesamtzahl ist 50 und bleibt unverändert. Die absolute Häufigkeit verändert sich von 15 auf 30.
b) Die absolute Häufigkeit ist 40 und bleibt unverändert. Die Gesamtzahl verändert sich von 80 auf 160.
c) Die absolute Häufigkeit ist 40. Die Gesamtzahl ist 100. Beide Anzahlen steigen um 20.
d) Die absolute Häufigkeit ist 30. Die Gesamtzahl ist 120. Beide Anzahlen verdoppeln sich.

**13. Ausblick:** In deutschen Texten treten die Buchstaben A bis Z nicht gleich häufig auf.
a) Überlege, welche drei Buchstaben deiner Meinung nach am häufigsten vorkommen.
b) Überprüfe deine Vermutung, indem du die Buchstaben des Textes auf Seite 186 auszählst. Berechne für die drei häufigsten Buchstaben die relativen Häufigkeiten.
c) Recherchiere im Internet mit dem Suchwort „Buchstabenhäufigkeit". Vergleiche deine Ergebnisse aus b) mit den Ergebnissen, die du im Internet gefunden hast.
d) Text kann man recht einfach verschlüsseln, wenn man die Buchstaben im Alphabet immer um eine bestimmte Zahl verschiebt. Nach Z wird wieder vorne begonnen.
Beispiel: Eine Verschiebung um 3 macht aus A ⟶ D oder aus X ⟶ A.
Verschlüssele das Wort „Mathematik" mit einer Verschiebung um 3.
e) Entschlüssele den folgenden Text, indem du herausfindest, um wie viele Buchstaben verschoben wurde.

> Vgn Vgzs ivxc yzh Nxcrdhhzi rdzyzm vpa ydz Gdzbzrdznz fvh, rvmzi nzdiz Amzpiyz qzmnxcrpiyzi. Ipm zdi kvvm Mznoz qjh Znnzi gvbzi ijxc czmph. Nzdi Avcmmvy rvm vpxc rzb. Dh Nviy aviy Vgzs Nkpmzi. Vggz Amzpiyz rvmzi nxczdiwvm czfodnxc vpabzwmjxczi.

## 7.2 Diagramme

■ In der Schulmensa wird eine Umfrage zum Lieblingsessen der Schüler gemacht. In der Tabelle und den Diagrammen sind die Ergebnisse dargestellt. Ordne zu, welches Diagramm zu den Jungen und welches zu den Mädchen passt. ■

|  | Jungen | Mädchen |
|---|---|---|
| Pizza | 20 | 15 |
| Burger | 15 | 24 |
| Pasta | 5 | 12 |
| Sonstiges | 10 | 9 |
| gesamt | 50 | 60 |

①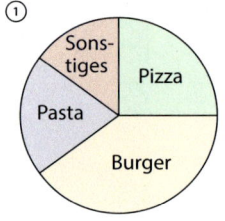

②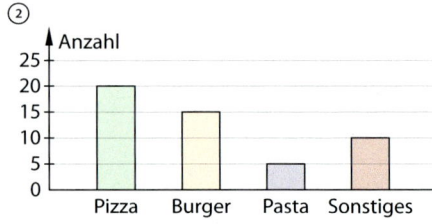

In Tabellen kann man schnell die exakten Werte einer Umfrage nachlesen.

In **Diagrammen** werden Ergebnisse übersichtlicher dargestellt.

Die Anzahlen der Stimmen (absolute Häufigkeiten) lassen sich gut im **Säulendiagramm** veranschaulichen.

Leonie: 15 Stimmen
Lukas: 9 Stimmen
Sophie: 6 Stimmen

Im Säulendiagramm sieht man direkt, dass Leonie die höchste und Lukas die zweithöchste Stimmenzahl bekommen hat.

Die prozentualen Ergebnisse (Anteile) lassen sich gut im **Kreisdiagramm** veranschaulichen.

Leonie: $\frac{15 \text{ Stimmen}}{30 \text{ Stimmen}} = \frac{1}{2} = 50\%$

Lukas: $\frac{9 \text{ Stimmen}}{30 \text{ Stimmen}} = \frac{3}{10} = 30\%$

Sophie: $\frac{6 \text{ Stimmen}}{30 \text{ Stimmen}} = \frac{1}{5} = 20\%$

Im Kreisdiagramm sieht man direkt, dass Leonie die Hälfte aller Stimmen bekommen hat.

Ergebnis einer Klassensprecherwahl:

|  | Leonie | Lukas | Sophie |
|---|---|---|---|
| Stimmen | 15 | 9 | 6 |

Darstellung im Säulendiagramm:

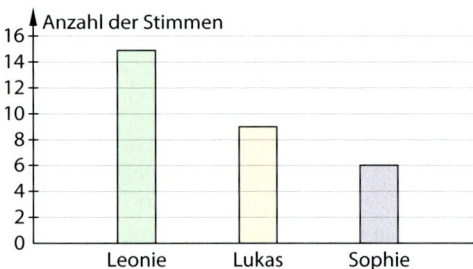

Darstellung im Kreisdiagramm:

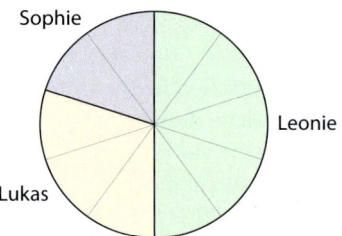

> **Wissen: Kreisdiagramme**
> In einem **Kreisdiagramm** werden die Anteile eines Ganzen als Teile eines Kreises dargestellt. Der Vollkreis (360°) entspricht dem Ganzen (100 %).
>
> Kreisdiagramme eignen sich zur Darstellung von relativen Häufigkeiten.

## 7.2 Diagramme

**Beispiel 1:** Das Kreisdiagramm zeigt das Ergebnis einer Umfrage. Bestimme die prozentualen Anteile der Antworten.

Umfrage:
Reist du lieber ans Meer oder in die Berge?

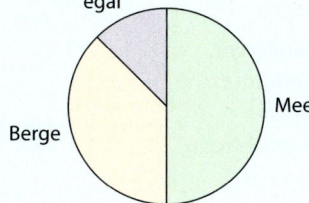

**Lösung:**
Miss bei jedem Kreisteil die Winkelgröße und teile sie durch 360°. Rechne das Ergebnis in Prozent um.

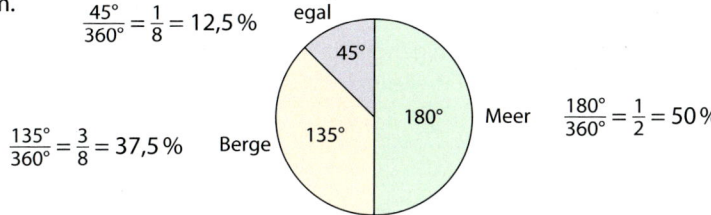

$\frac{45°}{360°} = \frac{1}{8} = 12,5\%$

$\frac{135°}{360°} = \frac{3}{8} = 37,5\%$

$\frac{180°}{360°} = \frac{1}{2} = 50\%$

### Basisaufgaben

1. Ordne den Anteilen in den Kreisdiagrammen die Prozentangaben passend zu:

   60%   10%   50%   25%   30%   25%

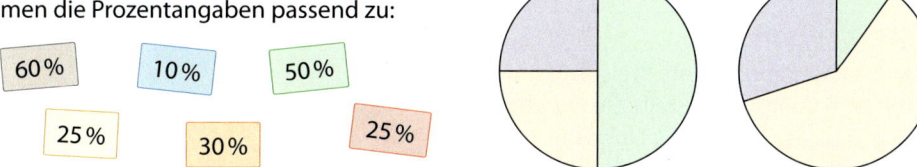

2. In den Klassen 6a, 6b und 6c wurde gefragt: „Möchtest du später ein berühmter Musiker werden?" Berechne die Anteile der Antworten in Prozent.

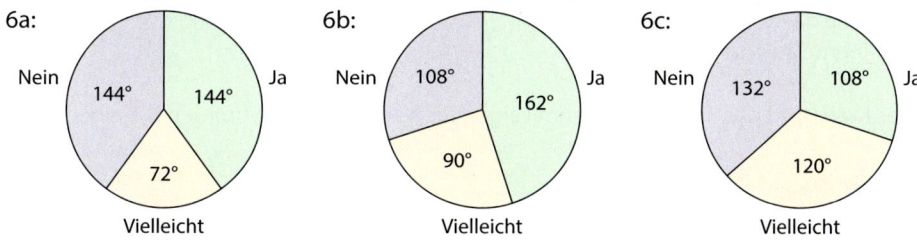

3. Gib die Anteile des Kreisdiagramms in Prozent an. Beachte die grauen Hilfslinien.

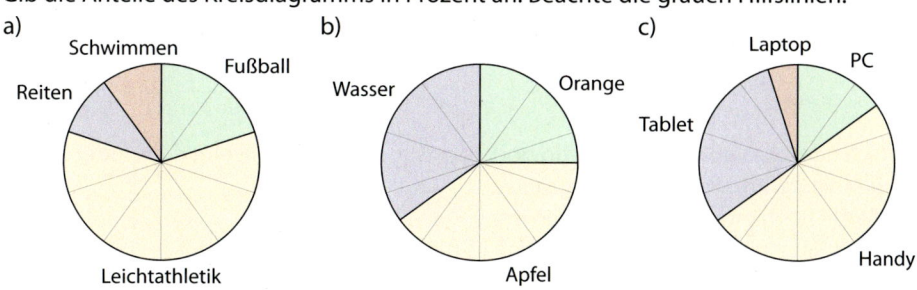

Hinweis zu 3:
Hier findest du die Lösungen.

4. Prüfe, welche der Aussagen zum Kreisdiagramm richtig sind. Begründe.
   a) Die häufigste Antwort war „1".
   b) „0" und „2" kamen gleich häufig vor.
   c) Weniger als die Hälfte der Befragten hat zwei oder mehr Geschwister.
   d) Aus dem Diagramm kann man ablesen, wie viele Personen befragt wurden.

Umfrage: Anzahl der Geschwister

## Weiterführende Aufgaben

5. **Durchblick:** In einem Kreisdiagramm gehört zu jeder Winkelgröße eines Kreisteils ein Anteil in Prozent. Vervollständige die Tabelle im Heft. Du kannst dich an Beispiel 1 orientieren.

| Winkelgröße | 3,6° | 18° | 36° | 54° | 72° | 90° | 180° | 270° | 360° |
|---|---|---|---|---|---|---|---|---|---|
| Anteil | | | | | | | | | 100 % |

Welche Haustiere habt ihr? Kreuzt an!
( ) Katzen
( ) Hunde
( ) Vögel
( ) Fische
( ) Kaninchen

6. **Stolperstelle:** Kim hat in einer Umfrage in ihrem Jahrgang 120 Schüler gefragt, welche Haustiere in ihren Familien leben. Das Ergebnis hat sie in einer Tabelle zusammengefasst.

| | Katzen | Hunde | Vögel | Fische | Kaninchen |
|---|---|---|---|---|---|
| **Anzahl der Familien** | 30 | 60 | 18 | 12 | 12 |
| **relative Häufigkeit** | 25 % | 50 % | 15 % | 10 % | 10 % |

Kim hat das abgebildete Kreisdiagramm mit dem Computer erstellt. Sie wundert sich, dass der Kreisteil für Hunde nicht den halben Kreis ausfüllt.
a) Finde Kims Fehler.
b) Erkläre, warum ein Kreisdiagramm hier keine sinnvolle Darstellung ist.
c) Stelle das Ergebnis der Umfrage in einem Säulendiagramm dar.

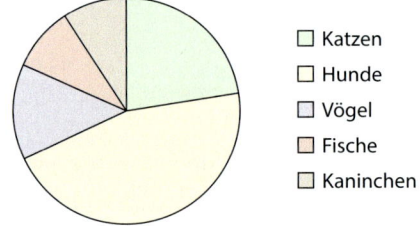

7. Das Kreis- und das Säulendiagramm zeigen die Verteilung der Stimmen bei einer Wahl.

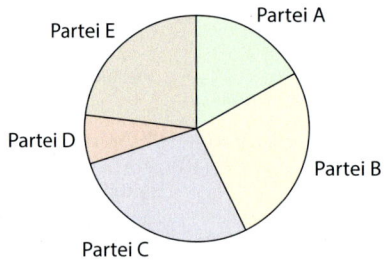
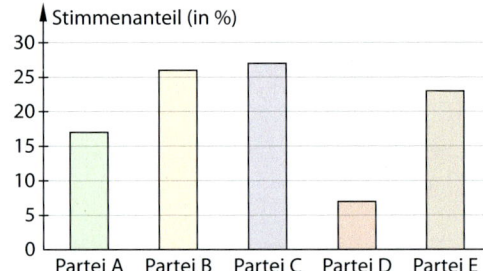

Entscheide, ob die Aussagen richtig sind. Kannst du dies schneller im Kreis- oder im Säulendiagramm überprüfen. Begründe.
a) Partei B erhielt die meisten Stimmen.
b) Mehr als ein Viertel der Stimmen gab es für Partei E.
c) Partei B und C haben zusammen mehr als die Hälfte der Stimmen.
d) Die wenigsten Stimmen erhielt Partei D.

## 7.2 Diagramme

8. 80 Personen haben an einer Prüfung teilgenommen. Im Kreisdiagramm ist die Verteilung der Noten dargestellt.
   a) Schätze die relative Häufigkeit der Noten 1 bis 5 in Prozent. Berechne dann die genauen Werte.
   b) Berechne die absolute Häufigkeit jeder Note.
   c) Diego berechnet, wie viele Personen die Note 1 bekommen haben:
      $\frac{45}{360}$ von 80 = $\frac{1}{8}$ von 80 = 10
      Ist sein Vorgehen richtig? Begründe.

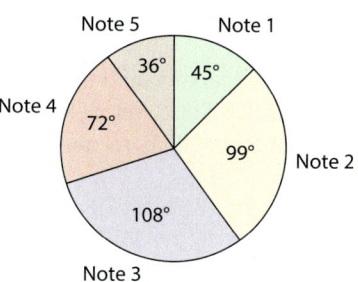

9. **Streifendiagramm:** Anteile eines Ganzen lassen sich auch als Abschnitte in einem rechteckigen Streifen veranschaulichen. Leni hat das folgende Streifendiagramm zur Verteilung der Blutgruppen 0, A, B und AB in Deutschland entdeckt.

   a) Leni berechnet den prozentualen Anteil der Blutgruppe 0: $\frac{33\,\text{mm}}{80\,\text{mm}} = 41{,}25\,\% \approx 41\,\%$
      Erläutere das Vorgehen von Leni.
   b) Berechne die prozentualen Anteile der anderen Blutgruppen. Miss die benötigten Streifenbreiten.
   c) Ordne den Anteilen in den Streifendiagrammen die Prozentangaben passend zu.

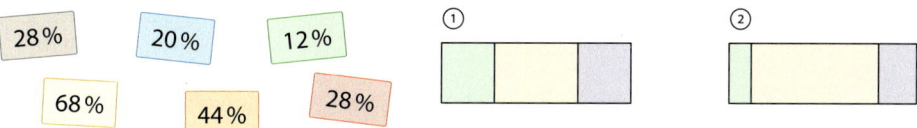

   d) Erläutere Unterschiede und Gemeinsamkeiten zwischen einem Streifen- und einem Kreisdiagramm.

10. **Ausblick:** 140 Jungen und Mädchen der 6. Klassen wurden gefragt, wofür sie Computer am häufigsten nutzen. Zur Auswertung wurde das Säulendiagramm erstellt.
    a) Wie viele Jungen und wie viele Mädchen wurden befragt?
    b) Mit den Daten aus dem Säulendiagramm wurden die Kreisdiagramme ① und ② erstellt. Erkläre, was darin dargestellt ist. Finde jeweils eine passende Überschrift und Beschriftungen für die Kreisteile.
    c) Berechne in den Kreisdiagrammen die Anteile in Prozent. Verwende die Zahlen aus dem Säulendiagramm.
    d) Berechne in den Kreisdiagrammen die Winkel der Kreisteile. (Nicht messen!)

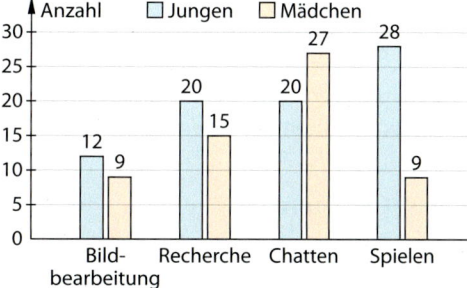
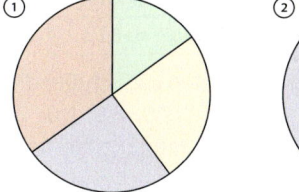
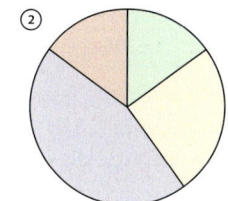

## 7.3 Klasseneinteilung

■ Bei einer Marktforschung wurden die Preise für USB-Sticks mit gleicher Speicherkapazität erfasst (in Euro, gerundet auf Ganze):
31, 34, 36, 36, 28, 35, 24, 28, 24, 24, 27, 27, 25, 20, 18, 25, 28, 23, 17, 36, 22
Zur Auswertung sollen die Preise eingeteilt werden.
a) Wie viele Angebote waren günstiger als 20 €?
b) Wie viele Angebote waren teurer als 29 €?
c) Wie viele Angebote kosteten mindestens 20 €, aber höchstens 29 €? ■

Beim Erfassen von Daten erhält man häufig sehr viele Daten. Es entstehen unübersichtliche Listen. Für die Auswertung werden deshalb ähnliche Werte zusammengefasst. Welche Werte zusammengefasst werden, wird durch die **Klasseneinteilung** bestimmt.

Hinweis:
Die **Klassenbreite** ergibt sich aus der Differenz der Ober- und Untergrenze der Klasse. Häufig werden gleich breite Klassen gewählt. Dies muss aber nicht so sein.

> **Wissen: Klasseneinteilung**
> Wenn eine große Menge an Daten vorliegt, dann kann man benachbarte Werte zu einer **Klasse** zusammenfassen. Die Einteilung der Klassen hängt von der Situation ab.

**Beispiel 1:**
Bei einer Geschwindigkeitskontrolle wurden folgende Werte gemessen (in km/h): 41, 58, 47, 34, 49, 52, 63, 49, 50, 37, 55, 46, 56, 43, 52, 39, 50, 70, 49, 53, 40, 47, 64, 52, 53
Erstelle eine Häufigkeitstabelle mit Klasseneinteilung.

**Lösung:**
Bilde Klassen, die den Bereich der gemessenen Werte gleichmäßig abdecken.

Zähle die Werte, die zu den einzelnen Klassen gehören. Nutze eine Strichliste.

| Geschwindigkeit (in km/h) | 31 bis 40 | 41 bis 50 | 51 bis 60 | 61 bis 70 |
|---|---|---|---|---|
| Strichliste | IIII | IIII IIII | IIII III | III |
| Häufigkeit | 4 | 10 | 8 | 3 |

### Basisaufgaben

Hinweis zu 1:
Hier findest du die absoluten Häufigkeiten.

1. Eine Sportlehrerin möchte für den 50-m-Sprint Trainingsgruppen bilden. Dazu erstellt sie die folgende Klasseneinteilung.

| Gruppe | A: sehr schnell | B: schnell | C: mittelmäßig | D: langsam |
|---|---|---|---|---|
| Laufzeit | weniger als 8,5 s | 8,5 s bis 9,2 s | 9,3 s bis 10,2 s | mehr als 10,2 s |

In einem Testlauf erzielen die Schüler die folgenden Zeiten (in Sekunden):
9,3; 8,4; 8,0; 11,2; 10,0; 7,9; 8,8; 9,0; 7,8; 10,3; 8,7; 9,4; 9,6; 10,5; 8,7; 9,5; 9,9; 8,0
Ermittle die absoluten Häufigkeiten der einzelnen Klassen. Trage sie in eine Tabelle ein.

2. Bei einer Umfrage soll untersucht werden, wie lange die Schüler am Tag chatten. Erkläre, warum für die Darstellung der Ergebnisse in einer Häufigkeitstabelle eine Klasseneinteilung notwendig ist. Gib einen Vorschlag für eine Einteilung in vier Klassen an.

## Weiterführende Aufgaben

3. Bei einer Klassenarbeit gab es maximal 35 Punkte. Die 19 Schüler erreichten die folgenden Punktzahlen: 33, 33, 31, 30, 29, 28, 27, 26, 25, 23, 22, 21, 21, 20, 19, 18, 16, 13, 11.
   Erstelle eine Häufigkeitstabelle mit einer geeigneten Klasseneinteilung, welche
   a) gleich breite Klassen hat,       b) unterschiedlich breite Klassen hat.

4. **Durchblick:** Ist es sinnvoll, bei den gegebenen Daten eine Klasseneinteilung vorzunehmen? Begründe. Falls ja, erstelle eine Häufigkeitstabelle mit einer geeigneten Klasseneinteilung. Du kannst dich an Beispiel 1 orientieren.
   a) Körpergrößen (in m):
      1,67; 1,87; 1,89; 1,59; 1,86; 1,57; 1,71; 1,74; 1,78; 1,69; 1,81; 1,60; 1,59; 1,69; 1,57; 1,69
   b) Anzahl der Tore bei den Spielen eines Fußballturniers:
      0, 2, 3, 1, 5, 1, 4, 3, 5, 1, 0, 2, 6, 3, 3

5. **Stolperstelle:** Linda hat für die Erfassung von Körpergewichten diese Klasseneinteilung gewählt: *unter 30 kg; 30 kg bis 40 kg; 40 kg bis 50 kg; über 50 kg.*
   Welches Problem tritt auf, wenn eines der Körpergewichte 40 kg ist? Erkläre.

6. Bei einem Quiz, bei dem es maximal 75 Punkte gibt, erreichen die Kandidaten die folgenden Punktzahlen: 73, 71, 65, 62, 60, 57, 54, 54, 50, 48, 48, 46, 43, 40, 36, 27
   Zur Darstellung der Ergebnisse wählten Moritz, David und Leonie Klasseneinteilungen:
   Moritz: *0-25; 26-50; 51-75*         David: *26-35; 36-45; 46-55; 56-65; 66-75*
   Leonie: *26-30; 31-35; 36-40; 41-45; 46-50; 51-55; 56-60; 61-65; 66-70; 71-75*
   a) Erstelle für jede Klasseneinteilung eine Häufigkeitstabelle.
   b) Erstelle für jede Klasseneinteilung ein Säulendiagramm.
   c) Vergleiche die Tabellen und die Digramme. Bei welcher Klasseneinteilung werden die Ergebnisse am besten und übersichtlichsten dargestellt. Begründe deine Meinung.

7. Führt in eurer Klasse eine Erhebung der Körpergrößen durch. Erfasst die Daten in der Form einer Urliste: „1,72 m; 1,67 m; …" Arbeitet dann in Gruppen weiter.
   a) Wählt eine passende Klasseneinteilung und erstellt eine Tabelle mit den Häufigkeiten.
   b) Zeichnet ein Säulendiagramm zur Häufigkeitstabelle aus a).
   c) Vergleicht eure Diagramme in der Klasse. Nennt Gemeinsamkeiten und Unterschiede.

8. **Ausblick:** An einem Ferienort wurden im August die Sonnenstunden pro Tag erfasst:
   8, 8, 8, 7, 6, 4, 6, 6, 7, 8, 8, 9, 10, 11, 11, 11, 10, 9, 8, 7, 6, 5, 3, 2, 2, 1, 2, 6, 7, 8, 8
   Zu den Daten entstanden zwei Diagramme.

   a) Vergleiche die Diagramme. Nenne mögliche Ursachen für die Unterschiede.
   b) Ein Diagramm stammt von einem Reiseveranstalter, eines vom Wetterdienst. Ordne zu und begründe.
   c) Ermittle zu jedem Diagramm eine passende Klasseneinteilung der Sonnenstunden.

## 7.4 Kennwerte

■ Annika und Marie trainieren 7-m-Würfe. Sie machen drei Runden mit je 30 Würfen. Der Trainer notiert:
Annika: 14 Treffer, 22 Treffer und 18 Treffer.
Marie: 21 Treffer, 15 Treffer und 21 Treffer.
a) Wer hatte die meisten Treffer in einer Runde?
b) Wer hatte zwischen der besten und der schlechtesten Runde den größten Unterschied?
c) Wer traf im Durchschnitt häufiger? ■

### Wissen: Kennwerte von Datenlisten

Das **Maximum** ist der größte Wert einer Datenliste, das **Minimum** ihr kleinster Wert.

Die **Spannweite** ist der Unterschied zwischen dem Maximum und dem Minimum.

Spannweite = Maximum − Minimum

Das **arithmetische Mittel** wird berechnet, indem man die Summe aller Werte durch die Anzahl der Werte dividiert.

arithmetisches Mittel = $\frac{\text{Summe aller Werte}}{\text{Anzahl der Werte}}$

Der **Modalwert** ist der häufigste Wert einer Datenliste.

*Hinweis:* Zum arithmetischen Mittel sagt man in der Alltagssprache oft **Durchschnitt**.

*Hinweis:* Treten in einer Datenliste mehrere Werte am häufigsten auf, gibt es mehrere Modalwerte.

### Kennwerte ermitteln

**Beispiel 1:** In den letzten Vokabeltests hatte Antonia 6, 9, 4, 2, 5 und 4 Fehler.
a) Bestimme das Maximum, das Minimum und die Spannweite.
b) Bestimme das arithmetische Mittel und den Modalwert.

**Lösung:**
a) Das schlechteste Ergebnis waren 9 Fehler, das beste 2 Fehler.
Spannweite = Maximum − Minimum

Maximum: 9
Minimum: 2
Spannweite: 9 − 2 = 7

b) Teile die Summe der Fehler durch die Anzahl der Tests.

Summe der Fehler: 6 + 9 + 4 + 2 + 5 + 4 = 30
Anzahl der Tests: 6
Arithmetisches Mittel: $\frac{30}{6}$ = 30 : 6 = 5

Die 4 kommt zweimal in der Liste vor, alle anderen Zahlen nur einmal.

Modalwert: 4

*Hinweis zu 2:* Hier findest du die Lösungen.

### Basisaufgaben

1. Bestimme das Maximum, das Minimum und die Spannweite.
   a) 5; 7; 7; 11; 19
   b) 36; 0; 119; 70; 85; 187
   c) 5,5; 9,2; 9,8; 7,3; 4,7; 8,0

2. Berechne das arithmetische Mittel.
   a) 2; 18; 7
   b) 33; 0; 127; 12
   c) 4; 5; 7; 12; 13
   d) 2,3; 13,4; 1,5; 3,2
   e) 27; 32; 54; 81; 93
   f) 1437; 1297; 1185; 2481

3. Die Kennwerte zu den Temperaturen 3 °C, 6 °C, 6 °C, 6 °C, 7 °C, 8 °C, 8 °C und 12 °C stehen auf den Kärtchen rechts. Ordne sie richtig zu.

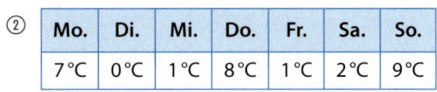

4. Bestimme für jede Woche Maximum, Minimum, Spannweite und das arithmetische Mittel. Beschreibe, worin sich die Temperaturen in beiden Wochen unterscheiden.

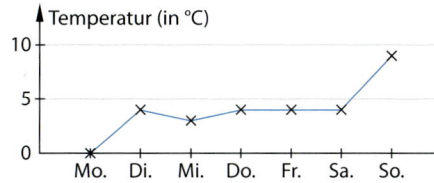 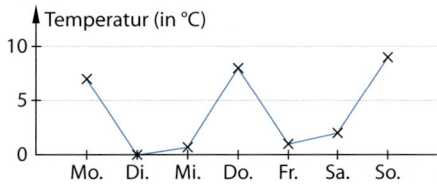

5. Mara und David haben bei einem Schüler-Quiz teilgenommen. In den vier Runden erzielte Mara 8, 9, 4 und 11 richtige Antworten, David hatte 8, 9, 8 und 9 richtige Antworten.
   a) Berechne das durchschnittliche Ergebnis von Mara und das von David.
   b) Wer hat besser abgeschnitten? Begründe deine Meinung.

6. Berechne das arithmetische Mittel und die Spannweite der Datenliste. Beschreibe, wie sich beide Kennwerte durch die Hinzunahme des Wertes in Klammern ändern.
   a) 7; 1; 1; 2; 4 (3)     b) 19; 2; 21 (4)     c) 13; 7; 9; 11 (65)

## Das arithmetische Mittel bei Häufigkeitstabellen ermitteln

**Beispiel 2:** Ein Basketballteam hat Freiwürfe geübt. Die Tabelle zeigt, wie viele der Mitglieder 14, 15, 16, 17 oder 18 Treffer hatten. Berechne das arithmetische Mittel der Trefferzahlen.

| Trefferzahl | 14 | 15 | 16 | 17 | 18 |
|---|---|---|---|---|---|
| Häufigkeit | 3 | 4 | 5 | 2 | 4 |

**Lösung:**
Ermittle die Gesamtzahl der Treffer wie folgt: Multipliziere die Trefferzahl mit ihrer Häufigkeit. Addiere die Produkte.

$3 \cdot 14 + 4 \cdot 15 + 5 \cdot 16 + 2 \cdot 17 + 4 \cdot 18 = 288$

Ermittle die Anzahl der Werte.
Teile die Gesamtzahl der Treffer durch die Anzahl der Werte.

Anzahl der Werte: $3 + 4 + 5 + 2 + 4 = 18$
Arithmetisches Mittel: $\frac{288}{18} = 288 : 18 = 16$

## Basisaufgaben

7. Berechne das arithmetische Mittel der Noten aus der Klassenarbeit.

| Note | 1 | 2 | 3 | 4 | 5 | 6 |
|---|---|---|---|---|---|---|
| Anzahl | 3 | 7 | 6 | 4 | 3 | 1 |

8. Der Trainer von zwei Fußballmannschaften möchte vergleichen, wie viele Tore pro Spiel seine Mannschaften schießen. Vergleiche die arithmetischen Mittel für beide Mannschaften.

Mannschaft 1:

| Tore pro Spiel | 1 | 2 | 3 |
|---|---|---|---|
| Häufigkeit | 4 | 2 | 4 |

Mannschaft 2:

| Tore pro Spiel | 1 | 2 | 3 |
|---|---|---|---|
| Häufigkeit | 3 | 2 | 5 |

9. Beim Schulfest wurde Dosenwerfen angeboten. Die Tabelle zeigt, wie viele Dosen mit je drei Würfen abgeworfen wurden.

| Anzahl abgeworfener Dosen | 0 | 1 | 2 | 3 | 4 | 5 | 6 | 7 | 8 | 9 | 10 |
|---|---|---|---|---|---|---|---|---|---|---|---|
| Häufigkeit | 0 | 1 | 1 | 5 | 7 | 13 | 18 | 18 | 21 | 8 | 8 |

a) Bestimme das arithmetische Mittel der Anzahl abgeworfener Dosen.
b) Ermittle, wie viele Teilnehmer besser waren als der Durchschnitt.
c) Gib den Modalwert und die Spannweite der abgeworfenen Dosen an.

## Weiterführende Aufgaben

10. **Durchblick:** Die Ergebnisse einer Klassenarbeit sollen verglichen werden.
    a) Ermittle für die Klassen 6a und 6b jeweils die Durchschnittsnote. Beschreibe deinen Rechenweg. Orientiere dich an Beispiel 2.
    
    Klasse 6a:
    
    | Note | 1 | 2 | 3 | 4 | 5 | 6 |
    |---|---|---|---|---|---|---|
    | Anzahl | 1 | 3 | 8 | 6 | 2 | 0 |
    
    b) Nina aus der 6b behauptet, dass ihre Klasse auf den ersten Blick besser abgeschnitten hat. Erkläre mit deinem Wissen über Kennwerte, wie Nina wohl darauf kommt.
    
    Klasse 6b:
    
    | Note | 1 | 2 | 3 | 4 | 5 | 6 |
    |---|---|---|---|---|---|---|
    | Anzahl | 0 | 9 | 5 | 5 | 4 | 2 |

11. **Stolperstelle:**
    a) Tim will das arithmetische Mittel der Ergebnisse beim Team-Weitsprung berechnen:
       2,45 m + 3,05 m + 1,90 m + 220 cm + 2,6 m + 180 cm = 410 m     410 m : 6 ≈ 68,33 m
       Erkläre, welchen Fehler Tim gemacht hat. Korrigiere.
    b) Bei einer Tombola gibt es unterschiedliche Geldpreise als Gewinne:
       100-mal 1 €;     10-mal 4 €;     5-mal 10 €;     3-mal 25 €;     1-mal 100 €
       Katharina will den durchschnittlichen Gewinn ermitteln. Sie rechnet:
       1 € + 4 € + 10 € + 25 € + 100 € = 140 €     140 € : 5 = 28 €
       Das Ergebnis kommt Katharina sehr hoch vor. Korrigiere ihre Rechnung.

12. Bei einem Onlineshop kann man Produkte mit 1 bis 5 Sternen bewerten.
    a) Benjamin hat die durchschnittliche Bewertung für ein Smartphone berechnet. Sein Ergebnis ist 5,5 Sterne. Nimm dazu Stellung, ohne zu rechnen.
    b) Schätze die durchschnittliche Bewertung. Berechne dann den genauen Wert.
    c) Was wäre die schlechteste durchschnittliche Bewertung für ein Produkt? Was wäre die beste?

    | Smartphone AB 0815 mini ||
    | Bewertung | Anzahl |
    |---|---|
    | 5 Sterne | 4 |
    | 4 Sterne | 7 |
    | 3 Sterne | 5 |
    | 2 Sterne | 3 |
    | 1 Sterne | 1 |

13. Die Fahrt des Intercity von Celle nach Uelzen dauerte bei den letzten Fahrten:
    20 min, 22 min, 19 min, 51 min, 20 min
    a) Berechne das arithmetische Mittel.
    b) Beschreibe, was dir an den Zahlen auffällt. Woran könnte das liegen?
    c) Schätze, wie lang die Fahrtdauer laut Fahrplan ist. Begründe dein Vorgehen.

## 7.4 Kennwerte

**14.** Schätzt das Gewicht des Fundamente-Buches. Bestimmt das Minimum, das Maximum, die Spannweite und das arithmetische Mittel eurer Schätzung. Messt anschließend das Gewicht und vergleicht den Wert mit der Schätzung.

*Tipp zu 14:* Verwendet einen Taschenrechner.

**15.** Die Lehrerin zeigt einen Faden der Länge 99 cm, ohne die Länge zu nennen. In zwei Schülergruppen schätzt jeder Einzelne die Länge des Fadens in cm.
Gruppe A: 100, 135, 100, 65, 70, 130          Gruppe 2: 105, 95, 110, 108, 90, 95
   a) Bestimme für jede Gruppe Modalwert, Spannweite und arithmetisches Mittel.
   b) Welche Gruppe hat besser geschätzt? Begründe deine Meinung. Welche Bedeutung haben die Kennwerte bei der Beurteilung der Frage?

**16.** Gegeben sind die Zahlen 23, 12, 17 und 18.
   a) Eine natürliche Zahl soll ergänzt werden, sodass die Spannweite der Datenliste unverändert bleibt. Finde alle möglichen Lösungen.
   b) Kann eine Zahl ergänzt werden, sodass sich die Spannweite verringert? Begründe.
   c) Ergänze eine fünfte Zahl, sodass die Spannweite den Wert 15 (den Wert 35) hat.
   d) Ergänze eine fünfte Zahl, sodass das arithmetische Mittel der Datenliste den Wert 16 (den Wert 15; den Wert 20; den Wert 18) hat.

**17.** Die Säulendiagramme zeigen für zwei Wochen die Anzahl der Sonnenstunden pro Tag.
1. Woche:                                    2. Woche:

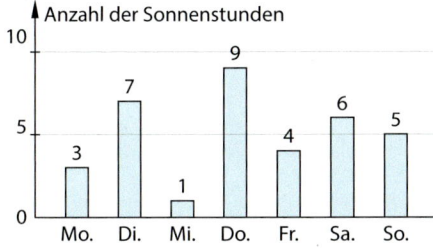
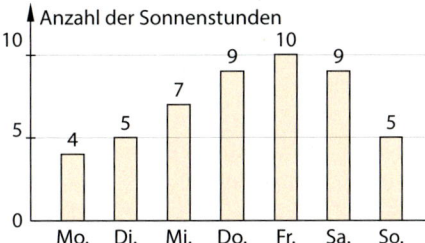

   a) Berechne für die 1. Woche das arithmetische Mittel der täglichen Sonnenstunden.
   b) Toni behauptet: „Man kann das arithmetische Mittel im Diagramm bereits gut erkennen." Erkläre, was Toni meint. Vergleiche dazu immer zwei Tage.
   c) Aaron sagt: „Man sieht sofort, dass in der 2. Woche im Durchschnitt die Sonne pro Tag mehr als 5 Stunden schien. Was meinst du dazu?
   d) Schätze anhand der Abbildung für die 2. Woche das arithmetische Mittel der täglichen Sonnenstunden. Überprüfe durch eine Rechnung.
   e) Erkläre, wie man die durchschnittliche Anzahl im Diagramm veranschaulichen kann.

**18. Ausblick:**

> **Raser erfolgreich gestoppt**
> Die Polizei hat in einer 70er-Zone auf der B502 zehn Autofahrer mit zu hoher Geschwindigkeit gestoppt. Sie waren im Durchschnitt 25 km/h zu schnell unterwegs. Zwei Fahrer fielen dabei besonders negativ auf. Sie wurden mit 120 km/h und mit sogar 150 km/h erwischt. Ihnen droht nun eine lange Zeit ohne Führerschein.

Der Artikel nennt nur für zwei Autofahrer die exakte Geschwindigkeit. Bei allen anderen gestoppten Fahrern kann man nur spekulieren.
   a) Zunächst wird angenommen, dass die anderen acht Autofahrer alle gleich schnell waren. Bestimme deren Geschwindigkeit.
   b) Später kommt heraus, dass drei dieser acht Autofahrer mit 75 km/h gestoppt wurden. Berechne, wie schnell dann die anderen fünf Autofahrer im Durchschnitt gefahren sind.

# Streifzug

## 7. Daten

## Mit Tabellenkalkulationen arbeiten

■ Beim Sportfest einer Schule werden verschiedene Sportarten angeboten. Jeder Schüler muss sich für eine Sportart beim Organisationsteam anmelden.
Annika und Jan nehmen die Anmeldungen entgegen. Die beiden verschaffen sich mit der Tabelle einen Überblick.
Welche Angaben und Daten sind von Interesse? Begründe. ■

| Klassen-stufe | Schüler | Anmel-dungen |
|---|---|---|
| 5 | 48 | 31 |
| 6 | 52 | 40 |
| 7 | 46 | 35 |
| 8 | 55 | 41 |
| 9 | 60 | 40 |
| 10 | 52 | 36 |

Mit einer **Tabellenkalkulation** wie z. B. Excel kann man Daten schnell auswerten und darstellen. Im ersten Schritt muss man die Daten in eine Tabelle eintragen. Dann kann man für die Daten Kennwerte berechnen oder Diagramme erstellen.

### Wissen: Grundlagen einer Tabellenkalkulation

Jedes Arbeitsblatt ist in Zeilen 1, 2, 3 … und Spalten A, B, C … aufgeteilt.

Die einzelnen Felder in den Zeilen und Spalten bezeichnet man als Zellen. Der Zellname ergibt sich durch die Zeilen- und Spaltenbezeichnung, zum Beispiel B6.

Durch Klick in eine aktive Zelle kann man eine Zelle bearbeiten.

### Daten in eine Tabelle eintragen

**Beispiel 1:** Für ein Sportfest liegen folgende Anmeldungen vor:
Frisbee 14, Fußball 12, Handball 19, Tischtennis 24, Bouldern 18, Slackline 11.
Lege eine Tabelle in einer Tabellenkalkulation an.

**Hinweis:**
Im Register „Start" kann man Schrift und Rahmen verändern.

Formatiere Überschriften FETT. Setze um Tabellen einen Rahmen.

**Lösung:**
1. Benenne die Datei und speichere sie.
2. Gib die Überschrift „Sportfest" ein.
3. Trage die Sportart und Anzahl der Anmeldung in die jeweiligen Zellen ein.

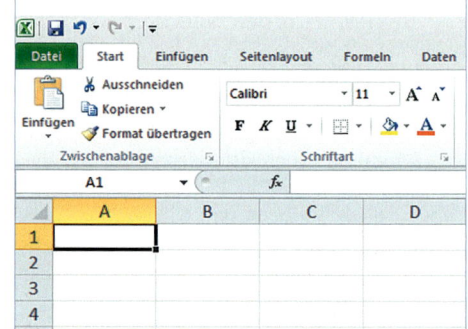

**TK 1.** Erstelle mit einer Tabellenkalkulation eine Tabelle für die Besucherzahlen eines Zirkus:
Dienstag 367, Donnerstag 403, Samstag 650 (ausverkauft), Sonntag: 650 (ausverkauft)

Streifzug

## Relative Häufigkeit berechnen

**Wissen: Formeln in einer Tabellenkalkulation**
Am Anfang einer **Formel** steht immer ein Gleichheitszeichen „=". Dann folgt die Rechenvorschrift (ohne Leerzeichen). Die **Zeichen für Grundrechenarten** sind:

Addition: +    Multiplikation: *    Subtraktion: −    Division: /

---

**Beispiel 2:** Berechne für die Anmeldungen aus Beispiel 1 die relativen Häufigkeiten.

**Lösung:**

1. Bestimme die „Gesamtzahl" der Anmeldung. Gib dazu in **B10** die Formel **=SUMME(B4:B9)** ein. Bestätige die Eingabe mit „Enter". In B10 steht dann das Ergebnis.

   *Hinweis:* „B4:B9" bedeutet von Zelle B4 bis Zelle B9.

2. Gib in die Zelle **C4** die Formel **=B4/B10** ein. Man erhält das Ergebnis 0,14. Berechne mit der Formel auch in den anderen Zellen die relativen Häufigkeiten.

3. Du kannst die relativen Häufigkeiten auch in Prozent ausgeben lassen. Markiere die relativen Häufigkeiten und wähle:

   Start    Format ▼    Zellen formatieren…

   Wähle Prozent aus und gib die Anzahl der gewünschten Nachkommastellen an.

   *Hinweis:* Schreibe in C4 =B4/$B$10. Dann kannst du die Formel aus C4 kopieren und in C5 bis C9 einfügen.

---

**TK 2.**
a) Erstelle die Tabelle aus Beispiel 2 in einer Tabellenkalkulation.
b) Kontrolliere die relativen Häufigkeiten, indem du die Summe der Felder **C4** bis **C9** berechnest. Das Ergebnis muss 1 bzw. 100 % sein.
c) Ändere die Anmeldungen für Fußball auf 20. Beschreibe, was sich in der Tabelle ändert.

**TK 3.** Die Klasse 6a plant einen Ausflug.

Fahrkarten Bus .................. 4,80 €    pro Person
Imbiss ............................... 4,90 €    pro Person
Eintritt .............................. 5,50 €    pro Person
Führung .......................... 20,00 €    einmalig

*Tipp zu 3:* Eine Tabellenkalkulation „denkt mit", wenn man Zellbezüge nutzt wie in =B1*B4.

a) Berechne mit einer Tabellenkalkulation die gesamten Kosten für 24 Schüler.
b) Verändere die Anzahl der Schüler auf 20 (auf 26, auf 23). Notiere jeweils die Gesamtkosten.
c) Berechne auch die Kosten pro Schüler. Finde dafür eine passende Formel.

## Diagramme erstellen

Hinweis:
Weitere wichtige Diagrammarten sind:

Säule

Balken

**Beispiel 3:** Erstelle ein Kreisdiagramm zu den Daten aus Beispiel 1.

**Lösung:**
1. Markiere die Zellen mit den Daten (**A3** bis **B9**).
2. Wähle dann:

   Einfügen   Kreis

3. Um ein Diagramm zu formatieren, zu beschriften oder zu korrigieren, klicke einmal mit der Maus darauf und wähle:

   Diagrammtools — Entwurf | Layout | Format

**TK 4.** Paul hat die Ergebnisse einer Klassenarbeit als Tabelle aufgeschrieben. Erstelle in einer Tabellenkalkulation ein Kreisdiagramm.

| Note | 1 | 2 | 3 | 4 | 5 | 6 |
|---|---|---|---|---|---|---|
| Anzahl | 5 | 6 | 5 | 4 | 3 | 2 |

## Kennwerte ermitteln

Tabellenkalkulationen enthalten bereits einige Funktionen für statistische Kennwerte.

**Wissen: Funktionen für Kennwert**
- **Arithmetisches Mittel:** MITTELWERT()
- **Maximum:** MAX()
- **Minimum:** MIN()
- **Modalwert:** MODALWERT()

In der Klammer stehen jeweils die Zellen mit den Daten, die ausgewertet werden sollen.

Hinweis:
Du musst dir die Funktionen nicht alle merken. Unter

Einfügen  Σ

kannst du alle Funktionen wählen und einfügen.

**TK 5.** Bei einer Online Auktion wird Sonntag ein Angebot eingestellt. Die Laufzeit der Anzeige ist eine Woche.
  a) Berechne für die täglichen Aufrufe der Anzeige mit einer Tabellenkalkulation das arithmetische Mittel, Maximum und Minimum und den Modalwert.
  b) Wann ist die Berechnung von Kennwerten mit einer Tabellenkalkulation sinnvoll, wann nicht? Diskutiert.

# 7.5 Vermischte Aufgaben

1. In zwei Umfragen wurden zufällig ausgewählte Leute nach ihrem Urlaubsziel für den Sommer befragt. Die Ergebnisse wurden in zwei verschiedenen Zeitschriften abgedruckt.

   Umfrage A: 20 Teilnehmer

   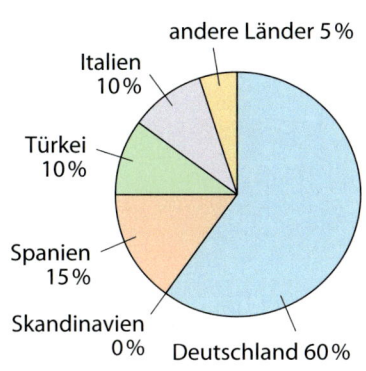

   Umfrage B: 400 Teilnehmer

   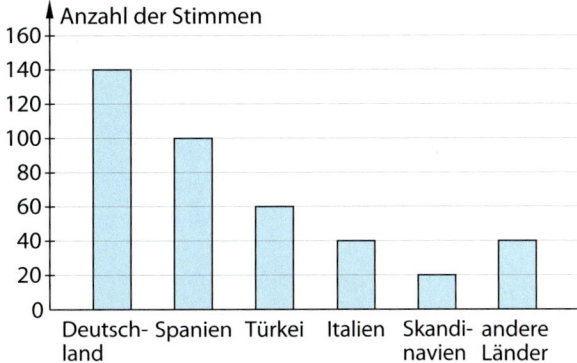

   a) Stelle die absoluten und relativen Häufigkeiten für beide Umfragen in einer Tabelle dar.
   b) Vergleiche die Ergebnisse und nenne Gemeinsamkeiten und Unterschiede.
   c) Welche der beiden Umfragen ist aussagekräftiger? Begründe deine Antwort.
   d) Findest du es besser, das Ergebnis der Umfrage in einem Kreisdiagramm oder in einem Säulendiagramm darzustellen? Begründe deine Meinung.

2. Führt in eurer Klasse eine Umfrage zur Anzahl der Geschwister durch. Vervollständigt die Tabelle im Heft und stellt das Ergebnis grafisch dar.

   | Anzahl der Geschwister | keine | 1 | 2 | 3 | mehr |
   |---|---|---|---|---|---|
   | absolute Häufigkeit | | | | | |
   | relative Häufigkeit | | | | | |

3. Vor einer Schule besteht eine Geschwindigkeitsbegrenzung von 30 km/h. Die Polizei kontrolliert morgens vor der Schule die Geschwindigkeit der Verkehrsteilnehmer:

   | Geschwindigkeit (in km/h) | bis 15 | über 15 bis 20 | über 20 bis 25 | über 25 bis 30 | über 30 bis 35 | über 35 bis 40 | über 40 |
   |---|---|---|---|---|---|---|---|
   | Anzahl der Fahrzeuge | 30 | 75 | 120 | 150 | 90 | 75 | 60 |

   a) Berechne die relativen Häufigkeiten. Stelle die Ergebnisse der Geschwindigkeitsmessung in einem Säulendiagramm dar. Färbe die Säulen sinnvoll rot oder grün.
   b) Erstelle in einer Tabellenkalkulation ein Kreisdiagramm.

4. Beim Werfen werden die Trainingsgruppen „gute Weite", „mittlere Weite" und „geringe Weite" gebildet. Bei einer Proberunde werfen die Schüler die folgenden Weiten (in m): 15, 34, 22, 18, 26, 31, 36, 41, 23, 28, 19, 40, 26, 19, 20, 23, 35, 32, 29, 25, 26
   a) Finde eine Klasseneinteilung, bei der die „gute Weite" 9-mal, die „mittlere Weite" 7-mal und die „geringe Weite" 5-mal vorkommt.
   b) Untersuche, ob eine Klasseneinteilung möglich ist, bei der in jeder Trainingsgruppe gleich viele Schüler sind.
   c) Erstelle eine Klasseneinteilung mit drei Klassen für die Weiten 15 m bis 41 m, bei der jede Klasse die gleiche Klassenbreite hat. In welcher Gruppe sind dann die meisten Schüler?

5. Wie ändern sich die relativen Häufigkeiten?
   a) An einer Straße fuhren gestern 12 von 40 Autofahrern zu schnell und wurden angehalten. Heute sind es 6 von 40 Fahrern.
   b) Marius hatte in seinem Aquarium 50 Fische – davon 5 Welse. Er verschenkt einige seiner Jungtiere und hat nun insgesamt noch 25 Fische – behält aber alle Welse.

6. Bei der letzten Klassenarbeit betrug die Durchschnittsnote 3,2. Die Ergebnisse der neuen Klassenarbeit hat Frau Müller an die Tafel geschrieben.
   a) Finde den Modalwert der Noten.
   b) Beurteile, ob diese Klassenarbeit besser ausgefallen ist als die letzte Klassenarbeit.
    c) Erstelle ein passendes Diagramm.

   Ergebnisse der Klassenarbeit
   4, 3, 3, 4, 3, 3, 4, 1, 3, 3, 1, 3, 2, 2, 4,
   3, 2, 1, 4, 2, 1, 3, 3, 5, 3, 1

7. In den Klassen 6a und 6b sind jeweils 30 Kinder, wovon jeweils die Hälfte 11 Jahre alt ist. Die anderen sind alle 10 oder 12 Jahre alt. Maria sagt: „Die Schüler der Klassen 6a und 6b sind im Durchschnitt gleich alt."
   a) Finde ein Beispiel, sodass Marias Aussage stimmt.
   b) Finde ein Beispiel, sodass Marias Aussage nicht stimmt.

8. Finde jeweils ein Beispiel mit natürlichen Zahlen und erkläre allgemein.
   a) Welches ist das arithmetische Mittel von drei (fünf; elf) aufeinanderfolgenden Zahlen?
   b) Welches ist das arithmetische Mittel von 2 (4; 14) aufeinanderfolgenden Zahlen?
   c) Welches ist das arithmetische Mittel einer geraden (ungeraden) Anzahl aufeinanderfolgender gerader Zahlen?

9. Die sportliche Familie Meier unternimmt in den Ferien eine sechstägige Radtour. Sie starten in Hannoversch Münden und fahren entlang der Weser Richtung Bremen. Am ersten Tag fahren sie 45 km bis nach Bad Karlshafen, wo sie übernachten. In der zweiten Nacht übernachten sie in Bodenwerder, in der dritten in Rinteln, in der vierten in Petershagen und in der fünften Nacht in Nienburg. Der sechste Tag der Radtour steht noch bevor. Die Familie stoppt jeden Tag die Fahrzeit (ohne Pausen).

| Tag | 1. Tag | 2. Tag | 3. Tag | 4. Tag | 5. Tag |
|---|---|---|---|---|---|
| Fahrzeit (in h) | 3 | $4\frac{1}{4}$ | $3\frac{3}{4}$ | $3\frac{1}{3}$ | $3\frac{2}{3}$ |

| Orte | km |
|---|---|
| Hann. Münden | 0 |
| Bodenfelde | 34 |
| Bad Karlshafen | 45 |
| Höxter | 69 |
| Holzminden | 80 |
| Bodenwerder | 111 |
| Hameln | 136 |
| Rinteln | 165 |
| Minden | 204 |
| Petershagen | 215 |
| Nienburg | 270 |
| Bremen | 365 |

- Wie viel Kilometer ist die Familie schon gefahren?
- Gib die durchschnittliche Fahrzeit der ersten fünf Tage an.
- An welchem Tag wurde die höchste Durchschnittsgeschwindigkeit gefahren?
- Welche Strecke müssen sie am letzten Tag noch fahren, damit sie durchschnittlich 50 km pro Tag zurückgelegt haben?
- Wie viele Tage hättest du für die Strecke von Hann. Münden nach Bremen gebraucht? Wo würdest du Pausen einplanen?

## 7.5 Vermischte Aufgaben

**10.** Sarah macht in ihrer Klasse eine anonyme Umfrage dazu, wie viel Taschengeld ihre Mitschüler bekommen.

| Taschengeld pro Woche (in €) | 5 | 6 | 7 | 8 | 9 | 10 | 12 | 15 |
|---|---|---|---|---|---|---|---|---|
| Anzahl der Schüler | 5 | 4 | 6 | 4 | 5 | 3 | 1 | 2 |

a) Erstelle mit einer Tabellenkalkulation zu den Daten ein Diagramm.
b) Berechne das arithmetische Mittel des Taschengelds pro Woche.
c) Sarah erhält 7 € Taschengeld pro Woche. Vergleiche dies mit ihren Mitschülern. Wie kann sie versuchen, ihre Eltern davon zu überzeugen, dass sie mehr Geld bekommt?
d) Jasmin meint: „Das kann man doch so gar nicht vergleichen – es muss doch jeder etwas anderes selbst kaufen und vom Taschengeld bezahlen."
Beschreibe mit eigenen Worten, worauf die Kritik von Jasmin abzielt.

**11.** Die Tabelle zeigt die Umweltbelastung durch unterschiedliche Verkehrsmittel pro gefahrenen Kilometer. Man muss aber auch berücksichtigen, wie viele Personen in dem Verkehrsmittel mitfahren können.

|   | A | B | C | D |
|---|---|---|---|---|
|   | Verkehrs-mittel | Treibhausgas in g pro km | Anzahl Personen | Treibhausgas pro Person |
| 2 | PKW | 556 | 4 | 139 |
| 3 | Linienbus | 4440 | 60 |  |
| 4 | S/U-Bahn | 37000 | 500 |  |
| 5 |  |  |  |  |

a) Berechne mit einer Tabellenkalkulation den Ausstoß von Treibhausgas pro Person. Überlege dazu, welche Formel in D2 steht.
b) Welches Verkehrsmittel ist am umweltfreundlichsten? Berechne dazu den Ausstoß von Treibhausgasen pro Person für unterschiedliche Personenzahlen und vergleiche.
c) Mit wie viel Treibhausgas belastest du die Umwelt auf deinem Schulweg? Berechne.

**12.** Jonas hat Säulendiagramme zu Statistiken erstellt.

① Tore in der Saison 2013/14

| Bayern | Werder | Hannover | Wolfsburg |
|---|---|---|---|
| 94 | 42 | 46 | 63 |

② Einwohner in deutschen Städten

| Braunschweig | Celle | Verden | Oldenburg |
|---|---|---|---|
| 250 500 | 68 500 | 26 600 | 162 500 |

③ Einwohner von Ländern

| Deutschland | USA | Frankreich | Polen |
|---|---|---|---|
| 80,62 Millionen | 316 Millionen | 66,2 Millionen | 38,53 Millionen |

a) Ordne die Tabellen den Diagrammen zu. Begründe.
b) Gib auch an, wie die einzelnen Säulen beschriftet werden müssen.

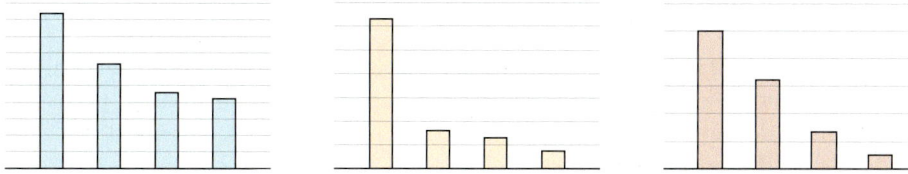

# Prüfe dein neues Fundament

7. Daten

**Lösungen** ↗ S. 235

1. Ergänze die Tabelle im Heft.

a)
| Gruppe | absolute Häufigkeit | relative Häufigkeit |
|---|---|---|
| A | 5 | |
| B | 10 | |
| C | 25 | |
| Gesamtzahl | 40 | |

b)
| Gruppe | absolute Häufigkeit | relative Häufigkeit |
|---|---|---|
| A | | 20 % |
| B | | 30 % |
| C | | 50 % |
| Gesamtzahl | 60 | |

2. Die 16 Mädchen der Klasse 6 b wurden gefragt, wie sie zur Schule kommen. Ihre Antworten: zu Fuß, zu Fuß, zu Fuß, zu Fuß, Fahrrad, Fahrrad, Fahrrad, Fahrrad, Fahrrad, Fahrrad, Fahrrad, Fahrrad, Straßenbahn, Straßenbahn, Bus, Bus
Ermittle die relativen Häufigkeiten der Verkehrsmittel.

3. Bei einer Bewertung von Ärzten im Internet empfehlen 28 von 40 Patienten Dr. Messer weiter. Bei Dr. Spritze sind es 36 von 50 Patienten. Welcher Arzt ist bei den Patienten beliebter? Vergleiche die relativen Häufigkeiten.

4. Von 24 Schülern wurde der Klassensprecher gewählt. Jeder hat seine Stimme entweder Tanja, Paul oder Maria gegeben. Tanja bekam acht Stimmen, Paul zwölf und Maria die restlichen Stimmen.
Welches der Kreisdiagramme stellt den Sachverhalt richtig dar? Begründe.

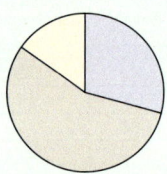 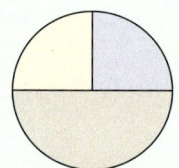 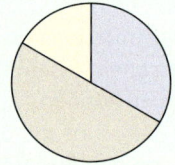

5. 180 Personen wurden gefragt: „Beeinflusst Werbung Ihr Kaufverhalten?" Das Kreisdiagramm zeigt das Ergebnis der Umfrage.
   a) Berechne die Anteile der Antworten in Prozent.
   b) Berechne, wie viele Personen die einzelnen Antworten gegeben haben.

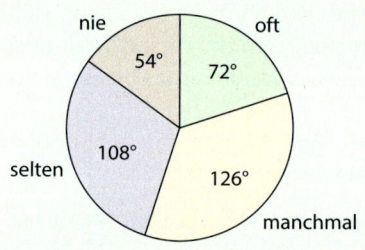

6. Bei der letzten Klassenarbeit wurden folgende Punktzahlen erreicht:
16, 14, 20, 21, 15, 16, 18, 22, 10, 24, 12, 8, 14, 6, 2, 16, 22, 13, 15, 19, 21, 24, 17, 18, 11, 5, 10, 14.
Die Mathematiklehrerin verwendet für die Notengebung die folgende Punkteeinteilung.

| Note | 1 | 2 | 3 | 4 | 5 | 6 |
|---|---|---|---|---|---|---|
| Punkte | 26 – 24 | 23 – 20 | 19 – 16 | 15 – 12 | 11 – 6 | 5 – 1 |

   a) Stelle die absoluten Häufigkeiten der Noten in einer Tabelle dar.
   b) Stelle die absoluten Häufigkeiten der Noten in einem Säulendiagramm dar.

7. Nur bei einer der beiden Datenlisten ist es sinnvoll, eine Klasseneinteilung vorzunehmen. Welche Datenliste ist das? Gib dafür eine passende Klasseneinteilung an.
   a) Anzahl der Familienmitglieder: 2, 4, 3, 2, 5, 4, 4, 3, 5, 3, 4, 6, 3, 4, 4, 4, 3, 3, 4, 3, 3
   b) Anzahl der gelesenen Bücher: 5, 12, 17, 11, 3, 6, 9, 5, 19, 14, 2, 8, 16, 14, 7, 10

Prüfe dein neues Fundament

8. Bei einem Sportfest erreichten die Jungen der Klasse 6b beim Weitsprung die folgenden Ergebnisse:

| Michael | Frank | Paul | Anton | Kay | Ernst | Max | Nils | Timo |
|---|---|---|---|---|---|---|---|---|
| 3,10 m | 3,75 m | 3,37 m | 2,95 m | 3,78 m | 3,72 m | 2,76 m | 4,05 m | 3,95 m |

a) Bestimme das Maximum und das Minimum der Weiten.
b) Wie viel Zentimeter Abstand liegen zwischen dem kürzesten Sprung und dem weitesten Sprung? Wie nennt man diesen Kennwert in der Mathematik (Fachbegriff)?

9. Bestimme das Maximum, das Minimum, die Spannweite, den Modalwert und das arithmetische Mittel.
   a) 11, 19, 11, 10, 12, 9
   b) 12, 11, 9, 12, 11, 10, 2, 11

10. Berechne das Durchschnittsalter der Schüler.

| Alter der Schüler | 10 Jahre | 11 Jahre | 12 Jahre | 13 Jahre |
|---|---|---|---|---|
| Häufigkeit | 1 | 8 | 9 | 2 |

11. Folgende Altersangaben sind über die Mitglieder einer Trainingsgruppe „Schwimmen" bekannt: Inka (15 Jahre), Marie (17 Jahre), Anna (17 Jahre), Lara (16 Jahre), Erdmute (17 Jahre), Ines (14 Jahre), Julia (15 Jahre), und Johanna (15 Jahre).
   a) Ermittle das Durchschnittsalter in der Schwimmgruppe.
   b) Wenn auch Anja in der Gruppe trainiert, hat die Trainingsgruppe einen Altersdurchschnitt von 16,0 Jahren. Wie alt ist Anja?

## Wiederholungsaufgaben

1. Berechne.
   a) $1 + \frac{1}{3} \cdot \frac{5}{7}$
   b) $12 : 0,5$
   c) $\frac{3}{4} + \frac{3}{2}$
   d) $4,2 - \frac{2}{3}$
   e) $4 - \frac{4}{5} : \frac{1}{3}$

2. „Das Konzert hörten dreiundsiebzigtausendundfünfzehn Menschen." Schreibe diese Zahl in Ziffern.

3. Gib $\frac{3}{8}$ in Prozent und als Dezimalzahl an.

4. In der Zeitung kann man Kleinanzeigen aufgeben. Eine umrahmte Anzeige kostet 5 € und darf bis zu acht Zeilen lang sein. Jede weitere Zeile kostet 2,20 €. Was haben die beiden Anzeigen gekostet?

   Gut erhaltenes Kinder-Rad grün, Firma Asthonia, abzugeben. Kleine Schrammen am Schutzblech. Günstig abzugeben, VB 40 €.
   Kontakt: _____

   Suche Schüler, der mir bei der Gartenarbeit hilft. Aufgaben: Rasenmähen, Hecke schneiden, Zaun streichen sowie kleinere Reparaturen an Gartengeräten. Zahle 6 € pro Stunde.
   Kontakt: _____

# Zusammenfassung

## 7. Daten

### Absolute und relative Häufigkeit

Die **relative Häufigkeit** gibt an, wie groß der Anteil an der Gesamtzahl ist.

$$\text{relative Häufigkeit} = \frac{\text{absolute Häufigkeit}}{\text{Gesamtzahl}}$$

Die Summe der absoluten Häufigkeiten ergibt die Gesamtzahl, die Summe der relativen Häufigkeiten 1 oder 100 %. Relative Häufigkeiten werden als **Bruch**, **Dezimalzahl** oder **in Prozent** angegeben.

Bei der Klassensprecherwahl kandidierten Inka, Katja und Paul. 25 gültige Stimmen wurden abgegeben.

|  | absolute Häufigkeit | relative Häufigkeit |
|---|---|---|
| Inka | 4 | $\frac{4}{25} = 0{,}16 = 16\,\%$ |
| Katja | 11 | $\frac{11}{25} = 0{,}44 = 44\,\%$ |
| Paul | 10 | $\frac{10}{25} = 0{,}4 = 40\,\%$ |

### Kreisdiagramm

Um **relative Häufigkeiten** grafisch darzustellen, eignen sich **Kreisdiagramme**. Die Anteile eines Ganzen werden als Teile eines Kreises dargestellt.

Der Vollkreis (360°) entspricht dem Ganzen (100 %). Die Kreisteile entsprechen den einzelnen Anteilen, 1 % entspricht dem Winkel 3,6°.

Umfrage bei 20 Schülern: „Welches Musikinstrument würdest du gerne spielen können?"

| Instrument | Geige | Posaune | Klavier |
|---|---|---|---|
| Anzahl | 6 | 4 | 10 |

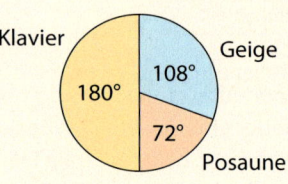

Die Anteile in Prozent lassen sich über die Winkelgrößen der Kreisteile berechnen.

Geige: $\frac{108°}{360°} = \frac{3}{10} = 30\,\%$

Posaune: $\frac{72°}{360°} = \frac{1}{5} = 20\,\%$

Klavier: $\frac{180°}{360°} = \frac{1}{2} = 50\,\%$

### Klasseneinteilung

Wenn eine große Menge an Daten vorliegt, dann kann man benachbarte Werte zu einer **Klasse** zusammenfassen. Wie viele Klassen gewählt werden, hängt von der Situation ab.

Größen der 24 Mitglieder einer Mannschaft:

| unter 1,61 m | 1,61 m bis 1,70 m | 1,71 m bis 1,80 m | über 1,80 m |
|---|---|---|---|
| 4 | 8 | 9 | 3 |

### Kennwerte

Kennwerte werden genutzt, um Daten auszuwerten.

Tageshöchsttemperaturen in °C:

| Mo. | Di. | Mi. | Do. | Fr. | Sa. | So. |
|---|---|---|---|---|---|---|
| 15 | 19 | 18 | 21 | 22 | 24 | 21 |

Das **Maximum** ist der größte Wert einer Datenliste, das **Minimum** ihr kleinster Wert. Die **Spannweite** ist der Unterschied zwischen dem Maximum und dem Minimum.

Maximum: 24
Minimum: 15
Spannweite = 24 − 15 = 9

Der **Modalwert** ist der häufigste Wert einer Datenliste.

Modalwert: 21 (kommt zweimal vor)

Das **arithmetische Mittel** wird berechnet, indem man die Summe aller Werte durch die Anzahl der Werte dividiert.

$$\text{arithmetisches Mittel} = \frac{\text{Summe aller Werte}}{\text{Anzahl der Werte}}$$

Arithmetisches Mittel:

$$\frac{15 + 19 + 18 + 21 + 22 + 24 + 21}{7} = \frac{140}{7} = 20$$

# 8. Komplexe Aufgaben

Die folgenden Aufgaben verbinden Kapitel dieses Buches und methodische Kompetenzen.

### Spiele mit Brüchen

1. Es ist nicht immer einfach, die richtige Wahl zu treffen. Bei dem Würfelspiel „Bruch-Stechen" kann man durch eine kluge Wahl die eigenen Gewinnchancen vergrößern. Ihr braucht einen Würfel und etwas zum Schreiben.
   a) Es wird mit einem Würfel jeweils nacheinander zweimal gewürfelt. Nach dem ersten Wurf notiert der Spieler die Augenzahl entweder als Nenner oder als Zähler eines Bruchs. Die Augenzahl des zweiten Wurfs ist der fehlende Zähler oder Nenner. Der Spieler mit der größten Bruchzahl gewinnt.
   b) Das „Bruch-Stechen" wird erweitert: Die Spieler notieren sich eine Summe von zwei Brüchen: $\frac{\blacksquare}{*} + \frac{\blacktriangle}{*}$. Es wird nacheinander dreimal gewürfelt. Nach jedem Wurf notiert ein Spieler die Augenzahl entweder als Nenner beider Brüche oder als einen der beiden Zähler. Der Spieler mit dem größten Bruch gewinnt.
   c) Überlegt euch ein eigenes Würfelspiel. Notiert die Spielregeln und führt das Spiel durch.

### Kreisbilder

2. Aus Kreisen könnt ihr richtige Kunstwerke gestalten.

    ①    ②

   a) Zeichne einen Kreis mit einem Radius von 4 cm.
   b) Zeichne mithilfe des Geodreiecks Punkte in gleichmäßigem Abstand so auf den Rand des Kreises, dass insgesamt 24 Punkte darauf Platz haben.
   c) Zeichne um jeden dieser Punkte einen Kreis mit dem Radius 4 cm. Nun solltest du das Muster schon erkennen können.
   d) Färbe das Bild so, dass das Muster sichtbar wird. Du erhältst das Kreisbild ①.
   e) Erstelle nun das Kreisbild ②.

### Parallelogramm

3. Vom nebenstehenden Parallelogramm sind folgende Winkel bekannt:
   $\alpha_1 = 25°$; $\gamma_1 = 35°$ und $\delta_1 = 75°$

   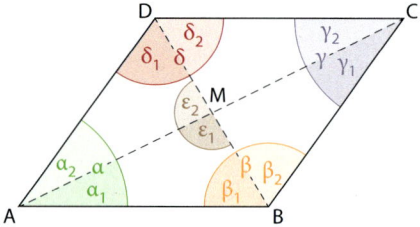

   a) Ermittle alle weiteren Winkel, sofern möglich. Gib jeweils an, welche Sätze du dazu verwendest hast.
   b) Begründe, weshalb für Parallelogramme gilt:
   ① $\alpha + \beta = 180°$  ② $\alpha = \gamma$
   c) Untersuche das Parallelogramm auf Achsen- und Punktsymmetrie. Begründe deine Meinung.

## Figurenbild

4. Lina hat sich ein tolles Muster ausgedacht.
   a) Welche speziellen Vielecke erkennst du in ihrem Bild?
   b) Übertrage das Bild in dein Heft, ohne die Felder auszumalen. Wenn das Bild fertiggestellt ist, soll es zwei Symmetrieachsen haben. Ergänze das Bild so, dass es zwei Symmetrieachsen hat.
   c) Beim Ausmalen fällt Lina auf, dass sie mit drei Farben auskommt, wenn benachbarte Figuren nicht die gleiche Farbe haben sollen. Stimmt das?
   d) Ist das Bild nach dem Ausmalen auch noch symmetrisch? Begründe deine Antwort.

## Viereckparkett

5. Conrad hat etwas entdeckt: „Bei unserem Parkett ist der ganze Boden mit Rechtecken ausgelegt. Genauso könnte man das mit Drachenvierecken der gleichen Größe machen."
   a) Übertrage das Parkettmuster rechts in dein Heft und erweitere es rundherum jeweils um ein Drachenviereck.
   b) Alina möchte ein Parkettmuster mit anderen Figuren malen. Sie überlegt, ob es auch mit Parallelogrammen funktioniert. Erstelle ein Parkettmuster aus mindestens acht Parallelogrammen.
   c) Sebastian sagt: „Das geht doch mit allen Vierecken.", und beginnt zu zeichnen. Vervollständige Sebastians Skizze zu einem Parkettmuster mit mindestens acht Vierecken.
   d) Kann man tatsächlich mit allen Vierecken parkettieren (so nennt man es, wenn man deckungsgleiche Figuren beliebig oft aneinander legen kann)? Begründe deine Einschätzung. Erstelle gegebenenfalls ein Gegenbeispiel, das zeigt, dass eine Parkettierung nicht immer funktioniert.

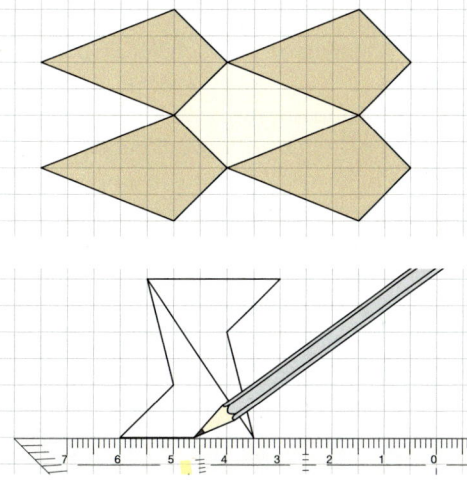

## Winkelsummensatz

6. Die Innenwinkelsumme eines Vieleckes mit n Ecken (n = 3; 4; 5; …) beträgt (n − 2) · 180°.
   a) Begründe sowohl für die Variante 1 als auch für die Variante 2, dass die Innenwinkelsumme im Sechseck 720° beträgt. Verwende dazu jeweils die Innenwinkelsumme im Dreieck.
   b) Erläutere, wie sich die Begründungen für beide Varianten auf ein Fünfeck und ein Siebeneck übertragen lassen.

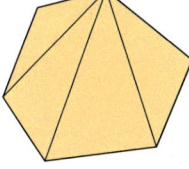 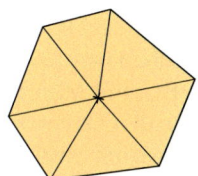

Variante 1     Variante 2

## Mit Bus, Auto und Fahrrad

7. Die Klasse 6a aus Essen fährt ins 350 km entfernte Landschulheim in Cuxhaven. Sie brauchen für den Weg insgesamt $4\frac{1}{2}$ Stunden, wobei sie dabei eine $\frac{3}{4}$ Stunde Pause an einer Raststätte gemacht haben.

   a) Der Bus darf höchstens 90 $\frac{km}{h}$ schnell fahren. Untersuche, ob der Bus zu schnell gefahren ist.
   b) Wie lange würde die Fahrt von Essen nach Cuxhaven – ohne Pause – dauern, wenn der Bus im Durchschnitt nur 80 $\frac{km}{h}$ fahren würde?
   c) Die Klasse 6a hat 29 Schüler, sie werden von zwei Lehrerinnen und einem Referendar begleitet. Im Bus sind nur $\frac{4}{5}$ der Plätze belegt. Wie viele Plätze bleiben frei?
   d) Die Klassenfahrt kostet für jeden Schüler 180 €. Die Unterkunft, Verpflegung und Fahrt machen $\frac{9}{10}$ des Preises aus, der Besuch im Kletterpark $\frac{1}{15}$. Für die Klassendisko am letzten Abend haben die Schüler 5 € pro Person ausgegeben. Bleibt am Ende noch Geld übrig?

8. Martin und Andreas sind Nachbarn und haben gleich alte Söhne. Am Samstagabend treffen sie sich bei ihrem Freund Michael, der genau 13,15 km von ihnen entfernt wohnt. Martin ist mit dem Auto gekommen und Andreas schon am Nachmittag mit dem Fahrrad gefahren. Beide rufen auf ihren Rad- oder Bordcomputern die Durchschnittsgeschwindigkeiten ab. Martin ist im Durchschnitt 52,6 km pro Stunde gefahren und Andreas 26,3 km pro Stunde.

   a) Wie viele Minuten war Andreas länger unterwegs als Martin, wenn beide den gleichen Weg genommen haben?
   b) Martins Auto verbrauchte 5,8 l Super-Benzin auf 100 km gefahrener Strecke. Informiere dich zuerst über den aktuellen Preis für einen Liter Super-Benzin und berechne dann die ungefähren Benzin-Kosten.

## Geldkoffer

9. Ein 50-Euro-Schein ist 14 cm breit, 7,7 cm hoch und 0,1 mm dick. Ein Aktenkoffer ist 46 cm breit, 33,5 cm hoch und 13 cm tief. Passen 1 Million Euro in 50-Euro-Scheinen in den Aktenkoffer?
Beachte, dass nur ganze Geldscheine im Koffer liegen dürfen.

## Laras Tauf-Kerze

10. Lara ist überrascht: Morgen hat sie Erstkommunion und da steht die Kerze von ihrer Taufe. Sie wusste gar nicht, dass es die noch gibt. Ihre Mutter sagt, dass ihre eigene Taufkerze sogar bei der Hochzeit brannte. Laras Taufkerze hat einen Durchmesser von 6 cm und ist noch 20 cm hoch. Die Idee, auch mit der Taufkerze heiraten zu können, findet Lara richtig gut. Sie möchte nun wissen, wie lange sie ihre Kerze brennen lassen kann, ohne dass ihr Name verschwindet. Das sind insgesamt noch 4 cm.

   a) Lara findet eine ähnliche Kerze. Beschreibe, wie sie damit ihre Frage beantworten kann.
   b) Laras Freund meint, dass eine Kerze gleichmäßig abbrennt. Beschreibe, wie man das experimentell überprüfen kann.
   c) Im Karton der Kerze findet Lara einen kleinen Zettel: Taufkerze, Länge 24 cm, Brenndauer mindestens 30 Stunden. Sie rechnet: 30 : 4 = 7,5, allerdings kann sie ihr Ergebnis nicht erklären. Wäre Laras Name nach 7,5 Stunden noch vollständig? Begründe deine Antwort.
   d) Bei der Kommunion wird die Kerze wohl zwei Stunden brennen. Wie hoch wäre sie dann noch?

## Hase und Igel

11. Hase und Igel stehen 4 m voneinander entfernt. In der Mitte der Strecke steht ein Baum, womit Hase und Igel jeweils 2 m vom Baum entfernt sind. Hase und Igel wollen zum Baum. Der Hase halbiert bei jedem Schritt den Abstand zum Baum. Der Igel bewegt sich bei jedem Schritt 25 cm zum Baum. Notiere in einer Tabelle zu jedem Schritt der beiden ihren Abstand zum Baum. Wer erreicht den Baum zuerst?

## Der Mensch

12. Der Mensch besteht zu einem großen Anteil aus Wasser. Der Wasseranteil am Körpergewicht eines Mannes beträgt durchschnittlich $\frac{3}{5}$ und am Körpergewicht einer Frau $\frac{1}{2}$.

    **Tipp zu 12:** 1 kg Wasser entspricht 1 Liter Wasser.

   a) Berechne, aus wie viel Litern Wasser der Körper eines Mannes besteht, der 80 kg wiegt.
   b) Frau Peters' Wasseranteil im Körper beträgt 33 ℓ. Wie viel wiegt Frau Peters wohl?
   c) Der Wasseranteil im Körper von Kindern beträgt maximal $\frac{3}{4}$ des Körpergewichts. Berechne, aus wie viel Litern Wasser dein Körper maximal besteht.

## Mandelplätzchen verschwunden!

13. Linus, Julius und Lorenz liegen schon im Bett, während ihre Mutter noch köstliche Mandelplätzchen zubereitet. Als die Mutter damit fertig ist, stellt sie die Plätzchen auf den Küchentisch und geht ebenfalls zu Bett.
In der Nacht werden die drei Jungen nacheinander wach und schleichen sich jeweils, ohne dass die anderen etwas bemerken, in die Küche. Ohne schlechtes Gewissen nimmt sich jeder ein Drittel der Mandelplätzchen, die er auf dem Tisch vorfindet, und verspeist sie.
Am nächsten Morgen kommen die drei gleichzeitig in die Küche. Linus und Julius wundern sich jedoch.
   a) Warum wundern sich die beiden?
   b) Wie viele Mandelplätzchen sollte jeder drei Jungen jetzt noch bekommen, damit die Aufteilung gerecht ist und tatsächlich jeder ein Drittel der von der Mutter zubereiteten Anzahl bekommt?

## Bildformate

14. Ein Bildformat gibt das Verhältnis zwischen der Breite und der Höhe eines Bildes an.

    a) Zeichne ein 4,5 cm breites Rechteck im Format 4:3 und ein weiteres im Format 16:9.
    b) Wenn man einen Film im Format 4:3 auf einem Bildschirm mit Format 16:9 abspielt, kann nicht der gesamte Bildschirm genutzt werden. Der nicht genutzte Teil des Bildschirms bleibt schwarz. Untersuche anhand einer geeigneten Skizze, wie ein Film im Format 4:3 auf einem Bildschirm mit Format 16:9 aussieht.
    Welcher Anteil des 16:9-Bildschirms bleibt dabei schwarz?
    c) Es tritt auch die umgekehrte Situation auf: Ein 16:9-Film soll auf einem 4:3-Fernsehgerät abgespielt werden. Untersuche, wie der Fernsehbildschirm für den Zuschauer aussieht. Welcher Anteil des Bildschirms bleibt schwarz?
    d) Warum bleibt immer ein schwarzer Bereich auf dem Bildschirm, wenn Bildformat und Bildschirmformat nicht gleich sind?
    e) Auf welchem Bildschirm sollte man einen Film mit der Angabe 1,33:1 bzw. 1,78:1 eher abspielen? Begründe.
    f) Welchen Anteil des Bildes kann man nicht sehen, wenn man auf einem 16:9-Bildschirm einen Film im 4:3 Format so abspielt, dass keine schwarze Balken zu sehen sind?
    g) Es gibt bei einigen Bildschirmen ebenfalls die Möglichkeit, einen 4:3-Film in voller Größe auf einem 16:9-Bildschirm ohne schwarze Balken abzuspielen. Erkläre, was hierbei passiert.

    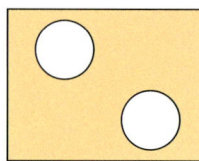 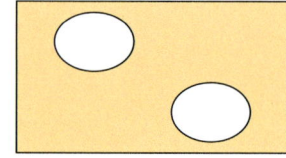

    h) Bildschirmgrößen werden meist mithilfe der Bildschirmdiagonalen angegeben. Untersuche, wie der Bildschirm eines Mobiltelefons aussieht, dessen Bildschirmdiagonale 9 cm beträgt, wenn das Format 4:3 bzw. 16:9 ist. Vergleiche die Größen der Bildschirmflächen. Gehe davon aus, dass die Breite beim 4:3-Bildschirm 7,2 cm und beim 16:9-Bildschirm 7,8 cm beträgt.

## „Schummeln" und „Tricksen"

15. An seinen Geburtstag möchte Max mit seinen Gästen „Schummeln" und „Tricksen" spielen. Beim „Schummeln" zieht der Schummler (der Vater von Max) drei Karten aus einem Stapel mit neun Karten, mit den Ziffern von 2 bis 10. Der Schummler liest den Zahlenwert jeder Karte vor und muss bei genau einer Karte lügen. Nun raten die Spieler, bei welcher Karte er gelogen hat. Jeder Spieler, der richtig geraten hat, bekommt einen Punkt.
Beim „Tricksen" lässt man einen Würfel aus einer Höhe von mindestens 20 cm fallen. Ziel ist es, den Würfel so fallen zu lassen, dass er sechs Augen zeigt. Es gibt jeweils einen Punkt, wenn der Würfel sechs Augen zeigt.
   a) Lina behauptet, dass die Spiele nichts mit Geschicklichkeit, sondern nur mit Glück zu tun haben. Angenommen, Lina hat recht und Max lädt neun Gäste ein, die zehn Spieler „schummeln" und „tricksen" je sechsmal. Wie viele Punkte würdest du dann bei jedem Spieler im Durchschnitt erwarten?
   b) „Trickst" und „schummelt" selbst. Bearbeitet die Aufgabe in Gruppen von 4 bis 5 Schülern. Wählt dabei einen Schummler aus. Ihr dürft sechsmal „schummeln" und sechsmal „tricksen". Wie viele Punkte erzielt jeder in eurer Gruppe im Schnitt beim „Schummeln"? Und beim „Tricksen"?
   c) Stellt die Ergebnisse eurer Klasse übersichtlich dar. Überlegt vorher, welche Darstellungsform (Tabelle, Säulendiagramm, Kreisdiagramm) besonders geeignet ist.
   d) Zu welchem Schluss kommt ihr? Geht es beim „Schummeln" und „Tricksen" nur um Glück, oder ist auch Geschicklichkeit mit im Spiel?

## Schätzen der Dauer einer Minute

16. Führt folgendes Experiment durch: Vier Schüler erfassen die Daten. Alle anderen Schüler stehen auf. Auf ein Signal hin beginnt jeder mit geschlossenen Augen zu schätzen, wie lange es dauert, bis eine Minute vorbei ist. Dann setzt er sich möglichst leise. Die Schätzzeiten werden von den vier „Datenerfassern" notiert.
   a) Was vermutet ihr vor dem Experiment? Nach welcher Zeit wird sich wohl der erste und nach welcher Zeit der letzte Schüler hinsetzen? Um wie viele Sekunden werden die gemessenen Zeiten im Durchschnitt von der Dauer einer Minute abweichen?
   b) Wertet die gemessenen Zeiten aus. Bestimmt das Maximum, das Minimum, die Spannweite und das arithmetische Mittel der Werte.
   c) Wählt für die gemessenen Zeiten eine sinnvolle Klasseneinteilung und erstellt eine Tabelle mit den Häufigkeiten sowie ein Säulendiagramm.
   d) Berechnet für jede gemessene Zeit die Abweichung von 60 Sekunden. Berechnet dann das arithmetische Mittel der Abweichungen. Vergleicht mit eurer Vermutung in a).
   e) Führt das Experiment sowohl am Anfang als auch am Ende der Unterrichtsstunde durch und vergleicht die dabei ermittelten Kennwerte miteinander. In welchem Fall waren die Schätzungen besser? Welche Gründe könnten dafür sprechen, dass die Schätzungen besser oder schlechter werden?

## Seltsames und Unerwartetes

Die folgenden Aufgaben fordern zum Knobeln auf. Arbeitet überwiegend selbstständig. Formuliert bei Bedarf zu Schwierigkeiten Fragen und tauscht euch dazu aus. Vergleicht eure Lösungswege und Ergebnisse.

17. Der Bruch $\frac{24}{36}$ hat „tolle" Eigenschaften.
    – Wenn man die Reihenfolge der Ziffern in Zähler und Nenner vertauscht, ändert er seinen Wert nicht, bleibt also die gleiche gebrochene Zahl.
    – Wenn man jeweils entweder die erste oder die zweite Ziffer im Zähler und im Nenner streicht, bleibt es ebenfalls die gleiche gebrochene Zahl.
    Findet möglichst viele weitere solche „Wunderbrüche".

18. Ein Mathematiklehrer wird von seinen Schülern gefragt, wie alt er sei.
    Darauf gibt er folgende Antwort: Ein Fünftel meines Alters war ich Kind, ein Sechstel meines Alters verlebte ich als Jugendlicher. Die Hälfte meines bisherigen Lebens war ich verheiratet. Nun bin ich seit 8 Jahren wieder Single. Wie alt ist der Mathematiklehrer?

19. Jan, Jana und Joko haben (für die anderen nicht sichtbar) jeder einen Ball in der Schulmappe und zwar einen roten oder einen grünen oder einen blauen. Von den folgenden drei Aussagen ist eine wahr, die beiden anderen sind falsch:
    – Jan hat nicht den grünen Ball.
    – Jana hat nicht den blauen Ball.
    – Joko hat den grünen Ball.
    Finde heraus, wer welchen Ball dabei hat.

20. Astrid und Sven haben einen 8-Liter-Behälter mit frischem Apfelsaft. Die zwei wollen den Saft gerecht verteilen, besitzen aber nur einen leeren 5-Liter-Behälter und einen leeren 3-Liter-Behälter. Wie können sie dennoch eine gerechte Verteilung vornehmen?

21. In einer Maschine befinden sich drei ineinandergreifende Zahnräder. Die drei Zahnräder haben 36, 18 und 8 Zähne. Das Zahnrad mit 8 Zähnen dreht sich in einer Stunde viermal. Überlege, nach wie vielen Stunden sich die drei Zahnräder erstmalig wieder in der gleichen Position wie zu Beginn befinden.

22. Im „Mathematikland" hat ein Hotel unendlich viele Zimmer. Alle Zimmer sind nummeriert mit 1, 2, 3, 4, 5 usw. Da es keine größte natürliche Zahl gibt, endet es nie. Ein Mathematiker möchte ein Zimmer haben. Ihm wird gesagt: „Wir sind leider belegt."
    Der Gast wundert sich: „Ich denke, sie haben unendlich viele Zimmer. Da lässt sich gewiss ein freies Zimmer für mich finden. Ich weiß auch wie …."
    Mache einen Vorschlag, auf welche Weise man in dem voll belegten Hotel mit unendlich vielen Zimmern ein freies Zimmer finden könnte.

# 9. Digitale Mathematikwerkzeuge

Hier kannst du nachschlagen, wenn du Hilfe bei der Arbeit mit einer Tabellenkalkulation benötigst.

## Grundlagen einer Tabellenkalkulation

Jedes Arbeitsblatt ist in **Zeilen** 1, 2, 3 … und **Spalten** A, B, C … aufgeteilt.

Die einzelnen Felder auf dem Arbeitsblatt bezeichnet man als Zellen. Der **Zellname** ergibt sich durch die Zeilen- und Spaltenbezeichnung, zum Beispiel A1.

Durch Klick in eine **aktive Zelle** kann man eine Zelle bearbeiten.

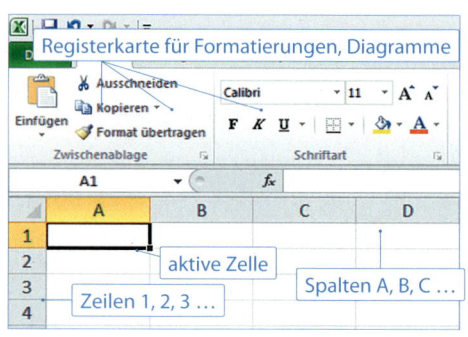

## Umgang mit Dateien

| (Menü **Datei**) | Öffnen | Datei öffnen |
|---|---|---|
| | Speichern | Datei speichern |
| | Speichern unter | Datei unter einem neuen Namen speichern |
| | Schließen | Datei schließen |

## Umgang mit Text und Tabellen

| (Registerkarte **Start**) | Calibri 11 | | Schriftart und -größe wählen |
|---|---|---|---|
| | F oder K | | Schrift fett oder kursiv setzen |
| | A | | Schriftfarbe wählen |
| | | | Textausrichtung einstellen |
| | | | Rahmen ergänzen oder löschen |
| | | | Füllfarbe wählen |
| | | STRG+C | Kopieren |
| | | STRG+V | Einfügen |
| | | STRG+Z STRG+Y | Einen Schritt rückgängig machen bzw. einen Schritt wiederholen |

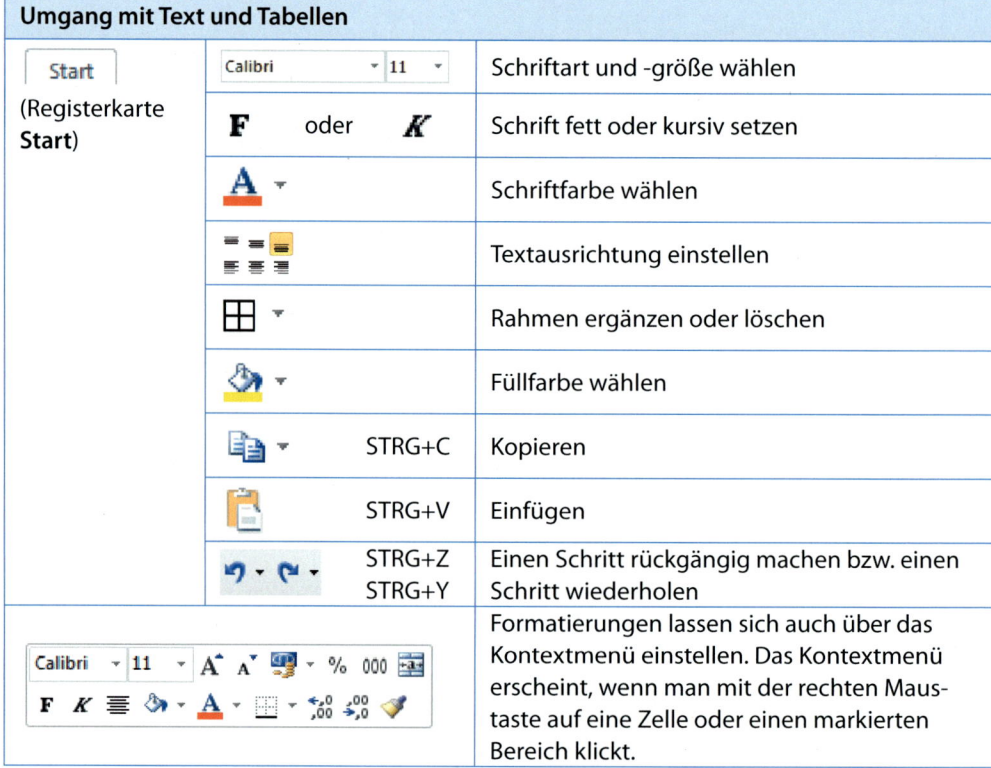

Formatierungen lassen sich auch über das Kontextmenü einstellen. Das Kontextmenü erscheint, wenn man mit der rechten Maustaste auf eine Zelle oder einen markierten Bereich klickt.

| Zahlenformate | | |
|---|---|---|
| (Registerkarte **Start**) | % | Zahlenformat Prozent |
| | | Zahlenformat Geldbetrag |
| | ,0 ,00 / ,00 ,0 | Anzeige der Nachkommastellen einstellen |

## Spalten- und Zeilenbreite

In der linken/der oberen Leiste kann man mit dem Doppelpfeil die Spalte/Zeile auf die gewünschte Größe ziehen.

Bei Doppelklick wird automatisch die optimale Breite/Höhe eingestellt.

## Formeln Grundrechenarten (relativen Häufigkeit berechnen)

Am Anfang einer **Formel** steht immer ein Gleichheitszeichen „=".
Dann folgt die Rechenvorschrift (ohne Leerzeichen).

Die **Zeichen für Grundrechenarten** sind:
Addition: +  Subtraktion: -
Multiplikation: *  Division: /

Mehrere Additionen:  **SUMME()**
In der Klammer stehen die Zellen, die addiert werden sollen.

*Beispiel:*

|   | A | B | C |
|---|---|---|---|
| 1 | Sportfest | | |
| 2 | | | |
| 3 | Sportart | Anmeldungen | Relative Häufigkeit |
| 4 | Frisbee | 14 | 0,14 |
| 5 | Fußball | 12 | =B4/B10 |
| 6 | Handball | 19 | |
| 7 | Tischtennis | 24 | |
| 8 | Bouldern | 18 | |
| 9 | Slackline | 11 | |
| 10 | Gesamtzahl | 98 | |

=SUMME(B4:B9)

Markiere C4 bis C9 und wähle:

Wähle Prozent aus und gib die Anzahl der gewünschten Nachkommastellen an.

|   | A | B | C |
|---|---|---|---|
| 1 | Sportfest | | |
| 2 | | | |
| 3 | Sportart | Anmeldungen | Relative Häufigkeit |
| 4 | Frisbee | 14 | 14,3% |
| 5 | Fußball | 12 | 12,2% |
| 6 | Handball | 19 | 19,4% |
| 7 | Tischtennis | 24 | 24,5% |
| 8 | Bouldern | 18 | 18,4% |
| 9 | Slackline | 11 | 11,2% |
| 10 | Gesamtzahl | 98 | |

## Diagramme erstellen

1. Markiere die Zellen mit den Daten.
2. Füge dann ein Diagramm ein, z. B.

Weitere wichtige Diagrammarten sind:

Säulendiagramm:

Balkendiagramm:

*Beispiel:*

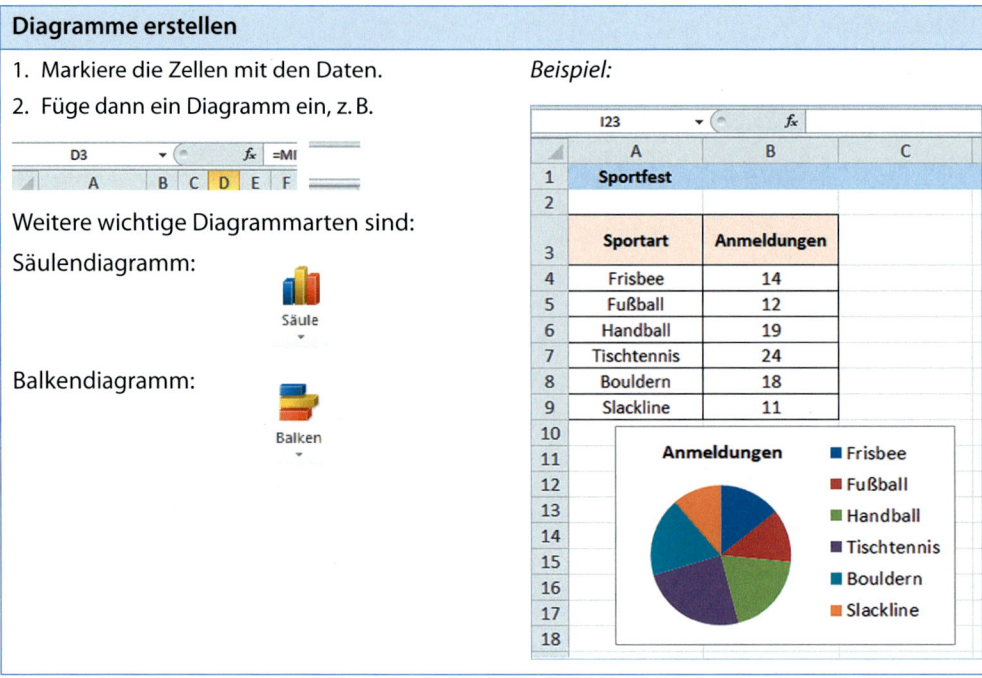

## Diagramme nachträglich verändern

Zuerst wird einmal mit der Maus auf das Diagramm geklickt.

| (Registerkarte **Diagrammtools, → Layout**) | Diagrammtitel | Diagrammtitel bearbeiten |
| --- | --- | --- |
| | Legende | Legende bearbeiten |
| | Datenbeschriftungen | Datenbeschriftungen bearbeiten |

## Funktionen für Kennwerte (arithmetisches Mittel, Maximim, Minimum, Modalwert)

**Arithmetisches Mittel:** MITTELWERT()
**Maximum:** MAX()
**Minimum:** MIN()
**Modalwert:** MODALWERT()

In der Klammer stehen jeweils die Zellen mit den Daten, die ausgewertet werden sollen.

*Beispiel:*

|   | A | B | C | D | E | F | G | H | I | J |
| --- | --- | --- | --- | --- | --- | --- | --- | --- | --- | --- |
| 1 | Geschwister | 1 | 1 | 0 | 2 | 1 | 2 | 0 | 4 | 3 |
| 2 | | | | | | | | | | |
| 3 | arithmetischesMittel: | 1,6 | =MITTELWERT(B1:L1) | | | | | | | |
| 4 | | | | | | | | | | |
| 5 | Maximum: | 4 | =MAX(B1:L1) | | | | | | | |
| 6 | Minimum: | 0 | =MIN(B1:L1) | | | | | | | |
| 7 | | | | | | | | | | |
| 8 | Modalwert | 2 | =MODALWERT(B1:L1) | | | | | | | |

# 10. Anhang

Lösungen zu
- Dein Fundament
- Prüfe dein neues Fundament

Stichwortverzeichnis

Bildnachweis

# Lösungen

## Lösungen zu Kapitel 1: Brüche und Dezimalzahlen

**Dein Fundament (S. 8/9)**

S. 8, 1.
a) 8 b) 420 c) 28 d) 65
e) 6800 f) 4 g) 9 h) 38

S. 8, 2.
a) 5 b) 9 c) 4 d) 4
e) 60 f) 13 g) 32 h) 57

S. 8, 3.
a) richtig b) 56 : 8 = 7
c) 0 · 7 = 0 d) 808 + 8 = 816
e) 7000 − 70 = 6930 f) 100 : 1 = 100
g) richtig h) richtig

S. 8, 4.
a) 25 · 4 = 100 b) 5 · 20 = 100
c) 2 · 50 = 100 d) 8 · 125 = 1000
e) 6 · 12 = 72 f) 15 · 9 = 135
g) 24 · 6 = 144 h) 16 · 12 = 192

S. 8, 5.
a) 39 : 8 = 4 Rest 7 b) 17 : 3 = 5 Rest 2
c) 54 : 6 = 9 ohne Rest d) 53 : 7 = 7 Rest 4
e) 39 : 17 = 2 Rest 5 f) 123 : 10 = 10 Rest 23
g) 490 : 7 = 70 ohne Rest h) 455 : 9 = 50 Rest 5

S. 8, 6.
a) Teiler von 12: 1; 2; 3; 4; 6; 12
b) Teiler von 18: 1; 2; 3; 6; 9; 18
c) Teiler von 7: 1; 7 (Primzahl)
d) Teiler von 30: 1; 2; 3; 5; 6; 10; 15; 30
e) Teiler von 24: 1; 2; 3; 4; 6; 8; 12; 24
f) Teiler von 8: 1; 2; 4; 8
g) Teiler von 32: 1; 2; 4; 8; 16; 32
h) Teiler von 75: 1; 3; 5; 15; 25; 75

S. 8, 7.
a) 4; 8; 12 b) 225; 275; 350

S. 8, 8.

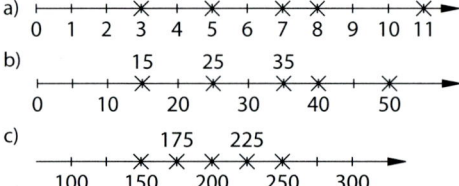

S. 8, 9.

|  | a) | b) | c) |
|---|---|---|---|
| Abstand zweier Teilstriche bedeutet | 100 mℓ | 2 °C | 10 km/h |
| Angezeigter Wert | 800 mℓ | 22 °C | 70 km/h |

S. 9, 10.
Lea bekommt, genau wie Tobias, 4,50 €.

S. 9, 11.
a) 12 Stücke
b) 6 Stücke
c) 4 Stücke
d) Sie bekommt insgesamt 3 Stücke, also jetzt noch 1 Stück.
e) 6 Kinder

S. 9, 12.

|  | Das Doppelte | Das Dreifache |
|---|---|---|
| a) | 6 kg | 9 kg |
| b) | 60 min = 1 h | 90 min |
| c) | 40 Cent | 60 Cent |
| d) | 50 cm | 75 cm |
| e) | 14 Tage | 21 Tage |

|  | Das Vierfache | Das Fünffache |
|---|---|---|
| a) | 12 kg | 15 kg |
| b) | 120 min = 2 h | 150 min |
| c) | 80 Cent | 100 Cent = 1 € |
| d) | 100 cm = 1 m | 125 cm |
| e) | 28 Tage | 35 Tage |

S. 9, 13.
a) 1000 m = 1 km b) 100 cm = 1 m c) 500 m
d) 45 min e) 60 min = 1 h f) 1,25 € = 125 Cent

S. 9, 14.
a) 2 halbe Liter sind ein Liter.
b) 15 Minuten sind eine Viertelstunde.
c) 90 Minuten sind eineinhalb Stunden.
d) 3 halbe Meter sind eineinhalb Meter.

S. 9, 15.
a) Zehner: 4570; Hunderter: 4600; Tausender: 5000
b) Zehner: 6750; Hunderter: 6700; Tausender: 7000
c) Zehner: 7900; Hunderter: 7900; Tausender: 8000
d) Zehner: 10 230; Hunderter: 10 200; Tausender: 10 000
e) Zehner: 90 980; Hunderter: 91 000; Tausender: 91 000

S. 9, 16.
a) 786 < 2346 < 2356 < 9908
b) 99 999 < 999 345 < 3 799 779 < 3 799 789

S. 9, 17.
a) 36 : 6 = 6 b) 88 : 11 = 8
c) 42 : 3 = 14 d) 70 : 14 = 5
e) z. B. 16 : 4 = 4 f) z. B. 21 : 3 = 7
g) z. B. 18 : 6 = 3 h) z. B. 48 : 4 = 12

S. 9, 18.
a) 2 b) 3 c) 2; 3; 6
d) 2; 3; 4; 6; 12 e) 5

# Lösungen

**Prüfe dein neues Fundament (S. 54/55)**

S. 54, 1.
a) $\frac{1}{3}$  b) $\frac{5}{6}$  c) $\frac{4}{7}$  d) $\frac{3}{8}$

S. 54, 2.
a) b) c)

S. 54, 3.
a) $\frac{13}{2}$  b) $\frac{6}{5}$  c) $\frac{8}{3}$  d) $\frac{73}{10}$
e) $\frac{35}{17}$  f) $\frac{58}{11}$

S. 54, 4.
a) $1\frac{1}{3}$  b) $1\frac{1}{5}$  c) $9\frac{1}{2}$  d) $4\frac{1}{4}$
e) $2\frac{9}{10}$  f) $6\frac{2}{7}$

S. 54, 5.
a) $\frac{6}{10}, \frac{15}{25}, \frac{24}{40}$  b) $\frac{3}{4}, \frac{9}{12}, \frac{12}{16}, \frac{18}{24}$

S. 54, 6.
a) $\frac{2}{7}$  b) $\frac{1}{2}$  c) $\frac{5}{4}$
d) $\frac{5}{3}$  e) $\frac{9}{80}$  f) $\frac{3}{4}$

S. 54, 7.
a) $\frac{6}{16} > \frac{5}{16}$  b) $\frac{3}{4} < \frac{4}{5}$
c) $\frac{7}{12} < \frac{11}{16}$  d) $3\frac{7}{10} > 3\frac{1}{2}$

S. 54, 8.
a) Jedes Kind bekommt $2\frac{1}{4}$ Pfannkuchen.
b) Jedes Kind erhält $5\frac{1}{2}$ Donuts.
c) Für jeden gibt es $\frac{1}{3}$ Pizza.

S. 54, 9.
a) 21 €  b) 140 g  c) 50 s  d) 6 mm

S. 54, 10.
a) $\frac{40}{100} = \frac{2}{5}$  b) $\frac{14}{21} = \frac{2}{3}$  c) $\frac{5}{60} = \frac{1}{12}$  d) $\frac{250}{2000} = \frac{1}{8}$

S. 54, 11.
a) $\frac{1}{10}$ kg = 100 g  b) $\frac{1}{2}$ g = 500 mg
c) $\frac{2}{5}$ dm = 4 cm  d) $\frac{3}{8}$ ℓ = 375 mℓ
e) $5\frac{1}{2}$ km = 5500 m  f) $2\frac{3}{4}$ h = 165 min

S. 54, 12.
Peters Anteil beträgt $\frac{1}{10}$, Maries $\frac{1}{5}$. Maries Anteil ist also höher, sie trifft öfter.

S. 54, 13.
a) $\frac{9}{10}$  b) $\frac{6}{100} = \frac{3}{50}$  c) $1\frac{1}{10}$
d) $20\frac{5}{10} = 20\frac{1}{2}$  e) $5\frac{23}{100}$  f) $\frac{175}{1000} = \frac{7}{40}$

S. 54, 14.
a) 0,39  b) 0,002  c) 61,3
d) 4,25  e) 2,08  f) 0,6

S. 55, 15.
a) 2,7 > 2,3  b) 1,77 > 0,79  c) 0,081 < 0,18
d) $0,15 < \frac{1}{5}$

S. 55, 16.

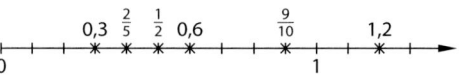

S. 55, 17.
a) 0,875  b) $0,\overline{1}$  c) 1,7
d) $0,\overline{63}$  e) $0,0\overline{6}$  f) $13,\overline{3}$

S. 55, 18.
a) 76 %  b) 30 %  c) 0,1 %
d) 19 %  e) 55 %  f) 20 %

S. 55, 19.
a) 12 €  b) 90 g  c) 3 mm

S. 55, 20.
Der Anteil beträgt $\frac{15}{50} = \frac{30}{100}$, das sind 30 %, also mehr als 20 %.

S. 55, 21.
a) In die 5a gehen 15 Mädchen, in der 5b sind es 11 Mädchen.
b) In der 5a sind 40 % der Kinder Jungen, in der 5b sind es 56 %.

S. 55, 22.
$\frac{24}{40} = \frac{600}{1000} = 60\%$; $0,\overline{6} = \frac{16}{24} = \frac{2}{3}$; $1,6 = \frac{16}{10} = 1\frac{3}{5}$

**Wiederholungsaufgaben (S. 55)**

S. 55, 1.
3 · 25 kg + 2 · 15 kg = 105 kg

S. 55, 2
a) z. B. 15 = 5 · 3  b) 31

S. 55, 3.
a) 2 m² = 200 dm²  b) 4 dm · 3 cm = 120 cm²
c) 9 cm = 90 mm

S. 55, 4.
a) … alle seine Seiten gleich lang sind.
b) … lange Seiten.

S. 55, 5.

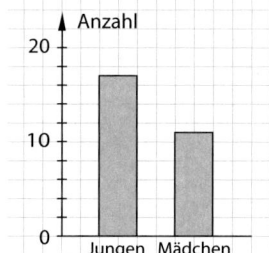

# Lösungen

**Kapitel 2:**
**Brüche und Dezimalzahlen addieren und subtrahieren**

**Dein Fundament (S. 58/59)**

S. 58, 1.
a) 29   b) 23   c) 77
d) 45   e) 41   f) 19
g) 109  h) 71   i) 8
j) 14

S. 58, 2.
a) 14 + 9 = 23   b) 12 + 17 = 29   c) 37 − 11 = 26
d) 52 − 39 = 13  e) 74 + 11 = 85   f) 139 − 130 = 9
g) 51 − 26 = 25  h) 33 + 67 = 100

S. 58, 3.
a) 14 + 29 + 16 = 14 + 16 + 29 = 30 + 29 = 59
b) 47 + 184 + 16 = 47 + 200 = 247
c) 123 + 78 + 27 − 28 = 123 + 27 + 78 − 28 = 150 + 50 = 200

S. 58, 4.
a) 2 + 5 = 7    b) 8 − 4 = 4
c) 9 + 3 = 12   d) 11 − 5 = 6

S. 58, 5.
Mögliche Lösungen:
23 − 7 = 16     23 − 19 = 4
19 − 19 = 0     36 − 18 = 18
15 − 11 = 4     56 − 8 = 48
48 − 24 = 24    99 − 11 = 88
111 − 17 = 94   13 − 9 = 4

S. 58, 6.
a) 63   b) 48   c) 45
d) 72   e) 42   f) 27
g) 32   h) 54   i) 64
j) 36   k) 81   l) 0

S. 58, 7.
a) 9 · 9 = 81   b) 7 · 8 = 56   c) 11 · 3 = 33
d) 4 · 3 = 12   e) 8 · 9 = 72   f) 6 · 9 = 54
g) 7 · 7 = 49   h) 6 · 7 = 42   i) 6 · 8 = 48
j) 9 · 9 = 81

S. 58, 8.
1 · 24 = 24   2 · 12 = 24   3 · 8 = 24   4 · 6 = 24
6 · 4 = 24    8 · 3 = 24    12 · 2 = 24  24 · 1 = 24

S. 58, 9.
Mögliche Lösungen:
4 · 3 = 12     6 · 2 = 12
3 · 2 = 6      3 · 6 = 18
2 · 9 = 18     4 · 2 = 8
3 · 3 = 9      12 · 2 = 24
3 · 8 = 24     4 · 6 = 24
12 · 3 = 36    6 · 6 = 36
2 · 18 = 36

S. 58, 10.
a) 5 · 17 · 2 = 5 · 2 · 17 = 10 · 17 = 170
b) 20 · 39 · 5 = 20 · 5 · 39 = 100 · 39 = 3900
c) 2 · 39 · 50 = 2 · 50 · 39 = 100 · 39 = 3900
d) 5 · 17 · 2 = 5 · 2 · 17 = 10 · 17 = 170
e) 4 · 9 · 5 = 4 · 5 · 9 = 20 · 9 = 180
f) 25 · 19 · 4 = 25 · 4 · 19 = 100 · 19 = 1900
g) 5 · 15 · 40 = 5 · 40 · 15 = 200 · 15 = 3000
h) 5 · 45 · 40 = 5 · 40 · 45 = 200 · 45 = 9000
i) 4 · 19 · 25 = 4 · 25 · 19 = 100 · 19 = 1900
j) 5 · 4 · 37 · 25 · 2 = 5 · 2 · 4 · 25 · 37 = 10 · 100 · 37 = 1000 · 37 = 37 000

S. 59, 11.
a) $\frac{1}{4} = 0{,}25 = 25\%$   b) $\frac{7}{10} = 0{,}7 = 70\%$
c) $\frac{6}{8} = 0{,}75 = 75\%$   d) $\frac{2}{5} = 0{,}4 = 40\%$

S. 59, 12.
a) $1\frac{3}{4}$   b) $\frac{8}{3}$   c) $\frac{41}{8}$   d) $3\frac{1}{6}$
e) $2\frac{6}{8}$   f) $\frac{23}{6}$   g) $3\frac{1}{3}$   h) $\frac{9}{2}$
i) $2\frac{4}{9}$   j) $2\frac{3}{4}$   k) $\frac{19}{8}$   l) $\frac{35}{6}$

S. 59, 13.
Hund: $\frac{6}{24} = \frac{1}{4}$   Katze: $\frac{4}{24} = \frac{1}{6}$
Meerschweinchen: $\frac{3}{24} = \frac{1}{8}$   Hamster: $\frac{2}{24} = \frac{1}{12}$

S. 59, 14.
a) $\frac{1}{2}$   b) $\frac{2}{5}$   c) $\frac{2}{3}$
d) $\frac{11}{18}$   e) $\frac{3}{7}$   f) $\frac{5}{4}$

S. 59, 15.
a) $\frac{4}{6}$, $\frac{6}{9}$, $\frac{14}{21}$
b) $\frac{10}{14}$, $\frac{15}{21}$, $\frac{35}{49}$
c) $\frac{6}{16}$, $\frac{9}{24}$, $\frac{21}{56}$
d) $\frac{14}{8}$, $\frac{21}{12}$, $\frac{49}{28}$
e) $\frac{2}{10}$, $\frac{3}{15}$, $\frac{7}{35}$
f) $\frac{0}{6}$, $\frac{0}{9}$, $\frac{0}{21}$

S. 59, 16.
a) $\frac{10}{60}$   b) $\frac{25}{60}$   c) $\frac{90}{60}$
d) $\frac{45}{60}$   e) $\frac{14}{60}$   f) $\frac{20}{60}$

S. 59, 17.
a) $\frac{4}{12}$, $\frac{3}{12}$   b) $\frac{18}{30}$, $\frac{20}{30}$
c) $\frac{3}{6}$, $\frac{4}{6}$   d) $\frac{6}{10}$, $\frac{2}{10}$
e) $\frac{10}{15}$, $\frac{12}{15}$   f) $\frac{12}{28}$, $\frac{7}{28}$

S. 59, 18.
a) $\frac{2}{3} = \frac{8}{12}$   b) $\frac{4}{7} = \frac{20}{35}$   c) $\frac{2}{5} = \frac{4}{10}$
d) $\frac{3}{4} = \frac{21}{28}$   e) $\frac{3}{5} = \frac{9}{15}$   f) $\frac{9}{12} = \frac{3}{4}$

S. 59, 19.

|    | auf Zehner | auf Hunderter | auf Tausender |
|----|------------|---------------|---------------|
| a) | 6710       | 6700          | 7000          |
| b) | 4450       | 4400          | 4000          |
| c) | 6850       | 6900          | 7000          |
| d) | 5990       | 6000          | 6000          |
| e) | 11 950     | 12 000        | 12 000        |
| f) | 12 360     | 12 400        | 12 000        |

S. 59, 20.

|    | HT | ZT | T | H | Z | E  | z | h | t |
|----|----|----|---|---|---|----|---|---|---|
| a) | 3  | 7  | 8 | 0 | 0 | 9  |   |   |   |
| b) |    |    |   | 5 | 1 | 8  |   |   |   |
| c) |    |    |   | 2 | 1 | 3, | 2 | 3 | 5 |
| d) |    |    |   | 2 | 3 | 4, | 4 | 5 |   |
| e) |    |    |   |   |   | 0, | 9 | 7 |   |
| f) |    |    | 3 | 4 | 5 | 7  | 9, | 8 | 9 |

**Prüfe dein neues Fundament (S. 74/75)**

S. 74, 1.
$\frac{1}{6} + \frac{4}{6} = \frac{5}{6}$

S. 74, 2.
a) $\frac{8}{9} - \frac{4}{9} = \frac{4}{9}$   b) $\frac{4}{7} + \frac{5}{7} = \frac{9}{7}$   c) $\frac{1}{10} + \frac{3}{5} = \frac{1}{10} + \frac{6}{10} = \frac{7}{10}$
d) $\frac{2}{3} + \frac{3}{4} = \frac{8}{12} + \frac{9}{12} = \frac{17}{12}$   e) $\frac{3}{16} - \frac{1}{12} = \frac{9}{48} - \frac{4}{48} = \frac{5}{48}$

S. 74, 3.
a) $\frac{9}{10} + \frac{6}{10} = \frac{15}{10} = \frac{3}{2}$   b) $\frac{6}{12} - \frac{2}{5} = \frac{5}{10} - \frac{4}{10} = \frac{1}{10}$
c) $\frac{3}{9} + \frac{2}{12} = \frac{2}{6} + \frac{1}{6} = \frac{3}{6} = \frac{1}{2}$   d) $\frac{5}{6} - \frac{14}{36} = \frac{30}{36} - \frac{14}{36} = \frac{16}{36} = \frac{4}{9}$
e) $\frac{19}{20} + \frac{10}{25} = \frac{95}{100} + \frac{40}{100} = \frac{135}{100} = \frac{27}{20}$

S. 74, 4.
a) 9   b) $1\frac{17}{28}$   c) $5\frac{1}{2}$   d) $5\frac{1}{2}$   e) $1\frac{7}{9}$

S. 74, 5.
a) $\frac{2}{3} + \frac{2}{3} + \frac{2}{3} = 2$   b) $\frac{5}{4} - \frac{7}{8} = \frac{3}{8}$   c) $\frac{1}{2} - \frac{2}{5} = \frac{1}{10}$

S. 70, 6.
a) 2,4   b) 1,13   c) 1,32   d) 1,380

S. 74, 7

| Aufgabe | Überschlags-rechnung | Überschlagser-gebnis | Genaues Ergebnis |
|---|---|---|---|
| 0,47 + 1,238 | 0,5 + 1,2 | 1,7 | 1,708 |
| 15,91 – 7,28 | 16 – 7 | 9 | 8,63 |
| 34,873 + 53,234 | 35 + 53 | 88 | 88,107 |
| 0,107 – 0,0543 | 0,11 – 0,05 | 0,06 | 0,0527 |

S. 74, 8.
a) Überschlag: 1,1 + 0,8 = 1,9
   Ergebnis: 1,93
b) Überschlag: 7 – 5,5 = 1,5
   Ergebnis: 1,55
c) Überschlag: 35 – 16 = 19
   Ergebnis: 18,617
d) Überschlag: 2 + 3 = 5
   Ergebnis: 5,1482

S. 74, 9.
a) richtig   b) $\frac{11}{30} - \frac{4}{20} = \frac{22}{60} - \frac{12}{60} = \frac{10}{60} = \frac{1}{6}$
c) 12,6 + 3 = 15,6   d) 6,15 – 2,8 = 3,35

S. 74, 10.
a) $\frac{2}{3}$   b) $\frac{77}{30} = 2\frac{17}{30}$   c) 1,8   d) 4,424

S. 74, 11.

a)    b)

| 0,85 | 1,2 | 0,95 |
|---|---|---|
| 1,1 | 1 | 0,9 |
| 1,05 | 0,8 | 1,15 |

S. 75, 12.
$3\frac{1}{2} - \frac{1}{2} - \frac{3}{4} = 2\frac{1}{4}$
Es können noch $2\frac{1}{4}$ Torten verkauft werden.

S. 75, 13.
Ausgaben:
Überschlag 5 € + 25 € + 9 € + 1,50 € = 40,50 €,
genaues Ergebnis: 40,52 €
Mona hat genau 40,52 € ausgegeben, kann also noch
100 € – 40,52 € = 59,48 € sparen.

**Wiederholungsaufgaben (S. 74/75)**

S. 75, 1.

S. 75, 2
a) Kleintransporter; Parkplatz für Pkw
b) 1 Liter Milch; Würfel mit 1 dm Kantenlänge
c) Spielfeld für Feldhockey; kleines Fußballfeld
d) Dauer einer Schulstunde; Dauer einer Halbzeit bei einem Fußballspiel
e) große Tüte Katzentrockenfutter; 4 Liter Wasser

S. 75, 3.

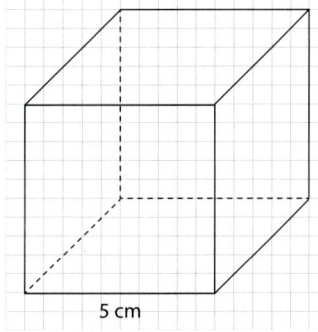

V = 125 cm³

S. 75, 4.
a) u = 2 cm + 3 cm + 4 cm = 9 cm
b) u = 4 cm + 2 cm + 2,5 cm = 8,5 cm

S. 75, 5.
a) Nudeln mit Tomatensoße 13-mal; Schnitzel und Pommes 19-mal
b) 9 Portionen

## Lösungen zu Kapitel 3: Kreis und Winkel

**Dein Fundament (S. 78/79)**

S. 78, 1.
a) Die beiden Geraden g und h sind zueinander parallel.
b) Die beiden Geraden g und h sind zueinander senkrecht.
c) Die Strahlen a und b haben beide den Anfangspunkt S.
d) Die Strecke $\overline{AB}$ verbindet die Punkte A und B geradlinig.

S. 78, 2.
Senkrecht aufeinander stehen die Geraden b und h sowie c und g.

S. 78, 3.

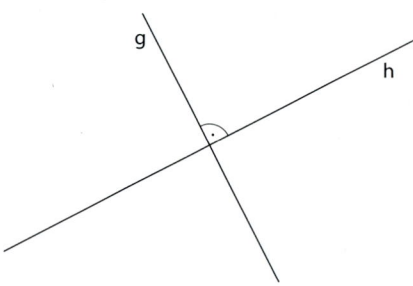

S. 78, 4.
a) 2 cm    b) 1,2 cm    c) 3,5 cm    d) 5,5 cm

S. 78, 5.

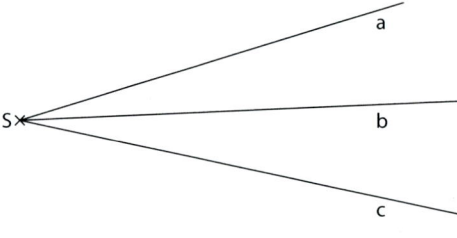

S. 78, 6.
a) 4    b) 1    c) 1    d) 0    e) 1

S. 79, 7.

S. 79, 8.

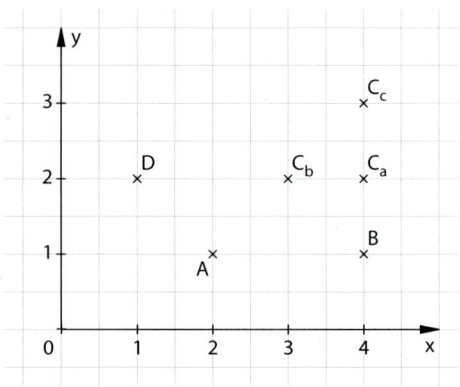

Mögliche Lösungen:
a) $C_a(4|2)$    b) $C_b(3|2)$    c) $C_c(4|3)$

S. 79, 9.
a) 270    b) 360    c) 360    d) 290
e) 90     f) 45     g) 45     h) 36

S. 79, 10.
a) 188 : 2 = 90         b) 270 − 90 = 180
c) 360 : 45 = 8         d) 180 + 90 = 270

S. 79, 11.
a) 45, 90, 135, 180, 225, 270, 315
   Es wird immer 45 addiert.
b) 360, 345, 330, 315, 300, 285, 270, 255
   Es wird immer 15 subtrahiert.
c) 270, 240, 210, 180, 150, 120, 90
   Es wird immer 30 subtrahiert.
d) 100, 200, 190, 290, 280, 380, 370, 470, 460, 560
   Es wird abwechselnd 100 addiert und 10 subtrahiert.

S. 79, 12.
a) 35, 89    b) 99, 101    c) 200, 233

S. 79, 13.
a) Nach 30 Minuten hat der große Zeiger der Uhr eine halbe Drehung gemacht.
b) Nach 45 Minuten hat der große Zeiger der Uhr eine dreiviertel Drehung gemacht.
c) Nach 90 Minuten hat der große Zeiger der Uhr eineinhalb Drehungen gemacht.
d) Nach 120 Minuten hat der große Zeiger der Uhr zwei Drehungen gemacht.

S. 79, 14.
a) richtig
b) falsch, eine Strecke hat einen Anfangs- und einen Endpunkt.
c) richtig
d) richtig

# Lösungen

**Prüfe dein neues Fundament (S. 94/95)**

S. 94, 1
a) Zeichnung verkleinert:

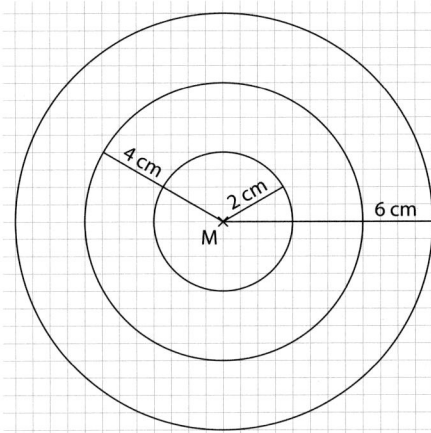

b) Der Kreis mit dem Durchmesser 8 cm stimmt mit dem Kreis mit dem Radius 4 cm bei a) überein.

S. 94, 2.
Zeichnung verkleinert:

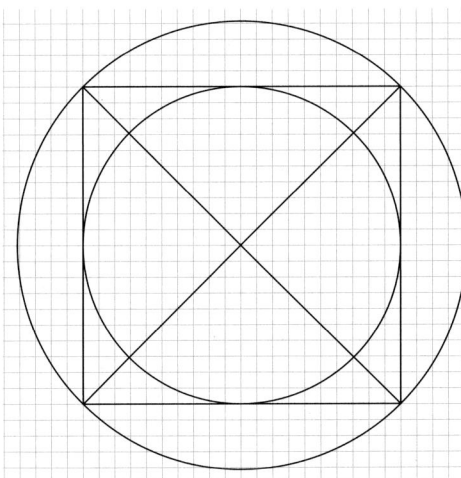

äußerer Kreis: r ≈ 7,1 cm; d ≈ 14,1 cm
innerer Kreis: r = 5 cm; d = 10 cm

S. 94, 3.
α = ⊰ab = ⊰ASB; β = ⊰ca = ⊰CSA
γ = ⊰gh = ⊰PQR; δ = ⊰hg = ⊰RQP

S. 94, 4.
a) α: stumpfer Winkel; β: gestreckter Winkel; γ: rechter Winkel; δ: spitzer Winkel
b) α = 132°; β = 180°; γ = 90°; δ = 60°

S. 94, 5.
α = 166°; β = 14°; γ = 189°; δ = 80°

S. 94, 6.

a) 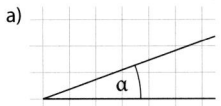  b)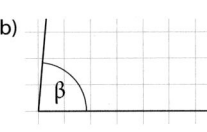

c) 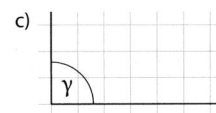  d)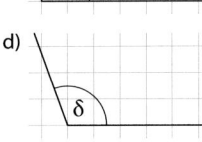

e)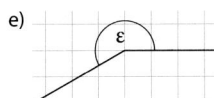

S. 94, 7.

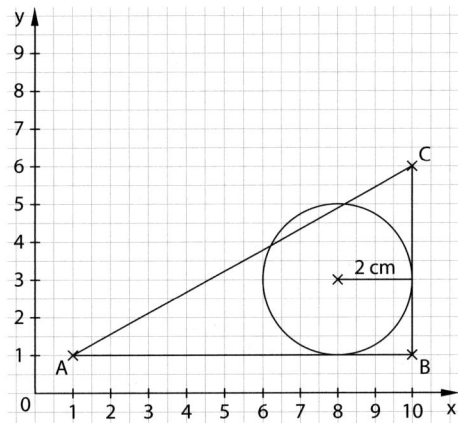

a) ⊰CBA = 90°; ⊰ACB ≈ 61°; ⊰BAC ≈ 29°
b) Ein Kreis mit dem Radius 2 cm passt nicht in das Dreieck.

S. 95, 8.
a) α = 360° − 160° = 200°
b) α = 360° − 170° − 90° = 100°
c) α = 360° : 8 = 45°

S. 95, 9.
a) Ja, wie man der Zeichnung entnehmen kann, erreichen die Signale das gesamte Gelände.

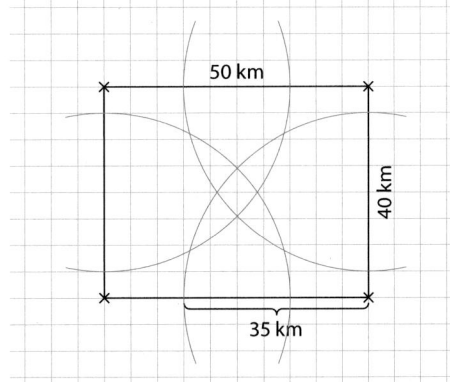

# Lösungen

b) Nora hat recht: Wenn man die Antenne in der Mitte des Geländes aufstellt, reicht ihr Signal über die gesamte Fläche.

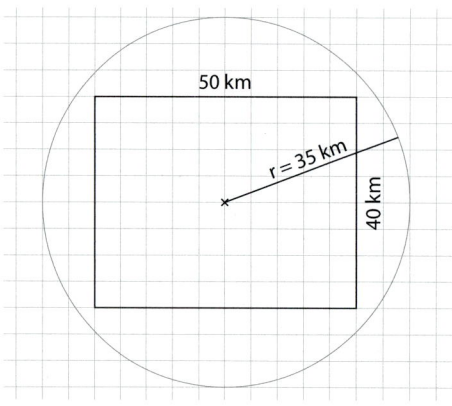

**Wiederholungsaufgaben (S.95)**

S. 95, 1.
a) 1 + 4 + 9 + 16 = 30
b) 1 + 4 + 9 + 16 + 25 + 36 + 49 = 140

S. 95, 2.
a) In Gebäude 2 in der 1. Etage in Raum 24   b) 1412

S. 95, 3.
a) 25 · 5 · 15 · 4 = 25 · 4 · 15 · 5 = 100 · 75 = 7500
b) 9837 + 8379 + 3 + 60 + 100 = 9837 + 3 + 60 + 100 + 8379 = 9840 + 160 + 8379 = 10 000 + 8379 = 18 379
c) 99 · 35 = 100 · 35 − 1 · 35 = 3500 − 35 = 3465

S. 95, 4.
Tag 1: 72 km   Tag 2: 43 km   Tag 3: 60 km
Tag 4: 58 km   Tag 5: 82 km
Insgesamt: 315 km

## Lösungen zu Kapitel 4: Brüche und Dezimalzahlen multiplizieren und dividieren

**Dein Fundament (S. 98/99)**

S. 98, 1.
a) 63   b) 36   c) 56
d) 60   e) 146   f) 255
g) 6   h) 8   i) 9
j) 6   k) 3   l) 15
m) 848   n) 13   o) 4
p) 1046   q) 7   r) 2070

S. 98, 2.
a) 299 · 8 = 300 · 8 − 1 · 8 = 2400 − 8 = 2392
b) 72 · 5 = 70 · 5 + 2 · 5 = 350 + 10 = 360
c) 49 · 20 = 50 · 20 − 1 · 20 = 1000 − 20 = 980
d) 84 : 4 = 80 : 4 + 4 : 4 = 20 + 1 = 21
e) 105 : 7 = 70 : 7 + 35 : 7 = 10 + 5 = 15
f) 1260 : 20 = 126 : 2 = 63

S. 98, .3
a) 8 · 10 = 80        b) 123 · 10 = 1230
   8 · 100 = 800         123 · 100 = 12 300
   8 · 1000 = 8000       123 · 1000 = 123 000
c) 33 · 20 = 660      d) 45 · 60 = 2700
   33 · 200 = 6600       45 · 600 = 27 000
   33 · 2000 = 66 000    45 · 6000 = 270 000
Wenn man bei einem Faktor am Ende eine Null ergänzt, erhält auch der Wert des Produkts am Ende eine Null mehr.

S. 98, 4.
a) 270 : 30 = 9       b) 4000 : 400 = 10
   27 : 3 = 9            40 : 4 = 10
c) 24 000 : 300 = 80  d) 20 000 : 5000 = 4
   240 : 3 = 80          20 : 5 = 4
Wenn man am Ende von Dividend und Divisor die gleiche Anzahl Nullen streicht, ändert sich der Wert des Quotienten nicht.

S. 98, 5.
a) 60 m        b) 45 min
c) 80 g        d) 6000 g = 6 kg

S. 98, 6.
a) 200 g · 10 = 2 kg    b) $\frac{1}{2}$ h · 4 = 2 h
c) 12 · 25 cm = 3 m     d) 12 min · 10 = 2 h

S. 98, 7.
a) Überschlag 175 · 20 = 3500; richtiges Ergebnis 3150
b) Überschlag 12 000 : 30 = 400; richtiges Ergebnis 415
c) Überschlag 1750 : 70 = 25; das Ergebnis 24 ist richtig.
d) Überschlag 80 · 200 = 16 000; richtiges Ergebnis 15 010

S. 98, 8.
a) Überschlag 5000 · 3 = 15 000; Ergebnis 16 296
b) Überschlag 500 · 9 = 4500; Ergebnis 4113
c) Überschlag 400 · 16 = 6400; Ergebnis 6912
d) Überschlag 600 · 12 = 7200; Ergebnis 7176
e) Überschlag 600 : 5 = 120; Ergebnis 123
f) Überschlag 5600 : 4 = 1400; Ergebnis 1367
g) Überschlag 1100 : 10 = 110; Ergebnis 123
h) Überschlag 1800 : 6 = 300; Ergebnis 321

S. 98, 9.
a) 1160 · 7 = 8120; richtiges Ergebnis 1260
b) 46 · 7 = 322; richtiges Ergebnis 45
c) 289 · 5 = 1445; richtiges Ergebnis 291
d) 9163 · 9 = 1467; das Ergebnis 163 ist richtig.

S. 98, 10.
a) 750 m   b) 300 g   c) 125 ml   d) 150 min

S. 98, 11.
a) 3 Schüler      b) 80 Personen
c) 3600 m         d) 24 000 Fans

S. 99, 12.
a) 13 · 5 · 2 = 5 · 2 · 13 = 10 · 13 = 130
b) 25 · 21 · 4 = 25 · 4 · 21 = 100 · 21 = 2100
c) 5 · 17 · 20 = 5 · 20 · 17 = 100 · 17 = 1700
d) 5 · 35 · 4 · 5 = 5 · 4 · 5 · 35 = 100 · 35 = 3500

# Lösungen

S. 99, 13.
a) $14 \cdot 3 + 7 \cdot 14 = 14 \cdot (3 + 7) = 14 \cdot 10 = 140$
b) $17 \cdot 2 + 17 \cdot 8 = 17 \cdot (2 + 8) = 17 \cdot 10 = 170$
c) $2 \cdot 9 + 3 \cdot 9 = (2 + 3) \cdot 9 = 5 \cdot 9 = 45$
d) $45 \cdot 19 + 55 \cdot 19 = (45 + 55) \cdot 19 = 100 \cdot 19 = 1900$
e) $4 \cdot (25 + 7) = 4 \cdot 25 + 4 \cdot 7 = 100 + 28 = 128$
f) $48 \cdot (23 + 77) = 48 \cdot 100 = 4800$
g) $12 \cdot (2 + 10) = 12 \cdot 2 + 12 \cdot 10 = 24 + 120 = 144$
h) $(17 + 20 + 13) \cdot 11 = 50 \cdot 11 = 550$

S. 99, 14.
a) $250 - 8 \cdot 12 = 250 - 96 = 154$
b) $(27 - 12) \cdot (42 - 39) = 15 \cdot 3 = 45$

S. 99, 15.

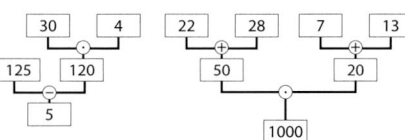

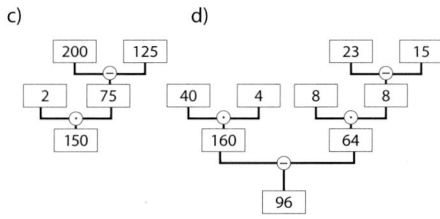

S. 99, 16.
a) $\frac{2}{3}$  b) $\frac{2}{3}$  c) $\frac{7}{10}$  d) $\frac{1}{2}$  e) $\frac{3}{5}$

S. 99, 17.
a) $\frac{3}{2} = 1\frac{1}{2}$  b) $\frac{10}{3} = 3\frac{1}{3}$  c) $0{,}9$  d) $1{,}6$

S. 99, 18
a) 4-mal  b) 6-mal  c) 3-mal  d) 4-mal

S. 99, 19.
a) $0{,}75$  b) $4{,}7$  c) $0{,}17$
d) $0{,}05$  e) $0{,}2$

S. 99, 20.
a) $2{,}88$; $2{,}9$   b) $0{,}78$; $0{,}8$   c) $13{,}74$; $13{,}7$
d) $8{,}95$; $9{,}0$   e) $7{,}12$; $7{,}1$

**Prüfe dein neues Fundament (S. 130/131)**

S. 130, 1.
a) $\frac{9}{4} = 2\frac{1}{4}$  b) $\frac{5}{2} = 2\frac{1}{2}$  c) $\frac{3}{2} = 1\frac{1}{2}$
d) $\frac{4}{3} = 1\frac{1}{3}$  e) $\frac{5}{36}$

S. 130, 2.
a) $\frac{1}{40}$  b) $\frac{5}{24}$  c) $\frac{6}{35}$  d) $\frac{6}{5}$
e) $\frac{63}{100}$

S. 130, 3.
a) $\frac{3}{4}$  b) $2$  c) $\frac{4}{11}$  d) $\frac{21}{2}$  e) $\frac{4}{15}$
f) $\frac{1}{4}$  g) $\frac{1}{10}$  h) $\frac{1}{18}$  i) $42$  j) $\frac{16}{15}$

S. 130, 4.
a) $\frac{1}{5}$  b) $\frac{4}{21}$  c) $\frac{1}{20}$ kg = 50 g  d) $\frac{1}{4}$ mm
e) $\frac{3}{5}$ ℓ = 600 mℓ

S. 130, 5.
a) $\frac{1}{6}$ der Schüler spielt im Verein.
b) Das sind 4 Kinder.

S. 130, 6.
a) $\frac{25}{3} = 8\frac{1}{3}$  b) $\frac{77}{8} = 9\frac{5}{8}$  c) $\frac{11}{20}$
d) $\frac{45}{2} = 22\frac{1}{2}$  e) $3$

S. 130, 7.
40 Tage

S. 130, 8.
Nina $\frac{5}{2}$ h = $\frac{10}{4}$ h; Kathrin $\frac{9}{4}$ h; Mathias $\frac{7}{4}$ h
Nina verbringt die meiste Zeit im Internet.

S. 130, 9.
a) 7,261 km  b) 21,23 cm  c) 17,5 cm  d) 23 920 g

S. 130, 10.
a) $0{,}033 \cdot 100 = 3{,}3$;     $0{,}033 : 100 = 0{,}00033$
b) $1{,}562 \cdot 100 = 156{,}2$;   $1{,}562 : 100 = 0{,}01562$
c) $0{,}862 \cdot 100 = 86{,}2$;    $0{,}862 : 100 = 0{,}00862$
d) $13{,}9 \cdot 100 = 1390$;       $13{,}9 : 100 = 0{,}139$
e) $440{,}8 \cdot 100 = 44080$;     $440{,}8 : 100 = 4{,}408$

S. 130, 11.
a) 1,6   b) 6,9   c) 0,63   d) 5   e) 0,04
f) 0,3   g) 0,4   h) 3   i) 0,02   j) 100

S. 130, 12.
a) Überschlag $2{,}5 \cdot 2 = 5$; Ergebnis 4,42
b) Überschlag $3{,}5 \cdot 2 = 7$; Ergebnis 7,245
c) Überschlag $6 \cdot 0{,}2 = 1{,}2$; Ergebnis 1,054
d) Überschlag $10 \cdot 5 = 50$; Ergebnis 48,64
e) Überschlag $15 \cdot 10 = 150$; Ergebnis 159,2265
f) Überschlag $24 : 4 = 6$; Ergebnis 5,8
g) Überschlag $45 : 5 = 9$; Ergebnis 9,19
h) Überschlag $13 : 1 = 13$; Ergebnis 12
i) Überschlag $40 : 0{,}8 = 50$; Ergebnis 53,75
j) Überschlag $24 : 1{,}2 = 20$; Ergebnis 22,6

S. 131, 13.
a) $0{,}35 \cdot 1000 = 350$       b) $0{,}006 \cdot 100 = 0{,}6$
c) $5 \cdot 0{,}1 = 0{,}5$         d) $0{,}3 \cdot 7 = 2{,}1$
e) $1{,}2 : 10 = 0{,}12$           f) $27\,200 : 1000 = 27{,}2$
g) $8 : 0{,}1 = 80$                h) $0{,}6 : 2 = 0{,}3$

S. 131, 14.
etwa 252 Dollar

S. 131, 15.
rund 17 Kilometer pro Stunde

**S. 131, 16.**
a) $9 : (\frac{3}{5}+\frac{3}{10}) = 9 : \frac{9}{10} = 10$
b) $(0,1 + 0,05) \cdot (2 - 1,6) = 0,15 \cdot 0,4 = 0,06$

**S. 131, 17.**
a) $\frac{7}{2} = 3\frac{1}{2}$    b) 3    c) 16,8    d) 1,38

**S. 133, 18.**
a) $\frac{5}{12}$    b) 12,7    c) $\frac{3}{13}$    d) 33
e) 53    f) 26,4    g) 0,9    h) 125

**Wiederholungsaufgaben (S. 131)**

**S. 131, 1.**
Figur ① ist ein Würfel- und damit auch ein Quadernetz.
Figur ② ist ein Quadernetz.
Figur ③ ist kein Quadernetz.

**S. 131, 2.**
$12 \cdot 50\,000$ cm $= 600\,000$ cm $= 6000$ m

**S. 131, 3.**
a) 40 km      b) 2,5 Stunden

**S. 131, 4.**
a) 12 Kästchen      b) $\frac{6}{16} = \frac{3}{8}$

## Lösungen zu Kapitel 5: Symmetrie

**Dein Fundament (S. 134/135)**

**S. 134, 1.**
a)
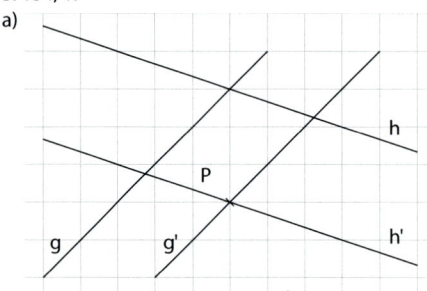

b)
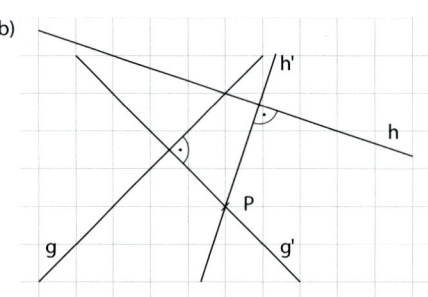

**S. 134, 2.**
a) g und h sind parallel zueinander.
b) g und h schneiden einander.
c) g, h und i schneiden einander paarweise.

d) g und i sind parallel zueinander, h ist senkrecht zu g und i.

**S. 134, 3.**
a) 1 cm      b) 1,2 cm

**S. 134, 4.**
a)
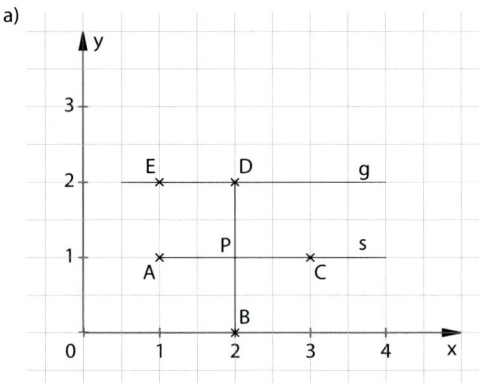

b) Siehe Grafik; $\overline{BD} = 2$ cm
c) Siehe Grafik; P(2|1)
d) Siehe Grafik; Q(2|2)

**S. 134, 5.**
a) $\alpha = 90°$, $\beta$ ist größer als 90°, $\gamma$ ist kleiner als 90°, $\delta = 90°$.
b) $\alpha = 90°$, $\beta$ ist kleiner als 90°, $\gamma$ ist kleiner als 90°.
c) $\alpha$ ist größer als 90°, $\beta$ ist kleiner als 90°, $\gamma$ ist kleiner als 90°.
d) $\alpha$ ist kleiner als 90°, $\beta$ ist größer als 90°, $\gamma$ ist kleiner als 90°, $\delta$ ist größer als 90°.

**S. 135, 6.**
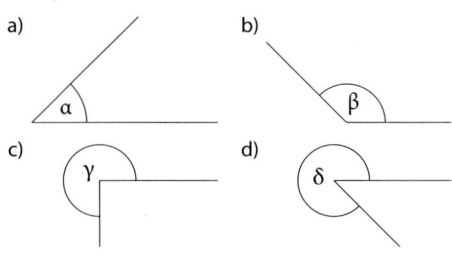

**S. 135, 7.**
a) $\alpha = 30°$      b) $\beta = 105°$

**S. 135, 8.**
a) $\alpha = 120°$      b) $\alpha = 90°$
c) $\alpha = 60°$      d) $\alpha = 45°$

**S. 135, 9.**
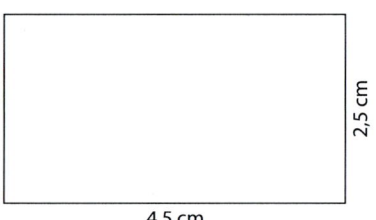

S. 135, 10.
Zeichenübung

S. 135, 11.
a) E(2|4) und A(4|2); B(7|2) und F(2|7); D(6|5) und H(5|6) sind jeweils gleich weit von der Geraden h entfernt.
b) Die Gerade h und die Strecke $\overline{EA}$ stehen senkrecht aufeinander.
c) Die Gerade h halbiert die Strecken $\overline{DH}$ und $\overline{BF}$, nicht aber die Strecke $\overline{CG}$.

S. 135, 12.
a) z. B. Quadrat   b) z. B. Kreis   c) Dreieck
d) Kreis           e) Dreieck

**Prüfe dein neues Fundament (S. 154/155)**

S. 154, 1.
Die Figuren a) bis d) sind achsensymmetrisch.
a) Eine Symmetrieachse   b) Drei Symmetrieachsen
c) Eine Symmetrieachse   d) Vier Symmetrieachsen
e) Keine Symmetrieachse

S. 154, 2.
a)
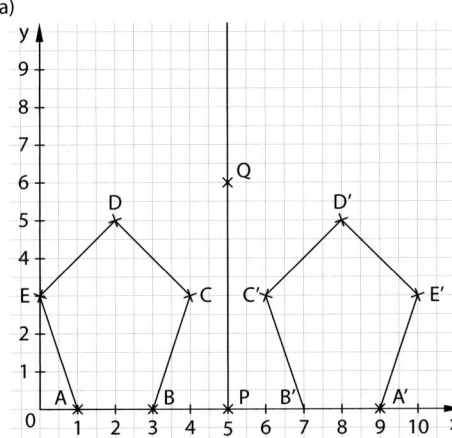
b)
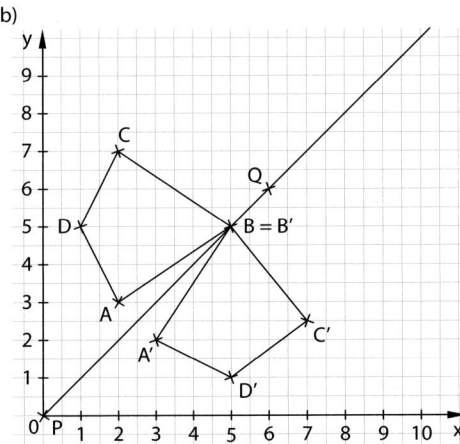

S. 154, 3.
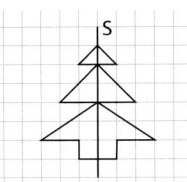

S. 154, 4.
a) 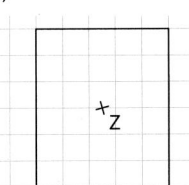   c)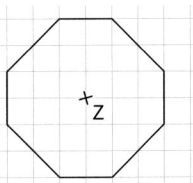

d)
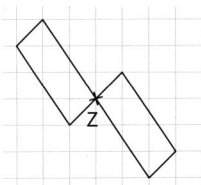

b) Die Figur ist nicht punktsymmetrisch.

Seite 154, 5.
a)
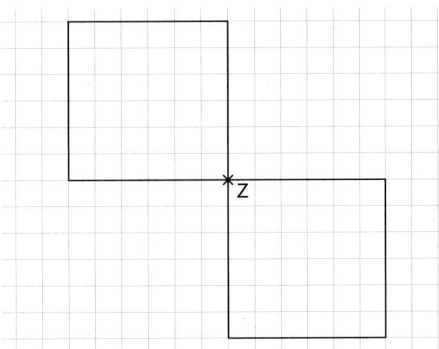

b)
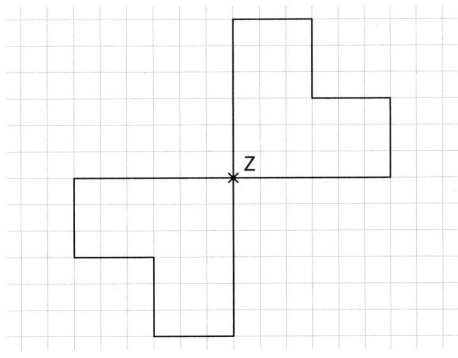

c)

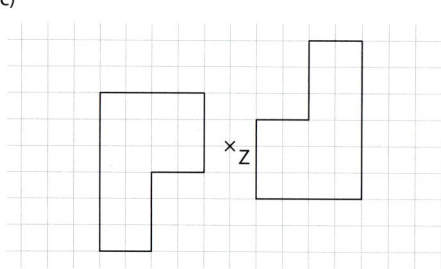

d)

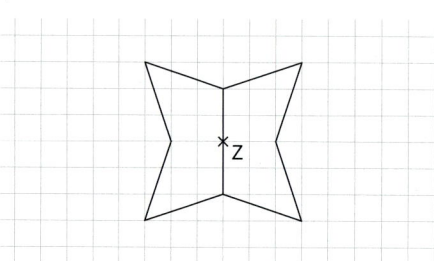

S. 154, 6.
a) Die Figur ist drehsymmetrisch, mögliche Drehwinkel: 60°, 120°, 180°, 240°; 300°
b) Die Figur ist drehsymmetrisch, mögliche Drehwinkel: 90°, 180°, 270°
c) Die Figur ist drehsymmetrisch, mögliche Drehwinkel: 120°, 240°
d) Die Figur ist nicht drehsymmetrisch.
e) Die Figur ist drehsymmetrisch, mögliche Drehwinkel: 120°, 240°

S. 154, 7.

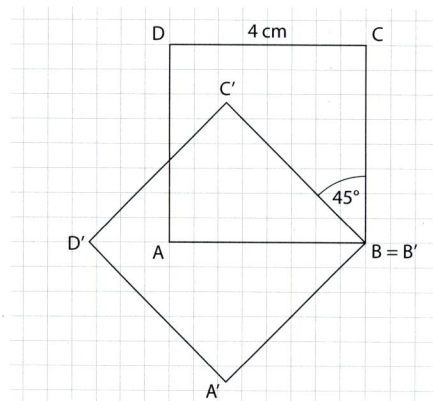

S. 155, 8.
a) Achsenspiegelung     b) Punktspiegelung
c) Achsenspiegelung     d) Achsenspiegelung
e) Drehung

S. 155, 9.

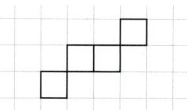

S. 155, 10.
a) Genau eine Symmetrieebene
b) Zwei Symmetrieebenen
c) Vier Symmetrieebenen
d) nicht ebenensymmetrisch

**Wiederholungsaufgaben (S. 155)**

S. 155, 1.
A = 5 cm; α = 20°

S. 155, 2.
a) Überschlag 8500 + 13 500 = 22 000; falsche Größenordnung
Richtiges Ergebnis 21 986
b) Überschlag 14 000 : 20 = 700; richtige Größenordnung
Das Ergebnis ist falsch; richtiges Ergebnis 658
c) Überschlag: 515 000 − 470 000 = 45 000, richtige Größenordnung
Das Ergebnis ist richtig.

S. 155, 3.
Turm: Quader, Pyramide (Dach)
Einfamilienhaus: Quader (Erdgeschoss), Dreiecksprisma (Dach)
Hochhaus: Dreiecksprisma

## Lösungen zu Kapitel 6: Winkel- und Symmetriebetrachtungen

**Dein Fundament (S. 158/159)**

S. 158, 1.

spitzer Winkel α    spitzer Winkel β    rechter Winkel γ

stumpfer Winkel δ    gestreckter Winkel ε

S. 158, 2.

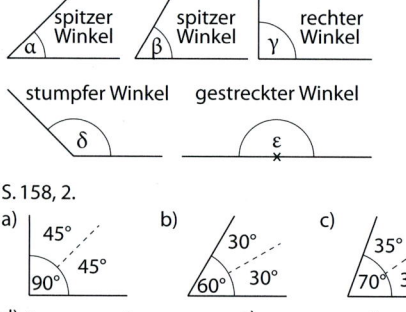

# Lösungen

S. 158, 3.
a) 14:00 Uhr: spitzer Winkel 60°
   8:00 Uhr: stumpfer Winkel 120°
   9:00 Uhr: rechter Winkel 90°
   6:00 Uhr: gestreckter Winkel 180°
b) Mögliche Lösungen:
   1:00 Uhr: spitzer Winkel 30°
   13:00 Uhr: spitzer Winkel 30°
   3:00 Uhr: rechter Winkel 90°
   15:00 Uhr: rechter Winkel 90°
   5:00 Uhr: stumpfer Winkel 150°
   16:00 Uhr: stumpfer Winkel 120°
   7:00 Uhr: überstumpfer Winkel 210°
   20:00 Uhr: überstumpfer Winkel 240°

S. 158, 4.
a) β = 37°; α = 53°; γ = 90°
b) α, β: spitze Winkel; γ: rechter Winkel
c) b = 3 cm; a = 4 cm; c = 5 cm
d) bei A: 127°, 53°, 127°   bei B: 143°, 37°, 143°
   bei C: 90°, 90°, 90°

S. 158, 5.
a)                                b)

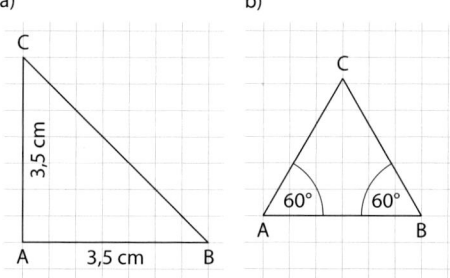

S. 158, 6.
①: Rechteck; ②: Drachenviereck; ③: Quadrat; ④: Raute; ⑤: Parallelogramm; ⑥: Trapez

S. 159, 7.
a) Quadrat, Raute
b) Quadrat, Rechteck
c) Quadrat, Rechteck, Parallelogramm, Raute
d) Quadrat, Rechteck, Raute
e) Quadrat, Raute, Drachenviereck
f) Quadrat, Rechteck, Raute, Parallelogramm, Trapez
g) Quadrat, Rechteck
h) Quadrat, Raute, Drachenviereck

S. 159, 8.
a)

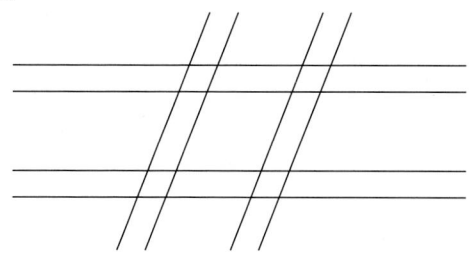

b) Es entstehen insgesamt 16 Schnittpunkte zwischen den einzelnen Schienen.
c) Es entstehen Parallelogramme.

S. 159, 9.
a) Die Gesamtfigur ist nicht achsensymmetrisch.
b) Die Gesamtfigur ist achsensymmetrisch.
c) Die Gesamtfigur ist nicht achsensymmetrisch.

S. 159, 10.
a) achsen- und punktsymmetrisch      b) punktsymmetrisch

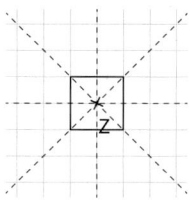  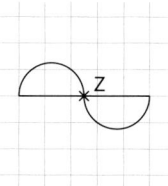

c) achsen- und punktsymmetrisch      d) punktsymmetrisch

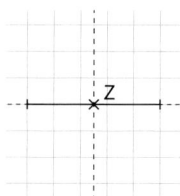  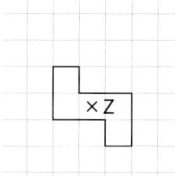

S. 159, 11.
a)

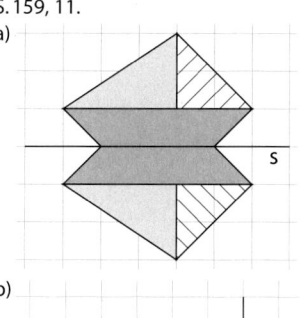

b)

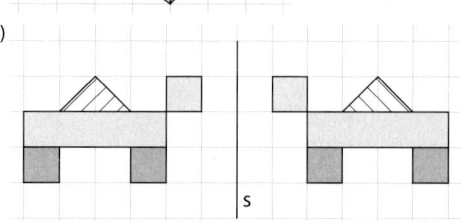

c)

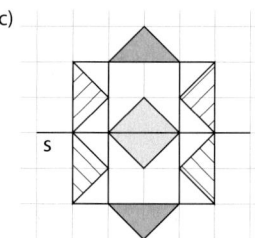

S. 159, 12.

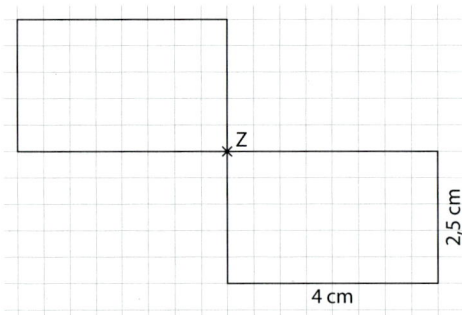

**Prüfe dein neues Fundament (S. 180/181)**

S. 180, 1.
a) β = 106°    γ = 74°
b) β = 102°    δ = 137°    ε = 43°

S. 180, 2.
a) Scheitelwinkelpaare sind β, γ sowie δ, ε.
b) Nebenwinkelpaare sind α, β sowie α, γ.
c) Stufenwinkelpaare sind β, ε sowie γ, δ.
d) Wechselwinkelpaare sind β, δ sowie γ, ε.

S. 180, 3.
a) δ = 125° (Nebenwinkel); α = 55° (Stufenwinkel);
   γ = 55° (Wechselwinkel);
   β = 125° (Wechselwinkel zu δ oder
   Nebenwinkel zu α)
b) δ = 120° (Wechselwinkel);
   ε = 60° (Nebenwinkel zu δ);
   γ = 60° (Stufenwinkel)

S. 180, 4.
a) γ = 70°    b) α = 61°    c) β = 101°

S. 180, 5.
a) δ = 90°    b) α = 135°    c) β = 99°

S. 180, 6.
a) α = 95°    b) α = 79°

S. 180, 7.
α = 48°

S. 181, 8.
90°; 45°; 45°

S. 181, 9.
a) Richtig, die beiden Basiswinkel sind gleich groß nach dem Basiswinkelsatz.
b) Falsch, denn dann müsste nach dem Winkelsummensatz der dritte Winkel 0° groß sein und es ergäbe sich kein Dreieck.
c) Falsch, ein gleichseitiges Dreieck hat 3 Symmetrieachsen.

S. 181, 10.
α = 110°; β = 70°, γ = 110°, δ = 70°

S. 181, 11.
a) achsensymmetrisch    b) achsensymmetrisch

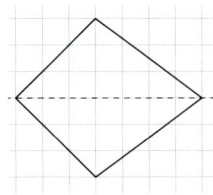 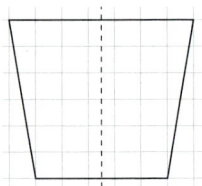

c) achsen- und punktsymmetrisch

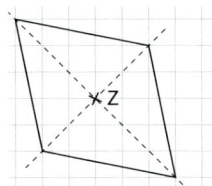

S. 181, 12.
a) Parallelogramm    b) gleichschenkliges Trapez

**Wiederholungsaufgaben (S. 181)**

S. 181, 1.
a) 25 cm    b) 3,2 km    c) 8 h    d) 8,40 €

S. 181, 2.

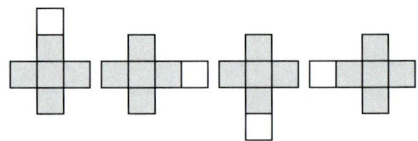

S. 181, 3.
70 Personen (27 + 15 + 5 + 23 = 70)

## Lösungen zu Kapitel 7: Daten

**Dein Fundament (S. 184/185)**

S. 184, 1.
a) 11 Schüler    b) 12 Schüler
c) 24 Schüler

S. 184, 2.

| Augenfarbe | Strichliste | Häufigkeit |
|---|---|---|
| braun | \|\|\|\| | 4 |
| grün | \|\| | 2 |
| blau | \|\| | 2 |
| grau | \| | 1 |

# Lösungen

**S. 184, 3.**
a)

| Name | Strichliste | Häufigkeit |
|---|---|---|
| Katja | ШШ | 5 |
| Nele | ШШ IIII | 9 |
| Aron | ШШ II | 7 |
| Gustav | IIII | 4 |

b) Nele
c) Ja, wenn Aron alle 3 Stimmen erhalten hätte.
d) 28 Schüler

**S. 184, 4.**
Rhein 1200 km; Elbe 1100 km; Mosel 500 km

**S. 184, 5.**

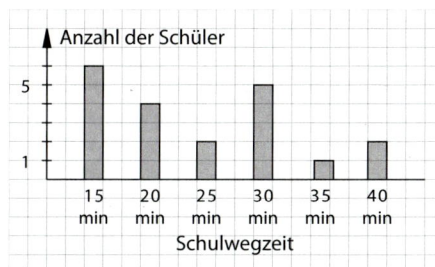

**S. 185, 6.**
a) 30 Kinder    b) 85 Kinder    c) 52-mal

**S. 185, 7.**

| (gekürzter) Bruch | $\frac{1}{2}$ | $\frac{3}{4}$ | $\frac{1}{5}$ | $\frac{1}{4}$ |
|---|---|---|---|---|
| Bruch mit Nenner 100 | $\frac{50}{100}$ | $\frac{75}{100}$ | $\frac{20}{100}$ | $\frac{25}{100}$ |
| Dezimalzahl | 0,5 | 0,75 | 0,2 | 0,25 |
| Prozentangabe | 50 % | 75 % | 20 % | 25 % |

| (gekürzter) Bruch | $\frac{4}{5}$ | $\frac{1}{20}$ | $\frac{9}{5}$ |
|---|---|---|---|
| Bruch mit Nenner 100 | $\frac{80}{100}$ | $\frac{5}{100}$ | $\frac{180}{100}$ |
| Dezimalzahl | 0,8 | 0,05 | 1,8 |
| Prozentangabe | 80 % | 5 % | 180 % |

**S. 185, 8.**
a) $\frac{1}{4}$; 25 %    b) $\frac{1}{2}$; 50 %    c) $\frac{1}{2}$; 50 %

**S. 185, 9.**
a) $\frac{3}{4}$; 0,75; 75 %    b) $\frac{2}{5}$; 0,4; 40 %
c) $\frac{2}{6} = \frac{1}{3}$; $0,\overline{3} \approx 33{,}3\%$
d) $\frac{2}{3}$; $0,\overline{6} \approx 66{,}7\%$    e) $\frac{5}{8}$; 0,625; 62,5 %
f) $\frac{7}{10}$; 0,7; 70 %

**S. 185, 10.**
a) 13 : 5 = 2,6    b) 18 : 3 = 6    c) 50 : 4 = 12,5

**S. 185, 11.**

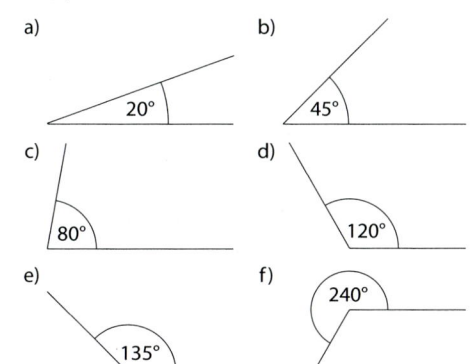

**S. 185, 12.**
a) $\frac{1}{3}$; α = 120°    b) $\frac{2}{5}$; α = 144°    c) $\frac{1}{8}$; α = 45°
d) $\frac{5}{6}$; α = 300°

**Prüfe dein neues Fundament (S. 206/207)**

**S. 206, 1.**
a)

| Gruppe | absolute Häufigkeit | relative Häufigkeit |
|---|---|---|
| A | 5 | 12,5 % |
| B | 10 | 25 % |
| C | 25 | 62,5 % |
| Gesamtzahl | 40 | 100 % |

b)

| Gruppe | absolute Häufigkeit | relative Häufigkeit |
|---|---|---|
| A | 12 | 20 % |
| B | 18 | 30 % |
| C | 30 | 50 % |
| Gesamtzahl | 60 | 100 % |

**S. 206, 2.**

| Verkehrsmittel | absolute Häufigkeit | relative Häufigkeit |
|---|---|---|
| zu Fuß | 4 | 25 % |
| Fahrrad | 8 | 50 % |
| Straßenbahn | 2 | 12,5 % |
| Bus | 2 | 12,5 % |
| Gesamtzahl | 16 | 100 % |

**S. 206, 3.**
Dr. Messer wird von 70 % seiner Patienten weiterempfohlen, Dr. Spritze von 72 %. Dr. Spritze ist also etwas beliebter.

S. 206, 4.
Diagramm ③ stellt das Ergebnis richtig dar: Paul hat die Hälfte der Stimmen erhalten (roter Sektor), Tanja ein Drittel (blau) und Maria ein Sechstel (gelb).

S. 206, 5.
a) nie: 15 %; selten: 30 %; manchmal: 35 %; oft: 20 %
b) nie: 27 Personen; selten: 54 Personen; manchmal: 63 Personen; oft: 36 Personen

S. 206, 6.
a)

| Note | 1 | 2 | 3 | 4 | 5 | 6 |
|---|---|---|---|---|---|---|
| Anzahl | 2 | 5 | 7 | 7 | 5 | 2 |

b)
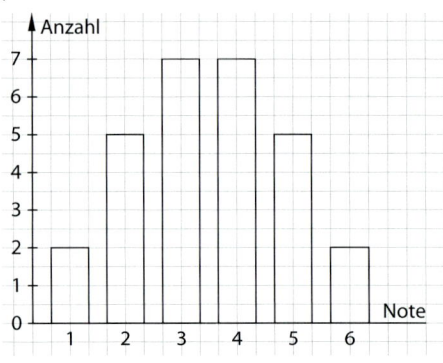

S. 206, 7.
a) Die Anzahl der Familienmitglieder beträgt 2, 3, 4, 5 oder 6. Bei so wenigen und eng beieinanderliegenden Werten ist eine Klasseneinteilung nicht sinnvoll.
b) Eine sinnvolle Klasseneinteilung ist zum Beispiel: 0 bis 5; 6 bis 10; 11 bis 15; 16 bis 20

S. 207, 8.
a) Minimum: 2,76 m (Max); Maximum: 4,05 m (Nils)
b) Den Abstand nennt man Spannweite der Daten, sie beträgt hier 129 cm.

S. 207, 9.
a) Maximum: 19; Minimum: 9; Spannweite: 10; Modalwert: 11; arithmetisches Mittel: 12
b) Maximum: 12; Minimum: 2; Spannweite: 10; Modalwert: 11; arithmetisches Mittel: 9,75

S. 207, 10.
11,6 Jahre

S. 207, 11.
a) 15,75 Jahre
b) Anja ist 18 Jahre alt.

**Wiederholungsaufgaben (S. 207)**

S. 207, 1.
a) $\frac{26}{21} = 1\frac{5}{21}$   b) 24   c) $\frac{9}{4} = 2\frac{1}{4}$
d) $\frac{53}{15} = 3\frac{8}{15}$   e) $\frac{8}{5} = 1\frac{3}{5}$

S. 207, 2.
73 015

S. 207, 3.
37,5 % = 0,375

S. 207, 4.
Linke Anzeige 5 €; rechte Anzeige 7,20 €

# Lösungen

## Das Geodreieck (Geometriedreieck)

**Das Geodreieck kannst du verwenden:**

– als **Lineal** zum Zeichnen und Messen von (geraden) Linien,
– als **Zeichendreieck** zum Zeichnen und Prüfen spezieller Winkel (45° und 90°),
– als **Winkelmesser** zum Zeichnen und Messen beliebiger Winkel,
– als **Hilfsmittel** zum Zeichnen und Prüfen von parallelen und senkrechten Linien.

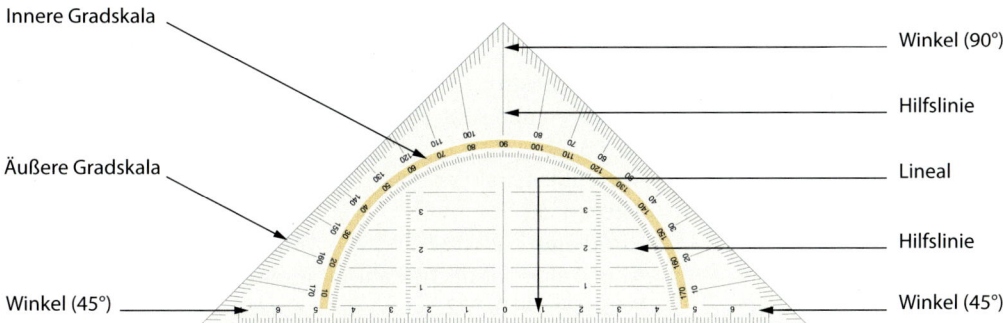

**So kannst du Winkel mit dem Geodreieck messen:**

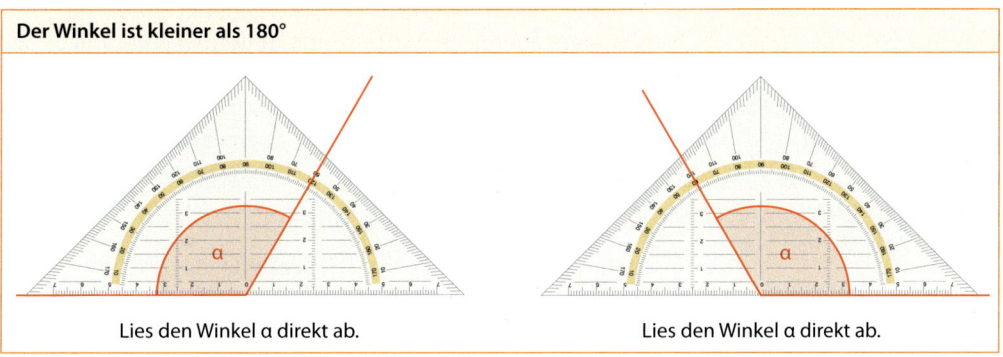

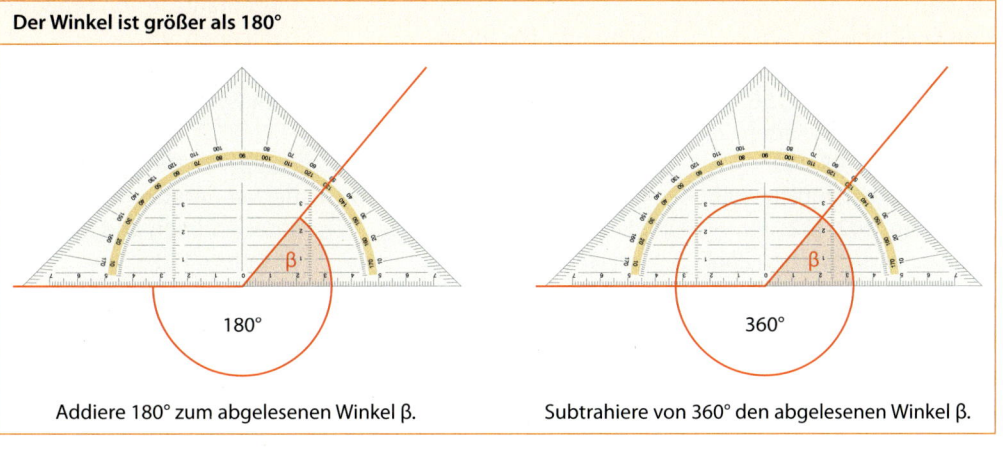

# Stichwortverzeichnis

abbrechende Dezimalzahl 41 f., 56
absolute Häufigkeit 186, 208
Achsensymmetrie 136, 156
Achsenspiegelung 137, 156
Addieren und Subtrahieren
– von Brüchen 60, 63, 76
– von Dezimalzahlen 68, 76
arithmetische Mittel 196, 208
– bei Häufigkeitstabellen ermitteln 197
Ausklammern 125
Ausmultiplizieren 125

Basiswinkelsatz 171, 182
Bildpunkt 137, 143, 156
Bruch 10, 56
– Bruchstrich 10, 56
– echter Bruch 14, 56
– gleichnamiger Bruch 21, 56
– Nenner 10, 56
– unechter Bruch 14, 56
– ungleichnamiger Bruch 56
– Zähler 10, 56
– Zehnerbruch 32, 56
Brüche
– addieren und subtrahieren 60, 63, 76
– als Anteile von einem Ganzen 10
– als Quotient 26
– am Zahlenstrahl darstellen und vergleichen 22, 56
– auf Größen anwenden 28
– dividieren 108, 132
– durch eine natürliche Zahl dividieren 102, 132
– mit einer natürlichen Zahl multiplizieren 100, 132
– multiplizieren 104, 132
– teilen 102
– vergleichen 21, 56
– vervielfachen 100
– zeichnerisch darstellen 11

Bruchstrich 10, 56

Definition 165
Dezimalstellen 34, 56
Dezimalzahl 34, 56
– abbrechende Dezimalzahl 41 f., 56
– periodische Dezimalzahl 42, 56
Dezimalzahlen
– addieren und subtrahieren 68, 76
– am Zahlenstrahl vergleichen 39, 56
– dividieren 120, 132
– durch eine natürliche Zahl dividieren 118, 132
– durch Zehnerpotenzen dividieren 113, 132
– mit Zehnerpotenzen multiplizieren 112, 132
– multiplizieren 115, 132
– runden 66, 76
– vergleichen 38, 56
Diagramme 190
– Kreisdiagramm 190, 208
– Säulendiagramm 190 f., 208
– Streifendiagramm 193
Drehpunkt 156
Drehsymmetrie 146, 156
Drehung 147, 156
Durchmesser 80, 96

echter Bruch 14, 56
Erweitern 17, 56
Ebenensymmetrie 149, 156
gemischte Zahl 14, 56
gestreckter Winkel 85, 96
gleichnamiger Bruch 21, 56
gleichschenkliges Dreieck 170, 182
gleichseitiges Dreieck 170, 182

Häufigkeit
– absolute 186, 208
– relative 186, 208

Haus der Vierecke 174, 182
Innenwinkelsatz im gleichseitigen Dreieck 172, 182

Kennwerte 196, 208
– arithmetische Mittel 196, 208
– Maximum 196, 208
– Minimum 196, 208
– Modalwert 196, 208
– Spannweite 196, 208
Klasse 194
Klasseneinteilung 194, 208
Kreis 80, 96
Kreisdiagramm 190 f., 208
Kürzen 17 f., 56

Maximum 196 208
Minimum 196, 208
Mischungsverhältnis 33
Mittelpunkt 80, 96
Mittelsenkrechte 140
Modalwert 196, 208

Nebenwinkel 160, 182
Nebenwinkelsatz 160, 182
Nenner 10, 56

Periode 42
periodische Dezimalzahl 42, 56
Prozent 46, 56
Prozentanteile von Größen berechnen 48
Punktspiegelung 143, 156
Punktsymmetrie 142, 156

Radius 80, 96
Rechengesetze
– der Addition und Multiplikation 123
– für Brüche 76
rechter Winkel 85, 96
relative Häufigkeit 186, 208
– berechnen 186
– vergleichen 187

# Stichwortverzeichnis

Satz  165
Satz über die Innenwinkel im gleichseitigen Dreieck  172
Säulendiagramm  190
Scheitelpunkt  83, 96
Scheitelwinkel  160, 182
Scheitelwinkelsatz  160, 182
Schenkel  83, 96
Sehne  81
Spannweite  196, 208
Spiegelachse  137, 156
Spiegelpunkt  143, 156
spitzer Winkel  85, 96
Stellenwerttafel  34
Streifendiagramm  193
Stufenwinkel  162, 182
Stufenwinkelsatz  162, 182
stumpfer Winkel  85, 96
Symmetrie
– Achsensymmetrie  136, 156
– Drehsymmetrie  146, 156
– Ebenensymmetrie  149, 156
– Punktsymmetrie  142, 156
Symmetrieachse  136, 156
Symmetrieachsen konstruieren  140 f.
Symmetrieebene  149, 156
Symmetriezentrum  142, 156
symmetrische Vierecke  174, 182

Tabellenkalkulation  200 ff.

überstumpfer Winkel  85, 96
Umwandeln
– Brüche in Dezimalzahlen  41, 56
– Brüche in Prozente  46
– Brüche oder gemischte Zahlen in Dezimalzahlen  35
– Dezimalzahlen in Brüche oder gemischte Zahlen  34
– gemischte Zahlen in unechte Brüche  14
– Prozente in Brüche und Dezimalzahlen  47
– unechte Brüche in gemischte Zahlen  15
– unendliche Dezimalzahlen in Brüche  44
unechter Bruch  14, 56
ungleichnamiger Bruch  56

Vollwinkel  85, 96
Vorrangregeln  122

Wechselwinkel  162, 182
Wechselwinkelsatz  162, 182
Winkel  83, 96
– berechnen  87
– messen  85, 96
– mit dem Geodreieck zeichnen  89, 96
Winkelarten  85, 96
– gestreckter Winkel  85, 96
– rechter Winkel  85, 96
– spitzer Winkel  85, 96
– stumpfer Winkel  85, 96
– überstumpfer Winkel  85, 96
– Vollwinkel  85, 96
Winkelbezeichnung  83, 96
Winkelhalbierende  141
Winkelsätze  160, 182
– Basiswinkelsatz  171, 182
– Nebenwinkelsatz  160, 182
– Satz über die Innenwinkel im gleichseitigen Dreieck  172, 182
– Scheitelwinkelsatz  160, 182
– Stufenwinkelsatz  162, 182
– Wechselwinkelsatz  162, 182
– Winkelsummensatz im Dreieck  166, 182
– Winkelsummensatz im Viereck  168, 182
Winkelsummensatz
– im Dreieck  166, 182
– im Viereck  168, 182
Winkel in Vierecken  176

## Bildquellenverzeichnis

**Illustrationen:**
Cornelsen/Christian Böhning ; Cornelsen/Claudia Lieb ; Cornelsen/Gudrun Lenz; Cornelsen/Niels Schröder

**Screenshots:**
Cornelsen/Felix Arndt/© Microsoft® Office. Nutzung mit Genehmigung von Microsoft

**Abbildungen:**
Cover: Shutterstock.com/Lianys | 5 mauritius images/Artur Cupak | 7 Shutterstock.com/nattanan726 | 9 stock.adobe.com/Klaus Eppele | 10 stock.adobe.com/Andrea Wilhelm | 11 stock.adobe.com/Eleonora Ivanova | 13 Cornelsen/Maya Brandl, o. | 13 stock.adobe.com/Markus Mainka, 1 | 13 stock.adobe.com/Africa Studio, 2 | 16 stock.adobe.com/GraphicsRF | 18 stock.adobe.com/mouse_md | 24 stock.adobe.com/kraska | 26 Shutterstock.com/Sandra van der Steen, o. | 26 stock.adobe.com/Eleonora Ivanova, u. | 27 Shutterstock.com/Aaron Amat | 28 stock.adobe.com/Brad Pict | 29 stock.adobe.com/mouse_md | 32 Shutterstock.com/Dziurek | 33 stock.adobe.com/kosmos111 | 34 Shutterstock.com/Denis Kuvaev | 36 stock.adobe.com/GraphicsRF | 37 Shutterstock.com/sportpoint | 38 mauritius images/Artur Cupak | 43 stock.adobe.com/mouse_md | 47 stock.adobe.com/Eleonora Ivanova | 49 Shutterstock.com/BIGANDT.COM | 51 Shutterstock.com/Ian Tragen | 53 Shutterstock.com/Frikkie Muller, o. | 53 Shutterstock.com/Lidante, u. | 57 stock.adobe.com/AHMAD FAIZAL YAHYA | 60 stock.adobe.com/Foto-Ruhrgebiet | 62 stock.adobe.com/mouse_md | 63 stock.adobe.com/ExQuisine | 64 stock.adobe.com/Eleonora Ivanova | 65 stock.adobe.com/Stratos Giannikos, o. | 65 stock.adobe.com/kraska, u. | 66 stock.adobe.com/Olaf Wandruschka | 67 stock.adobe.com/mouse_md | 68 Shutterstock.com/Ruslan Kudrin | 69 Shutterstock.com/Bilanol, o. | 69 stock.adobe.com/mouse_md, u. | 70 stock.adobe.com/Sean Gladwell | 75 Shutterstock.com/tanjichica | 77 Shutterstock.com/Luciano Mortula | 80 mauritius images/Artur Cupak | 81 stock.adobe.com/janvier | 88 stock.adobe.com/Eleonora Ivanova | 91 stock.adobe.com/photophonie | 97 Shutterstock.com/Dimarion | 100 stock.adobe.com/Fotosasch | 101 stock.adobe.com/Eleonora Ivanova | 103 stock.adobe.com/GraphicsRF | 105 stock.adobe.com/Eleonora Ivanova | 107 stock.adobe.com/lwfoto, o. | 107 stock.adobe.com/mouse_md, u. | 108 Shutterstock.com/Max Topchii | 109 stock.adobe.com/mouse_md | 110 Shutterstock.com/Dmitry Kalinovsky | 111 Shutterstock.com/WDG Photo, o. | 111 stock.adobe.com/Eleonora Ivanova, u. | 112 mauritius images/imageBROKER/Karl F. Schöfmann | 114 stock.adobe.com/GraphicsRF | 115 Shutterstock.com/file404, o. | 115 stock.adobe.com/kraska, u. | 117 stock.adobe.com/Fotosasch, o. l. | 117 Shutterstock.com/Daniel Etzold, o. 2. v. l. | 117 stock.adobe.com/Barbara Pheby, o. Mi. | 117 stock.adobe.com/rdnzl, o. 2. v. r. | 117 stock.adobe.com/by-studio, o. r. | 117 stock.adobe.com/Antrey, Mi. | 117 Shutterstock.com/Neumann, u. | 120 stock.adobe.com/Eleonora Ivanova, o. | 120 Shutterstock.com/Andrey Eremin, u. | 121 stock.adobe.com/JohanSwanepoel, o. | 121 stock.adobe.com/digitalstock, u. | 124 stock.adobe.com/mouse_md, l. | 124 stock.adobe.com/tournee, r. | 125 stock.adobe.com/mouse_md | 128 Cornelsen/Maja Brandl | 129 stock.adobe.com/Fotosasch | 130 Shutterstock.com/matimix | 133 stock.adobe.com/M. Schuppich | 136 Cornelsen/Maya Brandl | 137 stock.adobe.com/Joss | 139 Shutterstock.com/Paul Stringer, a) | 139 Shutterstock.com/Julinzy, b) | 139 Shutterstock.com/Globe Turner, c) | 139 Shutterstock.com/Paul Stringer, d) | 139 Shutterstock.com/Mertsaloff, e) | 139 Shutterstock.com/Paul Stringer, f) | 139 stock.adobe.com/GraphicsRF, o. r. | 139 stock.adobe.com/JPS, 1 | 139 Shutterstock.com/SP-Photo, 2 | 139 Shutterstock.com/olga_gl, 3 | 140 stock.adobe.com/Wiktoria Matynia | 142 stock.adobe.com/Bergfee, o. r. | 145 stock.adobe.com/Eleonora Ivanova | 146 stock.adobe.com/lucielang, o. | 146 stock.adobe.com/Eleonora Ivanova, u. | 150 stock.adobe.com/Foto-Ruhrgebiet, l. | 150 ClipDealer GmbH/Birgit Reitz-Hofmann, 2. v. l. | 150 stock.adobe.com/artworks-photo, 2. v. r. | 150 stock.adobe.com/W. Heiber Fotostudio, r. | 151 Shutterstock.com/Production Perig, o. l. | 151 Shutterstock.com/Mikhail Markovskiy, o. r. | 151 Shutterstock.com/Markus Mainka, u. | 155 Shutterstock.com/ChiccoDodiFC, l. | 155 stock.adobe.com/PANORAMO, Mi. | 155 Shutterstock.com/dnd_project, r. | 157 Shutterstock.com/Diane Diederich | 159 Shutterstock.com/TRphotos | 161 stock.adobe.com/Eleonora Ivanova, o. | 161 stock.adobe.com/reeel, u. | 167 stock.adobe.com/kraska | 169 stock.adobe.com/mouse_md | 172 stock.adobe.com/mouse_md | 173 mauritius images/imageBROKER/Martin Moxter | 183 stock.adobe.com/bluedesign | 186 Shutterstock.com/Monkey Business Images | 188 stock.adobe.com/mouse_md | 189 stock.adobe.com/PDU | 191 stock.adobe.com/mouse_md | 194 Shutterstock.com/Kotomiti Okuma, o. | 194 stock.adobe.com/Eleonora Ivanova, u. | 196 Shutterstock.com/Focus and Blur, o. | 196 stock.adobe.com/Eleonora Ivanova, u. | 207 Shutterstock.com/Suzanne Tucker | 209 stock.adobe.com/Andreas P | 212 stock.adobe.com/ivallis111, o. | 212 stock.adobe.com/lassedesignen, Mi. | 212 stock.adobe.com/Joachim Wendler, u. | 213 Cornelsen/Maya Brandl, Berlin | 214 stock.adobe.com/JackF, l. | 214 stock.adobe.com/guukaa, r. | 216 stock.adobe.com/Sergey Novikov, o. | 216 stock.adobe.com/sergey02; Grafik: Cornelsen/zweiband.media, u. | 217 stock.adobe.com/goldencow_images | 221 Shutterstock.com/pierre_j